U0183265

The Worst Journey in the World

世界最险恶之旅

〔英〕阿普斯利·谢里－加勒德 著　尹萍 译

人民文学出版社
PEOPLE'S LITERATURE PUBLISHING HOUSE

图书在版编目(CIP)数据

世界最险恶之旅/(英)阿普斯利·谢里-加勒德著；尹萍译.—北京：人民文学出版社，2021
(远行译丛)
ISBN 978-7-02-016138-6

Ⅰ.①世… Ⅱ.①阿… ②尹… Ⅲ.①南极-探险 Ⅳ.①N816.61

中国版本图书馆CIP数据核字(2020)第039225号

出 品 人 **黄育海**
责任编辑 **朱卫净 邰莉莉**
封面设计 **汪佳诗**

出版发行 **人民文学出版社**
社 址 **北京市朝内大街166号**
邮 编 **100705**
网 址 **www.rw-cn.com**

印 刷 **上海盛通时代印刷有限公司**
经 销 **全国新华书店等**

字 数 **400千字**
开 本 **890毫米×1240毫米 1/32**
印 张 **18.75**
版 次 **2021年3月北京第1版**
印 次 **2021年3月第1次印刷**

书 号 **978-7-02-016138-6**
定 价 **95.00元**

如有印装质量问题，请与本社图书销售中心调换。电话：010-65233595

1. 秋季时分从抵达高地远望麦克默多峡湾，太阳正沉落西方山脉——威尔逊绘水彩画

2. 衬着霞光初日的南千里达岛——威尔逊绘水彩画

3. 怒海雄涛的南纬四十度区——威尔逊绘水彩画

4. 罗斯海的冰山，时为午夜——威尔逊绘于一九一一年一月

5. 月晕，旁有垂直和水平的电光，并有幻月现象——威尔逊绘水彩画

6. 冬天的埃文斯角——威尔逊绘水彩画

7. 困在浮冰群中的“新地”号——庞廷摄

8. 探险队长，英国海军上校斯科特

9. 探险队员。上左：阿特金森医生，斯科特死后负责领导主队。上右：昵称“提多”的奥茨，为英国骑兵上尉，马队主管。下左：左为普里斯特利，右为大副坎贝尔。

10. 在“新地”号上用手动水泵汲水——庞廷摄于一九一五年十二月左右

11. “新地”号在南行途中遭遇恶劣天气——庞廷约摄于一九一五年十二月

12.“新地”号遭遇浮冰群——庞廷摄于一九一五年十二月九日

13. 浮冰中的冰山，前为挪威滑雪好手格兰正在教导麦克劳德滑雪——庞廷摄于一九一五年十二月二十日

14. 选定埃文斯角登岸后将马匹运送下船——庞廷摄于一九一一年一月四日

15. 军官们正打算将马食草料从“新地”号用雪橇运往埃文斯角——庞廷摄于一九一一年一月

16. 整理埃文斯角的度冬基地，将一切就定位——庞廷摄于一九一一年一月二十三日

17. 斯科特（右起第六位）和南队队员，后景为埃里伯斯山——庞廷摄于一九一一年一月二十六日

18. 冰棚上用餐

19. 从巴恩冰川延伸到不通岛的压力冰脊——庞廷摄于一九一一年十月八日

20. 南队部分队员，刚结束运补之旅回到埃文斯角。上左：物理学家赖特；上右：挪威滑雪专家格兰；下左：大副埃文斯；下右：动物学家暨科学组负责人威尔逊——庞廷摄于一九一一年四月三日

21. 冬至日的晚餐，不见太阳已两个月之久——庞廷摄于一九一一年六月二十二日

22. 冻洋及冰崖，北湾巴恩冰川的冰川舌口——威尔逊摄

23. 洛伊角上的企鹅群，远景为埃里伯斯山——庞廷摄于一九一一年十二月二十七日

24. 威德尔海豹——庞廷摄

25. 将电动雪橇拖上海冰，准备展开探极之旅——庞廷摄于一九一一年十月

26. 一九一一年十一月五日，密勒斯和迪米特里率领狗队，准备出发往南极点。他们将物资运往上冰川库后返回，于十二月十一日回到埃文斯角。

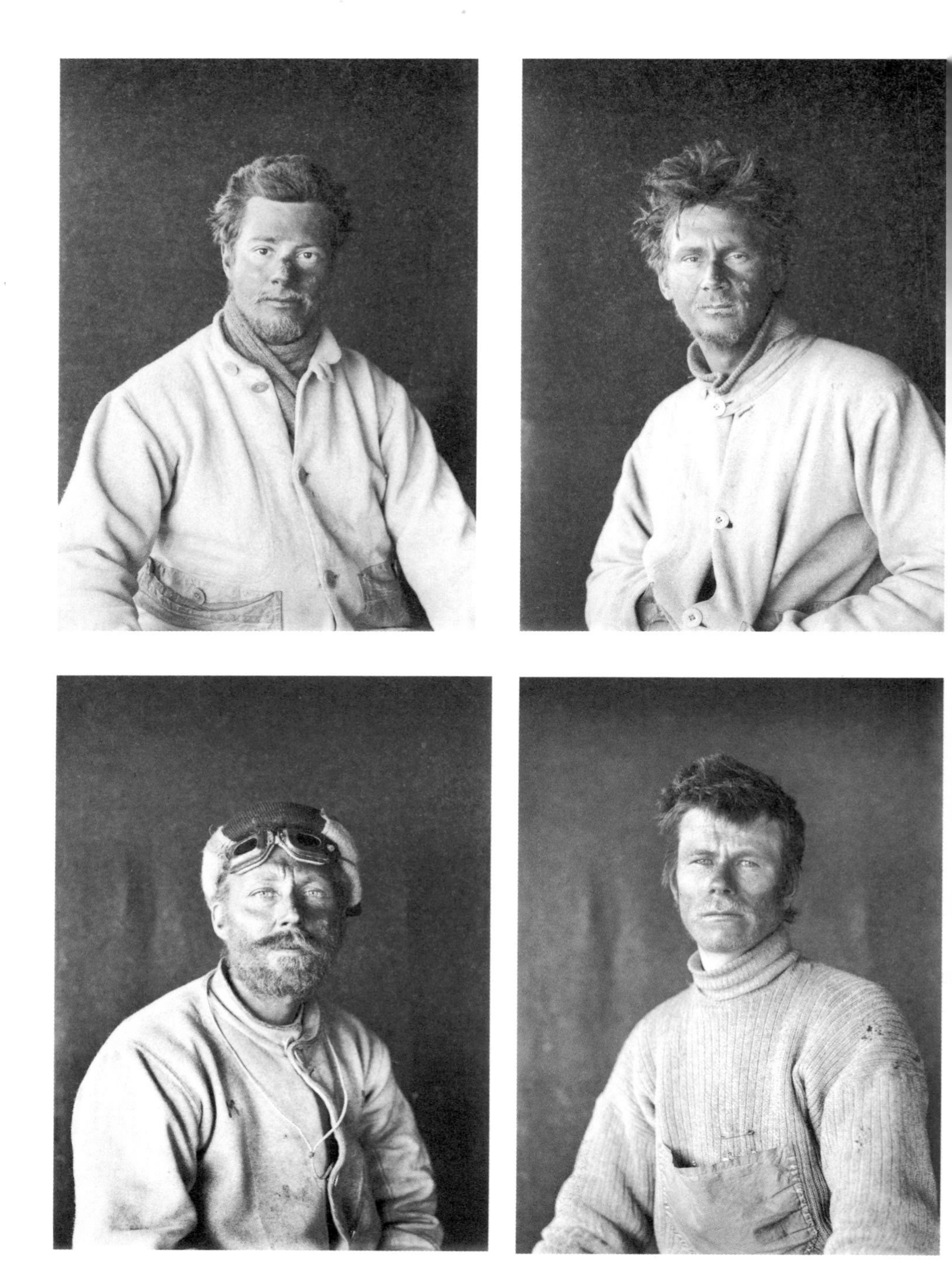

27. 刚返回埃文斯角的探极支援队伍部分成员。上左：谢里–加勒德；上右：赖特；下左：密勒斯；下右：迪米特里。

28. 在比尔德莫尔冰川上的这种辛苦的人力拉雪橇，最后夺走了斯科特等五人探极小组。

29. 阿蒙森遗留在南极点的帐篷。斯科特的五人探极小队在离极点约一海里半处面临挪威人已先行抵达南极点的悲惨事实——鲍尔斯摄

30. 五人探极小组，摄于南极点。由左至右分别为：奥茨、鲍尔斯、斯科特、威尔逊、依凡斯——鲍尔斯摄

31. 搜寻小组为斯科特、威尔逊、鲍尔斯三人建造的石坟

目　录

1　序文

43　第一章　从英国到南非

63　第二章　东航

82　第三章　南下

112　第四章　登陆

136　第五章　运补之旅

201　第六章　第一个冬天

242　第七章　冬季之旅

309　第八章　春来

323　第九章　探极之旅（一）

358　第十章　探极之旅（二）

377　第十一章　探极之旅（三）

388　第十二章　探极之旅（四）

414　第十三章　悬疑

438　第十四章　最后的冬天

457　第十五章　又是春天

467　第十六章　搜索之旅

489　第十七章　探极之旅（五）
520　第十八章　探极之旅（六）
537　第十九章　永远不再

567　附录一　阿普斯利・谢里-加勒德小传
572　附录二　名词解释
574　附录三　一九一〇年至一九一三年英国南极探险队队员名册

序　文

极地探险是最清洁也最孤独的受苦方法。只有在极地探险时，你可以一件衣服从九月穿到十二月，除了一层身体自然分泌的油脂外，衣服看起来干净如新。在极地比在伦敦更寂寞，比在任何修道院更与世隔绝，邮件一年才来一次。常有人争论，是战时的法国艰苦，还是在巴勒斯坦或美索不达米亚难熬；而其实，跟在南极的日子相比，这些都不算差。坎贝尔①那组人里有一位就告诉我，在比利时打仗蹲壕沟，与南极的日子相比，算是相当轻松愉快的。但是当然，除非有人发明什么艰苦量表，否则很难比较。总的来说，我不信世上有谁的日子比帝企鹅更苦。

一直到现在，一般人眼中的南极，仍然像古巴比伦人心目中的众神居所一样，是一片高耸的大地，在辽阔大海的彼端，环绕着凡人的世界。光想想有这么个地方已经够骇人，更别提要去探索。因为，公元九世纪，阿尔弗雷德国王统治英国时，维京人已经在踏勘北方冰原；可是直到一八一五年威灵顿将军在滑铁卢打败拿破仑时，南极大陆还未发现。

---

① 维克托·坎贝尔（1875—1956），此次南极探险船舰“新地”号大副，后来负责率领北队，从南极洲爱德华七世地登陆，进行科学研究，但因气候状况，于1911年与1912间的冬天受困于埃文斯小湾，在食物装备均不足的情况下，全员生还。

如果想要读南极探险史，斯科特①所著《“发现”号之旅》中有一章写得极好，别的一些书上也有。本书并不做此图。不过，有人向我抱怨，说《斯科特的最后探险》一书交代不清，好像以为读者对一切都熟得很，而其实读者完全不清楚“发现”号是个什么，城堡岩或小屋角又在哪里。为了让读者了解本书中所提历次南极探险的重大发现和遗留的痕迹，我在此做个简短的介绍。

打从一开始，有人绘制南半球地图时，就认为那里有一块大陆，命名为“南方之地”。探险家越过好望角和合恩角之后，却只看到汹涌的大洋，不见其他。后来又发现了澳大利亚和新西兰，对南方大陆的信心减弱了，不过并未放弃。以前，探险是为了个人或国家事功；到十八世纪后半，追求科学新知的热忱为探险增添了动力。

库克②、罗斯③和斯科特都是南方大地的贵族。

是英国大航海家库克奠下我们知识的基础。一七七二年，他指挥四

---

① 罗伯特·斯科特（1868—1912），英国海军军官、南极探险家，也就是此书描述的南极探险指挥官。1881 年加入皇家海军，而后在数艘舰艇上服役直到 1887 年。1887 年至 1888 年冬天进入格林威治皇家海军大学进修，1888 年 3 月获得班上最高的成绩，继而在地中海和英国海面上的舰艇服役。1897 年夏天登上“雄伟”号服役，担任鱼雷上尉，随后他率领“发现”号探索南极时，许多探险队员就是来自“雄伟”号。1901 年至 1904 年指挥南极探险队“发现”号勘测罗斯海地区，发现爱德华七世地。在这次探险中，斯科特被证实是一个有能力的科学考察者和足智多谋的领导人，在返回英国途中升任为海军少校。

② 詹姆斯·库克（1728—1779），英国航海家。在北海的船上当了几年水手后，于 1755 年投身海军，1759 年成为舰长。他绘测了魁北克的圣劳伦斯河流域，用“努力”号运送英国皇家学会科学考察队去大溪地岛，考察金星凌日的现象（1768—1771）。后又指挥“果决”号和“冒险”号前往澳大利亚（1772—1775）。他第三次航行（1776—1779）的目的是探察一条从太平洋绕行美洲北部海岸的航道，但被迫折返，归途中在夏威夷被当地土著所杀。

③ 詹姆斯·克拉克·罗斯（1800—1862），英国海军军官、探险家，1831 年测定北磁极的位置，1841 年发现南极洲的罗斯海和维多利亚地，测绘了格雷厄姆地部分海岸的海图。

百六十二吨的“果决”号和三百三十六吨的“冒险”号，从伦敦近郊港口德特福德启航。这是两艘运煤船。他和南森①一样，相信食物成分多样可以防止坏血症。在记录中他提到，除了他的口粮“肉汤、胡萝卜泥和麦芽啤酒汁”以外，还打造了勋章，“送给新发现国家的土人，证明我们是最早的发现者”②。不知道这些勋章现在还有没有留存。

抵达好望角后，库克向东南下到新西兰，打算尽力南航，寻找那南方大陆。一七七二年十二月十日，在南纬五十度四十分，东经二度处，他第一次看见冰岛般的大冰山。次日，他“看见一些体型如鸽子，黑喙、黑脚的白鸟，是以前从来没见过的”③。这一定是雪圆尾鹱。穿越许多冰山，他注意到信天翁不见了，企鹅开始出现，船边尽是厚浮冰群。猜想这些冰是海湾及河流里生成的，库克因此认为陆地已经不远。同时他记录道，因为天气实在冷，他“把水手们的外套袖子用厚羊毛毡加长（本来他们的袖子都短，露出手臂），并且用同样的材料以及帆布为大家做了帽子。水手们大受其惠”④。

库克航行南太平洋一个多月，四周总是围绕着冰山，也经常有浮冰群。天气一直很不好，雾总是很浓。他写道，自从离开好望角，他只见过一次月亮。

一七七三年一月十七日，星期天，他第一次越过南极圈，是在东经三十九度三十五分处。继续驶至南纬六十七度十五分，一片庞大无比的浮冰群拦住了他。他就由此回头，航抵新西兰。

---

① 弗里乔夫·南森（1861—1930），挪威北极探险家、海洋学家、政治活动家。1895 年曾乘“前进”号往北极探险，到达北纬 86 度 14 分。后任国际联盟难民救难高级专员，因领导遣返战俘、国际赈济难民等工作，获 1922 年诺贝尔和平奖。

② 库克《南极点之旅》序文。——原注

③ 库克《南极点之旅》卷一第 23 页。——原注

④ 库克《南极点之旅》卷一第 28 页。——原注

一七七三年底，他把第二艘船“冒险”号留在新西兰，再度出海。由于波浪汹涌，他判断在新西兰南面没有陆地，陆地是在更远更远的南方。十二月十二日，在南纬六十二度十分，他看到第一座冰山。三天后，厚浮冰群挡住了路。二十日，他在西经一百四十七度四十六分处再次进入南极圈，一直深入到南纬六十七度三十一分，在这里，他发现一股朝向东北的海流。

一七七四年一月二十六日，在西经一百零九度三十一分处，他第三次进入南极圈，没有遇见浮冰群，只见到几座冰山。在南纬七十一度十分，极大范围的浮冰群终于迫使他返航。他写道：

> 继续往南，不是绝对不可能，只是很危险，太莽撞，在我的地位不应做此想。不过，我和船上大多数人都认为，这冰一直绵延到极点，或者是连接着陆地，是自古以来便定着在那里的。我们还认为，一路所见南北飘荡的冰，都是在这个经度的南边生成的，之后因强风或别的原因而断裂，由水流带向北方。在此高纬度地带，水流总是向北。我们靠近冰山时会听到企鹅的叫声，但是没有见到它们。除此之外，只见过几只鸟，没有别的能让我们相信附近有陆地。可是我还是认为在这些冰以南有陆地，只是这陆地不能提供鸟或其他动物庇护之所，只有冰覆盖着整个大地。我有野心，不仅想要去没有人去过的地方，而且想要去人类可能去的最远处。但是遭遇这阻挠，我并不懊恼，因为这其实也拯救了我们，至少减少了探索南极地区不可避免的危险与艰苦。①

于是他转头向北。这时他患腹绞痛，一位军官的爱犬“成了我虚弱

① 库克《南极点之旅》卷一第 268 页。——原注

肚腹的牺牲品……我由此得到营养和力量，这食物会让大多数欧洲人想吐。人在需要时是顾不得什么的”①。这位军官姓福斯特，帝企鹅的学名“Aptenodytes forsteri”就是从他的名字而来。

> 肥沃的、适合人居的南方大陆，已经证明根本不存在。不管南边有多大片土地，显然都一定是埋藏在冰雪之下的荒原。现在已知南方暴风海面有多么宽阔，地球上可居之地的界线也就清楚了。可以提一下，库克是第一个描述南极冰山与浮冰特性的人。②

别林斯高晋③率领的一支俄国探险队于一八一九年发现第一块南极土地，命名为亚历山大地，位置差不多就在合恩角的正下方。

十九世纪初，南方海面发现大量海豹与鲸鱼，各国船只闻风前来，数以百计。在恩德比等公司的指示，以及威德尔④、比斯科⑤、巴勒尼⑥等船长的努力下，我们对南极大陆的外貌有了一些粗浅的认识。

> 他们驾驶又小又简陋的船，就大胆驶入风急浪高的冰块海面，一次又一次险些遭难。他们的船触礁、搁浅、进水，船员累得要

---

① 库克《南极点之旅》卷一第 275 页。——原注

② 斯科特《“发现”号之旅》卷一第 9 页。——原注

③ 法比安·戈特利布·冯·别林斯高晋（1778—1852），俄国航海家、海军上将，1819 年至 1821 年间首次环行南极洲，发现南三明治群岛中的彼得一世岛和亚历山大一世岛，南极洲有一片海域以他的姓氏命名。

④ 詹姆斯·威德尔（1787—1834），英国探险家、海豹猎人，南极地区的威德尔海即取名自他。他在 1822 年至 1824 年间的第三次航行中，顺利抵达南纬 74 度 15 分处，超越先前库克船长的纪录 3 度。

⑤ 约翰·比斯科（1794—1843），英国航海家，1831 年发现南极洲的恩德比地。他将之命名为恩德比，取名自他的雇主——一家伦敦捕鲸公司恩德比兄弟。

⑥ 约翰·巴勒尼（1770—1857），英国探险家，1838 年同样受雇于伦敦捕鲸公司恩德比兄弟，出发前往南极探险，于 1839 年 2 月发现巴勒尼群岛。

死，又患坏血病，却仍然挣扎前进，除非实在不得已，好像没有人回头。读他们简单冷静的记录，不能不深深体会他们的诚恳，也不能不为他们的顽强与勇气所感动。①

一八四〇年，南极大陆的四面海岸已经都有人看过了。整体来说，大家看到的陆地边缘都在南极圈上或附近，似乎这大陆，如果算是个大陆的话，大致呈圆形，而南极点就在它中央，海岸则大致与极点等距。不过，发现有两个例外。库克和别林斯高晋都指出，在太平洋这面，有一处向南极点凹入；威德尔则指出，在大西洋这面，有一处凹得更深，他曾在西经三十四度十六分处，航行到南纬七十四度十五分之远。

如果那时候有四面体理论，可能就会有人提出，在印度洋南边应该还有第三个凹入。那大概会遭人耻笑。当罗斯于一八三九年从英国出发去寻找南磁极时，他没有理由认为南极大陆的海岸线不是沿着南极圈一直下去的。

罗斯奉英国海军大臣之命，于一九三九年九月启程。他手下有两艘皇家船只，三百七十吨的“埃里伯斯”号和三百四十吨的“恐怖”号。一八四〇年八月，抵达（澳大利亚南边）塔斯马尼亚岛的霍巴特港，得知迪维尔②率领的法国探险队和威尔克斯③率领的美国探险队，上一年夏天各有斩获。前者沿着阿德利地海岸航行，并攀越冰崖，向西深入六十海里。他带回一颗蛋，后来斯科特在“发现”号之旅中证明是帝企鹅

---

① 斯科特《“发现”号之旅》卷一第 14 页。——原注

② 迪蒙·迪维尔（1790—1842），法国大航海家。1820 年在米洛斯岛发现古希腊维纳斯雕像。1826 年至 1829 年“星盘”号赴南太平洋探险，发现大洋洲的岛屿。1837 年至 1840 年间考察南极大陆，发现以其妻命名的阿德利海岸。

③ 查尔斯·威尔克斯（1798—1877），美国海军军官、探险家。1838 年至 1842 年率探险船队进行环球航行，考察南太平洋诸岛及南极地区，所到之处后多以其姓氏命名。

的蛋。

这些发现都是在南极圈（南纬六十六度三十二分）附近，也大致都在澳大利亚南边的地带。罗斯“希望英国在南北极的探险中都居领先地位……当下决定避开已有发现的地区，移到东边（东经一百七十度），从那里往南，希望能到达磁极”①。

后来罗斯怎样意外地发现一片内海，向南凹入五百海里，因而更靠近极点，这一过程熟悉南极史的人都知道了。穿越大片浮冰群后，他朝向磁极应该在的位置，“在强风下勉力依罗盘定位向几近南方”，而在一八四一年一月十一日在南纬七十一度十五分处，看到萨宾山白色的峰头，不久又看到阿代尔角。眼见在陆地的阻隔下无法抵达磁极，他转向正南，进入现在被称为罗斯海的领域，花了几天时间沿着海岸线航行，山脉在右手边，罗斯海在左手边。他发现一条大山脉，绵延五百海里，分隔海与南极高原。一月二十七日，“有微风助送，天气又非常晴朗，我们向南，靠近从昨午便看见的一块土地，当时我们称它为高岛，后来才知这是一座海拔一万二千四百英尺的大山，喷出大股的火与烟。那烟起先像是飞雪，靠近了才看出是什么。我将它命名为埃里伯斯山，它东边有一座略矮些的熄火山，估计有一万零九百英尺高，则命名为恐怖山”。这就是后来变成我们老友的两座山的由来，而当时他们所站立的地方，就是罗斯岛。

> 我们张满帆，驶近陆地时，看见一条低矮的白线，从目所能及的最东端延伸出来，气势惊人，越走近越显得高，最后看出是一座垂直的冰崖，高出海平面一百五十到两百英尺，顶上极平坦，向海

---

① 罗斯《南海之旅》卷一第117页。——原注

的这面也极整齐，没有一点裂缝或尖凸。①

这就是大冰棚②。罗斯跟随“恐怖”号的船长，从命名为克罗泽角的罗斯岛东端开始，沿大冰棚航行了约二百五十海里。克罗泽角这个陆地、海洋与会移动的大冰棚相遇之处，本书中会不断提到。回程中，他向南探索，那是在罗斯岛与西方山脉之间。二月十六日凌晨两点半，“埃里伯斯山进入视野，天气转为十分晴朗，整个海岸线看得清清楚楚，才发现山与大陆是相连的，与我们原先以为的不同”。读者知道，罗斯看错了，埃里伯斯山和恐怖山都位于一座岛上，与大陆间仅有一片冰相连。他又说：“观察到一座极深的海湾，从伯德角向西南延伸很远。”伯德是“埃里伯斯”号上一位高级军官的姓。

海湾里看得出有一片低地，但是看不清楚，必须靠近探究。虽然强烈的西风阻挠我们往那儿驶去，从桅顶上看，海面上也到处覆盖着新结的冰，我还是决心朝海湾行驶，去看个究竟。中午时分，我们到达南纬七十七度三十二分，东经一百六十六度十二分处，磁倾角南纬七十八度二十四分，磁偏角东经一百零七度十八分。

整个下午，我们差不多静止未前，看到埃里伯斯山几次惊人的喷发，火和烟冲得很高。但是跟上次一样，我们没发现火山口流出岩浆，虽然今天的喷发比上次强得多……

午夜过后不久（二月十六日与十七日之间），微风从东方吹来，我们张起满帆，向南行驶，直到清晨四点。三点左右，我们已经清楚地看到连接埃里伯斯山与大陆之间的土地，我以“恐怖”号上一

---

① 罗斯《南海之旅》卷一第 216 至 218 页。——原注
② 大冰棚，现称罗斯冰棚。——译注

位高级军官之名，把其间的海湾命名为麦克默多湾，以表彰他的热诚与技术。①

现在这里叫做麦克默多峡湾。

错把埃里伯斯山与大陆看成相连，是因为罗斯是从远距离外仰望小屋角半岛的，这半岛由埃里伯斯山西南角向西延伸出去。他还可能看到明纳峭壁，从大陆向东突出。两者之间，峭壁前面，就是白岛、黑岛和褐岛。以为这些陆地都连在一起，是难怪的。

罗斯破冰而入未知的海域，描绘出千百海里长的山脉海岸线，以及约四百海里长的大冰棚（这工作次年才接续完成）。他指挥两船深入极高的纬度，南纬七十八度十一分，比威德尔还高四度。探险队的科学成就也非常值得赞美，南磁极相当精确地测定了。不过罗斯感到失望："我一直希望南北磁极都能插上我国的旗帜，也许我的野心太大了。"

做任何事，他首先要求精确，地理上和科学观察上都是如此。还有他的气象记录、水温记录、水深测量，以及所经之处海洋生物的记录等，不仅丰富，而且可靠。

一八四三年罗斯回到英国，南极大陆确实存在的说法自然是更有力了。不过，并没有证据证明所发现的各块土地是相连的。即使到了一九二一年的今天，在现代仪器的佐助下，彻底探索了二十年以后，这块假想中的大陆除罗斯海域外，内部情况仍然不详，土地的边缘在约一万一千海里的海岸线中只有十余处地点探明。

赫胥黎博士在所著《胡克爵士传》②中，侧写胡克跟随罗斯探险的

---

① 罗斯《南海之旅》卷一第244、245页。——原注

② 约瑟夫·胡克（1817—1911），英国植物地理学家，曾到南极、印度、新西兰、北非、北美等地考察，研究美洲及亚洲植物的关系，证明进化论对植物学的实用价值。

过程，有几段写得很有意思。胡克是探险队的植物学家，兼“埃里伯斯”号上的医生助手，一八三九年离开英国时年仅二十二岁。政府给自然史研究的设备非常少，只有二十五令纸、两支采集植物用的管子，以及两只装活植物回国用的箱子，再没有别的了。没有仪器，没有书，也没有瓶子。船上贮物舱里的酒是唯一的保存剂。而他们回国后，带回的丰富采集品从来没有人做一个彻底整理。罗斯的科学任务是地球磁场，但他对自然史兴趣浓厚，把官舱的一部分让出来给胡克工作。“我几乎每天都在画图，有时候画一整天，一直画到半夜两三点。队长指导我。晚上，他坐在桌子另一边写写算算，我则在这一边画图。他不时会停下来，走到我旁边来看我做什么……”又说：“你或许猜到，我们有过一两次小口角，可能两个人当时情绪都不大好；但是他竟不嫌打扰，把他的官舱开放给我当工作室，这份慷慨是无可比拟的。”

第一次出航回来后，胡克写信说：

> 探险队在地理发现上的成就辉煌，显示只要锲而不舍，就能成功。因为我们其实并没有遭遇什么危难或艰苦。在极地航行者之间有一种同舟共济的精神，要维护已建立的令誉，因此像我们这种新手，就决心承受冻伤之苦，以最大耐心面对简单无趣的工作，像是凿穿冰块之类的。这类工作现在也没有了。不过我不打算告诉别人我的工作不难。我这里说的不是陆上旅行者，他们的艰苦是一般人闻所未闻的；我指的是没下船的人，留在温暖安适的船上，只要对冰有一点知识，并且小心谨慎，就行了。

在本书所述的斯科特探险之旅中，斯科特登岸后，彭内尔①指挥

① 哈里·彭内尔（1882—1916），“新地”号导航官、磁性研究员。

“新地”号做了许多科学工作，表现优异。彭内尔记述道：“未来的采集工作者不可能再遇到这样一个对海洋生物这么有热诚的队长，一直注意不失去增添样品的机会……”胡克可能也会这么说。

他的信中还透露，队员写信回家，不准提及科学上的成果。我们还看到胡克拿着他为自己准备的一块企鹅皮，跳下主舱，罗斯却正好从后舱上来，逮个正着。同样的事也曾在“新地”号上发生过！

罗斯返国，受到冷淡对待。一九〇五年，斯科特写信给胡克说：

> 初看之下，以他那么高的成就，受此待遇令人不解。不过我一向觉得罗斯未受到一般人的重视。你也曾说，他在所著的书中对自己的作为十分谦抑。我一直不知道巴罗这么讨厌，给罗斯的成就打了这么大的折扣。听你侧面描写这趟探险很有意思。①

胡克鼓吹南极探险的重要性，说南极洋中尽是动植物。斯科特的“发现”号就是在他的呼吁之下成行。谈到大批采集品，除矽藻外都未经处理，他写道：

> 相信以后的探险队带回的财宝会有比较好的命运，因为大洋中生命如此丰富，自然学者一点也不会无聊，不，在整个南极夏天二十四小时的白昼里，连一小时的空闲都没有。我认为比较南极和北极地区的海洋生物，将会开创生物史上一个新的时代。②

罗斯前赴南极时，一般以为海洋深处无食物、无氧气，也无光线，

---

① 赫胥里博士《胡克爵士传》卷二第443页。——原注

② 赫胥里博士《胡克爵士传》卷二第441页。——原注

因此也就无生命存在。罗斯调查的诸多成果之一是提出证据，说明实情可能并非如此。不过，直到一八七三年，为了架设海底电缆，才有必要研究海沟深处的情形。“挑战者”号①证明海洋深处不仅有生物，而且是相当高级的生物，那里的鱼还有视觉。现在已相当确定，有富含氧气的海流从南极洋向北涌流，暗藏在世界其他大洋的水面之下。

当时南极大陆已发现的边缘都在相当低纬度的六十六度附近，甚至还未进入南极圈，罗斯很幸运，在新西兰南方找到一个深入的内海，可以一直航行到高纬度的七十八度。这内海现在叫罗斯海，后来前往南极的雪橇队都是以这里为起点。我曾熟读他对于这些地点的描述，因为这些都是我这段历史的重要地点。我也曾强调罗斯在南极探勘史上的地位，因为凡能从海上做的，他都做了：深入到如此南边，查明这么多重要的事，接下来，就等另一位探险家接续他进行陆地上的探索。想不到等了六十年，下一位探险家才出现，那就是斯科特。六十年里，南极的地图差不多都没变。斯科特登了陆，成了南极雪橇旅行之父。

这段时间里，世人对纯科学与应用科学的兴趣都大增。一八九三年还有人指出：“我们对火星知道得比对地球上大片地区知道得还多。”一八七四年，“挑战者”号探险队在南极圈内待了三个星期，带回的寒带海洋标本引起好奇。另外，一八九五年，博克格雷温克②在阿代尔角登陆，盖了一栋小屋，这房子现在还在，对我们的阿代尔角小组人员帮助很大。博克格雷温克在此度冬，是人类第一次在南极圈内度过冬天。

---

① 1872年至1876年由英国海军部和英国皇家学会合作进行的海洋调查探险队，涵盖了127 600公里的海域，由内尔斯船长指挥，科学队负责人为汤姆森。

② 卡斯滕·博克格雷温克（1864—1934），出生于挪威，1888年移居澳大利亚。一八九三年随H. J.布尔率领的挪威海豹暨鲸业探险队出发探寻南极区鲸钓的可能性，于1895年1月24日登陆阿代尔角，成为登陆南极大陆的第一批人。1898年至1900年间他又进行了一场南极探险，深入到南纬78度50分。

另一方面，北极探险有了重大成就。帕里①、麦克林托克②、富兰克林③、马卡姆④、内尔斯⑤、格里利⑥和德朗⑦等人，在崎岖的冰原和未冻的水道上一海里一海里地奋勇前进，所用的装备在今天看起来堪称原始。为人类添加的知识若与他们所受的艰苦与灾难相比，很难说值不值得。对于有幸在斯科特之下服役的人来说，富兰克林探险队特别值得注意，因为曾经发现罗斯岛的两艘船“埃里伯斯”号与“恐怖”号，在富兰克林死后撞毁在北极冰原上；接着由克罗泽（就是罗斯探索南极时的船长，克罗泽角名字的由来）带队，进行了探险史上最可怕的一次旅程，到底有多可怕，我们永远不知道，因为没有人活下来告诉我们这则

---

① 爱德华·帕里（1790—1855），英国北极探险家暨海军少将。1819 年指挥“赫克拉”号探险队试图到达北极，以寻找通往东方的西北航道。

② 弗朗西斯·麦克林托克（1819—1907），英国海军军官暨探险家，1857 年至 1859 年成功搜寻到英国探险家富兰克林的遇难船只。他在先前几次搜寻之旅中大大改进雪橇极地探险的可行性。

③ 约翰·富兰克林（1786—1847），英国海军少将暨探险家，1845 年率官兵 138 人，乘船两艘“埃里伯斯”号与“恐怖”号，从英国出发探寻西北航道，在威廉岛外水域被冰块包围，全体人员先后遇难（1847—1848）。但此次航行证明了贯穿西北航道（大西洋和太平洋水域的加拿大北极水道）的存在。

④ 克莱门茨·马卡姆（1830—1916），英国地理学家暨作家。在英国海军服役期间于 1850 年至 1851 年率领探险队前往北极寻找失踪的探险家富兰克林。1893 年至 1905 年担任英国地理学会会长，后协助斯科特的“发现”号探险募款。

⑤ 乔治·内尔斯（1831—1915），即前文谈及 1872 年至 1876 年由英国海军部和英国皇家学会合作进行的海洋调查探险队“挑战者”号的船长。

⑥ 阿道弗斯·格里利（1844—1935），美国陆军军官、探险家，1881 年率 25 名官兵建立康格堡北极气象观测站，发现埃尔斯米尔岛西部的黑曾湖、格里利峡湾，因后援不及，吃皮衣度命，连他仅 7 人生还。

⑦ 乔治·德朗（1844—1881），美国探险家。1879 年 7 月乘“珍妮特”号从旧金山出发，穿过白令海峡，沿亚洲东北部海岸外侧向北极海内弗兰格尔岛航行。后被浮冰包围，向西北漂流了 21 个月后，于 1881 年 6 月 12 日被冰块挤破，当时船舰在北纬 77 度 15 分，东经 155 度处，次日沉没。船员和德朗乘小船逃出，但最后相继死于严寒和饥饿。其船骸三年后在格陵兰海岸浮冰块上被发现，证实洋流穿越极地的理论。

故事。现在，在伦敦喧闹的市街上，斯科特的塑像矗立在富兰克林与水手群像的对面。这两人自是有一些共同的信念。

英国人在北极的探索中领先，但是得承认，最好的一次旅行是挪威人南森于一八九三年至一八九六年开展的那次。由于在格陵兰海岸外发现一艘撞毁于西伯利亚群岛结冰海面的船只遗骸，他相信有一股水流从这群岛附近向西流经北极点，于是拟定一个大胆的计划，让他的船冻结在群岛岸边，然后等夏天冰融后，任凭水流把船带到北极点。为了这一计划，他打造了最有名的一艘北极探险船，叫做“前进”号。船是圆盘形，宽度为全长的三分之一，由科林·阿切尔设计。虽然大多数的北极探险专家不以为然，南森却相信当海面结冰时，船会被挤上冰面，而不会被挤碎压扁。关于这艘船怎样在十三名水手的操纵下进行了伟大的航程，怎样于一八九三年九月冻结在西伯利亚北边（北纬七十九度）的海冰之中，在冰的喧嚣压力下怎样摇晃颤抖，怎样果真浮出冰面，这故事在二十八年后说来，仍然惊心动魄，动人心弦。“前进”号于一八九四年二月二日漂流至北纬八十度。在这第一个冬天里，南森已经感到不耐烦，因为漂流得太慢了，有时候还会倒退。直到第二年秋天，才漂至八十二度。于是他决定下一年春天尝试驾雪橇北上。据南森告诉我，他认为这船终会到达目的地，这段时间难道不能做点别的？

这是历来极地探险家最勇敢的一项决定，因为这么一来，就等于丢下漂流的船，再也不能回船；回程得横越浮冰，直到陆地，而已知最近的陆地，在他出发向北处的南边将近五百海里之遥。这趟旅程要越过海面，也要越过冰面。

待在“前进”号上自然是安全多了。南森奇迹式的返回之后，格里利批评他说，把手下留在冰封的船上，实在是荒谬可笑的做法，应该要受到谴责①。在船上留守指挥的是斯韦德鲁普，约翰森则获选与南森同

---

① 南森《极北之旅》卷一第 52 页。——原注

行。若干年后他又登上“前进”号，随阿蒙森①航向南极。

极地旅行者对南森的雪橇之旅，兴趣集中在其冒险与艰苦上，反而忽视了他的装备，而这对我们探南极者是更重要的。现代化的极地旅行始于南森：是南森首先采用挪威滑雪橇改良而成的轻雪橇，取代由爱斯基摩雪橇演变成的英国式笨重雪橇。野炊炉、食物、帐篷、衣物，以及千百种现代旅行不能没有的装备细节，都是从南森开始，虽然在他之前当然有多少世纪的旅行者做过各种实验。南森自己描写英国探极者：“以他们所有的那一点经费，他们的装备实在是经过深思熟虑、细心安排的。太阳底下无新鲜事，我很得意的，以为只有我想到的创意，结果大都没有超出他们的预期。麦克林托克四十年前就用过同样的装备，在他们那个国家没有人穿过雪鞋，这不能怪他们……”②

以昔日的有限装备，勇敢冒险，去那么遥远的地方，真是可敬。斯科特是南极雪橇旅行之父，而南森则是所有现代极地旅行之父。

南森和约翰森是三月十四日出发的，当时“前进”号位于北纬八十四度四分，太阳刚回头往北几天。他们有三辆雪橇（其中两辆载着独木舟），二十八条狗。四月八日抵达最北的营地，南森的书里说，那是在北纬八十六度十三分六秒处。但是南森告诉我，做天文计算并写日志的是吉默伊登教授，吉默伊登教授认为由于光的折射作用，地平线看起来会比较高，因此观测结果应该打个折扣。南森因此在书里写的是打过折扣的纬度，而其实他观测时，地平线非常清楚，纬度应该比书上说的高。他用的是六分仪。

回程时，绕过推挤成山的冰块和未冻的水道，结果没能找到他们以

---

① 罗阿尔德·阿蒙森（1872—1928），挪威极地探险家，首次通过西北航道驶往阿拉斯加。他和斯科特的南极点竞赛相当闻名。

② 南森《极北之旅》卷二第 19、20 页。——原注

为在北纬八十三度处应该遇见的陆地。后来才知这陆地根本不存在。六月底，他们开始用独木舟，可是水道崎岖，小舟经常需要修理。他们扎营等候了很久，希望旅途会改善。南森一直注意到有一个白点，他以为是云。七月二十四日，终于看到陆地，就是那白点。十四天后抵达陆地，发现是一群岛屿，但是他们的手表都停了，不能测度那是什么地方。他们继续前行，沿着群岛向西、向南划行，直到冬天来临。他们用苔藓、石头和雪建了一座小屋，用海象的皮做屋顶。皮是当海象还躺在海里时就剥下的，因为这种动物太重，两个人还拖不上冰原。我认识南森时，这些他都已忘记，还不相信有这种事，看了自己写的书才信了。那年冬天他们无衣可换，衣服上浸满海象油脂，清理的唯一方法是刮掉它。后来他们用毛毯做新衣，用熊皮做睡袋，熊肉做食物，次年五月再度出发赴斯匹次卑尔根群岛①。航行了整整一个月，其间两度遇险——第一次是独木舟漂走，南森跳进冰冻的海里游去救回，差一点淹死，约翰森在岸上眼睁睁地看着，心急如焚；第二次是一只海象用长牙和鳍攻击南森的小舟。一天早晨，南森四面张望着冰冷的冰川与裸露的峭壁，不知身在何处，忽然听到一声狗吠，兴奋地朝那声音跑去，迎面见到在那里度冬的英国杰克逊-哈姆斯沃斯探险队②的队长。这才知道所在之地是法兰士·约瑟夫地③。南森和约翰森终于在挪威北边的瓦尔德登岸，得知“前进”号尚无消息。就在那天，“前进”号终于从封冻了它将近三年的海冰中脱困。

我不能在此详述“前进”号的经历，只能说，它漂流到北纬八十五度五十五分，在南森脚程南端之南仅十八海里。这两人的雪橇之旅和度

---

① 斯匹次卑尔根群岛，位于巴伦支海和格陵兰海之间，隶属挪威。

② 杰克逊-哈姆斯沃斯探险队，指英国探险家弗雷德里克·杰克逊率领的“向风”号北极探险队。

③ 法兰士·约瑟夫地，俄国最北边的群岛。——译注

过的那个冬天，与我们后来的探险队北方小组，经历上有许多共同点。在一九一二年那个漫长的冬天里，我们常常想到南森的这个冬天而心存希望。我们互相安慰说，以前有人成功过，为何不能再成功一次呢。果然坎贝尔那组人都活了下来。

南森启程前，冒险精神加上求知的热忱，已经把世人的兴趣转向南方。显然，以南极大陆的面积和气候，它很可能对整个南半球的天气状况有绝大的影响。磁场很重要，却包裹着神秘的外衣，而地球的南磁极附近一定可以做很多实验和观测。这块土地的历史显然可以说明地球的地质史，研究其地层形成和冰的移动对自然地理学家一定大有帮助。在南极，地理学家每天甚至每小时看到的地质活动，都是整个地球在冰川时期曾经发生的，而在别处他只能根据微小的残余做推测。至于南极在生物学上的重要性更吸引人，因为海中的生物或许能解开演化上的疑点。

斯科特的第一次探险，就是怀抱着这些目标和理想而去的。这支队伍的正式名称是“一九〇一年至一九〇四年英国南极探险队”，不过一般人都称它“发现”号探险队，以船名为队名。筹办单位是英国皇家学会与英国皇家地理学会，英国政府积极支持，主事军官与船员几乎全是海军官兵，至于探险队的科学目标则由五位科学家负责，他们不是海军人员。

“发现”号于一九〇一年圣诞节前夕离开新西兰，一进入南极圈便遭逢浮冰带。总是必须先穿过这浮冰带，才能到达比较开阔的水域。它只花了四天多一点的时间穿越，现在我们知道这算是很幸运的。斯科特在阿代尔角登岸，然后循六十年前罗斯的旧路，沿着维多利亚地的西海岸一路向南航行。途中，他开始寻觅可供船只度冬的安全处所。一九〇二年一月二十一日，船驶入麦克默多峡湾，他觉得这里有背风的海湾，船可以在此冻结，也可以由此寻路向南进发。

趁着海水封冻之前，他们调查了大冰棚北端的五百海里冰崖。越过这个罗斯一八四二年所到的最东位置，他们航入未知的世界，发现一个深湾，命名为气球湾。那里有一些白雪覆盖的圆坡，显然不是浮冰，而是土地。续向东航，浅湾与平缓的雪坡不见了，换成陡峭崎岖的峰脊。到最后，白雪之下的零星黑块变成毫无疑问的岩石，一片从无人知而现在唤作爱德华七世地的土地，在眼前矗立几千英尺高。前方出现厚浮冰群，季节也渐渐入秋了，斯科特于是返回麦克默多峡湾，把船泊在一片突出土地的尖端，在那里建了小屋，就把那里叫做小屋角半岛。在“发现”号那次，小屋并没怎么使用，但是在本书所述他的最后一次探险中，用处可大了。

第一个秋天，他们进行了多次短程旅行，各处探勘。不仅查明周遭环境，也在雪橇装备和日常作业上犯了许多错误。回顾“发现”号这些早期努力，倒是惊讶他们没有出更大的差错。读到狗队不肯启程；肉饼被认为太肥；两位军官议论着要攀登埃里伯斯山，当日来回；以及雪橇队员既不知怎么用炉子和灯，也不知如何搭帐篷，我不禁讶异于他们并没有遭致更惨痛的教训。“没有一件衣物经过测试。在普遍的无知当中，最糟糕的是漫无章法。”①

这导致一桩悲剧。一支雪橇队回程时，在城堡岩附近的半岛上遭遇暴风雪。他们扎好营，理应能吃顿热餐，舒舒服服躺在睡袋里。但是野炊炉的炉火却怎么也点不燃。他们穿着皮靴，衣服不够暖，一直被冻伤，于是决定拔营回船——现在我们知道这是很不明智的做法。在怒吼的风雪中，他们摸索前进，大部分队员都滑倒滚落一条几千英尺高的雪坡，坡底是陡峭的冰崖，其下是未冻的大海。这地方，在晴朗的夏天已很危险，在暴风雪中更是可怕。幸运的是，仅有一个名叫文斯的人，一

---

① 斯科特《“发现”号之旅》卷一第 229 页。——原注

路滚下陡坡，掉落海中。其他人是怎么回来的，只有老天知道。有一个外号“野兔”的水手脱了队，躺在一块岩石下面，三十六小时以后才醒来，身上覆满雪，却毫发无伤，连冻伤都没有。小屋角的那座小十字架就是为了纪念文斯之死。

队伍里有一个名叫怀尔德的水手，在文斯死后站出来领导剩余的五人。后来在沙克尔顿①与莫森②的探险队中，他也经常带队。当今之世，像他这样经得起考验的极地旅行者真是少之又少。

我叙述“发现”号这段早期雪橇经验不足的故事，只是想说明在南极陆上旅行中经验的重要——这经验可以是亲身的，也可以是听来或看来的。斯科特那队人在一九〇二年是先驱，他们付出代价，得到经验，幸好这代价没有更大。以后的每次探险都累积了经验。最重要的是汲取教训，不蹈前车之鉴。本书之所以不惮其烦，详尽述说方法、装备、食物与重量等，就是希望留下完整记录，供将来的探险者参考。“撰写极地旅行的记录，首要目的就是为后来旅行者做指引。作者主要是写给步他后尘的人看的。”③

“发现”号队员在第一个秋天的失败之后，调整适应、创造发明、善用资源，为接下来的两个夏天做准备，证明他们能够面对困境。斯科特承认“食物、衣服，每样东西都不对，整个做事方法都不好”④。他决心从错误中学习，设计出南极旅行的全套方法。经过一整个冬天的彻底整顿，一九〇三年十一月二日他重新出发，进行第一次探极之旅，同

---

① 欧内斯特·沙克尔顿（1874—1922），英国南极探险家。曾参加斯科特 1901 年至 1904 年的“发现”号南极探险队，乘雪橇穿过罗斯冰棚。后率领三次南极任务（1907—1909、1914—1917、1921—1922），1909 年到达南极磁区。

② 道格拉斯·莫森（1882—1958），澳大利亚地质学家、探险家，1907 年参加沙克尔顿的南极探险队，登上埃里伯斯山。

③ 斯科特《“发现”号之旅》卷二。——原注

④ 斯科特《“发现”号之旅》卷二第 273 页。——原注

行的是威尔逊[1]和沙克尔顿。

旅程详情我就不叙述了，总之，狗队情况很差，可能是因为带来喂它们的挪威鱼干在船通过热带时坏掉了。反正，它们都病倒了，旅程未完，所有的狗没死也不得不射杀。启程两周后，三个人就开始来回搬运——意思是说，把一部分东西运到下一站，再回来搬剩下的。他们就这样搬运了三十一天。

食物的分量不足，他们越到后来越饥饿。但是一直到十二月二十一日，威尔逊才告诉斯科特，沙克尔顿有坏血病的迹象。十二月三十日，在南纬八十二度十六分处，他们决定回头。到一月中，坏血病的迹象更明显，沙克尔顿病得很重，开始吐血。一月十八日，他昏倒了，但后来苏醒。有时候扶着雪橇走，有时候躺在雪橇上让人推，沙克尔顿活了下来；斯科特和威尔逊救了他一命。三人于二月三日回到船上，总计九十三天走了九百六十海里。斯科特和威尔逊都筋疲力竭，也都得了严重的坏血病。不过此行收获丰富，调查了约三百海里新的海岸线，对于旅途所经的大冰棚也了解了不少。

斯科特往南边去期间，另一组队员筹划调查了小屋角西面隔着峡湾的山脉和冰川。他们甚至走得更远，到了山脉与冰川之外的高原，攀到八千九百英尺（约两千七百米）的高处，极目望去，西边伸展着平坦的高原，南边和北边则看得见几座被冰川包围的孤零零的山头，更远是他们刚刚越过的高山。很显然，西面是可以走的一条路。

这一季他们做了多次旅行，不过我只提其中最重要的两次。我也不赘言他们在这片处女地上不断在做的科学工作了。这时候，补给船“早晨”号到了。本来“发现”号预定等这年四周冻结的冰一化开就返航，

---

① 爱德华·威尔逊（1872—1912），脊椎动物学家、医生、画家。斯科特在“发现”号与“新地”号两次南极探险中的队员。

但是二月将尽，冰却未融，显然这年的冰况与上一年大不相同。三月八日，“早晨”号仍与“发现”号隔着八海里宽的坚冰相望，而像“早晨”号那样低动力的船，三月二日不走已嫌太迟。于是，“早晨”号在三月八日启程回去了。到三月十三日，大家便放弃了“发现”号当年脱身的希望。

下一个冬天的情况与第一年冬天差不多。春天一到，雪橇队又上路了。在大冰棚上做春季之旅是非常辛苦的，只有日间有天光，气温一直很低，人非常渴睡，时生冻疮，衣服与睡袋都迅速积蓄潮气，结冻成冰，必须靠身体的暖气来融化之后，才能开始发挥任何保暖作用。一般认为这种旅行最多两周，而且因为太苦，通常不会去这么久。“等你参加了春季旅行就知道了”，这是老手常常拿来吓唬我们的话。比春季旅行长两倍时间的冬季之旅，大家根本想都没想过。我建议将来的探险者也只要想象一下就好了，不要实际去做。

这年最艰苦的旅行是斯科特和两位水手同行。这两位水手是埃德加·埃文斯和拉什利，本书中谈到很多。旅行的目的是向西探索高原的内部，他们取道费拉尔冰川，历经很多困难才上到冰帽，但是定向所需的资料（一本叫做《旅行者指南》的书）被风吹走。接着首次看出这巍峨高原的气候与位置会造成怎样额外的困扰。现在我们知道这高原一路延伸到极点，可能占南极大陆的很大一部分。那是十一月初，也就是夏初，但是工作环境与春季的冰棚上没有两样。气温降到零下四十几度，最糟的还是由西向东的顶头风吹个不停，伴随着低温和稀薄的空气，让拉雪橇这活儿艰难无比。支援队伍回营了，剩下三人继续，向西推进未知的雪原，没有任何标志可区别单调一致的崎岖景象。他们于十二月一日掉转回头，却发现雪橇很难拉动，更糟的是他们不知道确切的所在位置。在浓雾中偶然瞥见几片陆地，只让他们更加恐慌。因为没有多余的食物，他们不能等候天气转好，只得继续向东行进。冰川顶上到处有冰块拦路，他们在冰块间穿行，天色越发阴霾，飘起雪来，三人几乎是盲目前进。忽然拉什利滑了一跤，三个人一起加速度向下飞去，以极大冲力自空中跌落一座雪坡，减速成滑行。爬起来后向四面张望，发现是从一座三百英尺高的冰瀑上滚下，那上面仍在飘雪，但现在站立的地方却是蓝天当头。这时候他们才认出这就是他们来时的费拉尔冰川，就是那清楚记认的地标；远处冒着烟的就是埃里伯斯山。这是奇迹。

其他次要的旅行也都收获丰富，只是篇幅所限，而且与斯科特的最后探险没有直接关系，这里就不提了。不过，关于南极贵族帝企鹅，我还是要略说一二，一来因为这题材本身就很有趣，二来也与我们后来的冬季之旅有关。

南极企鹅有两种，小的是阿德利企鹅，穿着蓝色及黑色的外套，白色衬衫式前胸，重十六磅，给人带来无尽的乐趣与惊奇。大的是尊贵的帝企鹅，有长而弯曲的喙、亮橘色的冠和强壮有力的鳍状翼，重达六点五石①的体型。在科学上，帝企鹅比别的鸟更有趣，因为它比较原始，有可能是鸟类中最原始的。在“发现”号探险以前，世人只知道在浮冰群与南极大陆边缘有这种鸟类的存在，此外对它一无所悉。

我们听说克罗泽角是罗斯岛的最东端，大冰棚在此以强大的力量推挤、割裂山脉，堆叠上去。也是在此，冰崖向东绵延数百海里，冰棚在其后，罗斯海拍打其裂缝与洞穴，玄武岩断崖与它衔接。克罗泽角两侧都是玄武岩地形，隆起如门把，因此称为“圆丘”。巨人如果在这里度过童年，一定会很快乐，也干净多了——因为可以玩冰，而不是玩泥巴。

但是恐怖山的山脚就不一定是玄武岩了。西面的山坡平缓入海，阿德利企鹅利用这缓坡，作为它们最大的孵育地，臭气熏天。“发现”号

---

① 1石等于14磅。——译注

来到这孵育地时，曾派小船登岸，竖立标杆，钉上记录，作为下一年运补船的指引。这标杆至今尚存。后来想把标杆上的记录更新，最早的雪橇队之一便尝试越过冰棚，来找这个地方。

由于遭遇一连串极大的暴风雪，也因为克罗泽角实在是世界上风势最大的地方，他们没能抵达。不过他们证明了阿德利企鹅孵育地确实有一道后门，可从圆丘之后的恐怖山山坡进入。次年年初，另一支雪橇队安然取得记录，顺便探索周围地区，自克罗泽角尖端八百英尺高的玄武岩向下俯望，海面一片封冻，由冰棚边缘的冰崖围绕成的一片小冰湾，上面密密麻麻的小点，再看清楚，原来是帝企鹅。这里是它们的孵育地吗？如果是，它们一定是在隆冬产卵，在无法想象的寒冷和黑暗中孵育。

暴风雪来袭，这组人躲在帐篷内，过了五天才得以进一步调查。十月十八日，他们出发去攀爬冰棚平原与大海之间挤压形成的冰脊。他们发现猜测没错，那里是帝企鹅的居所，有几只正在哺育雏鸟。但是罗斯海所有的冰都已不见，只有小海湾的冰犹存。成鸟约有四百只，存活的雏鸟仅三十只，已死的约八十只。没有见到卵①。

“发现”号停留南边期间，队员又去了几次，大致都在春天，搜集到的情报如下：帝企鹅是一种不会飞的鸟，在海中捕食鱼类维生，就连孵育时也不登上陆地。为了一种当时我们不明白的理由，它们在冰上产卵，有时是在冬天，整个孵育过程都在海冰上进行。它们把卵产在蹼上，推到下腹部一片无毛的皮肤下面，以松垮下垂的皮和羽毛保护它不受酷寒。去得最早的一支队伍是九月十二日抵达，那时所有没破、没坏的卵都已孵出，在孵育地约有一千只成鸟。另一组人在十月十九日抵达，遇上长达十天的暴风雪，有七天他们出不得帐篷，但顶着强风去看视时，看见自然史上最有趣的景象。这故事必须由当时在场的威尔逊来说：

① 斯科特《“发现”号之旅》卷二第 5、6、490 页。——原注

暴风雪来临前一天，我们在恐怖山偏远的一座老火山口上，海拔一千三百英尺的高处，下方是湾冰上帝企鹅的孵育地，再过去是完全冻结的罗斯海，平坦坚实的白色冰面绵延到天边。以前沿着冰崖常会有一条水道，像弯曲的线条似的，向东一路延伸到视线以外，现在却没有。没有未冻之水，连裂缝都没有。但帝企鹅们却骚动不安，无疑是因为天气要变了。冰棚边缘通常有的水道不见了，表示罗斯海的冰在向南漂移。这件事本身就不寻常，是刮带雪的北风所致，而这又是西南暴风雪即将到来的前兆。天色阴沉可怕，气压计开始下降。不久，恐怖山的高峰上便飘起雪来。

这些警讯在帝企鹅看来是昭昭在目，而且是鸟尽皆知。因此它们惶乱不安。虽然冰还没有开始移动，企鹅们却先迁徙了。一长列队伍从湾冰朝冻结的大海移去，在裂开又冻结的边缘之外约两海里处，已经集结了一两百只。那天下午，我们注视着这大迁徙有一个多小时，才回到营地，更确定暴风雪迫在眉睫。果然，早晨醒来，南风大作，密雪纷飞，我们根本出不了营地。风雪持续了整天整夜，直到次晨才比较清朗，我们到冰崖边上去看下面的孵育地。

改变极大。罗斯海解冻将近三十海里宽，我们站立之处高于海面约八九百英尺，只隐约看得见在遥远的天边有一长条白色浮冰群。大片大片的冰仍在向外、向北漂移，帝企鹅们的迁移则正达高峰。又有两群企鹅等在濒临未冻海水的冰缘，另外还有几百只排成一列纵队，正朝向它们走去。等待的鸟群站立在所能走到的最远处，即将挣脱、漂移向北的下一片浮冰上。昨天离去的鸟群，留下途经的痕迹，到未冻之海那边消失不见，显示它们已经离去。冰崖下面剩余的企鹅数量明显减少，大概比我们六天前看到的少了一半。①

① 威尔逊《1901年至1904年英国南极探险队》动物学篇第二部第8、9页。——原注

从克罗泽角向东眺望大冰棚冰崖下的帝企鹅孵育地——威尔逊速写

又过了两天，企鹅仍在大举移民，不过走的好像都是无子一身轻的。有雏鸟待哺者则仍然蜷缩在冰崖下面，尽量避开暴风雪的吹袭。再过三天（十月二十八日），罗斯海中已不见冰，那个小冰湾里的冰也正在逐渐销蚀。大迁徙继续进行，仅有很少数的企鹅留存。

我在本书《冬季之旅》一章中就描述了帝企鹅在怎样的情况下产卵。在黑暗、寒冷和刺骨的强风中，企鹅们不分雌雄，怀抱着超强的母爱天性，但环境实在太恶劣，最后存活的只有约百分之二十六。我们的冬季之旅，目的是了解这种鸟的胚胎发育过程，并借此了解其祖先的发展史。威尔逊写道：

在帝企鹅身上，我们或许可以找到企鹅甚至鸟类最原始的形态，因此研究它的胚胎史可能非常重要。很遗憾，虽然找到它们的孵育地，也带回了一些被丢弃的卵和雏鸟，却不能取得一系列早期胚胎，不能研究我们最感兴趣的那部分。“发现”号在麦克默多峡湾度冬，从那里要想进行这项研究非常困难，因为那就得在隆冬季节摸黑拉雪橇旅行。至少要有三人同行，带着全副扎营设备，步行冰棚表面约一百海里，在黑暗中或在月光下，用绳索和斧头攀越克罗泽角附近高大的冰脊和纵横交错的冰隙。这段恶劣地形在日光下都需要两小时才能小心越过，而要去小湾上的孵育地，每趟来回都得经过。即使在日光下，也不可能拉雪橇或载运扎营用具过去，在仲冬的黑暗中就更不用说了。克罗泽角是风头雪乡，埃里伯斯山和恐怖山把每一缕空气都化成风雪。我说过，在这里，每次我们都得躺卧在潮湿的睡袋中，等上五天、七天，才等到比较好的天气，可以走出帐篷。就算这些困难都能克服，还得为企鹅卵预先做准备。七月初一定得到那里，如果抵达时没看到蛋，就应该标示出可能会产卵的企鹅，例如在冰崖下面做窝的那些。做好标记，就比较容易每日在月光下察看。这些需要种种条件的配合，我得说，在克罗泽角并不容易达成。但是如果运气好，诸事顺遂，到这时候就该在海冰上用雪块建造一座小屋，用烹饪炉暖蛋，免得胚胎在剥开前便冻死。又因为气温总在零度到零下五十度之间，需要用炉子融解液体溶剂，以备在各阶段准备工作上使用。整项工作无疑都很困难，但不是做不到。我把这些困难列举出来，是为了给将来有机会做这件事的人一点帮助。①

以后我们还会谈到帝企鹅，现在先回到“发现”号。它冻结在小屋角外面，与海水间隔二十海里的冰，季节渐渐入冬，眼看着今年又不太可能脱困，探险队还曾尝试锯开一条水道，却未成。一月里，斯科特与

---

① 威尔逊《1901年至1904年英国南极探险队》动物学篇第二部第31页。——原注

威尔逊拉雪橇旅行，在洛伊角过夜。早晨愉快地醒来，从帐篷门望出去，蓝色的大海非常美丽。忽然有两艘船驶入这画面。怎么会有两艘呢？其中一艘当然是“早晨”号，另一艘就是“新地”号。

原来英国当局听上一年的补给船回去报告说，“发现”号动弹不得，而船上与雪橇队里有好几人得了坏血病，颇为担心。为了确保补给品送到，派了两艘船来。这倒没什么，但是随船带来的指令却令水手们踌躇不安。当局命令，如果补给船要回去的时候“发现”号仍然脱不了身，斯科特就要弃船。水手们跟这艘船“已经有很深的感情，因为在船上经历了这么多事，这船已成他们温暖的家”①。接下来的几周，情况没有改变。他们开始搬运样本，做弃船的准备。对于脱困，他们差不多是绝望了。二月初他们尝试把冰炸开，没有用。忽然有了变化。是在十一日，冰迅速裂解开来，大家非常兴奋。次日，距离补给船只有四海里远了。十四日，听到“船开过来了，长官!”的报告声，所有水手都蜂拥到抵达湾上方的山坡上。斯科特写道：

海峡内的冰在裂解，速度快得惊人。一大片冰刚刚漂走，剩下的冰上又划开一大条黑缝，割开另一块冰，加入宽阔的浮冰群，迅速流向西北。

我从未见过如此壮观的景象。太阳低垂在我们脚下，眼前的冰面亮晃晃，远处的海及其上的水道则暗沉沉的。风几乎完全停止，没有一丝声音打破我们周遭的寂静。

但是在这一片宁静中，有一种看不见的大力在撕裂这张奇大的冰单，如撕裂一张最薄的纸。这时候，我们已经很清楚禁锢我们的牢笼是怎样的东西；我们曾在冰雪上蹒跚行走了多少海里，明白圈

① 斯科特《“发现”号之旅》卷二第327页。——原注

禁我们的大冰棚拥有强大无比的力量，知道最坚固的战舰也禁不起在它身上一击，也看过重达百万吨的冰山到它身边便停住不动。这些星期以来，我们奋力挣开它却不成。但现在，我们不需要说一句话，不需要做任何事，它自己融化开去，一两个小时后会连一点痕迹都不留，海水会拍打在小屋角的黑色岩石上。①

同样戏剧化的是，才脱离冰的禁锢，风雪大作，吹得“发现”号又搁浅在小屋角的浅滩上。一小时一小时地过去，看来只有毁了它，才能拖它离滩。正当大家觉得没有了希望，忽然风止，原本被风吹向湾外的海水回涌，“发现”号浮起，毫无损伤。这整个过程斯科特都写在他的书里，非常精彩。

若干年后，我在苏格兰一座狩猎屋里见到威尔逊，他正在为皇家委员会研究松鸡病。这是我第一次见识到他的人格魅力和他做事的方法。他和斯科特都想回南极去完成任务，那时我就决心要跟着去。当时沙克尔顿可能正在南方，不然就是正在筹备南下。

他是一九〇八年离开英国的，接下来的南极夏天，他的队伍做了两次成功的旅行。第一次由沙克尔顿亲自率领，共四个人、四匹马，十一月从度冬的洛伊角出发，在冰棚上向南，路线比斯科特的偏外。后来被向东延伸的山脉及冰川脚杂乱的地形所阻，才回到斯科特的路线。

但与冰川主流隔着一片现在叫做希望岛的土地，有一道狭窄而陡峻的雪坡，像一道大门，通往冰川主流。这组人勇敢攀越雪坡，上到比尔德莫尔冰川，这冰川十分巨大，比任何已知的冰川都大一倍以上。他们的探险历程会让每个人听得头皮发麻。从冰川顶，他们在困难的高原地形上朝南极点前进，到达南纬八十八度二十三分处，才因食物不足而不

---

① 斯科特《“发现”号之旅》卷二第 347、348 页。——原注

得不回头。

当沙克尔顿去探地理南极时，大卫教授①率领的另一组三人，跋涉了一千两百六十海里路，抵达南磁极，其中七百四十海里完全以人力来回搬运，没有任何机械或畜力的协助。这是非常辉煌的成就，一九〇九年沙克尔顿回到英国，很受瞩目。同年，在北极地区旅行了十二年的皮尔里②也抵达了北极。

斯科特于一九〇九年宣布将再赴南极探险。这次探险，就是本书所述的内容。

"新地"号于一九一〇年六月一日驶离伦敦西印度码头，而于六月十五日自加的夫启航，到新西兰重新整修，重新上货，把马、狗、机动雪橇及其他补给品及装备载上船，没有随船而来的军官和科学家也都在此上船。一九一〇年十一月二十九日，终于启程南下。一九一一年一月四日抵达麦克默多峡湾，我们在埃文斯角盖好小屋，卸下货，堆叠排列好，整个过程费时不到两周。之后不久，船便驶离了。留在埃文斯角由斯科特领导的这组人，称为主队。

为了进行科学研究，另一支小得多的队伍由坎贝尔率领，打算在爱德华七世地上岸。这组人登陆没有成功，回程中却发现一支挪威探险队，由阿蒙森率领，驾驶南森的老船"前进"号来到鲸鱼湾。关于他们的探险过程，有别的书讲述。阿蒙森探险队的成员之一是约翰森，即前文所述，南森著名的北极雪橇之旅的唯一同伴。坎贝尔和五个组员终于在阿代尔角上岸，在博克格雷温克所遗的度冬总部左近盖了小屋。"发现"号则由纳尔逊指挥，驶回新西兰，一年后携带更多的装备和补给品重来南极，两年后把探险队生还的队员载回文明世界。

---

① 大卫教授，澳大利亚地质学家，沙克尔顿南极探险队科研负责人。

② 罗伯特·皮尔里（1856—1920），美国北极探险家，三次探险，最后于1909年成功到达北极。

主队队员的探险和旅行次数多而且同时进行，因此我想在这里简述一下事件经过，可能对不熟悉这段历史的读者有帮助。至于已经知道这些事的读者，可以略过这一两页。

第一个秋天，有两组人马出外。第一组由斯科特率领，运一大批补给品到冰棚上去，为探极之旅先建立补给站，叫做运补之旅。第二组要在西方山脉进行地理研究——命名为西方山脉，是因为它位于麦克默多峡湾的西面。此行称为第一次地理之旅；次年夏天另一次类似的旅行则叫做第二次地理之旅。

一九一一年三月，两组人在小屋角的“发现”号老屋会合，等待海面结冰，好渡海向北到埃文斯角去。这段时期，留守埃文斯角的人员继续进行复杂的科学工作。一直到五月十二日，主队的全体人员才都回到埃文斯角，准备度冬。冬季的后半，三个人在威尔逊的领导下，跋涉到克罗泽角调查帝企鹅的胚胎，此行叫做冬季之旅。

接下来的夏天，也就是一九一一年到一九一二年，探极之旅耗费掉大部分雪橇队员的精力。机动雪橇队没出冰棚便回了头，狗队走到比尔德莫尔冰川底下也不行了。从那里开始，十二个人鼓勇向前。其中由阿特金森（军医）率领的一组四人走到南纬八十五度三分处，在冰川顶上回了头，这组人叫做第一回返队；两周后，在南纬八十七度三十二分处，又有三个人在埃文斯①中尉的率领下往回走，他们称为第二回返队。剩余五人，斯科特、威尔逊、鲍尔斯②、奥茨③和水手依凡斯，继

---

① 爱德华·埃文斯（1880—1957），此次探险期间担任“新地”号船长职务。

② 亨利·鲍尔斯（1883—1912），守望官，来自英国伍斯特郡的预备军官，身形矮小、结实，红发、大鼻，很快获得昵称“伯第”，意为“小鸟”。

③ 劳伦斯·奥茨（1880—1912），第六皇家骑兵队队长，因在南非战争受伤略微跛足，负责照顾小马，这正是他的专长。当时 8 000 个志愿申请登“新地”号赴南极探险者中，有几个人附带提供捐款，作者和奥茨都捐助了 1 000 英镑。捐钱者中，只有奥茨和本书作者获准加入。

续前进。他们于一月十七日抵达南极点，发现阿蒙森在三十四天以前已经先到过了。他们往回走了七百二十一海里，在距离度冬总部一百七十七海里处死亡。

两支支援队伍都安然返回，但埃文斯中尉患坏血病，病得很重。本应从一吨库运出给探极队回程使用的补给品，到一九一二年二月底还没能运出。由于埃文斯生病，计划匆忙改变，由我带领一名少年和两支狗队去运送这些食品。任务完成，此行叫做赴一吨库的狗队之旅。

现在再回头谈坎贝尔所率领，一九一一年初在阿代尔角登陆的六个人。一九一一年至一九一二年这个夏天，因为海冰被风吹走，又找不出翻过后山通往高原的途径，雪橇旅行的里程很少。因此，一月四日"新地"号在埃文斯小湾的墨尔本山附近出现时，他们决定干脆登船。那时他们尚余够进行六周雪橇旅行的配给品，以及饼干、肉饼和别的食品。这地方在阿代尔角以南约二百五十海里，距我们在埃文斯角的度冬总部约二百海里。一九一二年一月八日深夜，他们就在这里扎营，目送船驶出海湾。已说好船将在二月十八日来此接他们。

再回到麦克默多峡湾。我的两支狗队于三月十六日从一吨库补给站筋疲力竭地回到小屋角。从大冰棚到小屋角之间的海冰仍存，但从小屋角往外就都是未冻的海水了，因此无法与埃文斯角那边联络。阿特金森那时与一名水手在小屋角，我抵达时，他告诉我情况是：

船已开走，由于季节已深，不可能回来。搭船离去的有患坏血病的埃文斯中尉和本就预定今年返家的另外五位军官、三位水手。所以在埃文斯角就只剩下四名军官与四名水手，再加上在小屋角的我们四人。

糟糕的是，由于浮冰群阻挡，船完全没法去埃文斯小湾接坎贝尔一行。他们已经再三尝试冲过去，都不成功。坎贝尔他们会在那里过冬吗？还是会尝试沿着海岸拉雪橇回来？

斯科特不在，在遭遇如此重大的问题时，本来当然是由埃文斯中尉来指挥，但他因病已搭船回英国。这重担便落在阿特金森肩上。我希望我在本书里清楚说明这任务的艰难，以及他处理的得当。

狗队来到小屋角后，这里有我们四人，隔着海水，得不到埃文斯角那边的救援。其中两人累得再也无法拉雪橇，而狗队也完全没力气了。日子一天天过去，探极队始终不见踪影，令我们在忧心坎贝尔那组人外，更添忧心。冬天很快到来，天气很不好。两个人能做的事很有限，到底该做些什么？什么时候做成功的可能性最大？在阿特金森所有的大烦恼之外，他还要为我担心，因为我病得很重。

最后他做了两项尝试。

第一项，他与水手帕特里克·基奥恩于三月二十六日启程，拉雪橇去冰棚上。他们发现路况很糟，到角落营之南数海里处便回头了。不久我们得知探极队一定已经死了。

需要尽早与埃文斯角的度冬总部联络上，才能做进一步尝试。四月十日，海冰新结，阿特金森便拉雪橇过了海湾。援手于四月十四日抵达小屋角。

第二项尝试很快展开。四个人组队，准备拉雪橇上西海岸，如果坎贝尔一行要从那儿回来，可以中途会合并帮忙。这项尝试虽勇敢，却不成功，其实也在意料之中。

接下来那个冬天发生的事，本书会详细叙述。阿特金森必须决定是放弃搜寻探极队（他们想必已经死了）和记录文件，还是放弃坎贝尔那组人（他们可能还活着）。剩下的人手不够做两件事。我们相信探极队一定是因为坏血病而不支，不然就是不幸掉落冰缝而亡。我们以为若非这两项原因，他们回家不会有困难。真正的原因我们压根儿没想到。我们决定让坎贝尔等人自行摸索下海岸，而去寻找探极队的记录。我们很惊讶地发现探极队埋在雪中的帐篷，就在离小屋角约一百四十海里处，离一吨库更只有十一海里。他们是三月十九日到那里的。帐篷内有斯科特、威尔逊和鲍尔斯的遗体。奥茨则在前面十八海里处，自己走进暴风雪中而死。水手依凡斯在比尔德莫尔冰川底便倒下了。

找到遗体和记录，搜寻队伍便返回，计划再去西海岸寻找坎贝尔等人。我带着狗队抵达小屋角时，打开小屋的门，仿佛曾看见坎贝尔手写的字条钉在门上，但是这件事在我的记忆中十分模糊。反正好几个月都没他们的消息。以下是他们的经历。

起先坎贝尔等人在埃文斯小湾登岸，带着六周雪橇旅行所需的配给品，外加两周六人份的一般配给、五十六磅糖、二十四磅可可粉、三十六磅巧克力和两百一十磅的饼干，以及一些备用衣物。换言之，在六周的雪橇旅行之后，他们所余的食品仅能勉强支撑四周。他们还有一顶备用帐篷和一个多出的睡袋。没有人想到船会没法在二月下旬去接他们。

坎贝尔一行的雪橇旅行顺利，在埃文斯小湾地区做了地理研究工作。之后他们便在海岸边搭营，等待船来接应。举目所见，海湾内怒涛澎湃，却不见船的踪影。他们猜想船一定触礁了，其实是在这小湾之外，他们视线不及之处，有厚浮冰群挡住来路，纳尔逊再三尝试冲过去，到后来，再不走船就要冻在那里了。他始终没能驶到距坎贝尔二十七海里以内。

这时候，带雪的暴风开始不断从他们身后的高原吹向面前的未冻之海。恶劣的天气使他们的处境更为艰困。埃文斯小湾内这片叫做难以形容岛的地面尽是圆石，强风吹袭时，行走必须向风倾俯，若风骤然止住，一不留神就会扑面跌倒。左思右想，他们决定做就地度冬的准备，等来春再拉雪橇回埃文斯角。他们没有打算在三月或四月拉雪橇走海岸。可是在小屋角的我们完全不知道他们会怎么做，因此阿特金森才会在一九一二年四月率队往西寻找他们。

被困的这六人分成两组，每组三人。坎贝尔带头的第一组，从六英尺高处跌落，掉进一个大雪堆，顺势挖了一条甬道，末端挖成十二英尺长、九英尺宽、五英尺六英寸高的洞穴。利维克（军医）带的第二队，把能找到的海豹和企鹅都杀来吃了，可惜数量实在有限，他们总是吃不饱，直到仲冬之夜才饱餐了一顿。他们的帐篷已破损，不能任凭风吹，因此总得有一人轮值看守。

到三月十七日，洞穴挖好，坎贝尔等三人住了进去。地质学家普里斯特利描写了这一过程：

> 三月十七日晚间七点。整天吹着西南风，到晚上转强。我们这一天很辛苦，不过总算搬运了够多的东西入洞，可以暂时住在里面了。大家的情绪都很坏，不过都控制住了……我希望再也不必走像今天这三趟的路。每次风一稍停，我就朝风摔倒；而每阵大风吹来，我又被风吹弯。有十几次，我被风刮得站不住脚，扑向地面，甚至撞到坚硬的石头。另两人也一样。水手迪卡森摔伤了膝盖与脚踝，带鞘小刀也弄丢了。坎贝尔则在两趟路程中遗失了指南针和一些左轮手枪的子弹。不过总的来说，我们都走过来了，也算幸运。①

幸好刮风而没有雪。两天后，同样刮着大风，早上八点，另一组人的帐篷垮掉。到下午四点，太阳快下山了，他们才收拾停当，要出发去寻找另一组同伴。利维克如此描述：

> 做好这些事（绑紧残余的帐篷等），我们才动身。首先，要迎着扑面而来的冷风，走过约半海里长透明的蓝色冰。我们根本站不起来，只好手脚并用地爬过去，遇强风则趴着。到得那边，大家都累坏了，脸也冻伤得很厉害。同行之人的面色令我印象深刻，铅青色的脸上有一块块的白色冻伤。不过那边有几块大石头可以遮蔽，

① 普里斯特利《南极冒险》第232、233页。——原注

我们在石头底下等到鼻、耳和颊都解冻了，才继续往前。又爬了六百码，到了一座半完工的冰庐，另外三人就在那里面。我们在外面喊叫，他们出来让我们进去，热烈欢迎我们，请我们吃了有生以来最温暖的接风餐。

普里斯特利接下去讲道：

另一组人逃亡而至后，我们做了肉饼粥请他们吃。热热地饱餐了一顿之后，大家心情好起来，唱歌唱了一两个小时，忘却烦忧。现在回想起来，那真是一幅快乐的画面，一闭起眼睛，就会看到在冰雪中挖掘成的那个小洞穴，帐篷权充的洞门啪啪作响，靠着冰斧与铲子交叉压住。洞里点着三四盏小油灯，发出淡黄色的光。洞的一边是坎贝尔、迪卡森和我，疲惫地工作了一天后躺在睡袋里休息；另一边，尚未整平因而高起的地面上，利维克、海军士官布朗宁和阿博特坐在那里谈论他们用海豹煮的肉汤。炉子开心地吱吱叫着，上面的锅里烧着有颜色的水，是我们代替可可的饮料。客人暖和起来后，两组人便开始互相嘲笑，一来一往十分热闹，不过我们今天占上风，因为他们那组人最近灾难连连，连家当都弄丢了。忽然有人唱起歌来，立刻有人附和，炉子的声音马上听不见了。大家喜欢的歌一首一首拿出来唱，音乐会开了大约两小时。灯将灭，吃下去的肉汤和可可也抵不住寒冷的侵袭，歌手一个个冷得发抖，大家才回到现实。这天晚上我们两个人挤一个睡袋，不舒服到极点，没有人有心情开玩笑了。等第二天，一切都安然度过了，再开玩笑不迟。不过，假如还有人要与我们分享睡袋，只要装得下，我们仍然欢迎的。①

① 普里斯特利《南极冒险》第236、237页。——原注

在这样的精神下，这群勇敢的人准备度过世上最艰困的冬天。他们很饿，因为狂风把海冰都吹走了，无冰的海湾没有海豹上岸。不过，也有欢喜的日子，像是布朗宁猎得一只海豹，在它的肚内找到“尚未怎么消化，因此还能吃的鱼”，共有三十六条之多。他们盼望再碰到这样的好事。“后来再也没有猎到肚内有可食之物的海豹，但是我们总是盼望着，因此每次猎海豹都像是一次赌博。每当看到一只海豹，就会有人说：‘鱼！’猎得之后，大家总是先剖开它的肚腹看看。”①

他们熬海豹油吃，用海豹油照明。衣服和用具全浸透了海豹油，他们的手、脸、睡袋、锅炉、墙壁和屋顶，都被油烟熏黑；油烟呛哑了他们的喉咙，熏红了他们的眼睛。浸了海豹油的衣服不大保暖，而且很快就破烂了，挡不住风；油脂冻在里面，衣服都能自己立起。又常常受到刀子刮伤或企鹅皮摩擦，脚下也总是一块块大花岗岩，即使在天光下、无风时，行走也很困难。利维克说：“通往地狱的道路也许是以善意铺成，不过地狱本身恐怕是用难以形容岛这种材质铺成的。”

也有快乐时光：终于等到的一块糖，歌唱大会——关于这还有一个故事。一九一二年十一月，坎贝尔那组人和主队剩余人员在埃文斯角重新聚首，坎贝尔带领礼拜唱诗。第一个周日我们唱《赞美主，天使崇拜他》，第二周、第三周也都唱这首。我们建议换首歌唱，坎贝尔问：“为什么要换？”我们说不然太单调了。“不会，不会，”坎贝尔回答说，“我们在难以形容岛上都是唱这首。”这大概是他唯一会唱的一首歌。除了这首外，《颂主曲》和《老国王科尔》也是他们在岛上常唱的诗。朗读的书有《大卫·科波菲尔》《十日谈》《史蒂文森传》《圣经·新约》。他们还做军操，办演讲。

由于食物无可选择，他们最大的问题是坏血病②和食物中毒。从一

① 普里斯特利《南极冒险》第243页。——原注

② 阿特金森确认北队队员出现的身体病征是早期坏血病造成的，冰庐内的温度会造成海豹肉发生腐败现象，刚从户外捕获的海豹肉则有助于减轻坏血病的病征。——原注

开始他们就决定把配给品省下来，等来春拉雪橇走海岸时使用，在那以前就必须靠猎食海豹与企鹅维生。第一次有人患痢疾是在初冬，原因是用了海水提炼的盐。在他们的雪橇旅行配给品中原有一些岩盐，拿出来使用了一周后，痢疾止住，他们也渐渐习惯了海盐。只有以前便患过伤寒的布朗宁，差不多一整个冬天都下痢不止。若不是他个性勇敢活泼，恐怕活不过来。

六月间，痢疾又爆发了一次。另一件让他们担忧的事是所谓"冰庐背"，由于身体一直不能站直，造成的背部持续痉挛。

接下来，九月初，发生了食物中毒，是吃了放在饼干盒子里太久的肉所致。这盒子别号"烤箱"，吊在油炉子上，用来解冻肉，底部不是很平，角落里积存了一汪血、水和肉屑混合的汁。另外他们也吃了一锅弄脏的肉汤。因为粮食不足，他们舍不得把这些东西丢弃。病情严重，布朗宁和迪卡森差点没能保住性命。

难过的日子是最初得知船不会来接他们的时候；忧郁的时候、生病的时候、饥饿的时候，以及三者同时袭来的时候；找不到海豹可猎，好像得在冬季下海岸的时候——幸好阿博特用一把油腻小刀猎得两只海豹，解除了紧张，但他却不幸失去三根手指头。

快乐的时光，或是比较不难过的日子，像是仲冬的晚上，他们吃得饱饱的，手中还有吃不完的食物，或一口气唱完《颂主曲》，或猎得企鹅，或从医疗箱里找到一份芥泥。

他们还是很开心、很融洽，在每件事情里寻找趣味；就算有一天实在情绪不佳，也下定决心第二天要朝好处想。而且，他们形成一个非常紧密的团体，后来在麦克默多峡湾和我们会合时，我发现他们之间的密切是我从没见过的。

九月三十日，他们启程返家——他们这么称呼我们在麦克默多峡湾的总部。这是一趟沿着海岸、约两百海里长的雪橇旅行，走不走得通，要看海冰有没有结——我们从埃文斯角看是没结。还要横越高高隆起的德里加尔斯基冰舌[1]。十月十日晚间，他们抵达这冰川的最后高丘，就看见一百五十海里外的埃里伯斯山。把冰庐和过去抛在脑后，埃文斯角和未来就在眼前——海冰，在目所能及处都是冻结的。

动身时，迪卡森因痢疾不良于行，不过病情已有改善。布朗宁则仍然很虚弱。好在现在他们吃旅行口粮，每天可以吃四片饼干、少量肉饼和可可，比继续吃海豹肉应该好些。动身一个月后，在花岗岩港附近，他病得更重，队友们讨论是否应该把他留在那里，由利维克陪着他，等队友从埃文斯角取药品和适当的食物给他。

但他们的困境就要过去了。快到罗伯茨角时，忽然看到泰勒（地质学家）去年留下的库藏。他们像狗似的在雪地里抓爬搜寻了一番，结果找到一整箱饼干，还有奶油、葡萄干和猪油。他们坐下来吃了又吃，等再上路时，嘴巴都嚼酸了[2]。更好的是，布朗宁的命无疑因为食品的改变而捡回来了。沿着海岸走，他们又发现另一个库藏，然后又是一个。十一月三日，他们抵达小屋角。

北队的故事，有两位最适合讲述的人写过：坎贝尔在《斯科特的最后探险》的第二册中写了，普里斯特利在另一本叫做《南极冒险》[3]的书里也写了。我只在这里添加这么几页，因为除非与主队或船有关，我还是不要做二手叙述的好。我只想说，这队人所做的事和所受的苦，由于探极队更大的悲剧而未受重视。他们并不祈求大众的掌声，但他们的伟大历险也不应被埋没，反而更值得传颂。没有看过的读者，我建议找

① 此冰舌的名称取自德国探极冒险家德里加尔斯基（1865—1949），他在1901年至1903年间率领德国探极小队32名组员前往南极，其间发现威廉二世地并进行了广泛的科学研究，成果集结成多达20册的报告。

② 脆弱的牙龈和舌头无疑是坏血病的另一项征兆。——原注

③ 1914年由弗希尔·昂温出版社出版。——原注

上述两本书来读读。

一九一三年一月十八日，我们正开始准备在南极再过一年，“新地”号来到埃文斯角。剩余的队员就在春天里回到了家。斯科特的书那年秋天出版。

《斯科特的最后探险》一部两册，第一册是斯科特的个人探险日记，在拉雪橇旅行时是每晚钻进睡袋前写的，在度冬总部时是在诸多杂事的空当中写的。本书读者可能已经读过他的日记和冬季之旅的描述，以及关于最后一年和坎贝尔小组的历险记录。这里我引述《喷趣》杂志的一位员工①对斯科特之书的一段评论：

> 第二册里所显现的勇气、强韧、忠诚和友爱，不输给第一册。死了的是英勇的绅士，活下来的也是英勇的绅士。但是让这本书跻身伟大著作之林的，还是斯科特自己用日记述说的他的故事。这故事从一九一〇年十一月开始，到一九一二年三月结束。读到最后几页，好像已经与斯科特共同生活了十八个月，你不能不为之落泪。第一次读到那封致大众公开信已经感动莫名，但那时还觉得是在读一个英雄怎样倒下的故事。读完日记以后，会觉得讲的是一个好朋友怎样丧命的故事。读了这本书，像是认识了斯科特这个人；如果要我描写他，我大概会套用他在死前六个月描写威尔逊的话：“要谈威廉斯的好，总让我词穷。”他写道：“我相信他是我所见过最好的人。越接近他，越能感受他的好。他人品端正，可信可赖。不管遇到什么事，比尔都会非常踏实，非常忠诚，非常无私。”既然斯科特这么说，威尔逊一定确是如此，因为斯科特善于识人。但这些

---

① A. A.米尔恩。——原注

米尔恩（1882—1956），英国作家，童话故事小熊维尼的原创者。曾担任英国幽默杂志《喷趣》的编辑。

话差不多也可以拿来形容他自己。日记中无意间显露出来的伟大人格，是我从未在别人身上见到的。他的慈悲、勇敢、信念、坚定，尤其是他的单纯，标举他成为人上之人。正因为这份单纯，他的临终信件、最后日记才散发出那样不朽的光辉。他在临终前写给威尔逊太太的那封安慰信（也差不多是道歉信），诚挚动人之至，可算是斯科特的纪念碑。他也替其他死去的勇士们立了纪念碑——威尔逊、奥茨、鲍尔斯、依凡斯，他在最后几页里清晰地描绘出他们的面貌，鲜明呈现出他们的个性。这些人，也都成了我们的朋友，他们同样死得高贵，死得让我们心碎。我说过，活下来的也有很多勇士，书里描述了他们惊心动魄的故事。这套上下两册的书，述说的是一个精彩的英勇故事，我虽已读完，那些勇敢的人仍将在我脑海萦绕……越回味，越为死去的人感到骄傲，自己也越谦卑。

我引用这么一大段书评，是因为我们回国后受到的英雄式崇拜在此文中可嗅出气息。受到崇拜当然很好，但是在这样的气氛下，一般人就无法看清楚探险队的科学价值，而如果没有科学价值，探险队就没有意义。我们所受的苦、所冒的险固然比别人都大，但若仅是如此，也没有什么值得骄人之处；而记录和样本如果没有保管好，则活着回来或死在路上，一百年后也没什么两样。

除了《斯科特的最后探险》和普里斯特利的《南极冒险》之外，主队的地质学家泰勒也写了他带队完成的两次地质之旅，以及到一九一二年为止，我们在小屋角与埃文斯角的生活，书名叫《与斯科特同行：乌云背后的亮光》，透露了我们生活中喧闹的一面，也提供了科学方面的有用资讯。

坎贝尔那队的医生利维克写了一本小书《南极企鹅》，虽然与本书无关，我还是忍不住要提醒读者，并且向他致谢。这书讲的几乎全是阿德利企鹅，作者有大半个夏天住在全世界最大的企鹅孵育地。他描写它们拥挤的生活，十分幽默，一般人可能都忽略了，而他叙事的简洁更胜许多童书作者。如果你觉得生活艰苦，想要脱离一个小时，我建议你去求、去借、去偷这本书来，看看企鹅是怎么过日子的。书中所述都是真的。

总而言之，关于这次探险有很多书，不过没有一本是包含全貌的。斯科特如果生还，他写这趟探险，日记一定只是用来打底。他日记的价值当然无可取代，但是日记是个人发泄郁闷的唯一窗口，因此斯科特的书就显得忧郁。

我们知道每次探险都应详尽记录所做的改善、重量和方法等。南森等探险者发展出来的这套方法，斯科特怎样运用在第一次南极雪橇旅行上，我们也都看到。在他所著的《“发现”号之旅》中，斯科特生动描述了各种错误和改进。沙克尔顿汲取了第一次探极之旅的教训，斯科特也从中学了乖。整体而言，我相信这次探险的装备比以往历次都好，把探索和科学的双重目的都考虑进去了。只为单一目的挑选装备和人员是比较容易的，而要兼顾两个目的就要困难很多倍。斯科特和队员们都不愿只为探极这一个目的去，不过他们认为探极是值得尽力达成的目标。他们的态度是：“我们冒险，我们知道此行有风险，后来事情发展不利，我们没有理由抱怨……”

这样一种做事系统，我不敢说完美，但是付出这么大的代价，发展到相当精密的地步，一定得完整传授给后来之人。我讲述这个故事，希望以后的南极探险领袖能够拿起这本书来说：“根据这本书，我知道该订什么，订多少，给这么多人，在这么长的时间使用。我知道斯科特曾经怎么使用这些东西，他所定下的计划实行起来如何，他的队员在过程中做了哪些修改，对后人有些什么建议。我对其中哪些地方不是很同意，但这是一个基础，可以节省我很多个月的准备时间，对于探险的实际作业提供有用的知识。”如果这本书能让将来的探险者鉴往知来，就不算白费笔墨了。

不过，这不是我写这本书的主要目的。一九一三年我开始写作时，是以叙事官身份替南极委员会写的，条件是让我放手去写。我最想做的是说明我们做了些什么事，是谁做的，谁的功劳，谁的责任，谁拉了最多雪橇，谁带领我们度过最后最苦的一年（那一年，有两支队伍失踪，谁也不知道该怎么办，时间再拖下去，大家都要发疯了）。这些事都没有记录。我通常只是受别人领导，没有太多责任，而且常常吓得要死，很多情况我根本不清楚，我自己也知道。

很不幸，我无法以叙事官漠不关己的间接方式来讲述这个故事，我的方式是诚挚的个人告白。这使得南极委员会很为难。让他们不为难的唯一方法就是把这本书收回来，因为这不是他们想要的，虽然没有一位委员能说其中有一字不真。官方报告应该正经八百、四平八稳，跟博物馆里的科学报告一起在架子上招灰。而且，依照委员会的要求，“每次都说清楚开始的时间、行进了几小时、地面与天气的状况”。这些对未来的南极探险者没什么用处，对洗涤作者的灵魂也没有帮助。因此我决定独力承担这不能分割的责任。不过，委员会让我自由取用他们的资料，可以说他们才是正式的叙事官，只是本书使用的研究结果我都尽量以个人风格呈现，委员会没有丝毫责任。

我应该不用多解释，本书的写作拖延了九年是因为战争的缘故。我还没有从探险的过劳中恢复过来，就已经到佛兰德①照管一队装甲车了。参与战争与南极探险在一件事上相似：做了过河卒子，只有拼命向前。我从战场归来，身心俱疲，这本书只得等待。

---

① 佛兰德，欧洲西部地区，滨北海，包括比利时的东佛兰德省和西佛兰德省以及法国北部和荷兰西南部的部分地区。

第一章
从英国到南非

短暂离开你在岸上的美人儿，
以将归的誓言堵住她们的悲怨，
虽然你再也不打算回转。

——《荻朵与阿尼亚斯》①

斯科特常说，当准备工作完成时，探险行动最困难的部分便结束了。所以，一九一〇年六月十五日，当他看见“新地”号驶出加的夫港进入大西洋时，他一定是大感宽慰。加的夫港热烈欢送探险队出发，斯科特还宣布“新地”号返回英国时，将以加的夫为第一个港口。整整三年后，“新地”号由纳尔逊指挥，一路由新西兰回航，于一九一三年六月十四日重抵加的夫港，全员给薪解散。

打从一开始，一切都随意而愉快，有幸随船航至新西兰的人，虽然在船上五个月很不舒服，工作也很辛苦，回想起来却是整个探险过程中最快乐的时光。对我们有些人而言，出航的旅程、在大块浮冰上往南漂流的三个星期，以及在小屋角的鲁滨逊式生活，是最可贵的记忆。

斯科特说得很对：探险队成员只要有可能，都应随“新地”号出发。也许他要求队员多多磨炼，而在船上确实是试验我们勇气的好机

① 英国作曲家亨利·普赛尔（1659—1695）的歌剧作品。罗马神话中，迦太基女王荻朵因遭特洛伊战争英雄阿尼亚斯遗弃而自杀。

会。我们这些人，包括航行军官、科学组员、水手、职工等，都是从八千个志愿者中挑选出来的。

我们这伙人与一般商船上的人完全不同：组成分子不同，工作方式也不同。航行军官是从海军里物色来的，水手也是。科学组员中有一位医生，但不是海军军医，倒是个兼任科学家。此外有两个斯科特称为“打杂”的人，就是奥茨和我。科学组共有十二人，但只有六人上了船，其余的要到新西兰的利特尔顿港才加入，从那里，我们航行往南极的最后一段。在船上的人当中，威尔逊是科学组组长，他是个脊椎动物学家、医生兼画家，而且，读者不久便会看出，他是船上任何人求救时随叫随到的好朋友。埃文斯中尉是船长，坎贝尔为大副。各军官立即排定轮班守望。水手分为左舷与右舷两班，与一般的船一样有一套人员递补制度。除此之外，船上无人有绝对固定的工作。船上的惯例如何我不知道，在我们船上差不多都是志愿从事。大家默认只要手头工作许可，有需要做的事就该立刻帮忙，但这完全出于自愿——谁愿意去把帆收紧，去加煤，去搬货，去抽水，去涂油漆或洗掉油漆？不断有这样的呼声，有些几乎是日夜不停每小时呼叫一次，从无一次无人应答。不仅科学组员如此，连航行官们，只要固定职责之外尚有余裕，也一样应声帮忙。没有一位航行官不是运煤运到看了就怕的地步，可是从没听到有人抱怨。这样的工作方式让人很快看出谁最乐意工作，但这些人的压力就大得不公平。另一方面，航行官和科学家们也都各有其本职待完成，应该优先去做。

自英国出海后的头几天，工作辛苦而密集，但我们很快适应了。接着我首次注意到威尔逊的天赋机智，他能慧眼立辨有关键作用的小事，同时他对工作的热情立下很高的典范。纳尔逊是另外一个工作狂。

出海八天后，六月二十三日下午四点，我们在非洲马得拉群岛①的

---

① 马得拉群岛，位于非洲西北大西洋中，英国直辖殖民地圣赫勒拿群岛的一部分。

丰沙尔港下锚。八天里，我们用帆，也用蒸汽机行驶过这船，甲板极尽清洁之能事。有一些油漆工作待完成，在港口好好清理一下，它看起来就焕然一新了。有一些科学工作，尤其是拖网与磁性观察，已经在做了。不过这么早我们已开始每天花几小时抽水，显然抽水工作将是我们持续的噩梦。在马得拉跟在别处一样，抽水这类工作是有需要就吆喝人去做的。六月二十六日清早，我们离港。启航前，纳尔逊已利用仪器花了好几个小时做磁性记录。

六月二十九日（正午时位置在北纬二十七度十分，西经二十度二十一分），我可以这样写："出海才两周，但从舱房的外观来看，我们好像已经在海上一年了。"

离开英国时，我们彼此完全陌生，但航行官和水手们很快各安其职，而一伙男人同居于这么窄小的空间，合得来合不来也是立即可见。我们且走进环绕着后舱小起居室的一间间舱房看看。左手边第一间舱房是斯科特和埃文斯中尉的，斯科特不在船上，威尔逊取代了他的位置。第二间是秘书德雷克的。螺旋桨右侧住的是奥茨、阿特金森和利维克——后两位是医生。左舷住着坎贝尔和纳尔逊，潘是导航官。接下来是雷尼克和鲍尔斯，鲍刚从波斯湾回国，两位都是守望官。下一间舱房住着刚从印度回来的气象学家辛普森和两位海洋生物学家，纳尔逊与利利。最后一间舱房被称为"育婴室"，住着最年轻的几位，因此一定也是全船最守规矩的：物理学家兼化学家赖特、挪威来的滑雪专家格兰，以及我，威尔逊的助手兼助理动物学家。很难明确说明某人的职位是什么，因为每个人都做很多种工作，不过以上就是大致的情形。

有些人已经显出不凡。威尔逊，对各种大小事情似乎都无所不知，又永远乐于助人，永远抱着同情的态度，有洞察力，极其勤奋，大公无私，成为大家全方位的顾问。纳尔逊，总是开开心心，做事不求人看见，在船桥上值班守望，不值班时则精力十足地铲煤或做别的工，每天又花几小时进行磁性研究，他把这当嗜好，根本不是他的活儿。鲍尔斯是船上最好的水手，对于每个箱、笼、包在何处，装了什么都一清二楚，耐寒与耐热的本事也过人。辛普森则显然是个第一流的科学家，专注于他的工作。赖特帮了他很多忙，也做很多船上的活儿。奥茨与阿特金森通常合作，互相倚赖甚深，有时笑语如珠。

埃文斯中尉负责全船，他把大家团结起来，像把粗糙的物质揉合成紧密的核心，使这些人在将近三年拥挤、与外界隔绝且困苦的共同生活里没有摩擦与冲突，而能一致合作。坎贝尔是他能干的副手，大家称他“大副”，负责查核与纪律。他督导甚严，我一直很怕他。

斯科特本人因为仍在奔走筹措经费，没能随船一路航至新西兰，但他从西蒙斯湾[1]上船，搭到墨尔本。

从马得拉群岛到好望角这段航程，起初平安无事。我们不久进入热带，到晚上，甲板上每一块空间都睡满了人。有的人睡吊床，但多数人寻一块空地，例如冰库顶上，那里没有绞轳，可以裹着毯子睡。只要有风，我们就不用蒸汽机，只用帆推动，这样的日子大家早上就跳到船边的海里洗澡，而在引擎开动的日子，我们可以用水管在船边洗，那自然是大家比较愿意的，尤其在一次鲍尔斯游泳时我们看见一条鲨鱼游向他的胸肌之后。

清晨的甲板景象特别有趣。六点不到，所有人都起来了，全向抽水机集合，因为船漏得厉害。通常没进水时，船底水量应是十英寸深，但我们的船一天不抽水，水深便达二英尺以上。抽水约一至一个半小时后，大致便干了，而那时我们也受够了。值班军官一喊“快抽水”，大家的第一件事便是脱衣，每个人拿一只小水桶，缘绳放下尽量多装水，但船在行进，甲板上便到处是摇摇晃晃的人。若不是看到大副在船桥上

---

① 好望角开普敦附近的海湾。——译注

露出严厉的眼神，这景象还挺可笑的。读者若有经验，当知在海上，尤其是风浪大时，甲板上提水通常是水没提到，桶也丢了。可怜的大副很不高兴水桶丢失。

那些日子里，每个人都努力工作。铲煤、收帆、卷帆、收绳索，再加上磁性与气象观察、拖网、收集与剥制标本等。头几周装货与油漆的工作特别多，除此之外，将近五个月时间里，每天的工作都差不多。七月一日，有一艘船赶上我们，是记忆中我们途中所见唯一的一艘船。三桅帆船“英弗克莱德”号，从格拉斯哥出发，打算前往布宜诺斯艾利斯。那是燠热无风的一天，海平如镜，“英弗克莱德”号所有的帆都收紧了，看起来，照威尔逊形容，“像一艘油画的船，在油画的海上”。

两天后我们碰上东北贸易风，位置在佛得角群岛以北（北纬二十二度二十八分，西经二十三度五分）。那天是星期天，全船大扫除，是启航以来第一次。那天的海水先是清澈蔚蓝，后来却变成深黑浓稠的绿色。这种惊人的海水变色现象，“发现”号探险船也在同一位置观察到，据说是由于大批浮游生物在海面聚集漂流所致。“新地”号船尾装有网目细密的拖网，正是为了收集大海上这些生物，以及藻类等微小植物——后者提供前者丰富的食物。

船在全速前进时，可放下拖网，网得许多浮游生物。

七月五日发生了一件不愉快的意外事件。早上十点半，船上铃声大作，有人大喊：“救火！”两具小型灭火器熄灭了发生于食物贮藏室的火，是一盏点着的油灯，因船身摇晃而引燃火。结果贮藏室里灌满浓烟，还有不少水及烧焦的纸。但我们意识到这样一艘老旧木船若是起火，是很严重的事情，以后大家都格外小心。

这样的旅行能让人看见大自然最妩媚的一面，而且随时都有鲸鱼、海豚、鱼类、鸟类、寄生虫、浮游生物、放射性物质等各方面的专家在旁。我们透过显微镜或望远镜观察这一切。一只僧帽水母偷偷从船边游

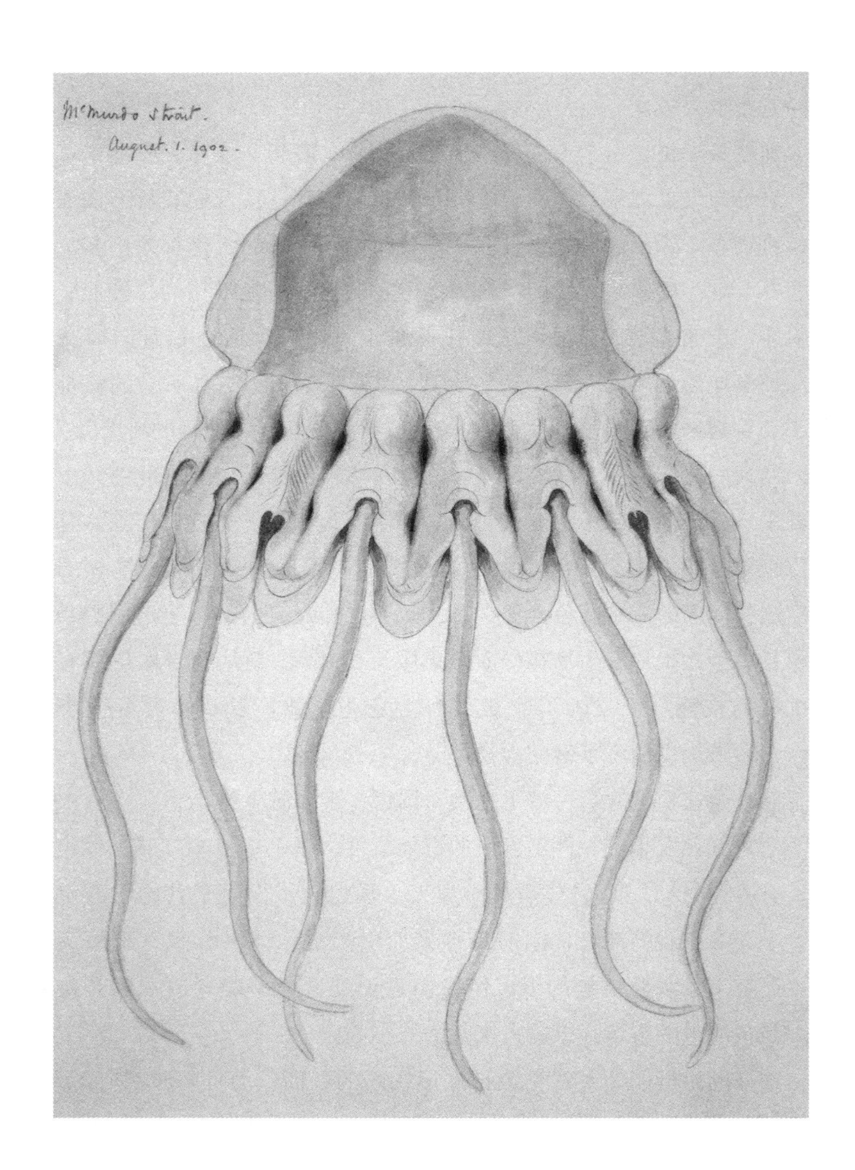
McMurdo Strait.
August. 1. 1902.

过，被纳尔逊抓住了。这种动物很普通，可是不亲眼看见刚从深海浮出，在大玻璃碗里载浮载沉的它，不能明了其美丽。它想游出大碗而不得，便奋力叮啄每一只触摸它的手。威尔逊画下了它。

自始至终，观察研究每种生物便是全船人不倦的兴趣。我们在南极洲登陆后以及在船上时都是如此。军官们本来与本职以外的事无大关系，却也花了大把时间帮忙做记录及观察，水手们也一样参与标本和资料工作，有的还学会如何制作标本。

同时，也许因为“鲸鱼！鲸鱼！”或“新的鸟！”或“海豚！”之类的呼声太频繁，生物学家有时还懒得从饭桌上抬起头来，反是呼叫的人比较兴奋。研究海鸟、鲸鱼、海豚等海生动物的机会其实并不很多。现代邮轮行驶太快，不像“新地”号这类慢速船，能吸引动物跟着它走。再者，快船即使看到动物，转瞬间也就消失了。想要研究海生动物的人应该搭慢速蒸汽船，帆船更好。

海豚经常在船首嬉戏，我们可以好好辨识。鲸鱼也常见，有时还跟在船后，几百种海鸟如海燕、剪水鸥及信天翁等亦然。军官们每小时记录所见动物的种类及数量、特色及习性，从头至尾没有遗漏，可见他们的兴致之高。这些完整记录有时是在很困难的天气下及海域中完成，希望有关当局能好好利用。帮忙的人很多，不过主要记录人是纳尔逊，他是不倦而精确的观察者。

七月七日，我们驶离东北贸易风带，进入赤道无风带。整体来说我们遇上的天气并不差，在离开南特立尼达岛以前，没有遇到强风或巨浪。像这样一艘没有现代通风设备的老船，在热带注定会闷，但只要没下雨，我们就睡在甲板上。不过在热带夜晚常会下雨，你就会听到有人在讨论是淋着雨继续睡甲板呢，还是下去忍受船舱的闷热。如果雨下个不停，就有一些嗜睡的人蹒跚挤进船舱通道就地而卧。另外，厚厚的木船在通过不算太炎热的海域时，尚能保持舱内相当的凉爽。

一个不可避免的问题是没有淡水可用。淡水洗澡是不可能的，每人只能有一杯淡水刮胡子。用海水洗澡本来没什么不可以，但如果做了很脏的活儿，像有些军官差不多每天都要铲煤，冷海水再多也洗不净煤垢，即使用一种美称为“海水肥皂”的东西也不成。变通的办法是结交轮机室主管，从锅炉里舀一点热水出来。

所以，我们有些人在晨间，以及在赤道无风带的下午，热心担任添火司炉的工作，动机可能就不那么单纯了。只要短暂担任此职便会了解，能熬过轮机室值班时间，靠的是习惯与方法。没有抽风机，没有现代通风设备，四个小时在灼热的锅炉前，除非有好风吹下唯一的帆布通风孔，否则真是一项严苛的考验。至于用那别号“魔鬼”的沉重煤叉把煤一铲一铲地铲进火炉，相形之下倒轻松容易了。在赤道时，值班的人往往病倒。锅炉是循环式水管，炉高六英尺、宽三英尺，后身略低于前身。铁条上的火维持为楔子形，亦即后方高约九英寸，前方靠炉门处高约六英寸，中间呈缓坡形。炉身呈波浪状以增强抗力。我们应维持仪表上的压力指示在七十至八十之间，但这需要经常注意。通常我们都做到了。

高温而下雨的日子很不舒服——甲板上、船舱里，样样东西都是湿的。好处则是淡水得到补充。每只桶子都派上用场，船上人脱光衣服在甲板上乱跑，或坐在实验室与起居室之间的水柱下洗脏得不得了的衣服。水柱直流经我们的床位，怎么填堵都没有办法。睡在不停滴注的水流下是真正的考验。湿热的日子比后来湿而凉的日子难受，但我们之间从未起冲突，虽然我们挤得像沙丁鱼罐头。这说明了我们高昂的士气。

七月十二日（位置在北纬四度五十七分，西经二十二度四分）是一个典型的湿热日子。前一晚很热，下了雨，吃早餐时刮起疾风，我们赶紧爬上桅杆张开所有的帆，忙到约九点半。然后我们坐在甲板上洗衣服，接近正午，风停了，雨还在下，于是我们爬上桅杆卷起帆——帆湿的时候很重，因此是辛苦活。接着搬货、铲煤，直到晚上七点，吃晚饭，很高兴地上床去。

七月十五日（北纬零度四十分，西经二十一度五十六分），我们越过赤道线，举行盛大的庆祝典礼。下午一点十五分，水手依凡斯扮成海神，在水中向船呼叫，他上船后，与一伙仆从肃穆地步向船尾，直抵舵楼，埃文斯中尉在那里迎接他。跟着他的是海神妻（布朗宁所扮）、医生（水手帕顿）、理发师（甲板长奇塔姆）、两个警察和四只熊（其中两只是阿特金森和奥茨所扮），这些人全围绕着船长，然后律师（阿博特）向船长宣读一份文告，游行队伍便转向澡盆，那是一张帆盛满水，悬吊在舵楼右方的空隙间。

纳尔逊首当其冲。扮医生的帕顿把他细细检查、修理，给了一颗药丸和一匙药水，再交给理发师，理发师奇塔姆用一种煤灰、面粉和水搅和成的黑糊涂满他的下颏后，用一把奇大的木头刮胡刀替他刮剃。接着警察把他往后抛入澡盆，四只熊在那里等候。但他顺手拉住理发师，把他也拖入澡盆。

赖特、利利、辛普森和利维克跟着遭殃，此外还有约六名水手。最后挪威人格兰也被抓去特别修理——他从未在英国船上越过赤道线。但给药丸的医生被他一个过肩摔，丢进澡盆。之后水手们小心翼翼地为他抹上胡子膏，理发师奇塔姆却不肯帮他刮胡子，他们只好丢开他，很后悔抓了他。

游行队伍重整，海神颁发证书给接受过整修仪式的人。到晚间大家唱歌结束整个程序。

唱歌是常做的事，探险队的人非常喜欢唱歌，虽然没有人真的会唱。通常是晚餐后全桌每一个人贡献一首歌，不会唱的人就要编一首五行打油诗，编不出来，就要罚款作买酒基金——大家早已热烈讨论到开普敦后要去买酒。有时候我们玩最幼稚的游戏，有一种叫“教区牧师丢了帽”，我们玩得笑出眼泪，买酒基金也累积了很多。

有些歌会流行一阵，其中有一首相信坎贝尔不会忘记。坎贝尔总是在监督全船的例行工作，不知道是谁开始唱：

> 大家都工作，只除了父亲，
> 那可怜的老头。

坎贝尔是船上唯一有儿女的人，他的额头发丝稀疏。恐怕他记得是谁最先唱起这歌的。

我们准备在一座无人岛靠岸，这是冒险，因为不知其滩岸状况。从英国绕过好望角的航线偏往巴西外海，有一座神秘的南特立尼达岛（在巴西以东六百八十海里，南纬二十度三十分，西经二十九度三十分）。

这座岛很难进入，岸是陡峭的岩岸，岸边又有终年不息的大西洋巨浪，因此少有人到访。又因为岛上遍布陆蟹，少数到过的人停留的时间也都很短。但是科学家对它很感兴趣，不仅因为岛上新奇物种很多，还因为岛上的野生海鸟不知畏人。在离开英国以前，便已决定如果航经此岛不远处，要设法登陆盘桓一天。

以前去过这岛的人有天文学家哈雷①，他于一七〇〇年占领此岛。英国探险家罗斯爵士一八三九年往南极洲途中，亦曾在这座岛上待了一天，“在哈雷命名的九针岩北面不远处一个小海湾登陆，其他地方的海浪都太大，强行登陆会损坏船只。”罗斯还写道：“霍斯伯勒提到……‘岛上野猪与山羊很多，我们见到一只山羊。为了增加可用的牲畜，我们带了一只公鸡、两只母鸡到岛上，打算进行野放。它们似乎很喜欢这

---

① 埃德蒙·哈雷（1656—1742），英国天文学家、数学家，推算出以其姓氏命名的哈雷彗星的轨道和公转的周期。他于 1698 年至 1700 年指挥战舰“粉红情人”号进行史上第一趟以纯科学考察为目的的航海之旅。

新环境，我相信岛上既没有人，气候又好，它们会很快增殖的。’可是我们没发现它们的后代，也不见猪和羊。”①

我恐怕家禽逃不过陆蟹的魔爪。岛上倒是有很多野鸟，遭遇船难漂流至此的人可以它们为食。政府也存放了一批补给品在此，供船难之人使用。另一位到过的人是奈特，他写了一本书叫《福尔肯号漫游记》，讲他想要挖掘出传说埋藏于此岛的宝藏。一九〇一年斯科特乘“发现”号至南极途中亦曾来此，发现一种新品圆尾鹱，后来命名为威尔逊氏圆尾鹱，自然是纪念那位两次都随斯科特探险的动物学家威尔逊了。

于是在七月二十五日的傍晚，我们卷好帆，停泊在距南特立尼达岛五海里处，准备对这座金银岛来一场彻底的搜索。什么东西都要采取，不管是活的还是死的，动物、植物还是矿物。

次晨五点半，我们以蒸汽引擎缓缓向一面坚固岩壁靠近，峭壁矗立于海上，幸而相当平滑。我们正在寻找可登陆之处，太阳从高约二千英尺的岛后升起，峥嵘的峭壁衬着粉红的天空，庄严优美。

我们在岛的南部下锚，放一艘小艇出去寻找适合登陆的地点。威尔逊趁此机会猎了几只鸟当标本，其中包括两种军舰鸟。水手们则捉了些鱼。鲨鱼很快聚集到船边，我们朝它们发射了几枪。这一天结束前，鲨鱼继续形成我们的隐忧。

小艇回来，报告说找到一处或可登陆。登陆小组遂于八点半出发。登陆地点很不好，一块岩石经风吹雨打掉落峭壁，形成平台，可通往前面陡峭的乱石坡。海面算是平静，大家都没有溅湿，枪和采集用具也安然上岸。

有关南特立尼达岛，描写得最好的是在鲍尔斯给他母亲的一封信里。这信我收录在底下。不过我当时记下的一些简短笔记也可以作参

---

① 罗斯《南海之旅》卷一第 22 至 24 页。——原注

考，我写的是岛的另一面：

藏妥一小批弹药，以及一只幼燕鸥和一枚燕鸥卵，威尔逊和我向西攀爬，迂回向上，到达一个可以俯视东湾的高处。我们在此略作休息，射了几只白胸圆尾鹱和几只黑胸圆尾鹱。之后我们越过山顶，看见圆尾鹱在那里做窝。我们拿了两个巢，每巢中都是白胸圆尾鹱与黑胸圆尾鹱配对儿。威尔逊抓住停在他手上的一只，我抓到巢里的一只；它们不知道该不该飞走。一个有趣的问题是，白胸圆尾鹱与黑胸圆尾鹱素来被归类为不同品种，但现在看来它们其实是同一种。

和岛上所有的动物一样，塘鹅与燕鸥都不怕人。你如站立不动，过一段时间燕鸥就飞来立在你头顶。你走近只剩二三英尺远，它们才会飞走。有人用手就捉住几只塘鹅。生物学家今天抓到的鱼都能在陆地上快速行动。“发现”号上次来此时，威尔逊看见一条鱼自海中跃出，抓住约十八英寸以外的一只陆蟹，跃回海中。

陆蟹成千上万，到处都是，看来它们的主要敌人是它们自己。它们经常自食同类。

之后我们向北攀爬了好长一段，攀越岩石与无数簇草丛。下午一点半抵达一个高处，可以俯视岛的两面，以及远处的马丁·瓦斯群岛。

我们发现许多幼燕鸥与燕鸥卵，就放在岩石与草丛间，没有巢。胡珀（膳食员）也带给我们两只幼塘鹅——都还是毛茸茸的，但体型已经比白嘴鸦还大。再往上爬，便开始看见本岛著称的化石树。

四五片饼干当做午餐，然后攀登本岛真正的顶峰，在我们西面的山丘。山上覆满杂乱的高树丛与岩块，树丛甚密，植被比我们在任何别处所见的都多。我们一边走，一边出声相呼，以免走失。

蕨树很多，但都矮小。塘鹅睡在树顶，有些陆蟹也爬上树丛，在顶上晒太阳。我们四周有几千只蟹，一次我从两块岩石间走出，就看见七只蟹正盯着我瞧。

我们在山顶背风处坐下，想着被遗弃在一座无人岛上也不算太坏，全不知我们真的差一点就被困在这岛上。

蟹聚拢来，把我们团团围住，眼睛全朝着我们，仿佛在等我们一咽气，就把我们吃掉。一只大家伙离开圆圈，摇摇摆摆爬向我的脚，检视我的靴子，先用一只爪，继而另一只，啃了靴子一口，然后走开，显然觉得味道恶心，你简直看得到它在摇头。

除鸟与鸟蛋外，我们也收集了一些蜘蛛、很大的蚱蜢、土鳖、金龟子以及大小蜈蚣。这地方昆虫极多。我应说明这里所用的都是它们的俗名而非学名。

我们快速翻滚下山，到半途，看得见下方海涛袭岸的时候，便见大浪阵阵冲刷。天色已晚，我们尽快下去，枪在岩石上跌跌碰碰。

下得越低，海浪看起来越大。无疑是远处有什么原因造成巨浪。我们抵达登陆的乱石坡时，看见大家都已集合，小艇则躺在海上，靠不了岸。

船头一根绳子系着岸上的救生圈。鲍尔斯爬到岩石上把救生圈绑牢，我们把枪和标本做一堆，放在我们认为海浪打不到的地方。但才放好，两波特大的浪就把我们卷进去——我们抓着绳子，被浪抛到至少三十英尺高，整个坡岸都被淹没，枪和标本都湿了个透。

我们把装备与标本拖到远远的高处，然后一个接一个抓着绳子游出去。很吃力，不过只有胡珀一个人吃了苦头。他在离开落石平台时跳得不够远，一浪正后退，下一波浪卷住他，往回打，他松开绳子，在水下好长一段时间，而我们帮不了他的忙，只能努力把绳子抛给他。幸好他抓住了，游了出来。

我们刚到岸边的时候，情况看起来很糟，威尔逊在一块岩石上坐下来，故作镇定地拿饼干出来吃。他是以身作则，要大家不要惊慌。当时他并不饿。

后来他对我谈起，说当胡珀处于危难时，我们一伙人无能为力，在旁干瞪眼看他挣扎求生，他认为只有英国人能这么冷静。我后来也发现，在等候抓着绳子游出大浪时，他和我都有轻微抽筋的现象。

以下是鲍尔斯的家书：

七月三十一日，星期天

这一周事情真多，我简直不知道从何说起。快要靠港了，我很渴望收到您的信，收信是靠港的大事。不过，在抵达开普敦港之前，我们去了一座奇怪的无人岛，倒也颇为有趣。坎贝尔和我二十五日便在前桅望见南特立尼达岛，二十六日大清早，我们便在清明如镜的海中下了锚。东南贸易风卷起大浪，拍打岛的东岸，但西岸则宁静如塘。我们驶近下锚时，岛上二千英尺高的巨岩俯视着我们，离岸很近处水即极深。西湾是我们择定之处，水清得可清楚看见十五英寻（约九十米）深处的锚。鲨鱼和别种鱼立刻出现，还有几只鸟。埃文斯要去寻找登陆地点，于是奥茨、雷尼克、阿特金森和我便随他同去。我们划小艇，观察了各个地点，觉得都太过崎岖危险。海虽平静，仍有微浪。最后我们决定选一个以前没人用过的登陆点，是岩石之间的一个小湾。

到处都是巨岩，但这里是个小角落，我们决定试着登陆。我们先回去吃早餐，发现威尔逊和谢里-加勒德已自船上射下几只军舰鸟和别种鸟，用我们称为“摇篮车”的那艘挪威平底船捡拾上来。这里我要解释一下，威尔逊是个鸟类专家，正为大英博物馆收集鸟类标本。

我们尽快登了岸。威尔逊和加勒德带着枪打鸟，奥茨带了狗，阿特金森携一把小步枪，利利搜寻植物和地质标本，纳尔逊和辛普森沿着海岸找海生动物。最后，但也很重要的，是由敝人率领的昆虫小组，赖特是组员，埃文斯后来也充当助手。纳尔逊加入威尔逊那一组。这样，我们出发去“扫荡”全岛。我在探险队里负责收集昆虫，因为别的科学家事情都已太多，很乐意把这种小型动物出让给我。阿特金森是寄生虫专家，“寄生虫学”一词我以前从没听说过。他把杀死的每一只小东西都翻出内脏来看，他又是个外科医生，我猜想这门学问一定有趣。岛上燕鸥很多，鬼似的无声来去，又很温驯，会停在人的帽子上。它们把蛋下在岩石顶上，没有巢，每次只下一个，看起来就像石头，我猜这是伪装，要骗过陆蟹。特立尼达陆蟹是俗称，但名副其实，因为它们住在海平面以上，一直到岛的顶峰，住得越高的，体型越大。丘陵与山谷中都遍布圆石，岛原是个火山岛，刺人的草漫山遍野，约一千五百英尺以上是蕨树与亚热带植物生长区，延伸到几近顶峰。从前是森林的树现在变矮了，为什么这样不得而知，虽然利利推衍了很多独创理论。这岛曾经归属英国，后来属于德国，现在则是巴西的领土。没人能在岛上长住，原因就是陆蟹；同样，哺乳类也存活不了。基德①船长曾在

① 威廉·基德（约 1645—1701），苏格兰海盗船船长。1696 年奉英王之命搜捕海盗，但自己也开始海盗活动。在海上航行两年后到西印度群岛，后去波士顿冒险。被逮捕后解回英格兰，在伦敦绞死。他后来成为英国文学中有名的人物，代表一生多彩多姿的匪徒典型；曾有多人出发寻觅他埋藏的宝藏，但都无功而返。

岛上埋下宝藏，大约五年前有个叫奈特的家伙，带了一伙矿工，在岛上住了六个月，想挖出宝藏。地点没错，但一场山崩掩埋了百万海盗黄金的四分之三。陆蟹自然也是他们的威胁。它们从每一个隙缝和圆石后面窥伺你，死瞪着你的一举一动，好像在说："你一倒下来，我们就把你啃了。"在岛上任何地方躺下睡觉无异于自杀。当然，奈特特别清理出一片地方，做了各种预防措施，不然他绝逃不过这些恶魔的魔掌。你站着的时候它们甚至啃你的靴子，从头到尾直盯着你。让人毛骨悚然的是，如果你单身一人，不管周围有多少只陆蟹，它们全盯着你一人，而且亦步亦趋，好整以暇。它们全是黄色与粉红色，我认为是上帝创造的世界上仅次于蜘蛛的最讨厌的东西。谈到蜘蛛（鲍尔斯最怕蜘蛛），我也负责收集它们。不用说，我是用捕蝶网捉，从来不碰它们。以前知道的蜘蛛种类只有五种，我却发现十五种以上——十五种是一定有的。当然，别人也帮我抓。另一件科学上有趣的事是，我捉到一只以前不知道的蛾，还有多种蝇、蚁等。总之这一天收获丰硕。威尔逊抓到几十只鸟，利利采的植物不消说。回到登陆地点，我们看到南风吹起大浪，翻卷而来，碎浪轰轰然击在滩头，我们吓坏了。大约下午五点，大家全到齐了，捕鲸船、平底船与我们隔巨浪遥遥相望。首先，枪和采得的样品都不能带，我们遂把它们堆在高处等待明天。其次，我们当中有一个病人，上岸来原是为稍作运动，他不能下水。最后阿特金森留在岛上陪他。我们登陆的小角落现在被碎浪搅得像一口沸腾的巨锅，要游过去对谁都不容易。三个人先下水，牵一条绳子到平底船，最后终于从捕鲸船上牵了一条坚固的绳子到岸上——捕鲸船停得很远。接着我驾平底船，其他人纷纷跳入浪中，抓着绳子以维安全。大家都安然回船，浑身湿透且饿坏了。这夜我值十二点至四点的班，涛声如雷，船身摇晃得厉害，看起来就要撞上岩石了。当然其实它很安全。这让人想起阿特金森和那生病的水手这夜一定过得很恐怖，食物都被盐水浸湿，陆蟹和白燕鸥又整夜站在那里看着他们，他们一动就齐声呱叫。一定很恐怖，不过我很愿意留在那儿陪病人，我若知道有人得留下，一定会自愿相陪的。这涛声与寒冷一定让他们很难受。到了早上，埃文斯、雷尼克、奥茨和我，再加上两个水手及格兰，驾捕鲸船与平底船去救那两个被流放的人。起先我们以为可以射一条绳子到峭壁尖上，但立刻看出这行不通，于是格兰和我划平底船靠近，把绳子丢给他们，让他们先把装备用具弄过来。我发现这茶匙形平底船甚是好用，它可以非常靠近碎浪边缘，像软木塞似的浮在浪上，只要头朝向海，并且小心自己的头，就绝对不会撞上岩石，因为每一波回浪都会把船扫回海上。这很好玩，我们总趁风浪止息时驱近岸边，当一阵大浪通过捕鲸船时，船上的人便会大叫："小心！"这时候我们就赶紧回头，以保小命。我们丢的绳子被浪冲去，雷尼克和我便驾平底船靠近，阿特金森尽量站到水边，把东西丢给我们。我们把握机会，把照相机、望远镜等物安然救回。一度我们被浪推到比岩石高出十二英尺多的高处，全靠回浪将我们带回。接着最幸运的事发生了：一次风浪暂息时，我们把病人背下来，我跳下水，换他上了船，我则去抓紧船尾稳住船身。刚刚就绪，回浪把船冲出小湾，病人分毫未湿，我则当然浸泡在下一波浪造成的浪花泡沫之中了。这样的情况昨天发生过两次，但这次我想："我的头会撞上哪里?"因为我身处漩涡中，就像一根羽毛飘在微风中一样。我碰到岸时，浪还在我头顶十五英尺高处，我勉强攀住，气喘吁吁、手脚并用地往上爬，下一波浪更大，险些扫下我，我只比浪高了那么一点儿。阿特金森和我开始运送装备，埃文斯取代我在平底船上的位置，我们趁浪与浪间的空当把一些东西运上船，运枪的时候，我就站在水里往船上丢，船上的人接住、放好。可是一次阿特金森丢一捆靴子上去时，埃文斯太急着接，平底船一个不稳，翻了，从我头顶飞过，落在无水的高处，像一座桥，架在两块岩石之间，而两块岩石底下正是我立足之处。下一波浪把它冲得更高，翻了又翻，还好埃文斯和雷尼克已及时跳下船。再下一波浪极大，把它带起，在岩上碰撞几下，出海而去，里面盛满了水。幸好船上枪支被横梁卡住。捕鲸船截住它，把水汲出，换格兰和另一名水手上去把船。我们别无妙法，只好把剩余的装备绑在救生圈上，丢入海中，让它随浪漂浮，待平底船捡拾起来。

衣物、手表、古旧的枪支、弹药、鸟（死的）和所有样本，外加一篮子餐具和食物，都浸了盐水。不过，要不然就只有把它们都丢在那儿了。碎浪在岩石间冲激到三十至四十英尺高，我们不时被冲倒、吞没，拼命抓住岩石或绳索以求保命。埃文斯首先游出，我则花了约半小时想取回缠绕在岩石间的船绳。这工作很不容易，我先等待浪小，跑下去，在水中等待浪止时，像兔子般跑上岩石，船上的人则出声警告我大浪将至。我终于取回大部分的绳子——有些不得不割断，雷尼克帮我接住，丢入海中，让船上的人去截收。我那双褐色网球鞋（旧的那双）在一次攀岩时脱落、冲走，因此我穿了一双海靴，后来发现是纳尔逊的，算他运气好，因为少有几双救得回来。平底船驶入，一个浪回头时雷尼克游出，我待下一波浪跑下海，抓紧我的绿色帽子（它将来会是我最有用的资产），奋力游出滚汤似的小湾，抓住平底船边缘时，一波可怕的大浪正好把船推到山高。不过我们已超过它的碎裂线，因此大家平安。经过八小时的冲刷浸泡，终于回到大船上，除一些擦伤外都无大碍，您的儿子更是精神抖擞。晚间我们停在原处过夜，第二天，星期四，早上启航。风向不是很顺，因为我们几乎立刻便脱离了东南贸易风带，在贸易风与西风之间，风向变化不定。距目的地仍有二千五百海里。

埃文斯遂决定直驶西蒙斯敦①，不去别的岛了。这很可惜，但南半球目前正值冬季，南大西洋风暴正盛，或许还是不去的好。我很想到好望角去取您的信，听您诉说近况。除了不知外界发生什么事外，船上的生活倒是很不错，我非常喜欢，每天都过得很快活。时间过得飞快，虽然您一定觉得度日如年，我们却觉得日子像风呢——这与我从印度回国的那两周很不一样。

人员都回船后，我们离开南特立尼达岛，动物学家们忙着清理浸过海水的鸟皮，能救多少算多少。在热带的岛上放置了二十四小时，而且还是浸在海水里，之后又在翻覆的船中再度遭难，制作成的鸟标本算是很不少，但是蛋和很多别的东西就没有了。白胸圆尾鹱和黑胸圆尾鹱既经看见一同飞翔、捉对筑巢，以前把它们归为不同品种的理论就应该要推翻了。

于是，离开南特立尼达岛后，我们乘八级大浪推涌而出，这才知“新地”号比别的船都走得快。然后是左舷刮强风，巨浪冲击船首。鲍尔斯又写信回家说：

八月七日，星期天

访特里斯坦-达库尼亚群岛②的时机已失，我们终于在强烈的西风中迅速航行，南来大浪把我们抬得如高峰顶的软木塞。不过现在强风大浪都已平息，只刮着和缓的风。信天翁、大海鸟③、合恩角鸡、合恩角鸽等鸟照旧跟随我们，它们会一直陪我们往南。照威尔逊说，由于纬度四十度附近的风主要是西风，这些鸟就绕着四十

---

① 西蒙斯敦，好望角上开普敦外港。——译注
② 特里斯坦-达库尼亚群岛，南太平洋中央的英属群岛。——译注
③ 大海鸟，泛指海燕、信天翁等海鸟。

度的地球转——经过合恩角、新西兰以及好望角。我们现在有很好的机会试验这艘船的性能，看它在风急浪高的大洋上表现如何。结果显示它是个强者，恐怕再不能更好了。与一遇风浪便灌满水的“炎湖”号①相比，我们简直是一枚干软木塞，从来没有侧倾进水过。当然，木造的船本就有些浮力，我们这艘也一样。不过，我们这艘特别耐风浪，而且特别安全、牢固。现在天气也冷些了，有些人觉得挺冷的，我还是穿着棉衬衫、白衣服，有些人却已穿起苏格兰装来了。几乎每个人都有一些苏格兰装，我很高兴你在我的衣服上缝上了名字，因为大家的衣服看起来简直一模一样。我的衣物绝不比别人少，而我又是天然发热机，任何天气应该都不成问题。顺便一提，埃文斯和威尔逊很希望我参加他们西队，坎贝尔则要我参加他的东队②。我并没有请求登岸工作，但是很愿意参与任何活动，做任何事。有太多事可做了，我真希望我能分身为三，同时参与东队、西队与留守船上。

---

① 鲍尔斯赴印度前曾登上此商船服务，随其环航世界五周。

② 所谓西队是指为探极而先展开运补作业的小队，东队则是打算到维多利亚地进行科学调查的第一地理调查队。

第二章
东 航

“报告长官，四点差十分！”

披着雨衣、浑身滴水的水手来唤醒下一班值班军官或他的所谓“跟班”。被呼唤的人努力醒过来问：

“情况如何？”

“报告长官，一切正常！”水手说完退出去了。

睡眼惺忪的这位，在他六英尺长、二英尺宽的床上撑起身体——这就是他在船上仅有的私人空间。在引擎、螺旋推进机的嗡嗡声与松脱物品的滚动声中振作精神，思索怎样才能安然下床不致摔跌，以及雨衣和防水靴放在哪里。

如果他睡在“育婴室”里，这件事就比表面上看起来更困难些。这间舱房原是给四名水手住的，现在却挤进了六位科学家或假科学家，还加上一架自动钢琴。由于这些科学家是全队最年轻的几位，这舱房被谑称为“育婴室”。

不巧这舱房又兼起居室到机房的过道，中间只以一道木门相隔。每当船身侧倾时，门会戛然而开，再砰然关上。挂在门上的雨衣的重量也加强它摆荡的幅度。于是随波浪起伏，门忽开忽关，引擎的轰轰声便忽大忽小地传来。

不过，如果值班的军官住在后面较小的舱房，只跟另一人合住，事情就好办得多。

这船已航行多次，又因吊柱与舵楼上的甲板室加重压力，甲板接缝产生隙裂；每逢暴风雨时，甲板积水便渗漏下去，漏到寝室的上层床。为免水淹被褥，睡上层床的人使用各种容器承接，小心看管，满了便提上甲板倒掉。

因此，当睡意仍浓的军官或科学家爬下床来，运气好的话会发现地板积水，但并未浸湿他的床铺。他到处搜寻他的高筒防水靴，穿上雨衣，把雨帽绳紧紧绑在脖子上，若不幸把绳子扯断，便出声咒骂。穿过敞开的门，进到起居室，四周仍是一片漆黑，太阳要一个半小时后才会升起，但是起居室里挂着一盏油灯，摇曳的火焰照出凌晨时分的落寞景象。他怕见这样的落寞，尤其如果他身体不舒服的话。

夜间常不免有浪卷入而渗下，那么每当船侧倾时便有一股小溪在地板上流淌。白色的油桌布随之晃动，自桌上滑落，各种残余之物，如喝空的可可杯、烟灰碟等也在地上滚动。起居室餐具柜里的锡杯、锡碟与瓷器则互相碰撞摩擦，发出难听的声音。

螺旋推进器则发出永不止息的“锵锵锵，锵锵锵，锵锵锵”。

他觑准机会，一溜而过湿油布，到右舷，那里有通道上到地图室，出到甲板。看一眼挂在地图室墙上的自动气压计，使尽全力推开门，侧身挤出去，踉踉跄跄进入一片黑暗。

风在索具间穿梭号叫，甲板上湿漉漉的，分不清有没有下雨，因为风吹浪头带来的水花更胜雨滴。爬上船桥的扶梯并不高，他一边爬一边察看目前张着哪几面帆，并尽力判断风的强度。

坎贝尔当清晨的班（四点到八点），他与交卸军官鲍尔斯交谈了几句。鲍尔斯告诉他航速、前一小时的仪表读数，以及风力是在增强或减弱等。“只要维持目前的速度，就没问题，如果你要它加快速度，它就会摇晃。还有，珀涅罗珀①要你四点半喊他起床。”鲍尔斯的跟班奥茨

① 珀涅罗珀，彭内尔的谑称。珀涅罗珀为希腊神话中奥德修斯的妻子，丈夫远征离家后拒绝无数求婚者，二十年后终于等到丈夫归来。

这时候会说几句见习生不该对军官说的不敬的玩笑话，两人便一齐消失在甲板下。坎贝尔的跟班（我）五分钟以后才出现，假装是被什么重要事耽搁了，而不是赖床所以迟到。同时水手长集合值班人员在甲板上，报告全员到齐。

“弄点可可来喝怎么样？”坎贝尔说。值早班时喝点可可提神是很好的，但以前当坎贝尔跟班的格兰不愿意替他做冲可可之类的事，因为他“不想被当成下人”，遂与我调换了位置。

得“可可”之令，当跟班的人便战战兢兢越过甲板，往厨房去。运气不好的话，路上就会被海水打湿。厨房里有值班的人在抽烟、取暖，跟班弄了些热水，爬下船舱往起居室的食物柜走去，调好可可，拿了够多的干净杯子（如果有的话）、汤匙、糖和饼干。把这些东西小心地放在托盘上，他先去叫威尔逊，给他一份吃喝——威尔逊每晨四点半起身，素描日出，画动植物图像，观看海鸟绕船而飞。跟班接着回到船桥。如果途中滑跤，他算倒了大霉，得重来一次。

在船桥上的海图桌下睡觉的纳尔逊也得了一份吃喝，他性急地问有没有星星。有的话，他会立即起身观星，然后回到桌下做记录、画表格，多得数不尽的数字合成他的磁性观察报告——磁针的俯角、水平力与总力。

一阵强风刮过，两声大响引出值班官，下令“准备降中桅帆”“内三角帆待命”，中桅帆的两条升降索边便各站了一个人，其他人则到前甲板及三角帆的落帆索边去。三角帆降下来了，而站在当风面的中桅帆升降索边的我，则被两波越栏杆刷来的大浪打了个湿透。

不过这种事是来不及关心的。风在增强，“松开升降索”的命令自船桥上通过麦克风传来，我必须放开卡住升降索的栓子，然后赶紧跳开，让中桅帆滑落船桅。

“系帆”是下一道命令，接着“卷收前帆与主帆”，我们便纷纷爬上帆桁。幸好天已微明，海面转为灰色，梯绳隐约可见。值前夜与中夜班的人如遇这种情况可就辛苦多了，得在全然的黑暗中爬上帆桁。一到上面，人就被风吹成平躺。每听到“收帆”的命令，纳尔逊便立即起身帮忙。

两面湿透的帆顺利卷收好——幸而都是小帆，下到甲板，发现风向略转，更偏后方。把帆缚紧，天光已大亮，大家把绳索卷好，准备清洗甲板——其实有风有雨的今天不用洗甲板，至少不用水喉，只要大致清理一下，卷好绳索便是。

两名膳食员，后来随主队登岸的胡珀，和后来留守船上的尼尔，六点钟起床，把睡在船尾的水手全唤醒，做抽水的工作。这件事每天都得做，不久便听到起居室中传来大声的呼唤：“起床，起床!”“来吧，纳尔逊先生，七点啦，大家去抽水!”

抽水这件事，从头至尾是一件辛苦烦人的事。木造的船总不免进水，但“新地”号就算在风平浪静时进的水量也多得惊人，前半部总是淹水。直到抵达新西兰利特尔顿港，进了船坞之后，才检查出是什么地方漏水。

船内必须尽量保持干燥，偏偏四十加仑的油桶在离了南特立尼达岛后便因风暴而松脱，滚到船底去。后来我们才发现，该死的码头工人根本没把舱底板钉牢，结果存放在舱底的煤灰和小块煤都掉落船底，再加上四十加仑的油，水泵慢慢就堵住了，最后只好请木匠戴维斯把水泵拆开，把里面沾了油的煤块取出。抽水有时一直要抽到近八点，傍晚时需要再抽一遍，有时甚至每班都要抽。不管怎样，这工作有利于我们的肌肉。

水泵置于船中央，紧贴主桅之后，下通到舱门后面，而舱门即通往装煤等燃料的货舱。水泵的嘴管开在甲板上约一英尺高处，用两只横向的把手抽动汲水，很像乡下水井用桶子绞水。不幸，这一片主甲板正位于舵楼缝隙的前面，比船上别的地方都容易受浪侵袭。因此当船在行驶时，抽水工作便很辛苦。南下时一度遭遇飓风，抽动把手时水深及胸，水泵本身更完全淹在水里。

从英国到开普敦，小抽水把手造成很大的不便。常常需要抽水，我们人手虽多，把手却不够长，每个把手只能容最多四人合抽。而当船摇晃得厉害时，又没有可抓手处，大浪来时只好停止抽水，各人稳住自己，以免栽进排水口去。

在开普敦，有了重大的改善，把手加长，横越整个甲板，外端定于栏杆下的凹处。十四个人可同时抓住把手。从此抽水成为比较愉快的工作，不那么惹人厌了。

我们定时以一根铁条悬于绳索末端，坠落船底探测积水深度——看铁条湿了多少便知积水多深。若只有约一英尺深，船算是够干了，水手们便可去洗澡及吃早餐。

值班的人这时则因风力改变，正忙着绳索与帆。而如果除利用风力外也同时开动蒸汽机的话，两柱黑灰便会从火炉的灰坑冲上甲板，再落入海中。

钟敲八下，两名膳食员在甲板上匆忙来去，想把早饭自厨房安全运送到起居室去。几个赤身露体的军官在甲板上提海水由头灌下，因为这天单靠风帆行驶，没有蒸汽，便没有水喉可用。夜间值班的守望员和他们的跟班，这时候也翻滚下床，起居室传来大声谈笑，常听到的语句包括："给果酱吹阵风（推过来）吧，马里①!""你先倒好咖啡我再倒。""推一下奶油。"再怎么睡意深浓的人，在早餐桌上也完全清醒过来。

雷尼克先吃早餐，好换下船桥上的坎贝尔。这也正是做每小时及每四小时记录的时候——风力、海况、气压，以及航海日志所需的各种细

① 纳尔逊的昵称。

节，包括航程读数（我常忘记在整点做记录，只好填上我认为正确的数字，而不是实际数字）。

晨班结束。

忽然从船中央传来一声呼叫："定位！"不明内情的人可能以为出了问题，但我们听惯了。舵手回答："定位，长官。"正吃早餐的每一个人也都齐声喊叫："一、二、三，定位！"是纳尔逊引起这阵骚动的，起因如下：

纳尔逊是导航官，而船上的标准罗盘置于冰库顶上以便远离铁器。舵手则用舵轮前面的罗盘柜定位。但这两个罗盘因多种原因，指数并不一致，标准罗盘比较正确。

因此，纳尔逊或值班军官时时会命令舵手"准备定位"，然后爬上冰库顶去看标准罗盘的指针。假如航向定为南四十度东，定期邮轮的方位会相当接近此指数，除非有大风浪。可是像"新地"号这种老船，即使有很好的舵手，方位也会偏上好几度。但在特定时刻，它的方位刚好完全正确时，纳尔逊喊出"定位"，舵手便看一眼他面前的罗盘指针，假如指的是南四十七度东，他便知道这就是他应锁定的航向。

纳尔逊的叫声经常得闻，而且声震耳膜，成了他的标志。很多时候，我们在巨浪狂风中收绳系索，听到这并不美妙的声音传自头顶，倒为之精神一振。

九月二日星期五，我们驶离西蒙斯湾，"东向南下"自好望角往新西兰进发。这是著名的"纬度四十至五十风暴带"，帆船行驶其间不适且危险。

南非热诚接待我们。军港的上将指挥官、海军修船所及英国皇家海军舰艇"缪亭"号与"潘朵拉"号都非常友善，帮我们做了许多修缮安装工作，派出的修理人员工作迟缓，我们因此得以在岸上游荡了好一阵子，在海上航行九周之后，这样的松懈是很需要的。我到现在都还记得我上岸后第一次泡的热水澡，我泡了好长一段时间。

斯科特从这里上船与我们同行，威尔逊则先行赶赴墨尔本，做些安排，主要是与要在新西兰上船的澳大利亚籍队员接头。

有一两人去了温伯格，这是奥茨熟知的地方，他曾在南非战争①中在那里伤了腿。那次他们以寡击众，结果全队都挂了彩。他拒绝投降。后来他告诉我，当时他以为自己将流血而死，躺在他旁边的人则以为自己脑袋里有一颗子弹——他可以感觉子弹在那里跳跃！后来在医院里，隔壁病床躺着一个重伤的布尔人，每次他要出病房，那个布尔人都坚持要挣扎起来为他开门。

我们在天刚破晓时离开西蒙斯敦，做了一整天的磁性研究，傍晚驶出福尔斯湾②，正遇大浪。一路南行则是好天气，直到星期天早晨，遇上八级巨浪，晴雨表迅速下降，到中夜值班时刮起狂风，此后约三十小时我们靠部分卷起的前桅大帆和下中桅帆吃风，有时也展开部分上中桅帆。很多人晕船。

之后两天比较平静，然后遇上极强的东风，在这纬度（南纬三十八至三十九度）几乎没听说过会吹这种风。我们只好把引擎关小到接近停止，尽量贴着风缘向北缓慢移动。到九月九日，星期五，夜间风力达到十级，值晨班的人发现下风面的栏杆全泡在水里，一阵忙碌。

九月十日星期六，早餐后，我们张起帆，就在那时，风减弱，以后一整天，有雨无风。

九月十三日周二，值晨班很愉快，正在调整帆桁，以便乘风行驶时，大风吹来。风来得突然，主桁已调好，前桁则尚未。不过大风并未持续很久，此后两天风和日丽，浪在船尾。

---

① 南非战争，指布尔战争，1880年至1902年间英国人与布尔人的战争。布尔人即荷兰裔的南非人。

② 福尔斯湾，位于好望角东边。——译注

在这纬度常见的大浪是很壮观的景象，而要充分欣赏它的雄壮，又必须搭乘像“新地”号这样较小的船才行。船随山似的大浪升到顶峰时，下一座山脊距离将近一海里之遥，中间则是坡谷。有时浪呈圆形，巨坡平滑如玻璃；有时浪又翻卷过来，留下白奶似的泡沫，坡形则如有美丽细纹的大理石。这种有斑纹的浪非常奇妙：前一刻你觉得船一定会被巨山似的浪冲翻，下一刻你又觉得船不免要悬在半空中，然后落入谷底撞个粉碎。

但其实浪很长，因此既不危险也不晕人——不过“新地”号摇晃得很厉害，常常左右各达五十度，有时更达五十五度。

厨子可辛苦了，要在甲板上狭小的厨房里为五十个人做饭。可怜的阿彻（膳食长）做的面包有时被冲进排水道。船上的铃有时乱响，引来大家开玩笑说：“中浪敲响铃，大浪吓出厨子。”

九月十八日星期天，中午，我们位于南纬三十九度二十分，东经六十六度九分。前二十四小时“新地”号跑了两百海里路，这时距离圣保罗岛只余两天航程。圣保罗岛是一座无人岛，老火山的遗迹，火山口是马蹄形的土地，形成一个几乎全被陆地包围的港湾。我们希望上岸做科学观察，但港口很难进去。周一我们又跑了两百海里，到周二，登陆工作都已准备好，装备也都齐全，我们对此机会甚感兴奋。

清晨四点半，全员起床，收下帆，准备绕行圣保罗岛。这时岛仅隐约可见，风很大，但情况不算坏。然而五点时刮起中度强风，等我们把所有的帆都收好，风已太大，不得不放弃登陆。等我们再放下部分前桅大帆时，大家都对收帆放帆厌倦极了。我们就以此帆及下中桅帆乘风前进。

我们自岛的近处通过，看得见火山口及其周围的峭壁，壁上覆满青绿的草。没有树，鸟也只见海上常见的种类。我们本希望在岛上发现企鹅与信天翁的孵育地，没能登岸让人十分失望。岛高八百六十多英尺，以其面积来说，算是很险峻的了。岛长约二海里，宽约一海里。

次日，所有水手都去搬煤。应该解释一下，在这以前，分别位于锅炉两侧的两个煤仓，都由军官们自动每天充填。

一九一〇年六月，我们在加的夫装了四百五十吨的皇家专利煤上船。这种煤呈砖块状，很方便，因为可以伸手进锅炉室壁柜的煤仓门，把煤取出丢进炉里。现在决定把剩余的煤都搬运到锅炉室的壁柜排放，补充已烧掉的煤。这样便可清理渗漏进舱板后堵塞住水泵的煤灰，又可腾出位置，到新西兰利特尔顿港时，装运新煤，可以从主舱门上货。

这时候，六天前刮起又害我们上不了圣保罗岛的狂风已息。自离圣保罗岛，我们便熄灭炉火，单靠风帆行驶，头两天各行一百十九海里和一百四十一海里，第三天却几乎静止，只行了六十六海里。

九月二十七日周二晚上，我们已完成运煤工作，晚餐时开香槟庆祝。同时重新升起锅炉。斯科特急于快行，而其实每个人也都如此。风却不肯帮忙，对准船头吹了好几天，直到十月二日，我们值早班时，才总算一帆风顺。

在这以强盛西风著称的地带，我们却遇不着风，纳尔逊有一个理论解释。他说我们是在一个反气旋里，后面跟着一个气旋（即飓风）。我们以蒸汽机行进，速度可能刚好与飓风相同，也就是每日平均一百五十海里。

很多帆船与蒸汽船在这纬度都遇上持续的坏天气，如果我们是没有蒸汽辅助设备的帆船，飓风就会赶上我们，我们会一路与它同行，那就是持续的坏天气。而如果我们是单纯的蒸汽船，那不管天气好坏，总是以相同的速率前进。可是我们是以蒸汽机为辅的帆船，在顶风的情况下以与飓风相同的速度行进，结果总是在反气旋圈里。

辛普森和赖特在大洋上做大气电的实际观察①。项目之一是地球表

① 另见《斯科特的最后探险》卷二第454至456页。——原注

面各处的大气电是否有升降，在墨尔本也做了观察，以判定海上大气电升降度的绝对值①。大洋上大气所含辐射物质的观察也做了无数次，以便拿来与南极大陆的大气作比较。辐射物的变化不大。“新地”号航往新西兰途中也研究了在密闭船舱中的天然离子化现象。

除了船上工作与以上所述物理研究外，脊椎动物、海洋生物及磁性研究，加上每四小时一次对海洋盐分与温度的观察，也都全程进行。

脊椎动物方面，威尔逊对鸟类做了精确的记录，他和利利另做了鲸鱼和海豚的记录。在海上和在南特立尼达岛上能抓到的鸟全做成了标本。威尔逊、阿特金森和我还检验了它们体内和体外的寄生虫，抓得到的鱼和其他动物也以同样方式处理，包括飞鱼、一条鲨鱼，以及新西兰的鲸鱼。

捕鸟的方法也许值得描述。一根弯曲的钉子缚在一条绳子末端，绳的另一端绑在船尾升降索上。绳子要够长，让钉子刚好划过船尾的海水，或绳子刚好高于水面。这样，当升降索定在甲板上方约三十至四十英尺高处时，这绳子便在相当广大的区域移动。

多半时候，鸟儿成群绕船而飞，准备食取我们丢弃的食物。我看到过六只信天翁争抢一只空蜜糖罐子。

它们飞前飞后时，翅膀不免碰到绳子。如果只是翅尖碰到，那便不成；可是迟早会有一只鸟的翅膀肘关节以上部位碰触绳子，它一感觉到，便会在空中急旋，把绳子带上卷成圆圈，反把自己紧紧缠住。这鸟立刻陷于挣扎，我们便把它拉上船。

难处是找到适当的绳子，要轻到可以飞在空中，又结实到可以撑住像信天翁那样的大鸟而不致绷断。我们试过钓鱼线，不成，后来买到一些补鞋匠用的五股特强线，好用极了。不过我们不只要做标本，也要观

---

① 见辛普森和赖特合著的《海上的大气电》（1911）卷八十五。——原注

察其种类、出现数目及习性等，因为人类对这些海鸟所知不多。于是我们邀集所有感兴趣的人来帮忙，可以说所有的军官和许多水手都参与了制作海鸟的观察记录，白天几乎每个钟头都添加新资料。军官和水手们差不多都熟悉大洋上常见的海鸟，更熟知南极洲边缘及大块浮冰上的鸟——除极少的例外，由此往南便不再见鸟类出没了。

威尔逊也画了些鲸鱼的图，但从英国到好望角到新西兰这一路上，有关鲸鱼的观察记录没什么重要性，一方面由于很少有近距离观测的机会，另一方面也因这一带海上鲸鱼的习性已广为人知。一九一〇年十月三日，在南纬四十二度十七分，东经一百十一度十八分，两条成年北groups鲸紧跟在船边，身长约五十英尺，另有一只浅色幼鲸，长约十八至二十英尺，跟随在侧。利利即根据这次的观察，以及后来在新西兰的一次观察，判定这种出没于次南极海域的鲸，与我们的北groups鲸属同一种。①不过这是我们离开新西兰以前唯一一次近距离观察鲸鱼（在新西兰那次，是在群岛湾的挪威人捕鲸站，利利协助切割一条类似的鲸鱼）。

不过，有关这类动物的概括资料还是有用的，例如它们吃大洋上常见的浮游生物，又如在南极洲所见鲸鱼比较暖海域多，以及有些鲸鱼（如座头鲸）冬天迁移到较暖海域，目的不是孵育而是觅食。②

至于海豚，我们观察到至少四种。所见最稀有的海豚是“Tersio peronii”，特征是无背鳍。我们是一九一〇年十月二十日，在南纬四十二度五十一分、东经一百五十三度五十六分处看到的。

不是根据尸体或残骸所做的鲸鱼或海豚报告，不能轻易相信。单靠观察在水里游泳的动物，很难判定其种属，因为经常仅看到水花和背鳍。海豚的命名法尤其有待改进。希望以后的远征队都带上一个挪威的

① 见《1910年至1913年英国南极探险队》自然史报告卷一第三部第117页。——原注

② 同上第111页。——原注

鱼叉好手，挪威渔人是很好的水手，别的活儿也都能做。威尔逊就强烈主张如此，曾努力想找这样一名好手来，但目前正值捕鲸热潮，他们索求的工钱很高。也许就因为钱的问题，不得不放弃这一构想。我们携带的捕鲸用具是以前“发现”号探险队带的，由伦敦皇家地理学会慷慨出借给我们。我们试射了几次，但欠缺技术的人不太可能射中。出海捕鲸的人不会没有经验。

船并不为海洋生物学观察而放慢速度，不过我们使用全速拖网，还是网到数十种浮游生物的样本。一直到接近墨尔本，我们才有机会使用底栖拖网，那是在菲利普港①，我们一方面试用这东西，一方面让人员学会怎么用。在抵达南极海域前，探险队不打算花时间作深海探测。

连续四天，风微弱到近乎静止。在纬度四十几度的地带，船竟因无风而不能前进，是不太寻常的事。十月二日，晴雨计下降，左舷有风，此后二十四小时行进了一百五十八海里。周日无事，斯科特集合众军官与水手在舵轮边做了礼拜。我们很少在甲板上做礼拜，因为周日如遇强风，便失去宗教意味，而即使做礼拜，通常也是在起居室内。有一次我们想让自动钢琴伴奏唱诗，但因自动钢琴预录的乐卷主要是为娱乐而非宗教用途，它忽然奏出与我们所唱全然不同的音乐。在整个探险过程中，我们一直希望有人能弹奏钢琴，因为我们远离文明，如果有这么一个人真是好。斯科特就曾在《“发现”号之旅》中写到有一位军官每晚弹奏的好处：

> 每晚这一小时的音乐，是没有人愿意错过的节目。我不知道别人听了这音乐想到什么，但我大致猜得出，无非是一些难以诉说、不能笔传的感觉。我倒是很相信，音乐抚慰了我们的许多烦恼，让

---

① 菲利普港，墨尔本外港。——译注

我们每晚带着绝佳的幽默感坐上晚餐桌，每个人看起来都心情平和，不过却是“摩拳擦掌”，准备开始另一场唇枪舌战。

很高兴风力加强了。斯科特感到着急：还有很多事待办，时间却不多，因为已决定要比以前历次探险队都更早离开新西兰，好早些穿过浮冰带，早点开展运补行动。非常微弱的南极光这时开始显现，这光，以后我们极为熟悉。不过更引起我们兴趣的是捕得几只随船尾飞行的信天翁。

第一只是乌信天翁，我们把它放在甲板上，它昂首阔步地在甲板上踱步，两脚噗噗作响。它的模样美极了，黑色身体，黑色的大头，两眼上方镶白线，黑喙上一圈漂亮的蓝紫色环。它对我们不屑一顾，料想在像它这么美丽的东西看来，我们实在不值一顾。几天后，我们一举捕得一只漂泊信天翁、一只黑眉信天翁和一只乌信天翁，全以绳系在通风孔上，在甲板上拍照。它们都很美，我们实在舍不得杀，但它们作为科学标本的价值胜过我们想放它们自由的愿望，遂给它们注射醚，免其受苦。

南方海洋是许多鸟类的家乡，但众鸟中信天翁最突出。我曾提过威尔逊认为信天翁在西风前面环绕地球一圈又一圈地飞，每年只在克尔格伦群岛①、圣保罗及奥克兰群岛②等岛屿上停下来一次，孵育幼雏。如果他说得不错，在这浪涛汹涌的纬度，它能获得的休息对其他的鸟来说是太少了。我在别处看鸟儿跟着船飞，觉得同样的鸟似乎跟了几千海里远，但在这次航行中我得到的结论是，每天早晨出现在船后的都是一群新的鸟，初到时都很饥饿，贴近船尾飞，好捡食我们抛弃的残食。过些

---

① 克尔格伦群岛，位于印度洋南部的法属群岛。——译注

② 奥克兰群岛，南太平洋南部新西兰属群岛。——译注

时候它们吃饱了，便散去，即使仍跟着，也距离远。因此我们捕鸟总在清晨，只有一只鸟是午后捉到的。

风继续顺着吹，不久便强劲起来。十月七日星期五，我们单使帆，便驶到七至八海里的时速，这对“新地”号这样的老船来说算很不错的了。这样，我们距离墨尔本只余一千海里了。到周六晚上，我们升起上桅帆。坎贝尔周日清晨四点接下守望班时，风刮得很大，但船仍张着上桅帆。大浪在船尾。

六点半时，发生了一件在海上生活中有趣但不重要的事件。一阵此行首见的特大浪忽然扑来，上桅帆升降索松了，前上桅帆桁已放下，但主上桅帆桁卡在中途下不来。一根束帆索因风吹过帆桁，与主中桅帆纠缠在一起。上桅帆桁向右舷倾斜，左右摆荡，看起来帆随时会被风吹去，发出像大炮一般的巨响，桅干剧烈摇晃。

看起来上桅桅干不保，但风大如斯，我们无可奈何。坎贝尔在船桥上静静踱步，脸上带着笑容。全体值班人员都聚在梯索下面，准备爬上去。克林（海军士官）自愿单身上去卸下桅桁，但坎贝尔不准。桅干一碰一撞，我们束手旁观。

等大风止息，帆松开、卷收好，下一阵狂风又来袭。我们急速收好中桅下帆，安然无事。最后清点损失，计裂帆一面及压弯的桅干一支。

次晨，新的上桅再度弯曲，我们正设法抢救，前所未见的一场大冰雹忽然打下。大多数冰雹的周长一定都有好几英寸，隔着厚衣与雨衣都打得人痛。同时海上形成好几条水柱。正站在帆桁上的人可不好受。下面甲板上的人则把冰雹当球丢，假装是雪球。

自此时起，我们在一阵狂风前面跑，到十月十二日清晨，奥特韦角①的灯光已在望。张满帆、开大引擎，却没能赶在潮退前抵达菲利普

---

① 奥特韦角，墨尔本西南岬角。——译注

港的尖端。退潮时是进不得港的。当晚我们上抵墨尔本港，一片漆黑且风势强劲。

一封电报在等着斯科特：

马得拉。将往南。阿蒙森。

这封电报非常重要，关系到我们最后的悲剧。阿蒙森船长是当世最重要的探险家之一，且正当盛年——四十一岁，比斯科特年轻两岁。一八九七年至一八九九年，他曾率比利时探险队，比斯科特更早到过南极，因此绝不认为南极是英国的领土。后来他又于一九〇五年完成西北航道①之旅，实现了几世纪来探险家的梦想，而且还是驾驶旧式帆船完成的。我们所听到关于他的最新动态是，他正把南森以前用的旧船“前进”号装备起来，准备进一步探勘北极。原来这只是声东击西之计。一旦出海，他便告诉随员说，真正要去的是南极而非北极；等到了马得拉，他便发出上述那封简短电报，意思是：“我会比你先到南极。”这也表示我们遭逢很强的对手，我们对此很感忧虑。

澳大利亚的海军基地司令上船来视察，船上的黑猫小黑引起了他的兴趣。小黑通体皆黑，唯独左脸颊有一根白须，它此次随船去到南极，但在第二次南极之行回程中死去。水手们用毯子和枕头给它做了一张吊床，就吊在他们自己的睡床中间。小黑这天不大舒服，原因是吃多了船上到处都是的蛾。海军上将把它弄醒，它却不知这是多么大的光荣，只是伸个懒腰，打个呵欠，翻身又睡了。

这猫成为“新地”号的著名成员，记者们拍了它许多照片，说它像古罗马人一般贪吃，吃了太多的海豹油，弄得自己不舒服，可是稍停又

---

① 西北航道，北美大陆与北极群岛之间的水道。

去吃。它有极漂亮的毛皮。一九一一年自南极回航时，小黑被甲板上不知什么东西吓到，竟跳进波浪汹涌的海中。船停下来，放小舟把它救起，它又在船上度过一年快乐的生活，一九一二年它再随这船赴南极，回航途中，一个狂风大作的黑夜里，它消失不见。它常随人攀上帆桁，失踪那晚，船员看见它高踞主桅上桁，平常它从不去这么高的地方。一阵大风吹来，它便不见了，可能是因为帆桁上覆着冰。

威尔逊在墨尔本重新上船，斯科特则下船，去处理商务，将在新西兰与我们会合。我想他上岸时对探险队成员已有相当了解，可以作公平的论断了。我想他是很满意的。船上众人士气高昂、团结一致，工作应会很有成效。当然，你一定可以找到另一群人，把船开得更好，但你找不到更自动自发、不畏辛苦、欢欢喜喜做苦工的人了。很明显，这群人的全副心力都以探险为优先，个人利益毫不足道。从离伦敦一直到三年后重回新西兰，这份精神始终维持不坠。

在主管军官中，斯科特对坎贝尔越来越倚重。坎贝尔后来率领北队，他的领导特质使他的小队安全度过人类所曾经历的最艰苦的冬天。鲍尔斯也展现出水手的坚毅品质，这是南极访客最需要具备的特性，斯科特当时不可能看出鲍尔斯是“历来极区旅行最坚毅、最大无畏的旅客”，不过他显然已是第一流的水手。在年轻科学成员中，也有几位表现出水手的品质，对以后的工作是好迹象。整体来说，我想斯科特是高高兴兴登上澳大利亚土地的。

离墨尔本赴新西兰的时候，我们都有点垂头丧气，这没什么好奇怪的，在海上航行了五个月，每天挤在一块，所想无非五十度大浪，上岸一游让我们身心舒畅之至。再说，虽然船上伙食该有的都有，但人总是希望吃点新鲜肉类和蔬菜；科学上已知防止坏血病的措施我们都做了，不过大家在离开文明以前多吃些预防坏血病的食物，变换一下生活，总是好的。

因此，十月二十四日星期一的早晨，我们是怀着一些期望的心情抵达新西兰的。我们可以嗅到陆地的气味——新西兰，多少南极探险队的出发地，我们知道会受到欢迎。斯科特的“发现”号、沙克尔顿的“狩猎家”号①，现在又是斯科特的“新地”号，都先后在利特尔顿港的同一个码头——五号码头停泊，在那里出清货仓，然后不计代价，把新西兰能提供的所有需用品全装上船。也是从这里，探险队扬帆出海；年复一年，空舱的船又回到这里。斯科特所说有关“发现”号的话完全适用于“新地”号。新西兰不仅官方尽力协助探险队，人民也张开双臂欢迎，“让他们知道，虽然远离本土几千海里，在这块新土地上他们可以找到第二个家，等他们回来时一样欢迎他们。”

不过，我们得先绕过新西兰南海岸，再向北沿东海岸航行，才能抵达这个南极之前的最后一个停靠港。风远扬了，我们直到二十八日晨，才通过利特尔顿尖岬。我们已预定十一月二十七日重新出航，这短短一个月有很多事待办。

以后四周是辛苦工作间杂大量游乐。船上的货卸下，军官与水手依例全充当码头工。接着船送进船坞，检验渗水原因。负责检验的利特尔顿人 H. J.米勒先生曾为许多南极船只做过同样的服务，但为抗冰设计的多层船身护鞘很复杂，要找出渗水处很不容易。可以确定的是，从船内看到的出水处，绝非穿透外层护鞘的渗漏点。“我们的好朋友米勒，”斯科特写道，“顺着渗漏处追查到船尾，我们发现船尾裂缝，有一处船尾长钉的洞眼比钉子本身大很多……船还是渗水，不过现在每天两次以人力抽水，每次十五至二十分钟，便可以维持不太高的水位。”这是在利特尔顿写的，但不久后每个水泵都堵塞，我们得不断以三只水桶汲水。

---

① 英国南极探险家沙克尔顿 1907 年至 1909 年指挥的南极探险船舰。

鲍尔斯头脑清楚、善于规划，他把各种需用品分类、重装，功绩甚大。除了船上原本携带的用品以外，我们添购了乳酪、奶油、罐头食品、腌肉、火腿等新西兰产品，这些东西在离开新西兰前绝对应该准备妥当，但宁可在新西兰买，也绝不要老远一路带在船上行过热带。所有物品入舱前都列下清单、标好记号：绿标是给北队的，红标是给主队的。这样不但容易分辨，而且依序贮存，需用时方便取出。

两队在南极大陆的家——两座小木屋，这时由船上卸下，在附近一块空地上搭起。搭的人就是到了南边要负责同样工作的一批人。

各种科学研究用品也小心存放。比较大的东西包括一架汽油引擎和小型发电机、一具测试地球重力的精密钟摆观察器、气象屏幕和一架丹斯氏风速计①。另有为磁性观察用的特制小屋，不过最后只带了小屋的骨架和必要的磁性仪器。生物学仪器及照相器材也很占地方。

小木屋内的用品包括床及弹簧垫——真是奢侈，但所占空间和所花的钱都是值得的。此外有桌、椅、厨具及水管，两队还各有一整套乙炔发电机。有各种各样的通风设备，却不大管用，极地通风问题仍有待解决。

食物可以塞进相当小的空间，但燃料不行，这是极地旅行最大的困难之一。必须承认，在这方面挪威远超过我们，他们的船用的是汽油引擎。“新地”号则尚仰赖煤炭，在南边能停留多久，能在岸上进行多少探险活动，几乎全看船在装载了必要用品后，还能贮存多少煤而定。

“新地”号从新西兰驶出时，货仓与煤仓里共携有四百二十五吨的煤，另以袋子装了三十吨置于甲板上。以后我会谈到关于这些煤袋的事。

---

① 英国气象学先驱丹斯（1855—1927）发明的一种压力管式风向风速计，这是第一个能同时测量风速和风向的仪器。

同时，上甲板的下面盖起马厩，供十五匹马居住，还有四匹马住不下，只好在前舱左侧也建了马厩。这么一来，甲板上挤得满满的，甲板屋和其他风大时可能被吹走的东西也必须用钉子固定牢靠。

出发的时间近了，在文明世界的每一天都越来越令人珍惜，利特尔顿的场面显得热烈而拥挤。这里有一位年轻科学家，正想在他狭隘的实验室里再塞进一只箱子，或把刚发下的一堆衣物塞进他的床垫底下，因为甲板上他的置物柜里再没空位了。在主甲板上，鲍尔斯正努力往冰库多塞一只冷冻羊，另一组人则在彻底检查轮机。引擎室的人忙于引擎，船虽拥挤却井然有序，而且很干净。

但十一月二十六日周六的早上，景况又不同了。甲板再也看不见了：除了三十吨的袋装煤以外，又有两吨半的汽油，装在圆瓮里，外套木箱。这些煤袋与油箱之上，以及冰库的顶上，拴着三十三条狗，互相够不着，以免它们依本能找邻近动物打架。船上一片嚎叫声。前舱及甲板的马厩里共有十九匹马，紧紧卡在各木厩里。更壮观的是三辆机动雪橇，有极大的座厢，各为十六乘五乘四英尺，主舱门左右各摆了一辆，第三辆横跨在舵楼甲板的中间，上面都盖了防水布罩，尽量绑得紧紧的，但很显然如遇大风浪，它们的重量会造成甲板很大的负担。整个景象并不令人愉快，但大家已经尽全力确保甲板上的货品不要移动，动物也都不受风和浪的侵袭。多虑也无益。

第三章
南下

剖开身体，在最美的面貌底下，除污秽外
也不会找到别的；而，主啊，你
的美却深藏着，有待发现。

——乔治·赫伯特①

电报自全世界各地飞来，特开列车，各船张灯结彩，群众聚集挥手，汽船全驶到岬角送行，一片喧嚣嘈杂——这是一九一〇年十一月二十六日的景象。下午三点，我们驶离利特尔顿码头。在挥别文明以前，我们还要到达尼丁②停留。周日晚上，我们到了，在这里装上更多煤。周一晚间我们跳舞，穿着怪模怪样的衣服，因为好衣服都没带来。次日下午终于出发往南，气氛很热烈。太太们陪在船上，直到船驶到公海上。

最后一刻才离船而去的还有来自基督城的金西先生。在“发现”号出航期间，他是斯科特在新西兰的代理人，一九〇七年也曾任沙克尔顿的代理人。我们都非常感谢他的帮助。

他对探险的兴趣极高，这样精明的生意人有这份兴趣，对我是

① 乔治·赫伯特（1595—1633），英国牧师、诗人。

② 达尼丁，新西兰东南部海港。——译注

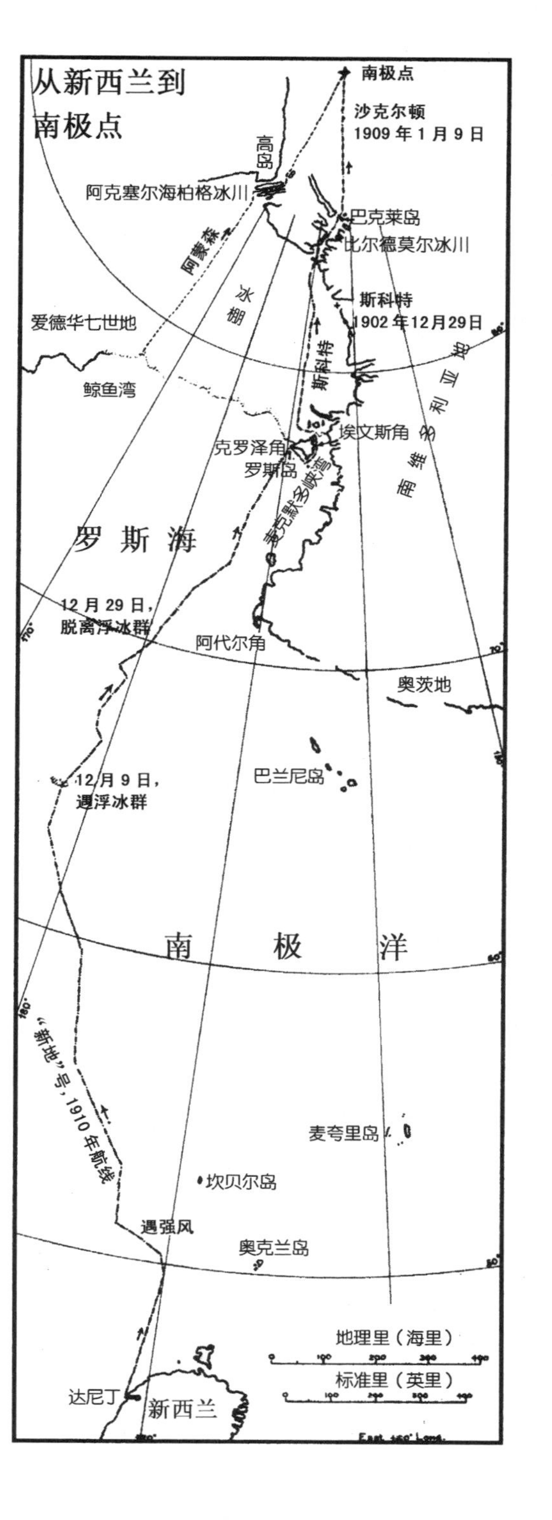

从新西兰到
南极点
南极点
沙克尔顿
1909 年 1 月 9 日
高岛
阿克塞尔海柏格冰川
巴克莱岛
比尔德莫尔冰川
阿蒙森
冰
棚
斯科特
1902 年12月29日
爱德华七世地
斯科特
鲸鱼湾
南维多利亚地
埃文斯角
克罗泽角
罗斯岛
麦克默多峡湾
罗斯海
12 月 29 日，
脱离浮冰群
阿代尔角
奥茨地
巴兰尼岛
12 月 9 日，
遇浮冰群
南极洋
“新地”号，1910 年航线
麦夸里岛
坎贝尔岛
遇强风
奥克兰岛
地理里（海里）
标准里（英里）
达尼丁
新西兰

极有帮助的事，我充分利用这一点。当我不在时，金西将为我的代理人，我已给他委托授权书，也让他知道一切状况。他对我们的好意非言语所能形容。

晚间，陆地浮现，桑德斯角①的灯光闪烁。②

马和狗是我们首要的关注对象。即使在风平浪静的时候，狗儿们也挺悲惨。

浪仍不断打上船舷，必须到船腰一行的人都不免湿透。狗儿们背对着入侵的海水而坐，毛皮全湿，滴着水。它们显然又冷又难受，偶然有些可怜的家伙引颈长嚎。它们构成一幅愁惨的画面，这样的生活真是难为这些可怜的动物了。③

马的情况好些，在甲板中部的四匹处境最佳。在风急浪高的时候，这四匹马很显然比其他的马好过得多。

前甲板下的十五匹马肩并着肩，一边七匹，另一边八匹，头靠在一起，中间隔着夹板，随波浪起伏无规律地摇晃不止。

若从舱壁的洞孔张望，会看到一排头，都带着悲伤、忍耐的眼神，右舷的一起摇高，左舷的齐齐晃低；然后是左舷的头升起，右舷的头矮下去。这些可怜的畜牲日复一日站在一起，连续几星期，看起来真是残酷的刑罚。虽然吃得很好，它们却因紧张而瘦弱下

---

① 桑德斯角，达尼丁港外岬角。——译注
② 《斯科特的最后探险》卷一第 6、7 页。——原注
③ 《斯科特的最后探险》卷一第 9 页。——原注

来。不过当然从人的眼光是无法精确估量它们的痛苦的。①

要抵达浮冰带前必经的海域想必是世上最多风暴的海。但丁告诉我们，犯了色欲之罪的要被罚入第二层地狱，在狂风巨暴中旋转不已。人世间就有这样的地狱，在南方海洋，风暴在此周旋地球无间无止，飓风一个接一个，由西向东绕着地球打转。在此你会看到信天翁——体型庞大的漂泊信天翁、乌信天翁，以及大海鸟，它们在狂风之前轻巧滑翔，有如天使。它们绕着地球飞，我想它们每年只停下来一次，在那些小岛上孵育。

还有很多别种美丽的海鸟，但最美的是雪圆尾鹱，它比世上任何东西都更像小精灵，羽色雪白像是透明一般。它也是浮冰上的常客，除孵育外很少飞离浮冰。它们"各自单独零零散散东飞西飞，在蓝天之下闪亮，像许多许多的白蛾，又像发光的雪花"②。又有巨圆尾鹱，它们的毛色很奇怪，有的几近纯白，有的呈褐色，每一只都不一样。不过，一般来说，越往南，白的越多。若说这是保护色，也不像，因为这种鸟并无天敌。也许跟身体散发的热辐射有关?

从事这种旅程的船都不免受磨难，"新地"号载重过量更让人忧虑。大洋洲的气象学家已警告我们天候不佳，凡非绝对必要的物品都遭无情剔除，货舱与甲板间的空间都挤得好像要爆掉一样，甲板上也无立足之地。军官与水手的起居室里走都走不动，也没有椅子给每一个人坐。说我们"载货很多"实在是非常轻淡的说法。

十二月一日星期四，我们碰上狂风。下午我们收卷中桅下帆、船首三角帆以及支帆索。风与浪来得很快，夜幕未降，甲板上的货物已开始

---

① 《斯科特的最后探险》卷一第 8 页。——原注
② 威尔逊《"发现"号自然史报告》。——原注

松动。

你知道我们怎样小心地把每样东西都绑得紧紧的，可是再怎么紧，煤袋也经不起风浪的持续重击。没别的法子，只有大家死命用手抓住，几乎所有人手连续几小时都在船腰抢救煤袋、重绑油箱等。海浪不断扑上甲板，人常常完全给海水淹没。这时候他们得自己抓紧，以免被冲下海去。煤袋与松脱的箱子到处都是，你抓住的东西也可能被冲走。

才刚稍稍收拾妥当，马上又有超大的浪打断绳索，一切又得重新来过。①

夜间情况要恶劣得多，更糟的是有些人晕船了。我清楚地记得周五值早班时，有两小时的时间都爬在桅杆上，不在上面时则晕船不已。同时面对飓风、寒冷的天气、爬在帆桁之上、处理一面湿透的帆，又头晕想吐，真是凄惨极了。

一定就在这时，我们奉令卷起船首三角帆，叠好。鲍尔斯亲自带四人，去船首斜桅收帆。那里每当大浪打来，船首猛向前栽，便深深埋在海水之中。看他带领其他人进入那咆哮的地狱，实在让人心生敬畏。他在一封家书中生动地描述了这场暴风。他总是把困境轻描淡写，不管是暴风的力量或是极地旅行的困难都如此。在阅读他这封家书时应记得这一点。他的母亲慷慨准许我把信收录在此：

我们快速通过四十几度的纬度区，刚过五十度线不久，惊人的狂风便笼罩了我们。是南纬五十二度左右，绝少任何一种船只通行

---

① 《斯科特的最后探险》卷一第11、12页。——原注

的区域。我们已被风吹离坎贝尔岛①，直往合恩角方向行驶。至此可以了解为何“狩猎家”号始终有一艘大蒸汽船守在近旁，以防不测。我们却是完全孤独的，方圆几百海里海面上没有别的船只。以前我从未担心过翻船之类的事，现在这艘旧捕鲸船给了我新的经验。

狂风刮起的那天下午，我帮忙绑紧上桅帆、中桅上帆及前樯主帆，来到甲板，发现大水不断灌进船来，吓呆了。煤袋已开始漂浮，像破城用的大锤般拉扯我小心安放的油箱，危及所有货物。我是下午三点开始系帆的，等我尽力把每样东西都加绑好绳索，已是晚上九点半。浪来得很快，我差不多一直是浮在水上、游泳来去。我下去休息了两小时，躺在床上听浪击声，想着不知这些箱子还能支撑多久。到午夜，该我值班了，反倒把心思丢开。我们只挂了两张中桅下帆吃风，引擎开一点点，帮着校正方向。若在别的时候，我应该感到轻松，但现在水漫甲板着实恐怖。每个水手看到甲板上东漂西荡着垃圾，都大感忧虑。不过“不入虎穴焉得虎子”，既然经费不足，雇不起另一艘船，我们就只好塞满现有的这一艘，否则到了南边就会更糟。这班守望事件层出，因为船身抖动导致好煤掉入船底，混合了引擎渗出的油，变成包着油脂的煤球，这东西当然很容易卡住水泵。可是这时我们不能去修理堵塞的水泵，因为甲板进水太快，几百吨的货物危在旦夕。有人建议我不如让船走快些，主引擎的大水泵受到速度的震动，说不定会把卡住的煤球抖出来。这违反我自己以及水手的首要守则，但我照做了。结果不难想象，船进水更快。为避免甲板整个被一扫而空，我慢下来，听任海水涌进。我的下一张牌是让值班的人操作手动水泵，但这水泵也卡住

① 坎贝尔岛，新西兰南方小屿。——译注

了，或几乎卡住了。

反正，手动的、蒸汽的，每一个水泵都打开，锅炉室里的水位仍在上升。清晨四点时，全员收下前中桅下帆，张挂的帆减至最少。风力增至暴风级（十一级风），只有南纬五十几度才会有这样高的浪。后舱水手全被叫醒，拼命摇晃水泵，却只有一点点水出来。我们不得不抛弃一些煤袋入海，好空出水泵周围的位置。我则开始抢救漂浮的油箱。我把下风面船舷的板壁拆掉一两块，让水流出，因为水已高到船舷扶手栏杆。反流的浪势如大瀑布，因此这样做的时候，一直是冒着被冲下海的危险。这一天我可游够了。我救回的油箱都放在船尾的顶风面，帮助平衡。船倾斜得厉害，马儿们虽头上有遮盖，却惊慌乱跳，顶风面的几匹更因斜度大，前脚撑不住，简直要跳出马厩来。奥茨和阿特金森像特洛伊人，在它们之间来回安抚。然而到早上还是看到一匹马死了，另有一只狗掉落海中。狗儿们是拴在甲板上的，被海水冲过来冲过去，因为脖子上拴着铁链，常常没顶一大段时间。我们虽尽力让它们站在高处，海水却到处奔窜。起居室里也一片汪洋，我们的床、好衣服、书本等，都湿了。不过这些我们并不介意，要紧的是水已漫到锅炉，将火熄灭，我们首次体会到这船已不能承受，在缓慢下沉。没有水泵可抽水，我们开始以桶汲水，以拯救它的性命。若能打开舱门，便可下去清理主水泵，但海水根本覆盖了甲板，一打开舱门，这船不消十分钟便会宣告沉没。

轮机长威廉斯、木匠戴维斯与我聚商之后，开始在引擎室的舱壁上凿洞，好从引擎室爬到抽水机室。舱壁是铁铸的，至少要花十二小时才凿得通。斯科特上校很了不起，他和执行官埃文斯两人都大难当前而色不变，因此在最危急的时候，没经验的船员都不知情况有多糟。斯科特上校小声对我说："我看事情不妙，你说呢？"我说我们不管怎样还没死，就在这时奥茨冒着生命危险跑到后面来报告说又有一匹马死了，还有几匹也奄奄一息。接着一阵滔天大浪把前缆索与主缆索之间的下风面船舷板壁一冲而去，放在下风面的机动雪橇幸而是用铁链缚住的，才没有跟着下海。我随即潜下水去寻觅油箱。斯科特冷静地告诉我，这些“不要紧”。我们是在从事伟大的南极计划呀！世人皆知我们将使用机动雪橇，而他说这些“不要紧”！我们的狗看起来是完蛋了，马也快完蛋了，我去提水时心里暗暗祈祷，嘴上却哼哼唱唱，就这样拖过这一天。我们把所有会唱的傻瓜歌唱了又唱，之后每个人都停止汲水，去休息两小时，因为肉骨凡胎，不吃不睡不可能有精神。连淡水水泵都出了毛病，我们只好饮纯莱姆汁或任何找得到的饮料，然后浑身湿透地坐着等候轮班。我的睡袍让我很舒服，它不太湿，很保暖。

长话短说，到后来，我们发现风暴略微减弱，而船里的水虽多，我们怎么努力也没能减少，但已不再上涨。我们于是有理由希望船维持不沉，等我们清理好水泵井。风暴如再持续一天，我们的景况如何就很难说，恐怕根本就沉了。你不能想象驾这么一艘小船在这样的海上，感觉多么无助——对大探险的梦想都抛开一边，保命要紧。上帝向我们显示人力的微弱，最伟大的人——近年来立下许多丰功伟绩的人也不得不认输。整件事情其实很感人。总之，到晚间十一点，埃文斯和我带着木匠钻过舱壁上一个小孔，在煤堆里找到抽水机室的沉箱，在那里再凿一个洞——是木头的，很容易，我们头戴矿坑里用的安全灯，下洞干活。水很深，必须不断下潜，才碰得到吸口。经过两小时左右的清理，暂时是通畅了，水泵高高兴兴抽起水来。清晨四点半时我又下去清理了一次，不过一直到次日下午，我们才把水抽光，而这时暴风也止息了。水泵在抽水的时候，我们仍继续以人力汲水，直到锅炉露出水面。一旦可以重燃炉火，就把炉子点燃，并把其他抽水机一并打开。水一抽干，清理吸口就很容易。我很高兴地发现，虽经此大难，我只丢失了一百加仑左右的汽油，想想事情原可以糟很多的……

你会问，我们原先的漏缝不是修补好了吗？水又是哪里来的呢？谢天谢地，我们不需要同时面对那个问题。水主要是甲板上流下的，一方面甲板上载货重，另一方面风浪太大，甲板盛满了水，我们的性命全仰赖每一片木板撑住不裂不断。只要有一片断裂，我们就全完了。最让人忧心的不是有这么多水，而是若风暴再持续，会有什么崩裂。我们是可以丢弃甲板上的货物，但这件工作不好做，而且我们忙着汲水，别的都来不及做……

鲍尔斯以下面这句话结束他的叙述，充分表现他的个性：

即使在最坏的情况下，地球还是个适合居住的好地方。

普里斯特利在他的日记里写道：

如果但丁看到我们的船处于如此危难，也许会得到关于另外一层地狱的灵感，不过他恐怕不能解释为何这伙人这么开心又满嘴脏话。

现在情况简单了，水仍往里灌，我们努力汲水，如此而已。“新地”号从来没灌过这么多水，几乎淹过锅炉。周五早晨最糟的时候，我们奉命以三只铁桶汲水。造船的人没想到我们会需要以桶汲水，连接引擎室与甲板的两座铁梯都只容一人上下，如果我们使用三只以上的水桶，传送水桶的速度就得加快，这来不及，没有用。我们分成两班，整个周五日夜两小时轮一班，发狂似的汲水。

威尔逊在日记里描绘了这景象：

竟夜工作，伴随怒吼的狂风、无边的黑暗与每几分钟扑上船一次的大浪。没开引擎、没张帆，每个人身上都沾了引擎室的油和船底污水，一边传递盛污水的桶子，一边大唱水手歌。站得高的人泼溅些水在比他低的人头上，每个人便都湿透了。有些人遂干脆打着赤膊，像苦力般。引擎室点了两盏昏暗的油灯，只刚好让物体隐约可见。船底前推后攘的起伏，一小时比一小时轻缓。船像根浸得透湿的死木头，浪来时下风面的船舷上缘都浸在水中。一个古怪的夜晚。

周五情况最恶劣的时候，有一阵子很吓人。我们醒悟到火要熄了，而且每一个抽水水泵都坏了，船舷板一片片掉落，油箱到处漂浮，有的已经落海。忽然在船腰抢救油箱的人大声呼喊，说是后舱缝隙中冒出烟来。后舱里装满煤，且紧贴引擎室，一直没机会打开舱门疏散瓦斯气，大家都知道起火是有可能的。但这时甲板上全是水，不能打开舱门，也就没法处理。若打开舱门，则船马上就沉了。这是很紧张的时刻，直到弄清楚了并不是烟，而是蒸汽，因为热煤炭掉入船底水中而产生的蒸汽。同时几个人为着全体的性命，挖凿两面舱壁，以进入抽水机室。舱壁一面是铁铸的，另一面是木板。

斯科特写下他这时的心情：

我们仍未脱险，但有了希望。我确实应怀希望，因为我的手下实在优秀。军官与水手都一边做苦工一边唱歌。威廉斯在锅炉后面挥汗凿壁。没有一个人意气消沉。昨晚一条狗淹死，一匹马死了，另两匹垂危，恐怕也保不住。偶然一阵大浪会把狗儿冲走，全赖铁链系住不放。密勒斯（狗队主管）带着帮手来回拯救这些可怜的东西不被勒死，想给它们寻个较好的安身处，但根本没办法。一条狗死时我们发现它像是上吊了；另一条，铁链被浪冲断，消失在舷外，下一阵浪来又奇迹似的把它冲回船上，好好的（我想那条狗叫欧斯曼）。灾情惨重，但我觉得只要能解决积水问题，事情就好办。又一条狗刚被冲下海去——啊！感谢天，风已减小。浪仍如山高，但船不像先前那么吃力了。①

我所找到的记录，最高的浪达三十六英尺高，是罗斯在北大西洋观察到的②。

而在十月二日，我们记载的浪高是"（估计）三十五英尺"，记录人应是纳尔逊，其人对衡量极其精确谨慎。有一次我看到斯科特站在当风面的栏杆边，腰以下都埋在碧绿的海水中。读者由此可以想象，在船腰处，"从前缆索到主缆索，栏杆扶手一遍又一遍被翻滚的海水覆盖，海水向后冲刷，堆高在舵楼处。"③另一次，鲍尔斯和坎贝尔站在船桥上，船迟缓地在浪头上翻身，主舱门的下风面都浸在水中。他俩忧心忡忡地看着，船终于翻转回来，摆正船身，但是，"它不见得总能翻回来。"鲍尔斯说。通常，船倾斜到那个角度，就沉下去了。

之后有一段时间没有什么大事，不过当然并不平顺。

昨晚船的摇晃让我非常不安。船在翻腾的海面上倾跌、扭身，

① 《斯科特的最后探险》卷一第 14、15 页。——原注

② 雷珀《航海习记》第 547 篇。——原注

③ 《斯科特的最后探险》卷一第 13 页。——原注。

动作急而角度大。每次船往下栽，我就为那些可怜的马担心。今天下午它们很不错，可是我知道它们一定会越来越衰弱，很想让船平稳下来，让它们好好休息一下。可怜、耐心的畜牲！不知道这恐怖、不适的经验会在它们的记忆中停留多久？动物往往会记得面临困境或受伤害时的地点与情况，它们只记得最深刻的惊慌、恐惧、痛苦的情况吗？持续的紧张它们会不会记得？谁知道？但如果大自然能擦掉这几星期它们所受的折磨，那真是很大的慈悲。①

十二月七日，正午位置在南纬六十一度二十二分、西经一百七十九度五十六分，看见西方远处有一座冰山，在阳光下闪烁。次日又见到两座。十二月九日，正午位置在南纬六十五度八分、西经一百七十七度四十一分，早上六点二十二分，雷尼克见到浮冰群。一整天，我们驶过许多冰山和无数冰块，空气变得干爽舒适，海面平静，阳光照耀在冰之岛屿上，美得不可形容。忽然，砰！撞上一块大冰，卡在浮冰群里了。

天空极美，云在各种光与影的折射下千姿百态，太阳不时自云后探出头来，灿烂地映照出平坦的大浮冰、陡峭的冰山，以及片片蓝到极点的海。阳光与阴影就在我们眼前彼此追逐。今夜无波无浪，船稳稳地行在海上，只偶然撞上冰块而震动。

很难形容在通过风暴区后，这份平稳带来的欣慰感。马儿们怎样安下心来，我只能想象，但狗儿们是明显地开心了，人更是喜气洋洋。虽然耽误了时间，旅程却充满希望。②

---

① 《斯科特的最后探险》卷一第 21、22 页。——原注
② 《斯科特的最后探险》卷一第 24、25 页。——原注

我们遇见浮冰群的地点比任何别的船所见都在更北面。

什么是浮冰群？冬天时罗斯海海域的海水结成冰，被南风向北吹，但结冰的形状各异。一般来说，秋天在南极洲边缘形成的大片冰皮，在冬天与春天日益加厚，等海水与空气的温度在夏天上升时，便断裂漂浮。在麦克默多峡湾附近以及维多利亚地沿岸形成的冰层大抵如是。在风吹袭不到的海湾，这些冰有时维持两年或更久不化，一直增长，直到猛烈断裂，才漂浮出来。我们在小屋角和冰棚之间发现过这样的冰。不过也有大片的海域不会冻结太久，像克罗泽角，帝企鹅冬天筑巢地，是全世界风最大的地方。七月（南半球冬季），我们在一片黑暗中，从九百英尺高处所能见的海面全结了冰，但才几天，一阵飓风把冰卷了个光，海又是黑色的了。

我相信，我们的经验也证明我是对的，初冬是关键期，如果初冬之时海冰结得不够厚，与陆地的连结便不够紧，冰块便会顺水漂流，这一年的海面便未冻结。但这并不表示海面无冰。海有极强的冻结意愿，而空气又这般冷，风只要稍稍一缓，海面马上变魔术似的覆盖一层薄冰。但下一阵风又把它撕开，不然就是春潮悄悄带走了它，不管它厚达一英尺还是不到一英寸。这样的例子我们在最后一个冬天开门即见，那风实是暴烈无比的。

从几英寸到三十英尺厚的冰就这样漂流出来，与其他的冰共同组成大浮冰群。斯科特似乎以为整个罗斯海都结了冰①，但我认为不然，我还相信我是仍活着的人当中唯一看过罗斯海在仲冬时节未冻住的景象。那是威尔逊、鲍尔斯和我三人在寻找帝企鹅卵的冬季之旅中所见——不过这是后话。

一般而言，风和海流显然是决定浮冰厚度的主要因素。根据经验，

---

① 《斯科特的最后探险》卷一第 2 页。——原注

我们知道秋天海面可能无冰，夏天则大冰阻道。浮冰有北漂倾向，在北边融入较暖的水中。但在冰群都已消失不见的地带，冰山仍存，而且继续向北漂，造成合恩角一带过往船只的危难。不难想象，长达三十海里、怪兽般的冰岛，在合恩角海域出没，漂入航道，一路分割成几百座冰山，真能让水手闻之色变。到最后一阶段，冰山融化成小冰山，还更危险，因为那时最锐利的眼睛也看不见它浮在水面的那一小部分，可水下的它锋利如故，毫未减损恶魔般的力量。

南极冰山主要有两种。第一种最常见，是板状。板状冰山成千上万，到处漂流。较少见的另一种冰山是尖顶状，差不多全是板状冰山被风吹浪打或翻覆而形成的。冰山很少是由陆上积冰直接切割入海而成，那么，它们都是怎么来的呢？

板状冰山的起源直到几年以前大家还在辩论。有记录的冰山长达四五十海里，被称为冰堡，因为前人认为它们是先像一般海冰凝结成片，再由底下陆续加厚而成的。但现在我们知道它们是从南极洲各冰棚断裂下来的，最大的冰棚就叫做大冰棚，形成罗斯海的南界。我们渐渐对这片庞大的冰原非常熟悉，我们知道它的北面浮在水中，我们猜它可能整个都是浮着的，因为未冻的海水现在冲击它的位置，比罗斯当年所见的南推了至少四十海里。这座冰棚虽可能是全世界最大的，像它这样的冰棚却还有很多。关于这神秘现象的最新观点见斯科特论大冰棚的文章，还有待探险家进一步的亲身检验。

冰山只有约八分之一体积露出水面，一座看起来八百英尺高的冰山，水面下大约有一百四十英尺厚。它受风与海流左右，昂然穿越浮冰群，无视这些薄脆障碍的存在，倒在浮冰群中一路制造喧嚣。船如被浮冰群卡住，眼看着冰山怪兽势如破竹地过来，也动弹不得，躲不开。

以后三周我们所见的美景不能以言语形容。我想冬天的浮冰群地带一定很可怕：再没有比这里更黑暗、更荒凉的地方了。但现在，在黑暗中会让人恐怖的奇形怪貌，却带给我们绝对平和、绝对美丽的印象，因为，阳光吻在它们身上。

> 今天棒极了。值晨班时是阴天，但云逐渐散去，天变得亮蓝，到地平线附近转为绿与粉红。浮冰是粉红的，漂浮在深蓝的海中，影子则一律是淡紫色。我们行经一座巨大的冰山，一整天都在一座又一座的湖、一条又一条的冰间水道上穿行。“这像是皇宫大道。”有人说。有时候我们行驶在垂直的冰墙之间，冰墙连绵如通衢大街。冰墙往往非常平直，人不由想象它们是用好几百码长的巨尺切割成的。①

另一个时候，

> 在甲板上待到午夜。太阳刚刚跌落南方地平线下。景象无与伦比。北边的天空是艳丽的玫瑰红，反映在平静无波的冰间海面上，色泽从亮铜到橙红；北面的冰山与浮冰群带灰绿色，倒影则呈深紫，天空渐次为橘黄和灰绿。我们凝视这些美丽的光影良久。②

但并非天天如此。有一天下雨，有几天下雪、下冰雹，冷而湿，而且有雾。

> 今晚的情况不佳。原本希望会吹开浮冰群的东风，现在似乎消失了，我们被广大的厚冰环绕，像螃蟹般在裂隙间穿行，速度缓

---

① 我自己的日记

② 《斯科特的最后探险》卷一第 25 页。——原注

慢。很难维系希望。冰间有水道裂开向北，但往南则一片白茫茫。天色阴沉，吹三至五级的东偏东北风——雪已下过几场。举目所见尽是无望。①

与未冻之海一起被我们抛在后面的，还有陪伴了我们几个月的信天翁和合恩角鸽。取代它们位置的是南极圆尾鹱，“这种鸟黑白相间，羽色丰润，映着浮冰只见黑与白。”②另外有雪圆尾鹱，这种鸟我前面提过。

有幸参与探险队的人，都不会忘记第一次见到企鹅、第一次吃海豹肉，以及第一次贴近大冰山航行的经验（我们贴近冰山航行，是为了拍下影片带回伦敦）。我们还未抵达厚浮冰群区，便见到小体型的阿德利企鹅匆匆上来迎接我们。它们好像在说，伟大的斯科特，你好吗。不久我们听到了它们的叫声，这叫声我们永不会忘记：“啊啊哈，啊啊哈。”它们的声音里充满惊讶和好奇，还有一点上气不接下气的样子，不时停下来表达它们的感觉，

并且惊讶地瞪着同伴看；然后沿着浮冰的边缘走，寻两块浮冰间相距较近处一跃而过，以免沾湿羽毛。寻找的时候，低垂着头，犹犹豫豫不能决定这间隙够不够窄，像个孩子准备立定跳远似的。跳过之后快快跑着，像要补回刚才耽误的时间。接着又见一条宽水道横亘在前，非下水游一趟不可了。我们的好奇访客会在水里消失片刻，再露面时，像从玩具盒子里一跳而出的小丑，在较近的一块浮冰上出现，摇摇尾巴，立刻又开始奔跑向船。这时它距离我们只

---

① 《斯科特的最后探险》卷一第 60 页。——原注
② 威尔逊所言。——原注

有一百码远了，它不断把头向前东戳西刺，想看清楚新来的陌生东西。它以惊讶的语气大声向朋友叫唤，很想进一步调查，又担心太靠近这么大的怪物是否明智，举棋不定的神色实在好笑。①

它们非常像孩子，这些南极世界里的小人儿，像小孩又像倚老卖老、晚餐迟到的老人，穿着黑色燕尾服，白色短衬衫，而又相当肥胖硕大。我们常对它们唱歌，它们也对我们唱，你常会看到“一群探险者站在船尾，唱着‘她手指上戴着戒指，脚趾上戴着铃铛，走到哪里都乐声叮当’之类的歌，对着一群仰慕的阿德利企鹅扯开喉咙唱”②。

密勒斯喜欢对它们唱英国国歌，他宣称每次一开唱，企鹅们便赶紧入水。他五音不全，也许企鹅是因此而跑掉的。

两只或更多的企鹅会联手推它们前面的另一只企鹅，把它推向贼鸥。贼鸥是它们的天敌之一，会偷吃它们的卵或幼雏。它们总喜欢让同伴先跳入水，否则便不肯跳，恐怕有豹斑海豹躲在水下等着它们，豹斑海豹会一口咬着企鹅，像猫捉到老鼠一般玩弄它。利维克在他的书里形容阿代尔角的企鹅：

它们常跑到一长条冰块上去，冰块高约六英尺，长约数百海里，它们会聚集在边缘。先把一只同伴推入水，大伙儿全伸长脖子往水里看，看到那先锋安然无恙，它们才纷纷跟进。③

显然阿德利企鹅面对天敌时会表现出自私的一面，可是当它面临未曾经历过的危险时，它的勇气却压倒谨慎。当船走不动时，密勒斯和季

① 威尔逊《“发现”号自然史报告》卷二第二部第38页。——原注
② 威尔逊的日记。——原注
③ 利维克《南极企鹅》第83页。——原注

米特里（俄籍狗队驾驶）会带着狗队到大冰块上去蹓跶。一天一队狗拴在船边，一只企鹅看见了，从远处匆忙赶来，狗儿兴奋得又叫又跳，企鹅以为这是欢迎之意，叫得越大声，绳子扯得越紧，企鹅越快跑来相会。一个人拦住它免它上前送死，它却极为恼怒，用尖嘴啃住他的裤管，鳍形前肢猛打这人的小腿。我们常看到阿德利企鹅站在一心扑打的狗儿鼻下仅几英寸之处。

浮冰群是未成年帝企鹅和阿德利企鹅的居处，但我们这次没见到大群帝企鹅幼雏。

不久我们便对豹斑海豹熟悉起来。它会在冰墙下等小企鹅下水，它是一种残暴但柔软而优雅的海兽，特别喜欢猎食阿德利企鹅。利维克曾在一只豹斑海豹的肚皮内发现至少十八只企鹅，外加许多别种动物的残尸。它在水中像是：

> 比企鹅游得略快些，有时会追赶上企鹅，被猎者醒悟到单是速度不足以自救，便开始左躲右闪，有时候绕直径约十二英尺的圆圈快速转圈，达一分钟或更久，显然知道它转弯比追它的大东西快。但到后来它累了，我们便会看到大海豹的头与颌升出水面，噙住猎物。看慌乱的小阿德利企鹅绕圈狂奔，很让人伤感，但这在夏末是常见的景象。①

豹斑海豹肚内也有鱼和小型海豹的残躯。它的头与颈长而有力，身体柔软易弯曲，牙齿尖利无比，能把活鸟撕扯成一条条，鳍状前肢则能在水中迅速游动。它是独居动物，分布很广。一般认为它在浮冰上产子，但我们对这一点并不确定。有一天我们看见一只大豹斑海豹单独随

---

① 利维克《南极企鹅》第 85 页。——原注

船并游，遇浮冰时潜水下去，到裂隙中又出来，这样一块浮冰一块浮冰地跟着走。一时之间我们以为它对我们有兴趣，可是不久我们发现在另一块浮冰下尚有另一只，先前这只伸头出水作嗅闻状，它在船的下风处，似乎嗅出船距离一百五十至两百码远，遂朝向船躺卧的那边游去，我们从此不见它的踪影。

一只豹斑海豹——德贝纳姆摄

一只威德尔海豹——德贝纳姆摄

在南极有四种海豹，其中之一的豹斑海豹我已述及。另一种叫罗氏海豹，是因罗斯爵士于一八四〇年首先发现而得名。它似乎也是独居，住在浮冰之上，特色是“表情如哈巴狗”①。它是稀有品种，我们这次探险途中一只也没见到，而“新地”号所行经的浮冰群比大多数捕鲸人一辈子经过的都多。看来罗氏海豹比想象中还稀有。

① 威尔逊《“发现”号自然史报告》动物学篇卷二第一部第 44 页。——原注

南极最常见的海豹是威德尔海豹，它很少住在浮冰上，而一生在南极大陆的海边捉鱼，吃了之后懒懒地躺在冰墙上等它消化。我们后来在麦克默多峡湾见到成百上千只，因为它们是陆居海豹，只在海岸边聚众而居。但这时候我们常见到的是食蟹海豹，通常几只一伙，从不见大群集结。

威尔逊在他有关海豹的文章里曾指出，威德尔海豹与食蟹海豹这两种南极主要的海豹，似乎约好了在生活习性和食物上都不一样，好和平共享这块领域。他还指出“共处一地的企鹅也有类似分化情形”。威德尔海豹与帝企鹅，“在以下各点上相同：沿岸分布、食鱼为生、定居不迁徙，全年在不结冻的最南海滨生活。而另两种动物（食蟹海豹和阿德利企鹅）则都有出海习性、食甲壳类；阿德利企鹅随季节迁徙，食蟹海豹虽不一定迁徙，却有在冬季随冰漂流的强烈倾向”。①

威尔逊认为两种动物都以“不迁徙且居地较南”的品种占优势，亦即威德尔海豹与帝企鹅。如果他还活着，我猜他不一定还这么认为了。帝企鹅重达六吨以上，在我看来比小体型的阿德利企鹅活得艰苦。

一九〇一年，“发现”号从英国出发以前，英国皇家地理学会印制了一本《南极手册》，简述当时已知的有关南极的资讯。这册子读来很有意思，也说明了那时在某些科学的门科内所知甚少，以后几年才大幅迈进。读册子中有关南极鸟兽的描述，再读威尔逊的《“发现”号自然史报告》，就会明白一个人可以怎样在天涯海角记述其新知。

食蟹海豹的牙齿“是现存哺乳类中最复杂的牙尖排列”②。其上颚与下颚密切吻合，“形成完美的筛子……是别的哺乳类动物所没有的”③。这类海豹以虾之类的甲壳动物为主食，衔在嘴中，待水自齿间排出，像鲸

---

① 威尔逊《“发现”号自然史报告》动物学篇卷二第二部第 32、33 页。——原注

② 巴雷特-汉密尔顿《南极手册》海豹篇第 216 页。——原注

③ 《南极手册》海豹篇第 217 页。——原注

用鲸须筛食一样。“食蟹海豹发展出尖利的牙，可能是比其他哺乳类更完美的适应结果，代价是它没有碾磨用的臼齿。不过，它的胃和肠里含有相当数量的砂粒，无疑是用来碾磨甲壳类的壳，这样，它就不需要臼齿了。”①

豹斑海豹有极锐利的牙齿，适合它肉食的习性。威德尔海豹以鱼为食，牙齿便较简单，但到年老时，牙齿磨损不堪，原因是它喜欢在冰上啃出洞来。庞廷（摄影）在他所拍的纪录影片中清晰展现了这一习性。素来只与少数同伴共居的食蟹海豹，在感觉自己天年已尽时，益发孤僻独处。威德尔海豹临终时会远走到南维多利亚地的冰川上去，我们在那里发现过它们的尸体；食蟹海豹走得更远，远离浮冰群。“我们常在离海岸三十海里，海平面以上三千英尺的高地上见到它们的尸骸。这样奇异的行为，只能解释为生病的动物想要远离它的同伴（可能也远离它的天敌）。”②

浮冰在水下的部分往往呈特异的黄色，起因是一种叫硅藻的单细胞微生物。南极的浮游生物非常丰富，“硅藻极多，在罗斯海，大网目浮游捕网（每英寸十八网孔）下水几分钟便会被它们及别种浮游植物堵住。在这些地方，鲸很可能兼食浮游的动物与植物。”③我不知道这些未冻之海冬天有多少鲸出没，但在夏天，鲸多得不得了，一直到大陆边缘都能看见它们。最常见的鲸是俗称“杀人鲸”的逆戟鲸，长约三十英尺，以至少百只为群，结伙猎食，而且正如我们所知，它们不仅攻击海豹和其他鲸，也猎杀人，可能是把人误当成海豹。它有锯齿，善食肉，种目上更接近海豚。不过至少还有五六种别的鲸，有的不到浮冰群南面来，有的则大批直巡游到定着冰的边缘。它们吃海表浮游微生物，不只

---

① 威尔逊《“发现”号自然史报告》动物学篇卷二第一部第 36 页。——原注

② 威尔逊《“发现”号自然史报告》动物学篇卷二第一部。——原注

③ 利利《“新地”号自然史报告》鲸类篇卷一第三部第 3 页。——原注

“新地”号在多次航行中见到大批的鲸，登上南极大陆的队伍也在麦克默多峡湾海域看到过。威尔逊和利利都是有经验的观鲸人，他们详细记录了鲸在南极的分布状态。

浮冰群是观察辨认鲸的最佳地点，因为在这里它们的行动较受空间限制。在通常情况下，观察者只能凭喷出的水柱、背与鳍的形状来辨认鲸种，但在浮冰群中，有时看到更多，例如一九一一年三月三日所见的小鰛鲸。我们的船“正推挤而过厚浮冰群，那里的冰块之间水正冻结，方圆几海里内唯一未冻之处便是船刚推挤过的地方。白天我们见过这几条鲸，利用船边冰洞伸头出来喷水。冰洞甚小，鲸不能照平常的方式近乎水平地以背鳍破水跃出。在这里，它们斜伸出口鼻，差不多只伸到眼睛处，便喷水，然后缩回水中。纳尔逊中校注意到，有好几次一头鲸把头摆在离船不到二十英尺的一块冰上，鼻孔刚高于水线；它抬高几英寸便喷水，然后把头放回原来的位置，鼻孔仍在冰块上。船上的人拿煤块打它们，它们理也不理”。①

我们在别处也常看到浮冰群间的鲸，不过没有比巨大的蓝鲸更威风凛凛的了。它们有的超过一百英尺长。“我们常见到这种巨鲸一再浮出水面喷水，间隔三四十秒，但出水四五次皆不见背鳍，我们不免怀疑它是不是据说在罗斯海很多的鲸。水柱一再射入寒冷的空气中，十二英尺高的白色水柱，之后便见它平滑宽阔的背浮出，但不见鳍。好一阵子我们不确定它的身份，后来，倒数第三条巨鲸消失得久了些，显然潜入较深处，再出水时，首次露出小小的三角背鳍，我们曾有的疑惑立即给驱散了。”②

这是现存最大的哺乳类动物③。它出来喷水时，“我们首先看到一

---

① 利利《“新地”号自然史报告》动物学篇卷一第三部第 114 页。——原注
② 威尔逊《“发现”号自然史报告》动物学篇卷二第一部第 4、5 页。——原注
③ 《斯科特的最后探险》卷一第 22 页。——原注

块小小的黑色隆起，然后它立刻喷出灰色水雾，达十五至十八英尺高，垂直升入严寒的空气中。我有一两次几乎站在水柱里，湿雾喷满我的脸，一股令人欲呕的虾油味。之后黑色隆起伸长，巨大的蓝灰色或黑灰色圆背转动上升，顶上有模糊的背脊状，现出小钩子似的背鳍，然后整个沉入不见”。①

对生物学家来说，浮冰群是极有趣的地方。想看生命，赤裸无隐的生命，就研究这冰雪世界里的生存之争，从硅藻到杀人鲸，每一个物种都对它上层与下层的生命极为重要：

原生质的循环

大浮冰有小浮冰环绕，
黄色的硅藻不能没有它们。
四千万小虾以硅藻为食，
自己又把企鹅和海豹和鲸鱼
养肥养大。

杀人鲸在水下猎杀它们，
水手们则在冰块上射杀人鲸；
若是水手失足，跌入烂泥浆似的浮冰群，
他便在冰块间分解腐烂，成为
海水的一部分。
无疑他不久会变成很好的肥料。

① 《斯科特的最后探险》威尔逊的日记卷一第613页。——原注

滋补了硅藻，虽然它们不会因此变聪明。
原生质就这样生生不息地传递下去，
像一个庞大的循环小数……怎么也
找不到尽头。①

与前几次探险队相比，我们抵达此处较早，但我想我们遇到如此厚实的冰一定还有别的原因。可能我们航道太偏东。我们的进展很缓慢，往往一次在一处耽搁好几天，不动，不能动，浮冰四面包抄。耐心，更多的耐心！“从桅干顶可见到不同方向有几块未冻水面，但整体看去尽是荒凉的冰丘，到处都一样。”②再来，“我们一整天几乎没动，但已成老朋友的冰山却在动，有一座靠近我们，差不多包围了我们。”③

然后，毫无预警，毫无理由，至少我们看不出理由，冰会打开，宽阔的黑色水道和湖泊出现在原本只有白雪与白冰的地方，我们行驶几海里，有时升起蒸汽锅炉，却只让自己更失望。一般来说，黑沉的天空表示水面未冻，我们称之为未冻的天空；明亮的天色表示海面皆冰，我们称之为冰的闪光。

天色的变化突然而难以预期。圣诞节前夕清晨，我们进入浮冰区已两周，“我们来到一个未冻水面多于冰块的地方；海水呈不规则湖状，三四海里宽或更宽，中间有水道连接。水道上奇怪得很，仍有巨大浮冰，我们刚驶过一块直径至少二海里的……”然后，“天哪！天哪！今晨七点，我们开上一片坚实冰毯，除我们来的方向外，四面望去无穷尽。”④

---

① 泰勒在《南极时报》上发表的诗。——原注
② 《斯科特的最后探险》卷一第 35 页。——原注
③ 《斯科特的最后探险》卷一第 39 页。——原注
④ 《斯科特的最后探险》卷一第 54、55 页。——原注

耽误时间总让斯科特烦恼。越到后来，等待越难以忍受。他开始觉得我们恐怕要在浮冰群中度冬了。珍贵的煤在等待中耗去，到后来有人说坎贝尔那队人去不了爱德华七世地。斯科特对于要不要把火养在灰里、要不要升起蒸汽锅炉或要不要灭掉火这类事变得拿不定主意。“如果把火熄了，那么再升起火来就要损耗两吨煤。但两吨的煤若养在灰里也只能维持一天，所以如果耽搁的时间超过二十四小时，还是把火灭掉比较经济。每次船停下来，我都得判断这次会不会超过二十四小时。”① 英国实在应该要有燃油的船作极地探险。

“新地”号是一条极好的破冰船。鲍尔斯带的午夜班常受争议，因为他总把船开上冰去。不止一次斯科特睡梦中惊觉船与冰相撞，我看到他匆忙自官舱中奔出，大叫“停止”。但鲍尔斯从没伤到船，它勇敢听从给它的命令，有时把两块浮冰推开，有时冲破一块浮冰。我们常一再冲向顽强的冰块，退后、向前，退后、向前，假如后面有地方可退的话。如果有足够的动力，船会在厚冰上推动，船头压在冰上，迫它下沉，看冰缘已差不多进到船里来了，忽然重量压倒了它，冰在船下裂开。有时冰上先是一小点迸裂，不比血管粗的一线，然后扩大、扩大，终致船轻易便可通过。人在甲板下，可听到冰自船边漂过的咕嘟声。但这是很缓慢的工作，引擎负担也重。有些天根本没有动。

想不出还有什么事比这些天无益的等待更需要耐心的了。看着成吨的煤熔化无踪，行进的海里数却极微，虽感到愤怒，至少还努力过，有希望。什么也不做地等待才最糟。你可以想象多少次我们爬上桅楼，不安地眺望远方。奇怪的是每次都有变化：几海里外会有一条水道神秘地打开，或原本在那里的水道不知何时封闭了。大

---

① 《斯科特的最后探险》卷一第 56 页。——原注

冰山悄悄欺近或漂开。我们不断以测距器和罗盘测量这些庞然大物的相对移动，有时心怀疑惧，不知会不会与它相擦相撞。开起蒸汽引擎时，变化更大。有时我们进入一条冰间水道，行驶一两海里无障碍；有时遇到一片薄冰，轻易便以包铁的船头撞破它；有时冰层虽薄，却怎么撞也不破；有时推开大冰块并不甚难；有时一小块冰却挡在水道中央顽强不去，令人怀疑它有邪灵附身；有时候穿过几英亩软泥般的碎烂冰，冰擦过船侧嘶嘶作响；有时嘶嘶声无缘无故消失，我们发现螺旋推进机搅拌着海水毫无困难。

就这样，蒸汽引擎的日子在不断变化的环境中过去，印留在记忆中的是无休止的挣扎与奋斗。

船表现极佳。再没有别的船能走得这么好——连“发现”号也不能。“狩猎家”号若遭遇如此冰群，料想到不了这么南的水域。结果我对“新地”号滋生了奇异的眷恋，它猛撞上一块冰、强行通过冰群、侧转扭身避过冰块，看起来像个活物，在打一场大仗。它若能有更经济的引擎，那就无往而不利了。

有一两次，我们夹在高出水面两码多的冰块间，其上冰丘高达七八英尺。若向船挤压过来，我们必无生机。起先我们有点紧张，但见多了就不怕了；这些大冰从来没挤压我们，我猜可能永远不会。

在通过浮冰带的旅程中，天气变化频繁。一会儿吹东风，一会儿吹西风；天空经常密云压顶，下过暴雪、飘过雪花，甚至降过小雨。不管是以上哪种天气，我们在浮冰带中都比在大洋中要好。在浮冰中，再坏的天气也伤不了我们。不过，很多时候出大太阳，气温虽远低于冰点，阳光仍让万物看起来明亮可喜。阳光也带来奇妙的云影，把天空、云和冰都装点出细致的色彩，这种光影之美是值得远渡重洋来观赏的。我们虽耐不住久候，却绝不肯错过逗留在冰群中才得见的这些美景。庞廷和威尔逊忙着捕捉美景，但任何一种技艺都不能复制像深蓝冰山这样的色彩。①

依例，值星军官自桅楼上指挥航路，直接向底下的舵手吆喝命令，或通过站在船桥上的该班实习生转达给引擎室的人。这对值星官是很大的考验，他得当机立断哪一块冰可撞、哪一块冰不可撞，还得决定走哪一条航道最好。我想他很快就受够了。

大约就在这时，鲍尔斯画了一幅“新地”号撞上一大块冰的素描。画中，所有桅干都向前倾折，在桅楼上，首先画着值星官，接着是香烟头和空的可可杯子，最后是地板上铺的稻草。在前樯甲板上，站着农夫草籽（奥茨），正泰然自若地嚼着一根稻草，等稻草断落他脚下，他便拿去喂马。所谓桅楼是一只桶子绑在主桅干顶上，桶下设有活门出入，如此在桶中不必受风。我想这恐怕是最辛苦的活儿，不过热可可是很能慰藉人的好饮料，而值星官可尽量喝。

雷尼克忙着测量水深。深度从一千八百零四英寸到三千八百九十英寸以上不等，海底通常有火山沉积物。从深度看来，我们已由大洋来到大陆棚。纳尔逊则以可回收式温度计垂下三千八百九十一米深处，测得海水系列温度。

这次航行中，测锤的绳子是以手转绞盘收放。后来改用机械操作了，能用机械当然应该用机械。手转绞盘是很苦的事，有一次我们垂下一只瓶子取海底水样，放下一千八百米深，花了几个小时把它绞上来，却发现瓶子到了表面还张着嘴！我们取各种不同深度的水样。利利和纳尔逊也忙着用各种粗细网目的拖网取浮游生物样本。

那年在家过圣诞的人，恐怕没有几个有我们过得愉快。那天平静美

---

① 《斯科特的最后探险》卷一第 73 至 75 页。——原注

测量海水深度——威尔逊速写

丽，四面浮冰环绕。上午十点，我们做礼拜，唱了许多圣诞歌。接着以旗帜把起居室布置起来。旗帜是历次到北极探险的军官们携带的，是白底正红十字的英国海军旗，附加一个燕尾形尾巴，绣着各军官自己的家徽。中午时军官们吃新鲜羊肉当圣诞大餐；我们多的是企鹅肉，但不知何故他们觉得企鹅肉不宜作圣诞大餐吃。晚间在起居室里吃企鹅肉，举杯向“没来的朋友们”致敬后，我们开始唱歌，每个人都轮到唱了两次歌。庞廷的斑鸠歌很受欢迎，奥茨唱的沼泽歌、密勒斯自己编的关于探险队的歌也都很成功。结果是各值班的人那晚全聚在那儿没睡。到清晨四点，我该起床时，戴伊（机师）在我耳边悄声说，没事，不用起来，有事的话纳尔逊会来叫我。所以我就一觉睡到六点多。

克林的兔子生了十七只小仔，传说他倒已经送出二十二只。

圣诞夜，我们在一块大冰前停住，以灰覆火。次日我们眼看着冰与风一点点变化，地平线上出现黑色团块，表示前方海水未冻。但是南边的天空总是白色的。然后有一天，海面上有影移动，薄冰上有轻微的碎裂，远方传来大骚动的沙沙声。之后又是静止，我们的希望跌得粉碎。可是风又来了。风带着雾，我们看不到远处；但就在我们视线所及处，已看出起了变化。

> 我们开始在两块大冰之间移动，走了两三百码远，船舷便碰上一大块突起。这下子，可能要等上十分钟至半小时，等船掉过头，退后，漂到下风处，四面无冰，再向前徐缓推进。这样的过程一再重复。偶然它突破障碍，缓缓自冰间通过。有察觉得出的涌浪——非常长，非常低的隆起。我数到九秒才完全过去。每个人都说冰在裂开。①

① 《斯科特的最后探险》卷一第 62 页。——原注

十二月二十八日，大风稍歇。天空清明，表示前方海水未冻。风很冷，但阳光极好，我们全躺在甲板上曝晒，一群快活无忧的人。早餐后，斯科特与威尔逊在桅楼上一番商议，决定点起蒸汽锅炉。

同时我们测度水深，发现二千零三十五英寸深的火山泥底。上一次测时深度仅一千四百英寸；我们已通过一片浅滩。

晚上八点，蒸汽机有了足够的动力，我们向前推进。起初不大走得动，但慢慢地，我们推挤向前，后来未冻的水域多起来。不久我们发现一两座大池，各长几海里；之后冰块变得比较小。最后看不到真正大的冰块了；"薄冰层破裂成相当规则的形状，没有一片超过三十码宽。""我们在小块浮冰间推进，显然是涌浪打破了大块冰，小块冰的边缘因接触而有摩擦的痕迹。"①

我们一定已经离浮冰带的南缘不远了。升起蒸汽后二十四小时，我们的进展仍很快，有时需要绕个弯，避过障碍，但至少烧去的珍贵的煤有了代价。天空阴沉，从主桅杆上看去仍是一片平坦凄凉，但情况一小时比一小时明显，我们已接近未冻海域的分水岭。十二月三十日星期五，凌晨一点（约在南纬七十一点五度，当天正午位置在南纬七十二度十七分，东经一百七十七度九分），鲍尔斯指挥通过最后一条冰溪。约四百海里的冰被抛在后面，克罗泽角在前方三百三十四海里处。

① 《斯科特的最后探险》卷一第 68、69 页。——原注

第四章
登 陆

大水之外是冰冻的大陆

黑暗、荒芜，暴风雪吹袭不止

旋风、冰雹，打在坚硬的土地上

不融化，却堆积，残迹状似

古代建筑；其余则深埋在雪与冰中……

——弥尔顿《失乐园》第二章

“他们说会刮不得了的大风。你去看看气压计。”这是在我们离开浮冰带几小时前，奥茨轻声对我说的话。

我去了，一看气压计，立刻感到晕船。不到几小时，我真的晕船了，晕得厉害。我们这些没来过南极的人不知道，这里的气压不一样，并不会让我们不适。早晨我起来上船桥值班时，船已在未冻的海面，清凉的风吹来，吹了一整天。到傍晚时，吹起南风，带来起伏短浪，相当暖。次晨四点，浪很大，狗和马受苦受难。现在雷尼克带清晨的班，我是他的小跟班。

五点四十五分，我们看见左舷有像是冰山的东西。三分钟后雷尼克说：“是浮冰群。”我遂下舱去告诉埃文斯。有雪又有雾，视线不清，埃文斯还没来到船桥，我们已离浮冰群很近，它身上剥落的小块冰在我们四周漂浮，其中必有我们以为是冰山的一块。我们尽快收起头帆，单靠

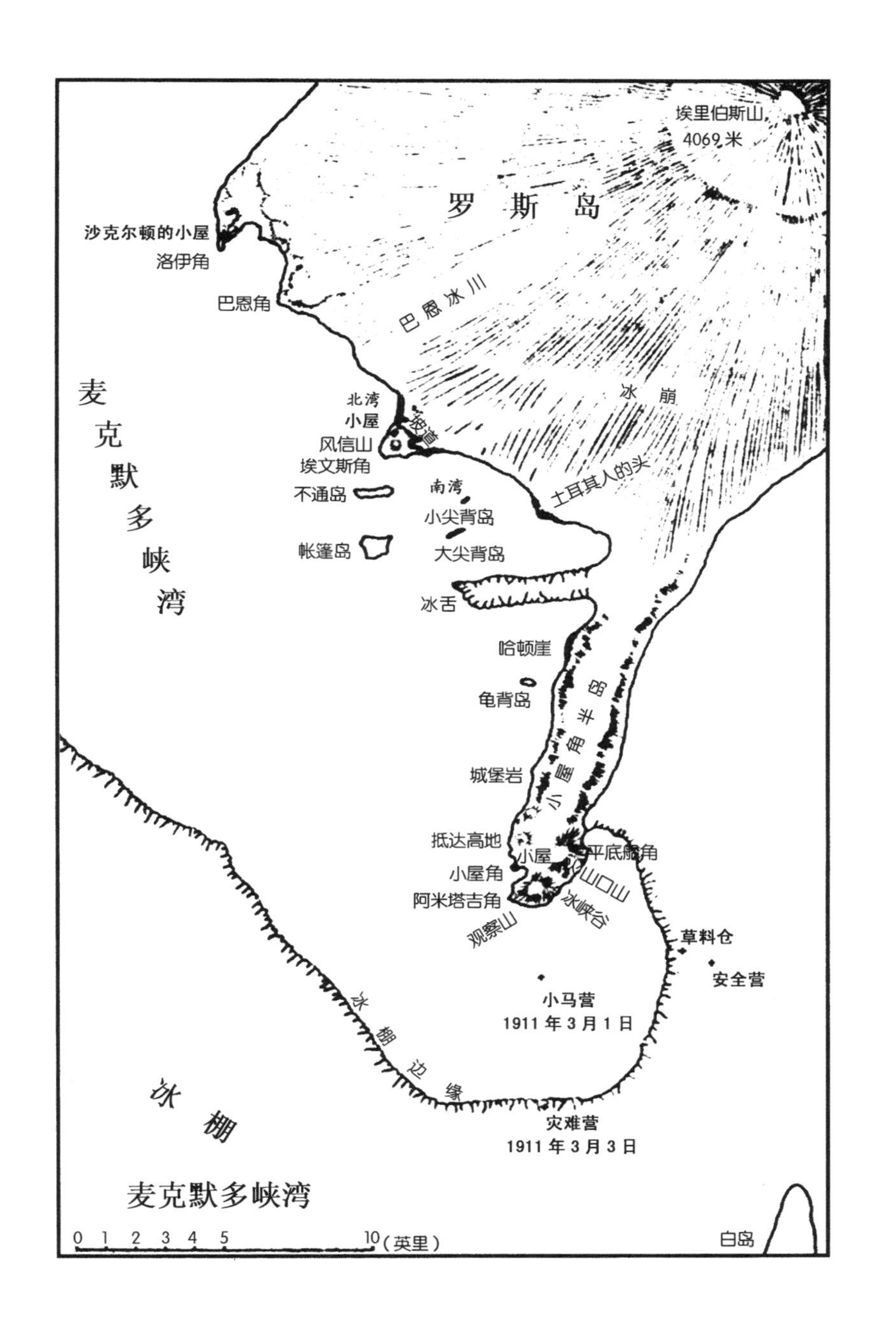

埃里伯斯山
4069米
罗斯岛
沙克尔顿的小屋
洛伊角
巴恩角
巴恩冰川
麦克默多峡湾
北湾
小屋
坡道
风信山
埃文斯角
冰崩
不通岛
南湾
小尖背岛
土耳其人的头
帐篷岛
大尖背岛
冰舌
哈顿崖
龟背岛
小屋角半岛
城堡岩
抵达高地
小屋
平底船角
小屋角
山口山
阿米塔吉角
冰峡谷
观察山
草料仓
安全营
小马营
1911年3月1日
冰棚边缘
冰棚
灾难营
1911年3月3日
麦克默多峡湾
0 1 2 3 4 5 10（英里）
白岛

蒸汽，极缓极缓地向下风方向挪动。逐渐地，我们在左右舷皆可看见浮冰群或其倒影，一面摸索着找出一大片未冻的海面。

船桥上一阵聚商，决定顺着浮冰群，跟着它继续前进，直到大风把它吹走。“在通常情况下，安全的途径是离开浮冰，偏东行驶。但为了马儿的缘故，必须冒险留在浮冰边，因为那里的水面平静。我们曾行经一条风浪极大的冰溪，因而了解在大浪中四面皆是乱漂的冰块是多么危险。不久遇到一片紧密连结的冰群，我们跟在它后面走，海面较平静。跟了一阵，然后停下来，在安全的地方等待。”①

那天一整天，我们跟在浮冰群后面，不时以蒸汽缓慢推进。入夜时天气清朗起来。这是除夕夜。

我回房睡觉，以为一觉醒来已是一九一一年。但睡下不久，阿特金森来到我床边。“你看到陆地了吗？”他说，“裹上毯子出去看看。”我上到甲板，一时却没看到什么。他说：“那些发光的是太阳映出的雪。”我看到了：光华夺目的山峰，像缎子般浮出云上，是一片黑暗的地平线上唯一的白色。这是南极大陆初瞥，萨宾山和阿德默勒尔蒂山脉与其他大山的身影。它们尚在一百一十海里外，但是，

冰峰高在众山上
颤抖的水手老远便见它
白色无定形，让人疑是云。②

说实话，我看完便回温暖床铺。午夜时，一群粗鲁喧哗的暴众摇晃着晚餐铃冲进“育婴室”，宣告新年到来。我以为他们会把我拖出来，

① 《斯科特的最后探险》卷一第 77 页。——原注
② 汤姆森。——原注

却只是鲍尔斯在我肋骨上戳一下便算了。

在灿烂的阳光下，我们沿维多利亚地南驶。“今晚全无风浪，阳光亮丽无比。晚上十一点，还有几个人在做日光浴！我也坐在甲板上看书。”①

一月二日星期一，晚上八点半，我们看见了一百十五海里外的埃里伯斯山。次晨，大部分人都忙着卷帆。我们要前往克罗泽角，罗斯岛的北面展现在我们眼前，任我们目眩神迷地观看。渐行向东，大冰棚伸臂出来，罗斯岛消失在地平线下。在我们航经的水域有不少阿德利企鹅和杀人鲸。

我见过富士山，那是众山之中最优美、最雅致的；我也见过干城章嘉峰②：只有像米开朗基罗那样的人才构想得出那样的壮丽。但埃里伯斯山自成一格。创造埃里伯斯山的不管是谁，一定深知水平线条之美，因为埃里伯斯山绝大多数的线条都接近水平。它也是世上最恬静的山，我很高兴听说我们的小屋就将搭建在它的脚下。它的火山口总飘浮着蒸汽云，像懒洋洋的横幅。

现在我们来到冰棚前。向东五海里，便是冰棚与克罗泽角的玄武岩峭壁连接之点。浪很大，当年“发现”号的乘客便受阻于此浪，没能上到帝企鹅的孵育地。圆丘山头清明无云，但恐怖山的峰顶却烟笼雾锁。至于冰棚，我们觉得好像老早就见过，因为我们看过它的影片和照片，它与我们想象中的一模一样。

> 斯科特驾一艘捕鲸船下去探勘，我们则把船拉到峭壁之下。涌浪很大。
>
> 我们研究登陆的可能性，但大浪击打在滩岸及固冰前漂浮的冰块上，我们如登陆，船会被打断，大伙儿全泡进水里。但我实在很

---

① 《斯科特的最后探险》卷一第 80 页。——原注

② 干城章嘉峰，位于尼泊尔东北边境锡金境内，喜马拉雅山脉东段，为世界第三高峰，有五峰。锡金将之奉为圣山。

想在此登岸，因为在我们头顶约六英尺处，有一块肮脏的老湾冰，约十英尺见方，一只帝企鹅幼雏孤身站在上面，附近有一只亲鸟睡着。这只幼雏身上尚未脱掉茸毛，翅膀则茸毛将尽，成羽已生，胸前一线与头顶也已由茸毛换成了羽，这正是企鹅生命史中最有意思的阶段，我们曾猜测它是此状貌，但以前从无人亲眼观察过，更无人采得过标本。这只鸟对我很珍贵，但我们不能为此冒生命危险，只好放弃。奇怪的是，有这么多干净的冰块可住，这一家穷困被弃的企鹅却住在最后一块湾冰上，别的企鹅都随漂浮的湾冰迁移去了北方，这最后一块湾冰被推挤到水平面上六英尺的高处，漂不走，这家子显然在纳闷怎么这么久还没有启程北上，而其实别的鸟一个月以前便走光了。这整件事很有意思，说明这种奇怪的动物有多笨。另一件怪事是，在这块厚约二英尺、悬在空中的脏冰底下，有一个洞穴，我们可以看到穴中有些死企鹅幼雏的脚和下半身，甚至有一处有一只死的成鸟。我很想把这情景画下来，因为这小小一角正是帝企鹅生命史的浓缩，另一方面也显示了动物或非动物可以无知到什么地步。这事让我们更了解这种原始得出奇的鸟的生活……

我们划小艇到峭壁下，在艇上开玩笑说，这些倒悬的岩块万一掉落在我们头上，虽是奇观，却只看得一下便死了。等我们划回母船，距离峭壁已有两三百码且在未冻的海面上时，忽然一阵迸裂巨响，一大块岩石落入海中，岩屑如爆炸后的烟尘四射。我们这才醒悟到，刚才的戏言立即应验了。回船之前，我们又目睹它压上一片厚浮冰，因而与峭壁更近，我们觉得它有一半机会再度脱身而出，却也有一半可能撞上岩石。船已无时间也无空间回身，只好倒退回去，船底及舵都碰撞得厉害，因为冰很重，浪又大。①

① 《斯科特的最后探险》威尔逊的日记卷一第 613、614 页。——原注

克罗泽角西边，恐怖山两侧斜缓入海，在平静的天气中是可以登岸之处。夏天这里是阿德利企鹅的大孵育地，“发现”号上次来时在此留下一份行动记录，绑在一根桩子上作为标记，以便次年来救援的船知道怎么找他们。后来一支雪橇队从冰棚回来找这份记录，结果导致文斯的惨死。我们沿岸而下时，可清楚看见这根桩子，还像刚打下时一样崭新。我们现在知道这孵育地与冰棚之间可以通行，且不受大风雪侵袭，是理想的度冬地点，不能登岸令我们大感失望。

这是我们第一次看到小阿德利企鹅的孵育地。海岸边分布着数以万计的鸟，船四周的海中也有几万只。我们后来对孵育地知道得比较多后，看待这些奇异的东西便像是老朋友，而不仅是点头之交。每只企鹅各有其个性，但它的一生都开放供全体观赏，它不能飞走。人们认为它与一般鸟不同，固然因为它的一切作为都古怪有趣，更重要的是因为它的生存条件比别的鸟都恶劣，却一生以莫大的勇气挣扎求生。它有时严肃，有时幽默；进取、侠义、无耻，兼而有之，而且，除非你带着狗队，否则它们总是欢迎你，在某些方面差不多是人类的朋友。

克罗泽角不能登陆，另一个可能的地点是在麦克默多峡湾内。选择登陆地点的要件是我们必须能自该处往返冰棚，而且是以雪橇通过结冰的海面，因为陆地大部分不能通行。自克罗泽角驶往罗斯岛西北端的伯德角途中，我们做了详尽的通路调查。

靠近伯德角及蒲福岛时，可以看见海口内有许多浮冰群。我们傍陆地行驶，比较不危险。“绕过伯德角，便看见熟悉的老地标——发现山和西方山脉。大气氤氲中看不清楚。很高兴再见它们，也许我们毕竟还是在岛的这一侧登岸比较好。看到熟悉的景色，给我回家的感觉。”①

从克罗泽角向右绕至洛伊角的海岸寒冷难行，且到处都是裂隙。伯

---

① 《斯科特的最后探险》卷一第 87 页。——原注

德角以西有些小的企鹅孵育地，看得到冰坡高处有灰色大理圆石，这些是漂石，是冰从西方山脉搬运来的，证明此处曾较暖和，那时冰棚比现在高出二千英尺，绵延海中数百海里。现在南极变冷，雪的堆积向北远移，冰的形成遂相对减少。

很多人彻夜不眠，坐观这新世界逐渐展开，一岬一角，一峰一脉。我们推开许多巨冰前进，于是——

> 早晨六点（一月四日），在洛伊角北面三海里处，通过海峡内最后的一片冰群。驶向洛伊角，以为会看到它的西岸结满浮冰，却惊讶地发现过了岬角仍是清清海水，船的四面只有薄薄的碎冰。通过洛伊角，通过巴恩角，通过它南面的冰川，终于绕过不通岛，已在洛伊角之南二海里以上。洛伊角本身与南边不通。我们原可继续南行，但船边的碎冰似乎在加厚，而再往南除阿米塔吉角①外，并无其他度冬地点。我从未见过南极的冰如此少、陆地如此无雪，再加上空气特别暖和，我得到的结论是今年夏天特别暖。现在看来我们可选择的度冬地点不少，那几座小岛、大陆、冰川舌，事实上除了小屋角以外各处都行。我主要希望选个不易与冰棚切断联系的地方，我的目光落在以前我们称为斯瓜瑞的岬角，它在我们身后一点点，与“发现”号的老营地中间隔冰川舌两侧的深湾，我想这两个湾一直到夏初都应该还结着冰，而且过了夏天重新结起冰时，很快就会结得相当扎实。我召集干部开会，提出两个方案：推进到冰川舌，在那里过冬；或是向西到“墓碑冰”，再北上去斯瓜瑞。我主张第二条路线，经讨论后，大家也觉得这是最好的选择。于是我们

---

① 阿米塔吉角（Cape Armitage），罗斯岛极南岬角，尚在十二海里外，附近名叫小屋角的小岬有“发现”号小屋。——原注

折回绕过不通岛，全速驶往斯瓜瑞角外固着的海冰。在固着冰块边缘刺穿一小片薄冰，然后船首重击在离岸约一海里半的坚固湾冰上。这里有一条路通往岬角，有一个坚固的码头可以卸货。我们以冰锚系紧船。①

斯科特、威尔逊和埃文斯到海冰上去走了一回，很快便回来，报告说岬角北面有一片高而平的滩，非常适合搭建小屋。以后这岬角就以我们的副领队之名，改称埃文斯角。登陆行动开始。

先下来的是占去甲板偌大空间的两辆机动大雪橇。虽经几百吨海水冲刷，它们看起来还像“昨天才包装好的那样又新又干净”②。它们当天下午便启用了。

我们有一个运马箱载送马匹，马儿们紧接着下船，可是奥茨费了九牛二虎之力，才诱哄马儿进入这箱子。全部十七匹不久都上了浮冰，开心地打滚、踢腿，然后被牵到滩头，小心拴在雪坡上，免得它们啃沙子吃。沙克尔顿当年初抵南极，就因疏忽这一点，一个月内八匹马死了四匹。他的马拴在洛伊角的砾石地面，马儿们吃了地上有盐味的沙子，第四匹马是吃了包装化学品的刨花木屑而死的。并不是它们饿，而是因这些满洲马的习性，看到什么都吃，也不管是一口糖还是埃里伯斯山的一撮土。

狗队则来回船与岸之间，载运轻货。

它们的大问题是企鹅的愚蠢行为造成的。企鹅成群结队，不断冲上我们的浮冰。从两脚踏上湾冰那一刻起，它们的态度就是好奇

---

① 《斯科特的最后探险》卷一第 88 至 90 页。——原注

② 《斯科特的最后探险》卷一第 91 页。——原注

加上不顾自己安危的愚蠢。它们摇摆前行，头可笑地一伸一缩，全不管一群嚎叫的狗正急着扑向它们。“呼啦！”它们好像在说，“这里有好玩的——你们这些怪东西要怎么样？”它们又走近几步，狗儿们拉扯着绳链冲撞，企鹅并未受惊，不过颈毛竖起来了，以类似愤怒的声音呱呱叫着，好像它们只是在申斥一个粗鲁的陌生客。我们可以想象它们在说：“哦，你们这种动物就是这样啊？哼，那你们可来错地方了——我们才不会被你们赶走呢。”再往前一步，它们便踏进狗儿力可及的范围而一命呜呼了。一跃、一呱，雪地上一摊猩红，事情结束。①

每件东西都得用雪橇在海冰上拖运近一海里半远，但经过十七小时不停的工作，到午夜时，情况相当令人满意。要用来搭建小屋的大批木材大都已经上岸，马和狗在太阳底下睡觉。一座绿色大帐篷可容建屋的人暂居，准备建屋的地点也已整平。

在这样的地方有这样的天气，比我以前经历过的任何情况都要完美。阳光温暖，空气则清凉，加起来让人有说不出的舒服惬意，而金色的阳光照在山与冰上，景色尤其壮丽，呈现在我们眼前的奇妙美景，不是我的言语所能形容……多月来的准备与筹划终于得见效果，真是高兴。我写下这些时（凌晨两点），周遭鼾声此起彼落，大家都辛苦一天了，明天也会一样忙，我也得睡了，我已经四十八小时没睡——但我应该会做个美梦。②

---

① 《斯科特的最后探险》卷一第 92、93 页。——原注

② 《斯科特的最后探险》卷一第 92 至 94 页。——原注

午夜才上床，早上五点便又上工，我们日复一日地如此工作。汽油、石蜡、马料、狗食、雪橇与雪橇装备、小屋家具、屋内用的和雪橇上带的各种口粮、煤、科学仪器和配备、碳化物、医药用品、衣物——我算不清我们驾雪橇在海冰上来回跑了多少趟，我只知道我们在六天内把重要的东西都运上了岸。“以前从来不曾有这样的效率；从来没有一个队伍这么敏捷、这么彻底。”①……而且，“每个人工作的勤奋都难以形容。”②

两部机动雪橇、两部狗拉雪橇、人力拉运队伍，以及奥茨带领的马队，全参加了运输工作。一如往常，鲍尔斯知道每件东西的位置以及该放在哪儿，雷尼克和布鲁斯（留守船上的海军上尉）在船上帮了他不少忙。人拉队和牵马人通常一天走十趟，路程超过三十海里，马儿则视体能状况，一天走一至四趟不等。

一般而言运输工作进展顺利，但我们很快看出，机动雪橇在海冰上很难行驶。“机动雪橇不错，但不够好；小毛病能克服，但我怕它永远不能承载我们期望的重量。不过，还是有帮助，而且在冰块上拖动，让单调的景色显得活泼有趣。距离稍远而不用灭音器的话，听起来正像是打谷机。”③

马队才真的麻烦。经过长途艰苦的跋涉，我们原不指望它们能做多少工。真是一点也不能做呀！它们一下子就在地上打滚、互咬互踢或踢人，模样凶狠得很。在岸边休息两天后，其中十二匹的体力应该可以载一趟货了，拉的货重七百至一千磅（约三百至四百五十公斤）不等，在坚硬的海冰上也不难拉。

但我们很快看出这些马个别差异很大，矮胖子和一级棒稳重可靠，

① 《斯科特的最后探险》卷一第 111 页。——原注

② 《斯科特的最后探险》卷一第 94 页。——原注

③ 《斯科特的最后探险》卷一第 100 页。——原注

小花、布鲁克和耶和软弱不堪。有几匹虽然强壮却脾气坏、不听话，其中一匹不久便得了“没劲威利”的称号，它的外表像匹马，但稍亲近后我便看出它的性情介乎猪与骡子之间，它显然身强体壮，但驮运东西时能走多慢就走多慢，能停多少次就停多少次，因此无法说准它究竟能载多少重。结果它通常是超载，直到有一天在冰棚上它被狗队拖运回来。那是它最后一次垮掉，时在运补之旅的末期。关于这事我在后面的章节还会再谈。

我只看过威利小跑两次。我们带领马队一向用缰绳而不用马嚼口，因此控制力有限，尤其在冰上，但这样马比较舒服，天气严寒时，口里塞一片铁是很难受的。有这么一次，没劲威利和我刚回到船边，来时的路上它和雪橇差不多都是我拉的。就在这时一具马达发生逆火，它拉着我往回跑，速度之快不仅吓了我一跳，更吓了它自己一跳，它竟跌倒在雪橇上，把我也拉下去，害得我好些天身上都有一大块乌青。第二次它快跑是在运补之旅中，格兰滑着雪牵它跑。

“基督徒”和乱踢先生也很难伺候。“基督徒”，后面会述及，一年以后死于冰棚。乱踢先生因“用四只脚乱踢人的恶习而得名”[①]，日子过得更惊险，不过死得倒比较安详。奥茨能不能驯服它我不知道，他管理马匹的能力一流，如果能驯，他一定驯服它了。反正，我们去运补时，乱踢先生在木屋里病了，什么原因没人知道，渐渐衰弱得站不起来，终于我们为免它受苦而让它死了。

有一次，乱踢先生拉着雪橇飞驰过丘陵与圆石，情况十分惊险，坐在雪橇里的庞廷却浑然不知，正依惯例细心调整一架大相机。幸好一人一马皆安然无恙。它狂奔乱跑不知多少次，跌倒翻车层出不穷。好在这种马摔倒没关系，不像英国马一摔就得躺上一星期。“雪橇打在马后跟

① 《斯科特的最后探险》卷一第 230 页。——原注

上，无疑是让它们摔倒的原因。”①

登陆后第一周出了两件险事，原可能造成大灾难的。第一件是庞廷与杀人鲸。

> 今早我到场晚了些，因此看见非常古怪的场面。大约六七只杀人鲸，有老有少，在船前的固冰边缘打转，好像很兴奋，潜入水中速度很快，几乎碰到冰缘。我们正看着，它们忽然在船尾出现，口鼻伸出水上。我听说过关于这畜牲的古怪故事，却没想过它们可能很危险。靠水边放着船缆，我们的两条爱斯基摩狗就拴在船缆上。我没把鲸的行动与这事联想在一起，看鲸靠得这么近，便喊叫站在船下的庞廷，他抓起相机便奔向固冰边缘，想拍一些近镜头。鲸一时消失不见，下一刻，庞廷与狗所站的冰块被整个掀起，裂成小块。我们听得见鲸在冰下以背撞击的隆隆声，它们一只一只接力撞冰，冰块剧烈震动；幸好庞廷站得稳，跑得快。我们运气也真好，冰裂处都在两狗之间或旁边，因此它们也都没落水。接着鲸也发现了这一事实，它们一只接一只，从它们造成的缝隙中，把巨大的头垂直伸出，约六至八英尺高竖在空中，我们于是看见它们头上的黄褐色斑纹，它们闪烁的小眼睛，以及它们可怕的齿列——世上最大、最吓人的齿列。无疑它们是跳起来看庞廷和狗都跑到哪里去了。
>
> 狗儿们吓坏了，拉扯着链子悲鸣；一只杀人鲸的头距离一条狗不到五英尺。
>
> 之后，也许鲸们觉得这游戏不好玩了，也许它们想要的是庞廷而不是狗儿，反正这些可怕的巨兽转赴别的猎场了，我们这才得以救下狗儿，以及更重要的，我们的汽油——有五六吨汽油摆在冰上

① 《斯科特的最后探险》卷一第113、114页。——原注

等着运送，冰块却被鲸群拱裂了。

当然，我们很清楚杀人鲸不断在固冰边缘巡弋，若有谁不幸掉落水中，一定会被它们一口吞掉；可我们没想到它们能如此狡诈，且能撞破这么厚的冰（至少厚达二点五英尺），并且是集体行动。显然它们具备非凡的智力，以后我们可绝对不能轻估了它们。①

后来我们又遭杀人鲸猎捕。

第二件险事是失去第三辆机动雪橇。那是在一月八日周日早晨，斯科特先已下令把这辆雪橇自船上吊出。

早上第一件事就是做这个，把雪橇放在坚冰上。后来坎贝尔告诉我，有一个队员在离船约二百码处踩到泥冰，陷下一条腿。我没当它是大事，以为那人只是踩破表面的脆冰。约七点钟时，我拖着东西往岸上去，留坎贝尔监看雪橇车的运送。②

我在自己的日记中找到一则小文，记录之后发生的事：

昨晚有些地方的冰已变得很软，我有点担心率马队走离船四分之一海里的路线往小屋会有危险。这几天冰融得很快，天气以南极来说算是很热。今天早晨也一样，马儿贝利陷进冰中，直没到颈部。

雪橇车放到冰上后约半小时，我们奉命把它拉到坚冰上去，因为船边的冰已在裂开。全员合力，用一根长绳拖拉。我们踩到已软的冰，有人在后面嚷："得快点跑！"自那一刻起，事情发生得很快，

① 《斯科特的最后探险》卷一第 94 至 96 页。——原注

② 《斯科特的最后探险》卷一第 106 页。——原注。

威廉森（登岸海军士官）穿冰而落，绳子一阵急拉，我们全停下来。接着绳子开始把我们往后拉；雪橇车的尾部已沉入冰下，整个车都在往下沉。它缓缓穿透冰层，消失不见，然后把拖绳也一并拉下去。我们费尽力气拉住绳子，但终于不得不放手，每个人都被拉到冰洞边，才不得不宣布放弃。我们移到固着冰上，与船之间隔着软融的冰。

纳尔逊和普里斯特利一步一探地回船上去，在船上的戴伊要普里斯特利带他的护目镜来。他俩牵着救生绳回船，纳尔逊领先。忽然普里斯特利脚下的冰裂开，他完全消失不见，然后浮上来，后来我们才知道，在冰下有强劲的海流。纳尔逊趴在冰上，手抓住普里斯特利的臂膀，把他拉上来。普里斯特利只说了一句："戴伊，这是你的护目镜。"我们后来全回了船，但船与岸之间那天交通阻绝，到晚上才发现另一面有坚实的路可抵岸上。

小屋搭建得很快，木匠戴维斯功劳卓著。他原是海军首席造船匠，自动自发又聪明伶俐，对木匠这一行无所不知。在船上时，水泵被煤粒卡住，我看到他不分日夜随传随到，而且每次都面带微笑。他是我们当中最有用的人之一。盖小屋时，有两个水手，基奥恩与阿博特，还有别人帮他。到后来我想做工的人比可用的钉锤还多！

小屋很宽敞，五十英尺长，二十五英尺宽，屋檐高九英尺。隔热做得很好，是用海带像缝什锦被一样缝成的。

墙壁用的是双层夹板，中间铺上缝得极好的海带隔热层。屋顶内侧是单夹板，外侧则是双层橡皮板，一层海带，再一层夹板，最后再覆以三层橡皮板。①

---

① 《斯科特的最后探险》卷一第 111 页。——原注

地板，最底下是一层木板，然后是一层海带，一层毛毡，再一层木板，最后再铺上一层油毡。

我们想这样够暖了，事实上也确实暖。冬天时二十五个人住在里面，又烧着灶，另一头可能还有烤炉，木屋虽大，却经常是挺闷的。

入口先是一道门，里面是玄关，然后才是主门。玄关里放着电石气发电机，是戴伊装置的，通风设备、灶、炉以及排烟管，也都是他装的。排烟管先穿过木屋正中央，才合入主通风孔，这样暖气不致散失。排烟管里装了节气闸与气门，可随意开关，以控制通风。除了木屋顶上有大抽风机外，地板下也有可调式气门，其目的也在排气，不过效果不大。

睡觉用的大统舱是用装了玻璃瓶的箱子隔出来的，内中有些是放在室外时结冻而迸裂的酒瓶。箱子并未堆到屋顶高，当要取用箱子里的东西时，就把箱子的一边拆开，空了的箱子就当货架用。

我们自一月十八日起入屋居住，真暖和，留声机运转起来，大家都很开心。非常舒服，比想象中的极地生活舒服得多。现在只剩几样东西还没有从船上搬下来。

> 刮不太强的南风，我驾一辆雪橇车去船那边，有时候雪下得太大，什么也看不见。驾空雪橇并不比驾载满了货的雪橇容易。在船上用了茶点，船上的人热诚招待，神气地夸耀他们的日子过得比岸上的人好。我可看不出他们好在哪里，他们正首次把起居室的火炉点燃，每个人都呛得咳嗽，起居室里一片烟尘。①

木屋高出海平面约十二英尺，底下原本是一片黑色火山岩，现已几

---

① 我自己的日记。——原注

埃里伯斯山，前有蒸汽云坡道以及位于埃文斯角的小屋——德贝纳姆摄

乎风化成沙滩。本以为这样高的地方应不致受任何涌浪侵袭，但后面我们会讲到，在运补之旅中，一阵大浪不仅冲走几海里长的海冰和一大片冰棚，连冰川舌也被带走一块，斯科特因此非常担心木屋的命运。这片沙滩，后来我们再未见到，因为入秋后狂风携来极厚的漂雪，以后的两个夏天都不够暖，没能融化这片积雪。无疑这是特别暖的一年，才会露出黑色沙滩。我们也再没看到由贼鸥湖淙淙流经岩石入海的小瀑布。

屋后约六十英尺高的小丘，不久便被命名为风信山。除风向球外，还有别的气象仪器设在那里。各种仪器的背风面总是积满风吹来的堆雪或积冰，山脚下更是冰雪深厚到我们在里面钻凿了两个冰窟。第一个窟用来贮藏食物，例如我们从新西兰带来，在船上时置于冰库顶的冻全羊，就放在这里。不过这羊似有发霉迹象，我们也一直没怎么吃。海豹和企鹅是我们的主要肉食，羊肉被认为是奢侈品。

第二个洞十三英尺长、五英尺宽，是辛普森和赖特挖的，用来放磁性仪器。他们发现冰窟的温度相当稳定。可惜只有这一处的积冰够厚，可以凿窟，冰棚上就没有这么多雪和冰。不过那里可以掘地洞，挪威的阿蒙森就率手下在那里掘了许多地洞。

我们带来的货品大都装在箱内，依鲍尔斯调度，排列在木屋西侧的坡地上，从木屋入口处顺坡而上。雪橇车更在箱子上方的坡上。这样的安排第一年很好，但第二个冬天风雪特别大，营地四周积雪深到我们不得不把所有的箱子都搬到山脊上去，那儿风大，没积雪。阿蒙森的建议是把箱子全排成两长列①。

狗儿们拴在一长条链或绳上。马厩建在木屋北面，免受总是从南边吹来的风雪侵凌。屋南是鲍尔斯自建的贮藏室。“他每天都在设想或执

---

①《南极点》卷一第 278 页。——原注

行有益于整个营地的计划。”①

“斯科特似乎很满意每一件事。”我当时的日记里写道。他应该满意。再没有比这群人更卖力工作的了。我们鞠躬尽瘁，几乎倒下，却发现还有事可做，便又硬撑而起，直到实在做不动了。留守船上的一批和上岸的队伍都如此，不仅当时，在整个探险过程中都倾尽全力，而他们的全力是非常大的力量。

如果你能想象我们的房子，窝在小山丘下，一条黑色长沙滩上，许多吨的货物装在箱子里，整整齐齐摆在屋前，海水漫漫，在滩边的冰墙之下，那么你大致可以明白我们近旁的情景。至于较广范围的景致，太美了，我没有丰足的词汇可以形容给你听。埃文斯角是埃里伯斯山的众多峰脉之一，却最靠近山，因此壮伟的雪峰总在我们近旁拔地而起，峰顶烟岚缭绕。屋南屋北都是深湾，深湾之外是大冰川，蜿蜒漫过较低的山坡，把高墙似的蓝色口鼻伸进大海里去。我们眼前的海是蓝色的，点缀着闪亮的冰山或冰块，但在远处峡湾那边，美丽的西方山脉耸立无数高峰，深邃的冰川谷与清晰的刻痕壮丽如在眼前，是鲜有其匹的山景。②

离开英国以前，常有人对我说，南极没什么动植物，一定单调乏味。现在我们却发现自己置身于完美的农场上。五十码外有十七匹马，三十条狗就在屋后，没事时就发出狼嗥。贼鸥在四周筑巢，一有机会就争抢它们猎杀的海豹或狗儿猎杀的企鹅。我们带来繁殖小狗用的母牧羊犬在营地闲逛。一只企鹅站在我的帐篷外，大概以

① 《斯科特的最后探险》卷一第 128 页。——原注

② 《斯科特的最后探险》卷一第 129 页。——原注

为我要在此蜕皮。一只海豹刚走上来进入马群中。威德尔海豹、企鹅、鲸，多得不得了。在船上还有小黑和一只蓝色波斯猫，加上兔子和松鼠。这地方生意盎然。

德雷克一整天忙着寻找冰块来补充船上用水。昨天他弄了一堆冰，大家要在冰堆里插旗，然后照相，称之为“德雷克先生所至最南点”！①

一月二十五日，是十二个人、八匹马加上两支狗队预定出发向南到冰棚上运补给品的日子。斯科特认为由此到冰棚间的海湾三月间会结冻，可能三月初就结，而那时我们应已回到埃文斯角。同时，因为马儿下不了这儿的峭壁，要预留它们和照顾它们的人在小屋角多待一段时间。斯科特打算利用“发现”号在小屋角建的小屋让人与马居住。

一月十五日，他带密勒斯和一支狗队出发去小屋角，那是在此去南面十五海里处。他们越过冰川舌，在那里发现一袋压缩草料和玉米，是沙克尔顿遗留的。西面的未冻海水几乎漫及冰川舌。

抵达小屋，斯科特惊骇地发现屋里全是雪与冰。这很严重，而且后来我们才知道，飘来的雪向下渗漏成冰，屋子里整个变成大冰块。冰中有一排箱子，是“发现”号留下作补给品的。我们知道里面全是饼干。

看到老屋不能使用，实在让人沮丧。我多么期待老东西安然无损呀。在外面搭营，感觉昔时屋内的安适愉快已不能复得，真让人心如刀割。②

---

① 我自己的日记。——原注

② 《斯科特的最后探险》卷一第 122 页。——原注

那晚，

我们睡得很不好，因此起身迟了。早餐后上山，刮着刺骨的东南风，但阳光普照，重振了我的精神。各处的雪都比我以前所见要少，滑雪道被截然分割为两部分，冰峡谷与观察山可说根本没雪，抵达高地的侧坡一大片光秃，火山口高地顶上也是一片光秃的平台。要是在从前，我们看到这景象该有多高兴呀！池塘的冰已融，清水中一片绿意。我们在池中高处挖的洞还在，密勒斯不小心跌入洞内，水深及腰，弄得水淋淋的。

往南望，平底船角后面依旧有冰面相挤而成的冰脊，马蹄湾则平静无冰——海冰压迫着平底船角，与冰峡谷冰缘相挤迫。阿米塔吉角外约两海里处又有新的冰脊形成。我们看见费拉尔的几支温度计管挺立在雪坡上，好像是昨天才插进去似的。文斯坟上的十字架也崭新如昔，上面的油漆鲜亮，标示清晰。①

我们队上有两位军官曾随沙尔克顿于一九〇八年来此探险，他们是现归北队的普里斯特利与负责雪橇车的戴伊。普里斯特利曾与另两人驾雪橇越过洛伊角，据他记述那座老屋的情况是：

扎好帐篷后，利维克和我去老屋寻粮草。途中我先去德里克角拿了一大罐七磅重的奶油，利维克则打开屋门。里面很黑，我把钉在窗上的木板拆掉，让光线进来。看每样东西都一如我们当年离开时的情景，这是很奇怪的一种感觉。当年因暴风雪将至，我们走得匆忙，马斯顿的床上有一本摊开的《贝茜·科斯特雷尔的故事》，

① 《斯科特的最后探险》卷一第122、123页。——原注

显然是有人正在看，未及合上。最能勾起往时情景的恐怕是，当我走出食物贮藏室时，风衣的袖子挂住水龙头，把它旋开了。我听到滴水声，本能地转头，把水龙头关上。几乎以为又会听到鲍伯斯粗哑的声音骂我笨手笨脚。最让我震惊的则是所有东西都还是好好的没动。桌上有一块没吃完的面包，是鲍伯斯为我们烘的，那是在“狩猎家”号呼唤我们上船以前唯一吃了一半的东西。面包上齿痕宛然，还是一九〇九年留下的。面包四周摆着碟子、腌黄瓜、胡椒和盐，正是我们午餐惯吃的东西，还有一罐开了一半的姜饼，见证着气候的干燥，因为它们还是像刚打开时一样脆。

食物室边上一小方柜，是可怜的阿米塔吉和我在离开前收集的零散罐头。

我自己的柜子架上还摆着补给船送来的杂志和报纸。景物依旧，人已全非，令人黯然神伤。我觉得大家好像只是到附近山头散个步，马上就会从门口一哄而入似的。

我们没多少时间细看，坎贝尔在帐篷里做饭，我们就把几罐果酱、一个梅子布丁、一些茶叶和姜饼放进袋子，回到营地。这时候雪已下得很大，餐后也一直下，因此我们早早睡下（下午一点半）。值得一提的是，有些吹来的积雪上有清楚的兽蹄痕迹，有的看来很新，我们相信是今年才印上的。

利维克语出惊人地忽然宣称他看见不远处有一艘船，一时之间我们仓惶不安，后来才搞清楚那只不过是停泊在斯瓜瑞角外的“新地”号。

这地方很古怪，好像它本身有生命。不只是我这么觉得，其他人也是。昨晚我歇下后，听到有人在互相叫嚷。

我先以为我自己精神恍惚，但坎贝尔也问我有没有听到叫喊声，他可是听得一清二楚。一定是海豹在彼此呼唤，但听起来真像人。我们心中埋下此疑云，如果哪天在黑沙滩上散步，看到附近有一个日本村落什么的，大概也不会十分惊讶。利维克晚上闹了个笑话，把一罐雀巢奶水两头各打了个孔，而不是在同一面打两个洞倒奶出来。他告诉我们，他太习惯用两整罐奶水给十四个值夜班的人拌可可喝了，因此总是这么开罐子。

结果是我们空闲的时间全忙着做塞子，把罐子塞起来。①

另一方面，一如所料，不寻常的暖夏在海冰上产生了作用。海水温度上升，海冰自底下开始融解。北面的冰先是漂流到此，然后出到大海上。但如有海流流过浅滩，便会形成大融冰池，像埃文斯角、小屋角和阿米塔吉角尖端都有这种池。

一月十七日，埃文斯角与船泊处之间的冰融解断裂，船与岸间只余一条路仍是未化的坚冰。船开始升起锅炉，但那晚的冰融得很快。通常升起蒸汽需要十二小时，我猜那晚他们三小时就把它升起来了。差一点就太迟，因为它不久就漂浮在海上了。第二天早晨它重新抛下冰锚，在距离埃文斯角冰墙仅约二百码的坚冰上。

目前的位置极为舒适：若刮南风，它只会向冰上倾斜，而得到岬角更大的庇荫；若吹北风，它可能更靠近岸，岸边水深三英寸，但有这么大一片冰在后面，它不大可能浪来而不预知。看起来是个很棒的小角落，不过当然在这里什么都不确定，根据经验，安全的外表下经常隐伏着危机。②

---

① 普里斯特利的日记。——原注

② 《斯科特的最后探险》卷一第 127 页。——原注

船的难处在煤炭不足。一月二十日到二十一日的夜间，我们再度忧心忡忡。

> 午夜，我担心有事，走出木屋，立刻看出它情况不妙——冰在融解，北风卷起浪，风力在增加，船向岸侧倾。幸好冰锚下在很实的冰块上，尚未全松。纳尔逊努力升起蒸汽，他手下的人设法重新下锚。
>
> 我把屋中人喊醒，去帮忙。到六点，蒸汽升起来了，我很高兴看到船又向风退出，留下我们去捡拾锚与链。①

船刚驶开，一座大冰山漂来，就搁在刚才船所在的位置。到下午船重返来，到处寻找下锚处，冰山后面好像还不错。刮强劲的北风，海流与埃文斯角周遭的情况当时我们还不知。海流自北流经不通岛与埃文斯角之间，宽约三分之二海里的狭窄海域。引擎推船向后，但海流与风的力量太大，船遂搁浅。

> 船回不了新西兰，六十个人在此等候救援的景象在我心中浮起，萦绕不去。在想象中唯一能稍稍宽慰我的是南极探险工作应持续进行的信念。潮很高，最好的做法似乎是把船上的小艇放下，以减轻船的重量。
>
> 我们三四个人站在岸上忧虑地看着，船上的人则全忙碌着，把货搬到后面去。纳尔逊告诉我，他们在很短的时间内搬运了十吨重的东西。
>
> 仔细观察，可看出船在缓慢回转，再看，船上的人都在从这边

① 《斯科特的最后探险》卷一第 134 页。——原注

跑到那边，可知他们在设法把它拉回头。这便让人升起了一线希望。起先它转得比较快，接着停住，但只停了较短时间，引擎向后推，船显然是在移动了。等听到船上的人欢呼，我们才知道船已脱险。捕鲸小艇上的人也在欢呼。

之后它继续向后退，退出了浅滩。我们心中一块大石头落了地。①

这件事费了不少时间，斯科特与我们回到木屋，继续收拾运补之旅要带的东西。在这样危急的时刻，他很看得开。我们还不能驾雪橇出发，但到一月二十三日，北湾的冰全融了，南湾的冰也开始融。因为我们要取道南湾去冰棚，斯科特忽然决定，我们要么第二天就出发，要么根本就不去运补了。雪橇已不能往南下埃文斯角，但我们可以牵马沿陆地走，让它们爬下一座陡峭的碎石坡，到尚余的海冰面上去。海冰会不会在我们走到以前漂走呢？情况是千钧一发。“让我们祈祷它多撑几个小时。这片海冰连接未冻之海中一座大冰山和冰川面，冰川面比较松动。这条地峡似的狭长海冰随时可能断裂而去。我们是在大冒险。”②

---

① 《斯科特的最后探险》卷一第 136 页。——原注

② 《斯科特的最后探险》卷一第 138 页。——原注

第五章
运补之旅

日光下坠，在西方。

——罗伯特·勃朗宁

斯科特、密勒斯、克林、威尔逊、阿特金森、福德、埃文斯、谢里-加勒德、季米特里、鲍尔斯、格兰、奥茨、基奥恩

这十三人于一九一一年一月二十四日自埃文斯角出发。他们富于想象力的朋友可能会以为他们像运动员，接受了几个星期或几个月的紧张压力训练，睡一夜九小时的好觉，吃仔细分配的三餐，在合乎科学的控制下，每天做定量的工作。

事实完全不是这样。好几个星期来，我们每晚午夜才上床，累得衣服都不脱就睡了，若能获准睡到清晨五点就算幸运。我们得空才能去吃饭，而工作时是全力以赴，毫无保留。在打包时如果坐下来，我们就会沉沉睡去。

最后离开营地时，我们匆忙到近乎慌乱的地步。因为我们南面的冰，亦即通往冰棚的道路，正被暖空气、风和潮水一点一点融化。已不可能牵马下埃文斯角，到海冰上去。未冻之海摆在我们面前，我们脚底下。我们必须牵马往上，在火山岩块间走。那里是埃里伯斯山的陡斜面，向东南朝向陆地另一头，再斜下一座碎石陡坡，到仅余的一片海冰

上去。事实上，那片海冰第二天就不见了。

出发前两天，补给品密实装好，雪橇载上货，信写好，衣服分好类并大致修改过。鲍尔斯帮着斯科特做些安排，万一需要多留一年的话，船必须回返添购需用品。奥茨忙着称出马儿路上吃的粮草，整理鞍辔，并安抚骚乱不已的马群。大家争吵着是该多带一双袜子还是同等重量的烟草，因为我们每人限带十二磅（约五公斤半）重的私人物品，其中包括我们平常不穿戴的东西，像是：

> 睡靴睡袜，额外一双白天穿的袜子，一件衬衫，烟草与烟斗，日记本与笔，额外一顶罩脸帽，额外一双羊毛无指手套，便利包内有扣子、针、线与羊毛，额外一双鹿皮靴，拉住长袜的大安全别针，可能带一本小书。

出发那天，我最鲜明的记忆是看见鲍尔斯的模样。他气喘吁吁，非常热，非常痛苦，原来他的马比尔叔不听指挥，把他拉往前，膝盖撞在一块岩石上。他最后出发，在营地就箱笼的存放、物品的管理等事宜做最后的叮嘱，却在努力赶上我们的途中迷失。他把超过个人可携重量的衣物全穿在身上，因为他觉得让马驮多出的重量是不公平的。在崎岖的路上他撞青了腿，以后很多天，天天来找我给他包扎。他怕如果给医生看，医生会不准他往前走了。出发前他已七十二小时没睡觉。

第一晚（一月二十四日）我们在小屋角左近扎营，初驾的雪橇却出了事。起先我们只牵着马到冰川舌，那里一面是冰，一面是海水。我们一边走，一边看见船超过我们，驶入海峡，在冰川舌末端下锚。冰川舌有无数浅隙与洞穴，牵马过去是很不容易的事，但我们终于把它们安全系在“新地”号附近了。“新地”号正把狗儿、雪橇和配备卸下来。之后我们上船去吃了午餐。先锋部队拉着雪橇，沿冰川舌南，在海冰上搜寻一条可通行的安全冰峡，花了好几个钟头。我们牵着马跟上去。“如果有马掉进洞穴，我就要坐下来哭。”奥茨说。不到三分钟，我的马掉进一个坑洞，只剩头和前脚露出。这洞被石砾与雪堆满，因此我们事先没留意到，而以它目前的状况看来，雪也不久就要融化了。我们用绳子绑住马，把它拉上来。可怜的命运不济的家伙！但不到一小时，它似乎已忘记自身的不幸，拉着它的第一批货像平常一样开开心心地往小屋角去。

次日，我们又从船上搬运了些东西到小屋角营地。等我们到了冰棚，这些东西有的要留在冰棚边上，但现在我们得一趟一趟搬。

二十六日，我们驾雪橇回船，搬运最后一批东西，在海冰上跟船上的人说再见。这些人已与我们合作了这么久，包括后来受了许多苦的坎贝尔和他的五个同伴，以及笑嘻嘻的纳尔逊与他的船上人手。

我们离去之前，斯科特向纳尔逊与他手下致谢：

> 感谢他们优异的工作表现。他们的表现坚如磐石，再没有比他们更好的水手了。……与这些好人和坎贝尔及其属下道别很令人伤感。我衷心相信他们不管做什么都会成功，因为他们无私慷慨的高尚天性应得到报偿。上帝保佑他们。

运补队里有四个人后来再没见到这些人，而纳尔逊，后来担任“玛丽女王”号舰长，在日德兰战役①中与舰俱沉。

两天后，一月二十八日，我们驾雪橇运第一批物品去冰棚。此时我们已来来回回跑了约九十海里路，先从冰川舌的船上到小屋角附近的营地，再往前搬运。头几天感觉真棒！一路所见的景致我们早听人谈过多

① 日德兰战役，1916 年第一次世界大战期间英国与德国的一场大海战。

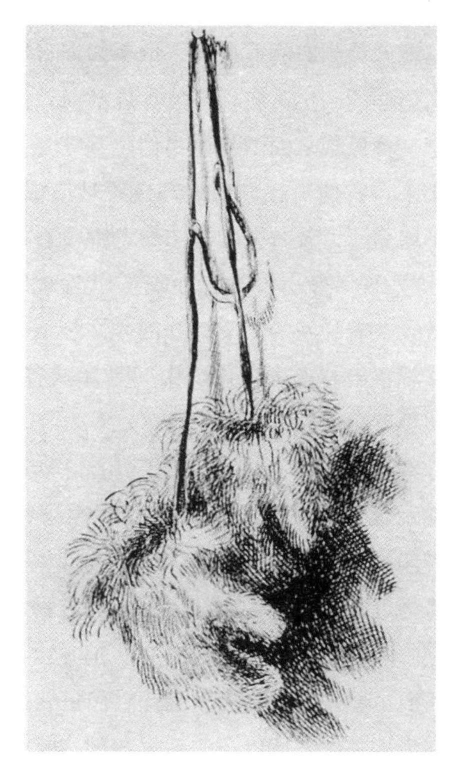

狗皮制成的手套，用系绳可吊挂在肩膀上
——威尔逊绘

进行雪橇运补之旅时所用的汤匙、杯子和金属杯，全装在烹调内锅内——威尔逊绘

遍，现在亲眼看见就像见到老朋友一样，更不知斯科特和威尔逊这些来过的人见了会勾起怎样的回忆。我们经过冰冻的海，海上每一个海豹洞都饶有趣味，而每一种风刮来的雪都让我们感到新奇。恐怖山在埃里伯斯山口后面露出头来，我们走在城堡岩和危险坡下面，等到绕过岬角，看见带锯齿形的小屋角，以及其上的十字架，都没有改变。这里有“发现”号盖的老屋，“发现”号当年停泊的海湾，“发现”号时代留下的一些罐头还在浅滩上，映着晚间的太阳静静闪光。环绕着海湾，是我们在书上读过的高地：观察山与火山口山，中间是冰峡谷，风由峡谷吹来，一定就是有名的“小屋角风”。

自“发现”号离去以来，这些已经历过几百次风暴，却依然如故，就连横越冰川时标示他们移动方向的小棍子，也还插在那里。不，不止，连坡地上的脚印都还清晰可见。

马儿们每天拖运近九百磅（约四百公斤）的货物，它们看起来并没有特别痛苦，但其中两匹有一点跛。我们有些担心，不过休息之后就好了。整体来说，路面虽坚硬，我们大概是让它们负载过重了。

小屋角和观察山岸外的海冰已很危险，我们当时如果具备今日的经验和知识，大约就不会安适地在冰上睡觉。夏天到小屋角及更远处旅行的队伍一定要远离小屋角和阿米塔吉角。但我们当时急着搬运必需品到冰棚贮藏，阿米塔吉角和平底船角之间，冰棚运动形成的压力冰脊很大，无数的海豹在冰洞中嬉戏。从冰脊的规模和裂开时显现的冰的厚度看来，小屋角南面的冰至少已形成两年。

我清楚地记得那天我们运第一批货抵达冰棚。我以为大家都会有点兴奋，因为初次在冰棚上行走是很新奇的事。这是怎样的一种地表，这些巨大的裂隙我们在书上读过多少呀！斯科特走在前面，我们视线所及之处莫非平坦的冰——可是忽然间他高出我们，走上根本看不见的雪坡去了。再过一分钟，我们的马和雪橇走上裂缝，脚下是松软的雪，与原先坚硬的冻海相当不一样。上得冰棚没什么稀奇，但这实在是个危机四伏的地方，要了解它得花上好几年的时间。

这天在往外走的路上，奥茨大显身手，杀了一只海豹。他说如果我们这帐篷的人乖乖的，就分一些腰子给我们吃，害我们口水流个不停。我们把奄奄一息的海豹留在原地，回程快到那里时，奥茨冲过去打算割肉做晚餐，却见海豹一跳一蹦往它的冰窟里去。奥茨奋力刺它，幸好没受重伤，因为后来我们才发现折叠式小刀是杀不死海豹的。奥茨的手划到刀口，反在自己手上割开一个大口子。他过了很久都不能忘怀此辱。

我们后来极为熟悉的这个冰棚太软，不宜马匹行走。它一片平坦，只有左面约几百码处有两座小雪堆。我们取出望远镜，却什么也看不到。我们牵着马时，斯科特走向雪堆，我们看见他刷掉雪，露出底下黑色的东西。原来是帐篷，显然是沙克尔顿或他手下所遗留。“狩猎家”号当年自此接运他的南队离开冰棚。帐篷外面覆雪，里面积冰。后来我们花了一晚上把它们挖出来，纤维质已完全腐坏，用手便能剥开，但竹棍和顶篷还好好的。我们一路挖到底，看出一切都像他们离开时一样，锅子、炉子——斯科特把炉子点燃，煮了一顿晚餐，以后我们常用它。还有朗翠牌可可，布兰德牌牛肉精、羊舌、乳酪和饼干——都摊开在雪里，都还很好。我们吃这些吃了好几天。吃摆了好些年的额外食物，有一种奇异的感觉。

一月二十八日星期六，我们载运第一批货，走短短半海里路去冰棚，存放在后来称为草料仓的地方。两天后我们迁营到约一海里半外，更深入冰棚，在那里建立起主要库房，称之为安全营。“安全”，因为即使发生海冰大分裂现象，连一部分冰棚都被冲走，也应该不致波及这里。后来事态发展证明理论正确。在冰棚上多拖运的一段路，让我们大家苦思一件事：冰棚表面很软，马匹深陷，走得很苦，显然支持不了多久，不知沙克尔顿是怎样让马走远路的。

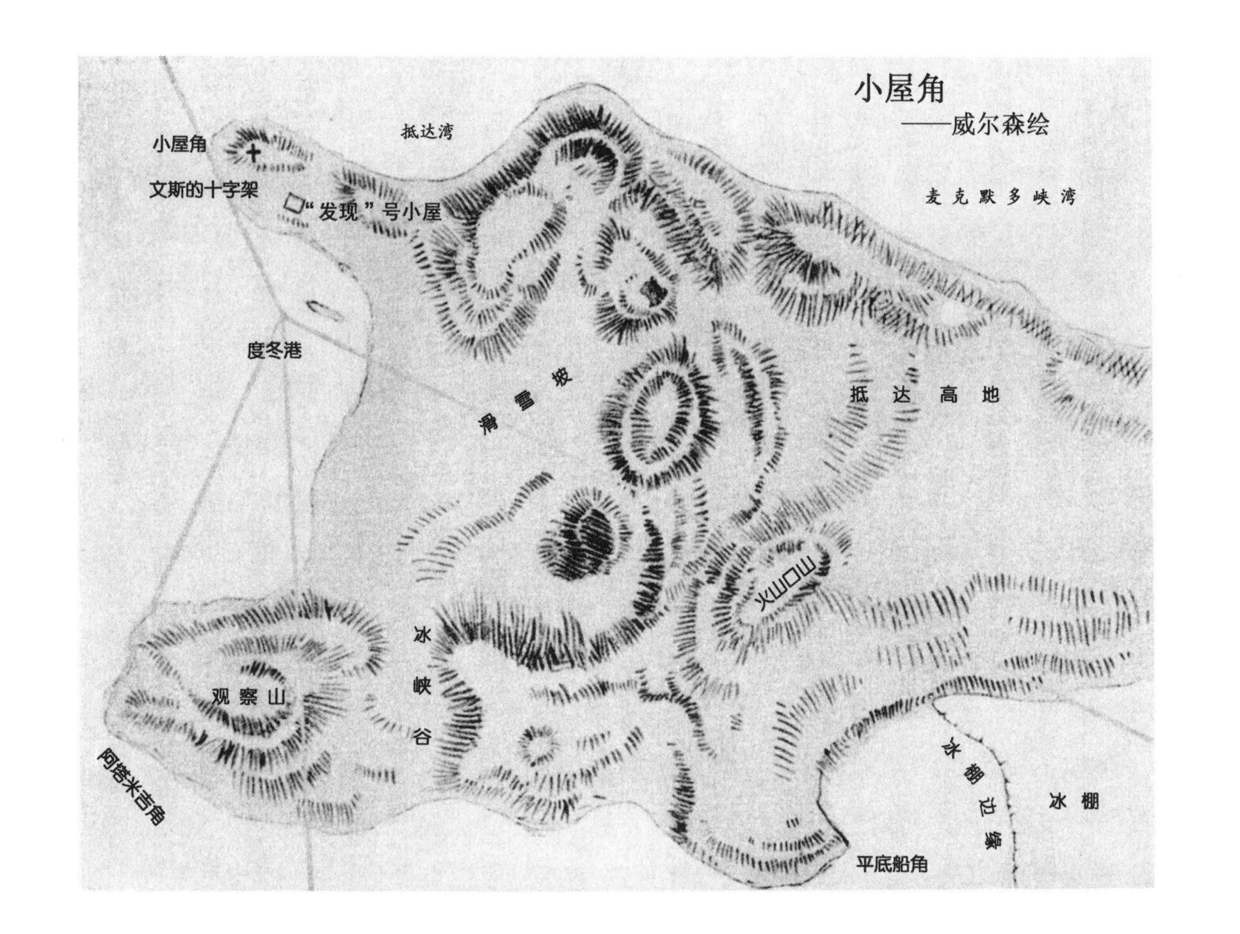
小屋角
——威尔森绘
小屋角
抵达湾
文斯的十字架
“发现”号小屋
麦克默多峡湾
度冬港
滑雪坡
抵达高地
火山口山
冰峡谷
观察山
阿塔米吉角
冰棚边缘
冰棚
平底船角

现在不急着赶路了，食物充足。从这里出发以后，才需要配给口粮及赶路。我们决定让马匹好好休息，我们则搭建库房、整理雪橇。我们带了一双马的雪鞋，以一圈铁丝为底，上面绕竹子，环索也是以同样材料做成。地面既软，我们便试用这个，结果很成功。关于雪鞋的构想已经很久，在埃文斯角有每匹马的雪鞋，但下船既晚，马儿们没有受过穿这鞋的训练，因此我们没带来。

斯科特立刻命威尔逊和密勒斯带一队狗，去看海冰还能不能通行，能不能回埃文斯角取马雪鞋来。同时，次晨我们开始训练马穿雪鞋，让它们轮流穿仅有的一双。但训练已无必要，因为狗队回来了。他们发现冰川舌与度冬营地之间的海冰已消失，遂空手而回。他们说在冰川舌边缘裂开一条缝隙，雪橇开上去，倾斜但未翻覆。冰川舌的缝隙算浅的，格兰后来掉进一条，一路沿着走，竟从嘴的另一头走出来，走到了海冰上！

已决定次日出发，人与兽都带五周的口粮。去程约需十四天，存放两周的口粮后回转。很不幸的是阿特金森不能去，克林也得留下来照顾他。他的脚擦伤，伤口化了脓，必须躺下休养。他很失望。幸好我们还有一座帐篷，又有从沙克尔顿帐篷里挖出来的锅和炉。可怜的克林在照顾阿特金森之余，要把贮存在草料仓的东西搬到安全营去，对他来说更糟的是，他得挖一个洞，一路钻进冰棚，好进行科学观察！

次晨，二月二日，我们出发，在处处坑洞的地面走了约五海里（第四营地）。气温高于零华氏度（约零下十八摄氏度），斯科特想看看地面到夜晚会不会比较好走。不过，就算是，也很有问题。后来我们得出结论：拉雪橇的最理想情况是气温十六华氏度（约零下九摄氏度）的时候，不过马儿确实是晚上走比较好，夜晚气温低，白天阳光炙人时则应休息、睡觉。于是我们扎营，下午四点进睡袋，午夜过后再启程。午餐前后各走五海里。称之为午餐，是约凌晨一点钟吃的。时间很好，日光正转暗，较觉有凉意。

我们往东去，穿过宽约二十五海里的海峡，海峡南面是较无趣的白岛，北面则是埃里伯斯山和恐怖山的美丽山坡。这一带的冰棚没有融化，但主要溪流就在我们前面，未受陆地阻隔，向北直流入罗斯海去。只有在溪流流经冰崖、白岛以及克罗泽角时，摩擦我们行经的近乎稳定的冰，才造成压力和割裂，形成一些宽而深的冰缝。我们打算向东而行，通过白岛北面，然后转向南。

在一大片雪地上，很难辨认地势是否平坦。这一带一定有很多大裂隙，不过通常都被雪覆盖，去程中我们只见到很小的冰缝。快到第五营地时，我们陷入一窟软雪，马儿一匹接一匹掉下去，雪直埋到它们的腰，它们挤成一团，动弹不得。我自己的马拖着雪橇从另一边勉力爬起来了，其他的马却须放开缰绳，牵出来。我时时刻刻担心脚下的地会陷落，一道深渊会把我们全吞没。仅有的一双雪鞋穿到鲍尔斯的大马脚上，回去把陷落的雪橇拉出。不久我们便扎了营。

二月三日和四日之交，我们走了十海里路，到第六营地。后面五海里我们渡过几条冰缝。我听到奥茨问人，冰缝里什么样子。"黑得像地狱。"那人说。不过我们暂时没再见到，因为已越过白岛和克罗泽角之间的压力线。第六营地被称为角落营，因为我们自此转而向南。角落营的名字以后我还会一再提起，它距离小屋角三十海里。

下午四点时，刮起我们经历的第一场冰棚风暴。后来我们发现，角落营风暴与小屋角风一样频繁。冰崖似一个个造风场，把风经克罗泽角推向大海。角落营就在两者之间的直线上。

夏天的风暴都差不多。本来就不太低的气温这时更上升，在帐篷里并不冷。有时我们很欢迎暴风，好趁机休息几天：辛苦拖运东西几星期，每天早晨把自己拉扯下床，觉得好像才刚着枕，再加上随时留意脚下裂隙造成的神经紧张，能够好好上床睡个两三天是最愉快的事。你可能一直沉睡无梦，只爬起身来吃饭，也可能偶然醒来，躺在柔软温暖的鹿皮睡袋里听帐篷在风中猎猎作响。或者，你似睡似醒，到世界其他地方神游，飘雪却打在你头顶的绿色帐篷上。

但帐篷外一片混乱。狂风大作，飘雪满天，风把新雪和地面原本的松雪都吹起。只要离开帐篷几步，你马上就什么也看不见，失去方向感，没有任何东西指引你回来。把脸和手暴露在空气中，马上就会冻伤。这还是盛夏，想想春与秋的冷，想想冬天的寒冷与黑暗。

牲畜最苦，在第一场风暴中，马儿都衰弱下来，其中两匹已不能工作。不要忘记，它们先在剧烈摇晃的甲板上站了五周，经历了一场极大的飓风，从船上卸货的时候又很赶，之后更拉重货走了二百多海里路。我们能替它们做的事都做了，但是南极对马儿是太严峻的环境。我想斯科特替马难过更甚于马自己的痛苦。狗儿则不同。这样的风暴算很暖，狗儿正好休息。它们舒舒服服蜷缩在雪坑里，任由雪把它们掩埋。必力嘉与维达这对异父兄弟，拉车时肩并着肩，睡觉时也挤在一个雪坑里，为取暖，它们会一个睡在另一个上面。每隔两小时左右，它俩兄友弟恭地换位子。

风暴刮了三天。

我们现在直往南行，冰棚在前，恐怖山和海在后，走了五天，五十四海里路，走到冰崖南端，放下冰崖营库存。这里和角落营的补给物，斯科特随后的极点探险之旅都有使用到。

这几天发生的大事是两匹马倒下，布鲁克和小花。另一匹，吉米猪，也差不多倒了。这一带的地面其实比较坚硬，是经风吹实的冰脊和圆丘。再来就是我们这些无经验的人在学习如何在冰棚上保暖，如何在二十分钟内搭好帐篷、做好饭，以及一千零一个只有从经验中才能学得的小技巧。可是再怎么悉心照料，也帮不了可怜的马儿。

首先得承认，这些马品质很差，奥茨接手料理马匹时，情况很不好。从头到尾全赖奥茨全心投入的管理，再加上马主的细心照顾，才得到超乎任何人预期的成果。

一天晚上，我们看见斯科特挖些雪块，在他的马南面筑起一道粗略的墙。我们内心先是觉得这样做没有用——一道透风的墙，在一大片雪地上管什么用？但看到一阵风吹来（你得了解，这里的风全是从南边吹来的），我们立刻明白这堵墙真是天赐恩典。从此以后，每天晚上扎营时，每个马主都一边煮食，一边砌墙。晚餐后继续完成，才钻进睡袋。这不是小事，试想能不能睡个暖和的觉，主要看是否在吃了热餐、喝了热可可后立刻钻进睡袋。何况，你经常会在睡梦中听到一个声音说："比尔①！一级棒把它的墙踢倒了。"比尔就赶紧爬起来重砌那堵墙。

奥茨主张把病弱的马尽量带到最南边，然后杀了它们，存在那里当极地之旅的狗食。斯科特却不赞成。在冰崖营，他决定把三匹最弱的马（小花、布鲁克和吉米猪），由马主埃文斯、福德和基奥恩先带回去。他们次晨（二月十三日）启程，其余的人和动物继续向前。离开多风的冰崖区，地面渐渐变软。这时我们共有两队狗，分别由密勒斯和威尔逊率领，以及五匹马。

斯科特领一级棒
奥茨领矮胖子
鲍尔斯领比尔叔
格兰领没劲威利
谢里-加勒德领大胆

斯科特、威尔逊、密勒斯和我住一顶帐篷，鲍尔斯、奥茨和格兰住

---

① 威尔逊的昵称。

另一顶。斯科特想到，马匹应以缰绳一匹接一匹系成一列，亦即第二匹马的缰绳系在第一匹马后面的雪橇上，以此类推，这样整个队伍只需两三个人照管，而不需要一个人领一匹马。

周日晚上（二月十二日）我们离开冰崖营，走了七海里路，在大风雪中进午餐。天很冷，我们牵着马离开午餐营地才十分钟，刮起真正的暴风雪来。狗队还没有出发，我们遂就地扎营，五个人睡在四人帐篷里，一点也不挤迫。也许斯科特就是这时候想到要组五人小队去探南极点的。到周一晚上，风停雪歇，狗队赶上来，我们走了六海里半很难走的路。格兰的马——迟缓而顽固的没劲威利，一如既往，远远落在后面。我们停住其他的马扎营时，过了很久它才跟上来，两队狗随后来到。这时候到底发生了什么事没有人知道，似乎可怜的威利陷入软雪，有一队狗不顾一切往前冲，冲到马身上，像一群饿极的狼一样。格兰和威利奋力把狗赶走，但威利抵达营地时雪橇已脱落，它自己浑身是血，看起来虚弱得很。

午餐后我们只再走了四分之三海里多一点便止住了，因为威利再也走不动了。次日我们勉强走了七海里半，比尔叔和没劲威利都走得很慢，经常停住。雪很深，马拖不动，显然我们还需要多研究在冰棚上怎么用马。它们又瘦又饿，好像总吃不够；秋天的气温和风不是它们的体能所能承受。我们在零下二十度（约零下二十九摄氏度）的气温中又走了一天，然后在南纬七十九度二十九分处放下所携物品，后来这里称为一吨库。我们回头。所谓库，其实看起来只是一个雪堆，里面埋了食物和油料，上面插了一根竹棍，飘着一面旗子。除非在非常晴朗的日子，从一吨库看不见任何陆地。它距离小屋角一百三十海里。

我们花了一天时间堆起物品，总共是约一吨的粮食、油料、压缩草料、燕麦等必需品，以备探极队伍之用。斯科特对这结果很满意，确实，有了这批存货，由此往南探极时不虞供应短缺了。

自此，队伍又分两支回头。斯科特急着想知道坎贝尔那组人是否已安然在爱德华七世地登陆，他们驾着船，应该已自小屋角返回。他决定带两支狗队先走，第一队由他和密勒斯率领，第二队由威尔逊和我指挥，兼程赶回，让鲍尔斯、奥茨和格兰把五匹马一匹连着一匹，慢慢牵回来。

马队自一吨库返回之旅

——摘自鲍尔斯的一封信

我们的负载既轻，奥茨认为不如让马一次走长些，然后休息久些，可能对马比较好。于是我们决定不吃午餐，到扎营后再好好吃一顿。来时留下的车马轨迹仍很清晰，只要循迹而返便可，省去我们用罗盘定位的麻烦，因为罗盘针要立定不动至少一分钟才会停住。我们走得极好，细雪如雾，遮掩了所有远处的东西，较近的则看起来特别庞大。虽然是走在平原上，却总觉得有丘陵起伏，有时还觉得坡度很陡，路边且有深坑。忽然似有一群牛自远方出现，你就会想："不对，一定是一队狗，挣脱了缰绳向你冲来。"有时你又觉得踩到陈年马粪似的黑块上。这些都是幻觉。某些光线制造出完全似真的景象，看多了也就不以为奇。风吹积雪，形成山脊状突起，通常高不过一英尺，模糊难识且无规则可循。这次所见常远望像高山，走过去才知是浅丘。

走了约十海里后，我们看见前方白茫茫的大地上有一个小小的黑色三角形，尚在一海里多外，是狗队的午餐营地。我们走得很近了，他们才拔营匆匆上路。我认为他们是怕被我们赶上，像龟兔赛跑的故事。不过我们还是走得很快，斯科特很高兴看到没劲威利脚力这么健朗。他们飞奔而去，我们走完约十二海里，抵达宝塔墩，那里有一袋草料留给我们。

我们在此扎营，尽快给马儿砌好防风墙。威利是最讨嫌的一个，它会故意用屁股推倒墙。至于我自己的马，我得把墙砌在它碰不到的地方，因为它一心一意要啃吃这墙，而且通常自墙脚吃起。它会努力不懈地抽出一块冰砖，而把整面墙带倒。你不能跟这些蠢家伙生气——奥茨说马毫无推理能力，你只能重砌墙，不要让它们碰到就是了。

天气在夜间转晴，次日，二月十九日，我们出发时情况甚是理想，太阳已沉得相当低，路标很容易看见，七海里外便能见到圆锥形石墩，不过那只是幻象。看得到这么远，有一个缺点，就是还要走很久才会到。幻象是此地一大特色，是冰棚上最常见的光学现象。很难让自己不要相信眼前不是未冻的大海。我们经过来时没劲威利与众狗撕打的地点，并争论了一番前方雪地上的黑色物体是什么。起先我们以为又是狗队营地，结果是一只空的饼干盒，这就是光线造成的错觉。后来我们看到来时避暴风的营地，决定再利用那些已搭好的墙。没劲威利越发坏了，故意往跟它系在一起的马身上跳。距防风墙只有不到一海里半了，威利硬是不肯再走，百般劝说都没有用，我们只好就地扎营。这天只走了十海里半，很糟，但通常挺悲观的奥茨，倒还没有放弃把威利好好带回木屋的希望，这让我也乐观起来。我缩节其他马的口粮，多给它吃了些燕麦，不料我的那匹大马却把雪橇拖过去，把口鼻伸进我们珍贵的饼干桶，放怀大嚼，以弥补它自己的损失。雪橇现已太轻，拴不住马，我们只好找到什么就用什么，把它们钉在地上，再用雪围住它们。

第二天（二月二十日）威利好些了，但我们一开始就决定顶多只走到冰崖营，那里我们存有一些粮草。距离只有十海里，但还没走到，我的马已显露出疲态。不过并不严重，五海里外我们便看到贮物墩，牲畜们看见了大感兴趣，它们的笨脑袋里也知道这东西跟食物与休息有关。没劲威利精神大振，于是我们兴高采烈地扎营。斯科特队长曾要我可能的话用经纬仪测量一下冰崖营的方位。我们这营地比“发现”号当年贮物的A号旧营远离冰崖得多，而沙克尔顿所用营地差不多就是“发现”号旧营。那地方离海岸较近；然而，现在已经发现比尔德莫尔比较好，因为冰棚挤迫不能移动的山丘，在冰崖底下造成横七竖八的裂隙，绵延许多海里，有的裂隙大到能容纳整个“新地”号。不消说，这种地方是不宜带马去的——这就是为什么我们采取现在的路线。可惜我们一抵达便乌云密布，后来更下起雪来，因此我没法做测量。下雪而无风，往往是暴风雪的前兆，我们很担心马的情况，再想到我们的饼干也没有了，更让人悬心。午夜时我们拔营，天很阴沉，午夜的太阳已沉入南方天际线，这是秋的第一个征兆。季节无疑已经变换，天空密布低层云，厚似树篱。我们几乎立刻便看不到贮物堆了，循着残余旧迹走了一会儿，天色太暗，看不见了才停。你记得埃文斯是在冰崖营带三匹病马回头的，因此这里有很多我们走过的痕迹。出发后才四海里，我看见西边不远处有一个小墩，过去看，却没有扎营的迹象，颇让我猜疑了一阵子。这小墩我后面还会提到，为方便起见我就称之为X墩吧。我们继续往前走，觉得定位困难，前面什么也看不到，不能定坐标，罗盘针又必须每次都停下立定来看。罗盘针是好的，但你要了解，因为我们极接近磁极，指针总是向下，靠着在北面增加重量来维持指针水平，这样一来它指示方向的能力便大幅减弱。在船上，由于引擎和马达的震动，在磁极圈内根本不能用罗盘定位。

这天（二月二十一日）我们曲折而行。先是我走前面，奥茨说我左曲右折。之后他走前面，我立刻明白了，根本不可能直线前进两分钟。不过，我们一步一步，走走停停，后来起了风，我们决定依着风向走，让雪一直从后面飘来。风并没有大到让人不舒服，一切顺利。我们在虚无中跋涉，离开X墩临近七海里时，我忽然发现就在几码外又是一个小墩。这表示在无前迹可循、无路标可参考、能见度仅三十码的情况下，我们走了七海里，却并未脱离原定路线。当然，这只是巧合，不过有些人可能会以此自夸其测位能力超强。风大起来，根据我现在对暴风雪的了解，我应该立刻扎营。但我又想，还是继续走吧，看马儿走得那么好。问题是，虽然顺风很好走，但你不能一直走，你总会累，而风则不止。在稍强的微风里扎营已很困难，在暴风里更不用说；而三个人照管五匹马，在暴风里扎营，简直就是不可能。幸好，这还不算暴风，不过很接近了。后来云破光出，照见冰崖和白岛。然后飞驰的云又笼罩我们，然后又破开，如此如彼。

走了十七海里后，风暂息，我们立刻停下扎营。我们动作很快，而且幸好在风又刮起时，已经把马拴好、帐篷扎好。砌好防风墙时我们已经饿得不得了，但还是很开心，把可以吃的东西都吃了，不过我分内的三块糖，我总是省下来留给我的马比尔叔。风一直刮到入夜，然后完全静止，太阳出来，我好好地观测了一番。埃里伯斯山和恐怖山都清晰浮现，我从各种角度替埃文斯做研究。我们依平常时间出发，在二月二十二日，夏季的最后一天，走了回程中最愉快也最长的一段路。不停歇地走了十八海里，阳光自子夜后便很灿烂，现在它每二十四小时短暂半沉入地平线下一次。所有的贮物堆都老远便清晰可见，较大的至少在六七海里外便望见了。恐怖山正躺在前面，看起来如此清晰，不能想象它还在七十海里外。快要停下来扎营时，我们看到第八营的贮物墩外另有一个小墩。若无特殊原因，没有人会在现成的墩外再做一个墩，我遂立刻想到是一匹马死了。奥茨认定布鲁克回不了家，他已与格兰打赌一块饼干。我看见小墩上有一袋马粮，后来又看到铁丝上系着一张纸条。是埃文斯的字迹，出乎我们意料，写着死的是小花。但奥茨极确信小花不会比布鲁克早死，我们遂往回推想，X墩之谜至此昭然若揭。这时我可确定，这两匹马都死了，吉米猪单独返家。次日（二月二十三日）也是健行的好天，不过后来起了云。我们只走了十四海里，因为看到两匹马死了，让我们担心我们的马，尽管它们都走得很好。在八海里处我们经过埃文斯宿过的营地，孤伶伶一面墙诉说着另两匹马死亡的故事。这回程一定很悲惨。在十一海里处贮放着两包马料，那时我们距目的地阿米塔吉角只余五十海里多，而存粮只够三天每天吃一顿。如果我们一天走十五海里，那是够了，因此我决定不拿那两包粮，留着明年用。我不该冒这险，因为我们可能会遇上风雪什么的。

二月二十四日，又是在一片黑暗中行进。幸好虽暗得可以，角落营仍在雾中浮现。我搜寻字条或别的痕迹，找到了一些。太阳现在会完全落下天际了，如果我们离家更远一点，我应该会改成白天赶路。在那个阴沉的日子，角落营呈现出全然的荒芜，是我甚少见到的。之后起了雾，我们像盲人一样在雾中向西北摸索前进。清晨三点一刻，吹来轻微的南风，我很担心在粮草这么少的情况下遭遇暴风，早已后悔没拿那两袋马粮。走了十二海里后不得不扎营，因为在一片白雾中实在没法走。我们砌了五堵墙后睡觉，期望事态好转。幸运之神有时会照顾瞻前不顾后的人以及勇敢的人，这次他就帮了忙。起身时暴风仍未至，不过无疑离我们不远。二月二十五日，没劲威利不大能走，地面又变软了，我们只走了十一海里。

天气就要变坏，我想我们顶多能睡六小时，就起身赶往安全营去，那是十一海里的路程。一件很糟糕的事是格兰把野炊炉的盖垫遗忘在上一个营地了。我们不能煮热食吃了！

我们还是想法子切割一片罐头锡片充当盖垫，融了些雪冲一点热饮提神。饼干，被我的马袭击之后是没有了。入睡之前我看见北方有一些斑点，把经纬仪架在三脚架上，从它的望远镜里一看，是两座帐篷和几根滑雪板（这是斯科特的人力车队，并有吉米猪同行，往角落营去）。我们判断这是往角落营的人力车队或人畜合力车队。我们睡过了头，直到下午才上路。仍是密云欲雨的样子，我发现我在雾中方位定得偏南，幸好在白岛外围没有遇到裂隙。安全营终于出现，最后四海里路好像怎么也走不完。我们出发前已把所余粮草全喂了马，一点一滴也没得剩了，但它们撑到了底。路沉软难走，但它们一看到营地，就马不停蹄。我想它们知道快到家了。我们在晚间约九点半步入营地，看看天气与空空的雪橇，我不由说："感谢上帝！"狗在营地，还有圆顶帐篷（我们有几个圆顶形的帐篷），里面走出比尔叔（真正的比尔叔：威尔逊）和密勒斯。我们很快喂饱了马、砌好了墙，借了他们的炉子，好好吃了一顿肉饼和搀了海豹肝的饼干。

狗队的返回之旅

狗队一路风波不断。我们跑得很快，头三天总共跑了将近七十八海里，快到角落营了。狗儿们又瘦又饿，我们每天能催它们跑多久就跑多久，我们自己多半时候并不坐在雪橇上，而是跟着跑。斯科特决定不经过角落营，而切对角线抄过去。没想到这一来我们便要经过裂隙处处的地带。

二月二十日，我们出发时天光很弱，冷而无风。走了约三海里后我看见在冰棚的地平线上有一个陷落，雪橇正要冲过去。我高喊威尔逊小心，但他已经看见史塔瑞纵身起跳，而赶紧跳上雪橇（他本来在跑）。

这是一道深长的沟，两面都有蓝色的洞。雪橇冲过去了，但对岸当头就是一堵大冰丘，原先因光线不好，我们没看见。密勒斯那队在我们左边，根本就没看见什么冰丘。光线太暗了，要撞上去才看到。

又跑了三海里平路，密勒斯和斯科特在我们左侧。我们显然越过了许多冰缝。突然之间，我们看见他们那队的狗儿一条一条不见了，就好像它们追逐什么动物，追到洞里去似的。

斯科特写道：

> 过了片刻，整支队伍都陷落了——狗儿一对一对消失在我们眼前。每一对都奋力抓住地，领头的欧斯曼费尽全身之力抓住了——真让人敬佩。雪橇停住，我们跳开。再过一会儿，情况明朗：我们是顺着冰缝的桥（或覆雪）跑的，领头的狗在一头，雪橇在另一头，其他的狗全被皮带所系，吊挂在两者间悬空。为什么雪橇和车上的我们没有跟着掉进去？我们一点也不知道。

另一辆雪橇上面的我们赶快停住，拴好狗，拿了高山索去帮忙。欧斯曼，身材魁梧的领队狗，正处于极大的困境。他使尽全身莫大的力气，蹲伏在地，扯住吊挂了其他众狗的绳索。如果欧斯曼放开，雪橇和众狗很可能全掉进深渊里去。

我们首先把雪橇拉出来，用拴狗的木钉和赶狗的棍子固定住。斯科特和密勒斯设法从欧斯曼那边拉扯绳子，我们则拉住雪橇免得它滑落隙底。拉不动。我们于是尽量把绳子拉向木钉，这时两条狗皮带松脱，跌落隙底，我们看到它俩躺在约六十五英尺深处一块突出的雪台上，过一阵子蜷起身子睡觉了。另一条狗挣扎着在裂隙边上找到立脚点，其他的狗互相扭打，吊得较高的狗站到较低的狗身上，讨得便宜。

斯科特写道：

我们花了一些时间，才想出处理这突发状况的计划。起初我们的努力都归无效。雪橇主挽缰我们拉不动，而欧斯曼在这挽缰的勒绑之下就快窒息了。过了一会儿思路清晰起来，我们卸下雪橇上的东西，把睡袋、帐篷、炉具等安放好。欧斯曼发出咳呛声，说明必须尽速减轻它的压力。我抽出密勒斯的睡袋系绳，把帐篷柱子横越冰缝，密勒斯因而得以拉松主挽缰几英寸，而释放了欧斯曼，割断它的皮带。

然后把高山索绑在主挽缰上，想把雪橇与狗一起拉上来。一条狗上来了，割断了皮带，至此绳索已尽，别的狗我们够不到，不过我们可以解下雪橇。这件事我们本来应首先做的，就是推雪橇过冰缝另一头，从那里解开。我们赶忙行动，手指头都麻木了。威尔逊拉住固定好的挽缰，其他人拉扯领队狗那端。领队绳很细，我很担心它会断裂，于是密勒斯放下一截高山索，系在挽缰的领队绳那端。这事做成，拯救工作就比较上轨道了。我们把狗儿两条两条救上雪橇，再一条一条割断它们脖子上的皮带，奇怪的是最后两条狗最困难，因为它俩贴近冰缝边缘，绳索为雪所覆。我们喘一口大气，把最后一只可怜的家伙拉上坚实的雪地。十三条狗救上来了十一条。①

狗们被吊挂了一个多小时，有的显露出内伤迹象。尚有两条狗躺在冰缝中的雪台上，斯科特提议他以高山索垂吊下去救它们。他一方面悲悯满怀，一方面不愿损失两条狗。威尔逊认为这太危险了，但又说，如果一定要有人下去的话，让他替斯科特下去吧。斯科特坚持，于是我们把一条九十英尺长的高山索放下去测深度，得悉深约六十五英尺。我们

---

① 《斯科特的最后探险》卷一第 180、181 页。——原注

放下斯科特，他站在雪台上，把狗儿拴在绳上，我们一条一条拉上来。它们很高兴看到他，这也难怪！

获救的狗自然是无拘无束在冰棚上乱跑，跟另一队的狗大打其架。我们先在冰缝中呼止它们，然后急急奔去分开它们。我把诺吉斯好好打了一顿，这才拉开它们，而我的脚踝则在过程中受了伤。终于止住它们之后，我们才把斯科特拉上来。我们三个人筋疲力竭，手指从指尖到指根全冻伤了。

在此事件中，斯科特除了急于拯救狗儿们以外，关心的是科学道理。狗儿们掉下去时，我们是采取与冰缝线垂直相交的路线，应该横越过裂隙，不应该如实际发生的，照实落入，也不该会与它们平行。我们把他从深渊中拉上来时，他口中一直叨念："不知道为什么会这样——应该横切过去才对呀。"在坑中时他就想要到处看看，我们极力说服他留在那雪台上不要动，因为雪台并不坚固，我们可从这突出雪架的蓝色洞里看出底下深不见底。另一项遗憾是我们没有温度计：冰棚内部的温度一直是我们很感兴趣的事，在这么深的洞里应可测得它全年的平均温。总之我们庆幸大危难有个幸运的收场。我们料想前面几海里路也会是裂隙遍布，而风又起了，把地上的雪吹扬成烟雾，南边的天也黑沉沉的。我们遂扎营，好好吃了一顿，并修理被我们割断的狗项圈。幸好那晚我们再上路后，没再遇见冰缝，因为风很大，再要从事救援工作是很困难的。我们尽快跑，午餐后推进了十一海里，全天共跑了十六海里，这是很累人的，因为我们在冰缝那儿耽误了两个半小时，狗和人都累坏了。扎营时天已放晴，并且转暖。那晚帐篷中气氛比平日更为友好。患难之后通常都会如此。

次日（二月二十二日）抵达安全营，急着想知道船的情况，坎贝尔那组人登陆没有，以及自冰崖营遣返的马匹怎么样了。三匹马的马主，埃文斯、福德和基奥恩都在那儿，但只见一匹马，另两匹在离开我们之后不久便力竭而死，我们曾经过它们的坟堆而不知。它们的故事悲惨，回程哀凄。小花和布鲁克先后倒毙，二月一日的大风雪加速了它们的死亡。

先经冰缝事件，再听说两马之死，斯科特颇受打击。他又牵挂被我们留在此地的阿特金森和克林，他们已离去，却未留言说明。“新地”号的消息也未传到这里，我们猜想那两人必在小屋角，船的消息一定也在那里。睡了三四个小时，喝了一杯茶，吃了块饼干后，我们携炉具和睡袋出发。带炉具是因我们要在小屋角进餐，携睡袋则为防万一因事延误。在海冰上一直走到峡口，从那里看到未冻之海延展到小屋角。抵达小屋，却是一团谜：原先充塞屋内的积冰被挖除了，屋外一张字条，日期是二月八日，说“给斯科特队长的信件在南门内的袋子里”。我们寻遍各处，不见阿特金森或克林，不见信件，也不见任何船上带来的东西。各种奇思异想都出来了。屋里有一枚新鲜洋葱和一些面包，可见船上人到过这里，其他的事就完全不清楚了。于是有人提出一个假设说，失踪的两人认为我们差不多这时候该回来了，遂驾雪橇去安全营，绕过阿米塔吉角，在薄脆的海冰上等我们，我们却抄近路走峡口而来。雪橇的痕迹发现了，是通往海冰。我们半信半疑地往回走。斯科特非常担心，我们都很累了，安全营好像总也走不到。一直到离营只余两百码远时，我们才看到多出一个帐篷。“谢天谢地！”我听到斯科特喃喃吐出。他又说：“我相信你比我还要担心，比尔。”

阿特金森拿着船上来的信，是坎贝尔署的名。“那天发生的一连串事件，”斯科特写道，“与阿特金森拿给我的信上所述相比都大为逊色——坎贝尔的信上叙述他所做的事，以及发现阿蒙森在鲸鱼湾建立基地的事。”

斯科特虽在此措词强烈，却不足以形容他的感觉以及我们的感觉于万一，尽管在墨尔本接到阿蒙森自马得拉拍来的电报，已给了我们警告。有一小时时间，我们非常愤怒，几近疯狂地想立即到鲸鱼湾去，跟阿蒙森和他的手下拼个你死我活。这样的情绪当然经不起片刻思辨，但产生得自然不过。我们刚刚千辛万苦铺成通往南极的第一段路，觉得不管怎样我们有优先权。我们如此同仇敌忾，又因事如平地惊雷，竟忘了竞赛精神。我不想为我们的愤怒辩护——因为我们确实愤怒，我只是尽力忠实不欺地记录下发生的一切。我们并没有做什么不利于人的事。斯科特的叙述接下去：

> 我心里只有一件事确定不移。我们恰当也比较明智的做法是依原定计划推动，好像这件事根本没有发生一样。不须恐惧，不要惊慌，继续向前，为我们的国家尽力争光。当然，阿蒙森的计划对我们是严重的威胁。他距离南极点比我们近了六十海里。我没想到他能把那么多条狗都安然弄到冰上去。他用狗拉橇的计划看起来很棒。最重要的是，他可以早早上路——马队则是不可能这么做的。①

坎贝尔的信上还说，“新地”号离开麦克默多峡湾后，向东沿着冰棚面走，想在爱德华七世地登岸。从克罗泽角到西经一百七十度，调查了冰棚的沿海面，直驶到科尔贝克角，普里斯特利在日记中记述：“我们测量得知只有三百英尺高，看起来像寻常礁岩，这倒很不寻常。”

在此他们遇见很厚的浮冰群，不得不回头，没有找到够低的岩壁让坎贝尔和手下五人登岸进行科学调查。他们依旧沿岸回来，在名为气球湾的海湾下了锚。普里斯特利在日记中述说了这一过程：

---

① 《斯科特的最后探险》卷一第 187、188 页。斯科特于 1911 年 11 月 1 日启程赴南极，阿蒙森于同年 9 月 8 日动身，但因气温太低，不得不折回，而于 10 月 19 日重新出发。——原注

一九一一年二月一日。我们的旅行一无所获。本来考虑应该在这里或南维多利亚地过冬的，现在无可争议。约十点钟时，我们驶入冰棚中一个深湾，原来是沙克尔顿命名的鲸鱼湾。上次（沙克尔顿那次）所做的观察都证明无误。据彭内尔告诉我，我们现在的视野和角度几乎与上次一般无二。本来大家都不相信我们上次所做关于鲸鱼湾的报告，现在事情总算有了定论。无疑，“发现”号在海图上画出的气球湾和邻近的湾已合并为一。不仅如此，该湾已崩裂退后甚多，西面比一九〇八年我们来时有了许多改变。除此之外一切都是老样子，岩石从远处看依旧像是洞穴与阴影，依旧是挤压冰脊形成的峭壁，后面依旧是波状起伏，依旧是茫茫一片海冰，连鲸鱼看起来都还是原来那一群。我希望在离开之前有机会调查一下气球湾，这要看老天爷帮不帮忙。看到我们上次做的调查都对，是很让人得意的事，大家都称赞沙克尔顿，我昨晚入睡时觉得很开心，相信东队很有机会在冰棚这一头找到安家地点——这是我们调查爱德华七世地的最后机会。

然而，人算不如天算，今晨一点，我被利利唤醒，听到惊人的消息：湾里有一艘船，下锚在海冰上。有几分钟时间，船上人不明就里，纷纷拿照相机和衣服去甲板上。

并非虚惊，那艘船离我们才几码，不仅如此，凡读过南森的书的人都认出，那正是南森的船“前进”号。

它张着前后帆，又因它有汽油引擎，所以没有烟囱。跑到前面去看的人很快回来说，他们看到在冰棚上有一座木屋，更有人兴奋地宣称，有一群人出来迎接我们了。坎贝尔、利维克和我于是自船侧下去，滑着雪朝我们看见的黑点去。结果发现那只是一座无人的贮物堆，于是回头往“前进”号前进。坎贝尔想要第一个见到他们，急忙冲过去，把我们两个初学滑雪的人远远抛在后面，他与值夜班的人说起话来。

他告诉我们，那船上只有三个人，其余的都随阿蒙森住在度冬地，那地方离我们去到的贮物堆约有贮物堆到船那么远。阿蒙森明天要回船上来，我们那时还在，因此彭内尔和坎贝尔能与他谈谈。他们是一月六日驶抵浮冰群带的，十二日便通过了，没有像我们过得那么苦。他们告诉我们，阿蒙森明年才要去极点。这挺让人振奋，因为表示明年夏天我们可以公平竞赛。不过我们带回的消息将足使西队（主队）整个冬天坐立不安了。

我们的计划自然就此决定。依礼，我们不能侵夺他们的冬季营地，而必须返回麦克默多峡湾，从那里去罗伯逊湾，尽量找最好的地方安置。在等待期间，我们可没闲着。雷尼克测了海深，一百八十英寸；其他人杀了三只海豹，其中有一只是美丽的银色食蟹海豹。利利采得五十英寸、一百英寸、一百五十英寸以及一百七十英寸的水样本，又网得一拖网的浮游生物，威廉斯正重新装上拖网，如果明天有时间且天气好，我们可再下一网。我把一卷底片交给德雷克，带回去在基督城冲洗，里面有“前进”号的照片，“前进”号与“新地”号一起的镜头，他们的贮物堆、冰崖及大幅缩减的海冰。有些地方厚雪被浪冲走，只余几码宽露出水面。

整夜风平浪静，间或降一场雪。

一九一一年二月四日。今晨七点我被利维克唤醒，要我借照相机给他。原来阿蒙森、约翰森率领六名手下，今晨六点半左右来到“前进”号，并过我们船来探望坎贝尔和彭内尔。随后坎贝尔、彭内尔和利维克上他们船去吃早餐，待到快中午才回来，对我们说阿蒙森、尼尔森（“前进”号大副，送探险队登岸后将负责把船开回去），还有一位我们都没听清楚他名字的年轻尉官，要来我们船午餐。午餐后，一伙军官与水手去看其余的挪威人、细看那艘船，并与他们道别。我没有过去，留在船上带领詹森少尉参观我们的船。约三点钟，我们拔起冰锚，与“前进”号分道扬镳，很慢很慢地沿着冰行驶，为了网得一百九十至三百英寸深的东西。很成功，弄到约两桶的底泥，从生物学观点更有价值的是两只海百合，各长约二英尺，相当完美，附着在网的外面。

我们现在沿着冰棚，继续研究先前看到的海湾，之后驶往埃文斯角，待了一天，转向北，在阿代尔角外的海岸上宿营。

早上，布朗宁和我检视形成海湾东面的冰岩，发现它是透明的结晶冰构成，每粒结晶从四分之一到八分之三英寸大，里面全是气泡。

来此途中我拍了两张阿蒙森的狗的照片，在那里的时候，也拍了几张冰棚面的裂隙及洞穴的照片。

唉！我们与挪威人分手了，心中思绪多端，纷杂得很。他们留给我的印象是个性鲜明、结实坚毅、吃苦耐劳、开朗乐观而富幽默感。他们具备这些品质，因此是非常可怕的对手。虽然因为是对手而不想喜欢他们，却也不由自主地喜欢上了。

我特别注意到，他们避免从我们身上得到可能对他们有利的情报。西队知道了挪威人在这里的消息，会跟我们一样紧张不安，而全世界知道了也都会很有兴趣看明年的探极竞赛，这竞赛不可避免，胜负则取决于运气、耐力或毅力。

挪威人的度冬地点很不安全，鲸鱼湾的冰正迅速融解，而他们的营地正在一条脆弱线的正前方。不过，如果他们安然度过冬天(他们明白处境的危险)，则他们有无数条狗，他们的国家偏北，习于严寒，而他们在雪地旅行的经验更是全世界无人能比。

还有比尔德莫尔冰川的问题。他们的狗能越过冰川吗？如果能，谁会先到？我只知道我们的南征队伍不会轻易被击败，而两支队伍明年都很可能会到达南极，谁先到就只有天晓得了。

我们对挪威人所知如下：

“前进”号的引擎只占我们起居室一半大小的位置，储油槽自他们离开挪威以来还没需要补充过，而且他们的推进器三个人便抬得起来。他们从挪威到冰棚，一路携带着新鲜马铃薯（他们当中一定有爱尔兰叛徒）。他们每人有自己单独的舱房，在双层甲板之间，很舒服。从船上运货到木屋用的是狗队，八队狗，每队五条，隔天轮流工作。

往南极的旅程，他们打算每十条狗组成一队，每队工作一天休息一天。他们的狗只要一声呼哨便会停下来，而它们一跑起来，若忽然叫它们停下，雪橇都会翻覆，不管是空车还是载了货的。他们有九个人在岸上，十个人在船上。他们的船将由尼尔森指挥，开回布宜诺斯艾利斯，冬天时将环绕南极圈而航，一路测量调查。

他们今年不急着赶往南极，也还没决定今年是否要先运些补给品上路。他们有一百十六条狗，其中十条是母狗，所以可以繁育小狗，一路上他们已经很成功地生下些小狗了。“前进”号在海上像软木塞似的，摇摆得很厉害，但是从不进水。一路航来时，他们没把狗拴住，任它们在甲板上跑。还有很多杂七杂八的消息，等过些时候，主要印象消淡后，我可能会记得比较连贯。①

后来看出普里斯特利看错三件事。第一，他误以为阿蒙森是个迟钝的挪威水手，绝对不是知识分子，这是非常大的错误。第二，他以为阿蒙森在冰上扎营，而不是在坚实的地面上。第三，他以为阿蒙森要走老路，经由比尔德莫尔去南极。其实，阿蒙森是个智慧高超的探险家，比

① 普里斯特利的日记。

较接近犹太人而不是斯堪的那维亚人，他纯凭判断，找到坚实的度冬地，证明他多么睿智。不过，我得承认，当时我们全都低估了他，而且甩不脱被他偷袭的感觉。

回到麦克默多峡湾，本来分配给坎贝尔的两匹马现在让它们在埃文斯角上岸，因为坎贝尔认为斯科特比较需要用马。后来事实证明他这无私的行为产生了多大的作用。“新地”号将航向北，载坎贝尔那组人在维多利亚地最北端登岸。又因为存煤已很少，他们可能必须一路开回新西兰去。坎贝尔遗憾没再见到斯科特，他认为斯科特因为情况改变会重组人马，再者阿蒙森曾要求坎贝尔那组人在鲸鱼湾登陆，愿意把东面地区留给他去探索，但坎贝尔希望先得到斯科特的允许再接受这项邀请。

煤既短缺，要么留坎贝尔一行人及装备在阿代尔角的海滩上，要么让他们回新西兰。记得有位船员说过：“探索很好，不过有时太多也没必要。”他们已不需要船，船也不需要他们。他们上岸，船安然返回新西兰。①

斯科特决定，在等待马队自一吨库回来以前，应把货物用雪橇运往角落营。但狗队已累得不行了，“狗儿们瘦得肋骨一根根突显，又饿又累。我觉得不应该会这样，但显然它们吃得不够。明年一定得增加它们的口粮，好好研究给它们吃些什么。光吃饼干是不行的。”②不仅如此，有几条狗在冰缝事件中受到内伤。现在只剩人和仅存的一匹马，吉米猪，可用。

二月二十四日，星期五，队伍出发，晓行夜宿。斯科特、克林和我

---

① 序文曾提过，1911 年初坎贝尔一行 6 人登陆后，因为海水被风吹走，又找不出翻过后山通往高原的途径，雪橇旅行的里程很少。因此，1 月 4 日“新地”号在埃文斯小湾的墨尔本山附近出现时，他们就登船回新西兰。但 1912 年初他们重新登岸后，被困在此度过一整个冬天。

② 《斯科特的最后探险》卷一第 185 页。——原注

拉一辆雪橇及帐篷，埃文斯、阿特金森及福德拉一辆雪橇加帐篷，基奥恩则领着吉米猪。第二晚我们看到马队在远处经过，是去安全营。①在角落营，斯科特决定留下埃文斯那组和基奥恩慢慢来，他自己则和克林与我以最高速前进，往安全营。我们急行军直到深夜，一天内走了二十六海里，在距安全营约十海里处扎营过夜。料想马队这时应已到安全营。

接下来发生的事很糟糕，一步步导致大灾难，结果损失了我们最佳的运输工具，没有丢掉几条人命也纯属侥幸。二月二十六日的夜里，共有三组人马在冰棚上。落在后面的是埃文斯那组人及吉米猪，斯科特与克林和我在离安全营不远处扎营，在安全营则有两支狗队，由威尔逊及密勒斯率领，另外从一吨库贮物归来的马队刚刚抵达，他们的五匹马都又瘦又饿又累。在安全营与小屋角之间是冻结的海，今年也许会解冻，也许不会，但依我们前几天的观察，冰层将破未破。这时冰层尚延伸到小屋角以北约七海里处。夏季已急趋尾声，近两周华氏五十或六十度的降霜气温已常出现，这对马很不利。不幸又起过几场暴风雪，已可看出这种秋季风雪对马的伤害更甚于低温与松软的地面。斯科特非常急着要把它们早早送到小屋角去庇护。

次晨，二月二十七日，醒来时刮着秋天惯有的寒冷风暴，风力达九级，气温约为零下二十度，实让人为之气馁，而六匹衰疲的马还在冰棚上，前途堪忧。第三天早晨暴风停了，斯科特记述这天刚开始的情景：

> 清晨六点收拾好，行军入安全营。看到每个人都又冷又精神不振。威尔逊和密勒斯自与我们分手后一路遭遇恶劣天气，鲍尔斯和奥茨到此后也一样受困。暴风已吹袭两天，动物们看起来很惨，不

① 《斯科特的最后探险》卷一第218页。——原注

过都撑得下去。东风寒冷刺骨，在此等待实无益处，我们很快做好安排，大家都迁到小屋角去。打包装车花了很长的时间，雪落如倾，雪橇有些地方被雪掩埋达一码深。到下午四点，两支狗队出发了，之后马队准备开拔。马身上披的盖布已甚褴褛，暴风侵凌明显可见。它们无一例外都很衰弱，没劲威利尤其可怜。

计划是让马队循着狗队的足迹走，我们这一小队则最迟上路，到海冰上时赶过马队。海冰上遍布水洞，我很担心路还走不走得通。①

密勒斯和威尔逊率两支狗队先走了好一阵子，暂且按下不提。

鲍尔斯的马比尔叔最先准备好，他先牵着走了。我们又装备好矮胖子、一级棒和大胆，正要替没劲威利上鞍辔，一牵它上前它便倒了。

斯科特立刻重组人马。他派克林和我带三匹已准备好的马去追赶鲍尔斯，奥茨和格兰留下来帮他救治病马。他在日记里写下他们如何“拼命想救回那可怜东西，让它再站起来，给它吃了些热燕麦粥，等过一小时，奥茨牵它站起来走，我们则拉着雪橇跟在后面。但才离营五百码，可怜东西又倒地，我觉得这是我们最后一次努力了。我们扎营，在它身边筑了雪墙，想尽办法让它站起来，它也悲惨地挣扎，却都归无效。近午夜时，我们尽力把它撑起，让它舒服，然后我们去睡觉”。

三月一日，星期三，早上。我们的马夜里死了。所有的努力只落得此下场，令人难过。这些可怜的动物显然不堪风暴折磨，它们的皮毛不够厚暖，而就算有最好的皮毛，碰到风暴也将大受减损。我们的旅程才刚开始，受不起这样的损耗。明年动身势必要迟了。

① 《斯科特的最后探险》卷一第190、191页。——原注

唉，我们已尽了力，付出惨重的代价换取经验。现在得全力维护尚余的动物。①

鲍尔斯和随后跟上的两人后来发生的事，鲍尔斯在一封家书里描述得最详细。读者应还记得，克林和我领着三匹马，从安全营赶去和带着一匹马的鲍尔斯会合。夜幕初降，光线暗淡，但仍可见到两支狗队像远处的黑点，在冰棚边缘朝阿米塔吉角跑去。

二月二十八日，我领着我的马走了，不知何故别人迟迟没有跟来——我完全不知威利倒下的事。我往冰棚边缘去，打算在下面的雪地上等他们。惊讶地看到谢里与克林出现，一根绳子牵着矮胖子、一级棒和大胆。这才知道奥茨与斯科特没来的原因。我接奉的命令是跟在狗队后面，通过海冰推进到小屋角，不得迟延。先前曾有命令说，如果马儿们走不动，可以在海冰上扎营过夜。我们有四辆相当重的雪橇，因为我们带了六周的粮食与油料去小屋，还有许多装备、马料等等。不幸狗队没弄懂他们的任务，没有做我们的向导，反而只管直奔了去。我们看见他们在老海豹裂缝那边，像远方的斑点。后来我们听说，他们看到一些危险的征兆，遂转向，午夜时分在缺口那里上了陆地。

我追随他们的脚迹前进，到海豹裂缝那边，那是一条压力冰脊，从平底船角向西南绵延许多海里。我们认为我们刚走过的是固着冰带，比前面的冰形成得早。越过裂缝，我们向阿米塔吉角去。因为风暴，马儿们走得很慢，必须经常停下。遇到一些不稳的冰，在岬角外常有这种松裂处，我想最好绕个大弯。最近才经过冰上的

① 《斯科特的最后探险》卷一第 191、192 页。——原注

克林告诉我，绕大弯没关系。但走了一海里，我觉得不妙了，裂缝太多，让人忧心，虽然冰层有五六英尺厚，看见中间冒水出来总觉得毛毛的。人马走在海冰上，便会裂缝。我继续推进，期望绕过岬角冰层会稳固些。但最后居然碰见移动的裂缝，遂决定回头。四面黑雾，我们什么也看不见，地面看起来坚实得很，但我知道移动的冰绝对上不得，不管它看起来多么坚实。回头路真艰苦：黑暗、阴沉、沮丧。马儿们越来越没精神，经常停下，我觉得好像永远也到不了海豹裂缝。不过我对谢里说，我不要冒险，走得到的话，一定要过了裂缝很远，才在坚实的老冰上扎营。我们终于走到了。这里的雪是松软的，而海那面却是硬的，这就是我们一越过裂缝就不再见到狗队脚迹的原因。即使在冰裂这面，我认为也是越靠里走越好。我们一直往湾里走，直到筋疲力竭的马再也拖不动才扎营，砌起马墙，喂了牲口，再喂饱自己。我们只有那只没盖垫的小炉，花了一个半小时才烧好热水；不过，总算大家都吃了些干肉饼。天很黑，我误把一包咖喱粉当成可可包，加糖冲成饮料；克林一口气喝下去，才发现味道不对。我们准备入睡时已是下午两点。我出帐去看，一片寂静，西边仍弥漫着雾，但视线仍及一海里外，全无动静。海峡上空的天是乌黑的，表示那下面绝对是未冻之水。我入帐去睡。两个半小时后，一种声音把我惊醒。两个同伴都在打鼾，我以为就是这声音，看看时间是四点半，正要再睡，又听到那声音。我想："是我的马在嚼燕麦！"便睡着了。

我不能形容那景象，也说不出我当时的感觉，只好任凭你去想象。我们在断裂出来的一片浮冰群中间，众山之顶在望，但其下则有薄雾笼罩，四周的冰都不坚实；全是破裂的，随浪上下。长条黑舌似的海水到处可见。我们身处的冰块从拴马的钉桩线上裂开，把大胆的冰墙切成两半，可怜的它已落水不见，它原来立身所在的地方现是一片黑水。钉桩线另一头拴着两辆雪橇，现在另一块冰的边缘。我们的帐篷所在的冰块宽不到三十码。我大声叫唤谢里与克林，自己只穿着袜子便冲出去抢救雪橇。两块冰碰在一起，我把雪橇拖过来。这时候我们这块冰又裂成两块，幸好我们都在同一块上。我这才穿上靴子，说到我们以前也曾在窄小的地方待过，但再没有比这更窄小的了。后来人家都说，我至此还想保得一切平安，简直是狂想。不过你当然了解，我是从来不考虑放弃任何东西的。

我们以极快的速度收起营帐、上好鞍辔。停当之后，我得决定上哪儿去。阿米塔吉角那边显然不能去，东边也不行，因为风是从那边来的，我们已经往西朝未冻的峡湾漂去。唯一的希望系于南方，我决定往南去。我们发现马儿可以跳过冰块之间的隙缝，至少矮胖子肯跳，而另两匹会跟着它。我的想法是不要分开，每次把所有东西都移到同一块冰上去，等适当方向有冰靠近，我们先牵马跃过，再自己拉四辆雪橇过去。这样，虽然慢，但有稳定的进展。在搬运的时候我们就有精神，等待适当的冰漂过来是最难熬的事。有时得等上十分钟或更久，但冰间活动频繁，迟早会有冰撞过来，便又上了另一块冰。有时冰块裂开，有时刚撞上又弹回去，只有一匹马来得及过去，我们便得再等。经常需要绕道，不过我们是在朝西移动，同时也在向南。

我们不大说话。克林，像大多数水手，表现出好像他以前常做这种事的模样。谢里那务实的人，过了一两个钟头后，他趁等待时间挖出些巧克力和饼干分给大家。我起先觉得这时候我才不想吃东西，便把它放进口袋，但不到半小时我就把东西吃光了。马儿和我的同伴一样表现良好，乖乖地听话跳过冰块。跳过几块之后我们干脆留下它们单独在冰上，它们就站在那里啃吃彼此的缰绳或鞍辔，等我们拖着雪橇过来，再带它们跳。它们无言的信任很让人感动。

一辆十二英尺长的雪橇可充当桥梁，架在太宽不能跳过的冰间。几小时后我们看见前面有固着冰，感谢天。但另有一件不好的事，一群可怕的杀人鲸出现，大捡漂冰带出海豹的便宜。它们在冰间巡弋，庞大的黑色背鳍露出水面，并发出吓人的吼声。杀人鲸学名逆戟鲸，虽不如抹香鲸等那么大，却比那些巨鲸更可怕，它有超大的钢颚、粗钝的巨大白齿。杀人鲸也是集体行动，你可能记得，我们在船边卸货时，它们就是从薄冰下及四面八方围攻，差点吞吃了庞廷。

我们花了六个小时，才靠近那片固着冰，原来就是冰棚。我们已看到有些非常大的冰块从冰棚裂出，成为浮冰群一分子。靠近之后冰的移动减缓，原因是冰在向更西处挤塞。我们幸而早得脱离中间冰带，因为没多久这些冰就浩浩荡荡漂往罗斯海了。靠近冰棚边缘，我们的士气一振。我相准一块有斜坡的大冰，预料会与它相碰，上去之后便好办了。冲上斜坡，以为安全，全然没料到在坡顶上会见到什么景象：沿着冰棚面，有一条宽约三四十英尺的水道，上面漂着碎烂冰，随波上下像大锅里煮的东西。杀人鲸在那里巡弋、屠杀，冰棚边缘冰壁陡峭，高约十五至二十英尺，在水道另一边，虽近而实远。忽然，我们的大冰裂成两半，我们只好急速撤退，我选了一块看起来结实的冰，至少有十英尺厚，相当圆，表面平坦。我们集中了所有东西，人能做的都做了，喂饱畜牲，三人会商。

谢里和克林都自告奋勇，愿做任何我要他们做的事。我认为首先需要向斯科特队长报信，他一定很替我们担心，而且我们既已无能为力，便需要求助。我想到，假如有冰块碰触到冰棚，人可以爬上去；带着马是哪里也去不了的，但单身一人就可以伺机而动。往上风方向走，万一不成的话总还可以退回我们这块冰，因为冰都往我们这边挤。现在要考虑的是派谁去。我自己是不能去的，但要派一人，还是两位同伴都去呢？既然我的目标是保得畜牲与装备，我认为如果只剩一人留守是不行的，因为如遇冰块分裂，他只能保住自己的命。于是我决定只派一人。只能派克林去，因为谢里戴眼镜，视力不良。两人都说愿意去，我考虑各种利弊，派了克林。我知道真不行的话，他总可以再回我们这边来。我写了一张字条带给斯科特队长，在克林的口袋里塞满食物，送他上路。

务实谢里建议搭起帐篷，好让别人容易看到我们。搭好之后我架起经纬仪，透过望远镜看克林的情况。冰块起伏，时常阻挡视线，加上又有一群帝企鹅上了冰块，远看就像人一样。幸好阳光驱除了寒雾，风完全止住，我们向西漂流的速度减缓，浪小了，海峡中间的冰全给吹走了，未冻之水则如故。我们在一连串靠近冰棚边缘的松散冰块上。克林在冰块间迂回了几个钟头，我才终于满意地看见他爬上了冰棚。我说："感谢天，我们总算有一人走出了森林。"

谢里和我相伴共度的那一天很不好过，明知只要南方吹来一阵和风，我们就会漂入大海，再不能回头。不过我们自觉已尽人事，倒也心宽。我还觉得已经有了这么多进展，照看我们的那只大手应不会到头来又抛弃我们吧。

我们尽量让马儿们吃饱。杀人鲸虎视眈眈，它们喜欢垂直跳出水面复落下，这样可以看到冰块上有没有海豹。它们那黑黄的巨头和讨厌的猪眼有时候距离我们只有几码远，而且总是在我们身边打转，是那天最让人慌乱的记忆。那些巨鳍本已够恐怖，而当它们直跳而起的时候，更是惹人嫌厌。后来贼鸥也来了，仿佛当我们是腐尸，在我们身边安安闲闲地歇下，静待发展。不过，浪倒是越来越小，现在就看是风还是斯科特队长先一步到我们身边。

我后来听克林轻描淡写的叙述，得知他上得冰棚颇冒了大险。他见到斯科特队长时，斯科特已听威尔逊报告了我们的事①。我听说，斯科特队长起初很生气我为何没有丢下一切，自己逃生。在我这方面，放弃马匹的念头从来没有进入我的脑袋。路途很远，不过晚上七点钟，他与奥茨和克林来到了冰棚边缘。无风无浪，只要用雪橇当梯子，谢里和我在过去半小时内随时可以移到安全的冰上去。一大块冰塞住了浮冰与冰棚边缘之间的水道，因为无风，它还在那儿。但是考虑到马匹，我们没动。

斯科特见到我们安然无恙，不但没臭骂我，反而欣慰万分。我说："马匹和雪橇怎么办?"他说："我才不管马和雪橇怎么样，我要的是你们，我要先看着你们好好的上了冰棚，我才做别的打算。"谢里和我已将一切收拾停当，遂把装备卸下雪橇，拖过雪橇，一辆当桥，横架在我们的冰块与水道中间的冰块之间，另一辆当梯子，搭在中间冰块靠冰棚的悬壁上，轻易地上了冰棚。斯科特队长非常高兴，我于是体会到他这一整天是怎样焦急难耐。他以为我们死了，一直责怪自己，现在看我们没事，他说："我亲爱的伙伴，你不能想象我多高兴看到你好好的——谢里也一样。"

我一心想救回马与雪橇，于是他答应让我们回去，把雪橇拉到最近的冰块上。我们一块一块挪动，带着马一起。奥茨则把冰棚边缘挖出一条坡道，希望能让马上去。斯科特了解冰比我们都深入，明白其中的危险，因此还是要我们放弃，我则极力争取，他终于一步一步退让。冰还是没有移动，我们已把物品都搬到冰棚上了，只余两辆雪橇和三匹马。

① 威尔逊带着两支狗队在陆地上扎营，次晨透过望远镜看见我们浮于冰块之上，他沿着半岛下到冰棚，告诉斯科特此事。——原注

就在这时候，非常令我失望，冰开始移动了。奥茨已在冰棚边缘挖出一条路，我希望能从冰块那边挖出一条类似的坡道，铲下的雪堆在蓝色的冰块上，可以止滑又使其平坦。这要花好几个钟头的时间，却是救回马匹的唯一机会。我们疯狂地挖，直到斯科特队长强制命令我们上来。我跑上冰块，取下马头上挂的饲料袋，这才上了冰棚。再迟就来不及了，起了极微弱的东南风，横拦在马匹与我们之间的水道像黑蛇般延伸，几乎是不可察觉地变宽了，两英尺，六英尺，十英尺，二十英尺。我们虽为马儿深感懊恼，却很庆幸自己是在安全的这一边。

我们拖雪橇走了一点路，便搁下了。续走半海里才扎营，因为冰棚仍在一点一点剥落。趁着煮晚餐时（已是凌晨三点左右），斯科特和我又走下去看。风已转向东吹，冰块受压，冰棚边缘的水道变成七十英尺宽，杀人鲸像赛马似的在其中你追我赶。我们的三匹不幸的马在一段距离之外，与冰棚平行往外滑。我们回营。如果说我曾觉得悲惨，那就是这时候。不过，与斯科特队长那天所受的煎熬相比，我的感觉不算什么。我立刻提出目前的光明面，说有坎贝尔留下的两匹马，我们在度冬基地共有十匹马。他说，他对机动雪橇车没有信心，因为从船上卸下时，它们的轮子压坏了。在运补回来的路上，他对狗队的信心也大为动摇，现在又失去最扎实的资产——最好的几匹马。他说："当然明年我们付出的代价会得到报偿，不过探极的事我觉得希望甚微。"我们心情悲凄地吃了饭，但别人都入睡后我又下冰棚边去，惊讶地看到马匹所在的浮冰就在对面约一海里外，正向西迅速移动。马儿们看到我了，它们还是互依互偎，毫不惊慌，仿佛深信明晨我又会一如既往送早餐去给它们。可怜的肯信人的动物！如果当时我能，我会很乐意手刃它们，强过想象着它们饿死在罗斯海上，或被穷凶极恶的杀人鲸吃掉。

早餐后斯科特队长派我去把雪橇搬过来。一丝风也没有，希望再度弹升，我遂带了一副望远镜，从冰棚边缘向西望去。差不多所有的冰都已漂走，但有一组浮冰堵在冰棚西端的岬角处。很高兴看到上面有三块绿点——是马儿身上披的罩布。我们四人拔脚就跑回营去告诉斯科特。我们很快又往冰棚那头去，路很远，我们带了一顶帐篷和一些食物。克林那天严重雪盲，什么也看不见，因此到了地方以后，我们扎营，留他在营中。马儿所在之处比前一天难到得多，但至少冰仍在那儿，有些冰块尚且与冰棚相碰。

有了最近的经验，斯科特队长准我们去的条件是，只要他一下令，我们马上放下一切奔回冰棚。我心急如焚，与奥茨、谢里选了一条可能的路径，要越过约六块冰和一些碎冰。最难的一跃是第一次，但与前一天的相比又没什么了。于是我们让矮胖子先跳。它为何起步迟缓我不明白①，但它就是这么在边缘缓了一下，就掉到水里去了。我不想细说我们是怎样奋力想把那勇敢的小马拖出来的。可是没办法。最后奥茨不得不用一支凿子结束了它的挣扎。

现在剩下我的马比尔叔和一级棒。我们放弃了那条路，斯科特队长看到另一条，要绕点路经过海冰。我们决定试，但得先把马儿带离现在这块冰，而不管从哪一面都得跳一大步。斯科特说他不想见到矮胖子的噩运重演，他宁可在冰上把它们杀了。不管他，我们催促一级棒跳过去，可它不肯。不妙，但我一再催劝它。斯科特再度主张杀了它们（要记得这种冰上面站了人，随时可能从冰棚漂走，那就得忙着救人了），但我不赞成，遂假装没听到他的话，继续催赶那畜牲。它轻巧地一跃而过，奥茨抓住机会，牵着我的马也跳过来了。我们于是回到冰棚，沿着边缘向西走，直到找到一处可

① 我想是站了这么多个小时，它的脚僵硬了。——原注

以上攀的地点。斯科特和谢里在那里铲出一条路来给马走，奥茨和我则再经由海冰去牵马过来。我们带了一辆空雪橇，紧急时可充当桥梁或阶梯，但得经由约四十块冰才到得了马那儿。倒挺好走，我们牵着马也一路顺利，直到最后两块冰。这里的冰挤塞在一起。

一级棒漂亮地做了最后一跃，就在这时，旁边的未冻海水中忽然钻出一伙可怕的鲸。正起跳的我的马一定是受了惊，它没有直向前跳，反而往旁边落下，后腿便没有站上冰块。这又是一个吓人的场面，斯科特赶一级棒上冰棚，奥茨、谢里和我极力拉扯可怜的比尔叔。鲸鱼这时为何没有在冰下攻击它我不知道，也许它们已经吃饱了海豹，也许它们太专注于浮冰上的我们，忘记往下看了。反正，我们终于把它拖上冰棚边缘悬壁底下的一片薄冰。斯科特队长怕鲸鱼这么近会对我们不利，要我们立刻放弃那马。但那时我的眼睛和耳朵都只放在马身上，拿高山索系住它的两只前脚。克林看不见，只能在冰棚上牵住已得救的一级棒，其余四人合力死拉比尔叔。我们所在的冰很薄，只要有一条鲸鱼往上一冲，冰就会破，我们四人便会像碎屑般入水。我发现马站不起来，失望到极点。奥茨说："它不行了。我们不可能让它活着上去。"最近的诸多苦难，尤其是刚才浸入冰水，又受了惊，让这本来打不倒的老运动员也支撑不住了。我极力要它站起来，它努力了三次，然后又落入水中。这时新的危险又出现：冰棚本身开始下沉。

这块冰棚以前就裂开过，潮水冲击完成了分割的大业。我们奉命上去，而这绝对是必要的。可是奥茨和我还俯身在比尔叔的头上，我说："我不能任它在此被鲸鱼活吞。"冰块上有一把凿子。奥茨说："我可受不了一天之内连杀两匹马。"我也不想让别人代杀我的马，遂捡起凿子，往奥茨告诉我的位置戳。确定它死了，我们才跑上去，跃过冰棚裂开处的海水，手里拿着一把沾血的凿子，而不是领着我几乎以为已经逃得一命的马。

那晚（三月二日）我们牵着一级棒回老营，从一吨库出来时的五匹马现在只剩它一匹。我的马与矮胖子之死令我黯然神伤，但比起昨晚要好些；我们现在知道它们不会受饿，它们所受的苦已经了结。晚餐前我与斯科特沿着冰棚散步。第二天我们便开拔往回走。我们留下一座帐篷、两辆雪橇和许多物品，因为一级棒只能拉两辆轻雪橇，地面又崎岖，我们也拉不动太多东西。启程时，雪橇上只有八百磅（约三百六十公斤）的东西。那天阳光刺眼，地面柔软多沙，是多种不利情况的综合。花了五个小时，才拖了原先从冰棚走下海冰那么远的路。

埃文斯那组人应该已经从角落营来了。斯科特队长想知道他们有没有留言，我于是趁着别人做饭的时候，走过去看。路程约一又四分之一海里，我找到那组人留下的雪中痕迹，但没有字条。看见我们不久以前为马搭建的防风墙，我睹物思马，很快离开了。那天下午的行军似乎怎么也结束不了，我们好像永远也到不了海滨。终于，到了冰棚与半岛交界处的平底船角压力冰脊，向东就是阿米塔吉角。压力冰脊是一波一波挤压成的冰，高可至二十英尺，彼此平行，中间有凹谷。冰脊带外端有宽深裂隙，里面则据我们所见只有小裂隙。晚上九点半左右，我们在一个冰脊谷扎营，我累坏了，想来别人也都一样。我们距冰的边缘仅约一海里，问题是怎么牵一级棒走过层层陡坡。幸好午夜时分埃文斯、阿特金森、福德和基奥恩来到，解决了这问题。他们从高地上看见我们走去，遂迎来看我们怎样了。埃文斯是前一天到的，看到斯科特队长留下的字条警告他离冰棚边缘远一点，便率队往陆地走，队伍中有一匹马，吉米猪。他发现再往东约一海里，接近城堡岩底下，有一条路挺好走。他于是与阿特金森走到小屋角，从威尔逊和密勒斯那儿听说了谢里与我以及马匹漂流的事。我已经有一阵子没看到阿特金森了。

次日我们接力，把雪橇拖上坡，这坡有七百英尺高，下临一座小湾。太陡了，马只能牵上去，不能载物。我们也得套上钉鞋，抓住冰。钉鞋只是一片皮，上贴轻金属片包覆脚底和脚跟，底下则有刺钩（后来改良了），用皮环索和系索绑在鹿皮靴上。我们花了一整个早上，才把所有东西都搬上坡，这时刮起风来。我们在极好的避风处扎营，吉米猪和一级棒分别多周以后重新聚首，为表示亲善起见，吉米猪啃咬一级棒的颈背做见面礼。阿特金森赶赴小屋角去向比尔叔（威尔逊）报告我们平安的消息。他回来时带着格兰，我们正把所有东西装上车。小屋那边没有糖，因此最近没走太多路的格兰自告奋勇去安全营取两袋糖来。安全营在冰棚上，由此地清晰可见。我们全到坡边看他滑着雪去了。他滑得真好，下坡速度直追疾驶的火车，一会儿便到了冰棚上，比之我们拖着重物走了几小时不可同日而语。埃文斯、奥茨和基奥恩留在营地等格兰回来，斯科特带同克林与谢里拉一辆雪橇，我则领福德、阿特金森拉另一辆，其他人帮我们推了几百英尺的坡道，在城堡岩下与我们分手。

这里就是“发现”号探险队上次在风雪中走错路，丢失一条人命的地方。岩下风和日丽，高地上却风势凌厉。我没有空闲多看丘陵与雪坡，不过后来这一带我熟得不得了。这里距小屋直线约三海里，但地势起伏甚大。不过到最后，你会看到海湾全景，阿米塔吉角在一侧，小屋角在另一侧，那就是“发现”号停泊了整整两年的地方。从高处看景致壮丽，广大的荒芜壮景令人心脉加速。西方山脉和发现山的巨大圆顶在黑色海峡的那一边，山顶覆盖着深浓的霜雾，左一块右一块的冰山迅速漂移向海。在我们下方约一海里半处是小屋，左边则是观察山八百英尺高的峰顶。这里是丘陵与死火山口交杂纷呈的地方。

风吹如戏。我们留一辆雪橇在滑雪坡坡顶，把必要的东西如睡袋等放在另一辆上。这是我第一次驾雪橇下陡坡，不像平常须有人在前面拉，这次我们全向后仰，免得雪橇在滑溜的坡上失控或翻覆。非常好玩。不过，快到湾头时，要越过一段危险的路。这里无雪，只有光滑的冰，斜坡末端是低矮的冰岩，海水临接其下。我们系在雪橇上，如落水，游泳可不方便，而稍一失足，便会落水。我们小心刮擦而过此处，在雪地上继续向下，全都安然抵达小屋。老屋已与我上次见到时完全不同，屋里的冰雪挖出、清掉了。两个我认不出面貌的扫烟囱工人出来热烈迎接我们，原来是比尔和密勒斯。众狗则为我们齐声嚎叫如合唱；这真像是回到家的情景。一进屋，那两人满脸灰黑的原因立刻不言自明：他们点海豹油火炉，没有罩子，也没有烟囱或通风管排烟。我在外面的新鲜空气里过了这么久，真受不了那烟呛，连饭都吃不下去。我们头朝屋西墙并排而睡，脚朝内。

次晨，斯科特队长、比尔、谢里和我步行去城堡岩会合另一组人。风从海上吹来，但天气晴朗。不过一走上高地，风似乎就小了。两小时后我们到了那巨大的岩石，城堡岩下，这是此地最佳地标。鞍部营的那组人已经接力运送了两辆雪橇上坡，我们拉之上峰顶，两匹马也装好鞍辔牵上山来。总共尚余三辆雪橇待运，两匹马各拉一辆，我们合拉另一辆。斯科特队长趁空走到城堡岩下的山肩上，俯瞰海峡，回来后报告说，他简直不敢相信他的眼睛，冰川舌已有一半崩裂漂失。这片巨大的冰舌自十年前“发现”号来时便在那里，以后也一直在那里，沙克尔顿贮存了一批货在上面，坎贝尔也曾留马料在上面给我们。在冰崩的夜晚，至少有三海里长的冰舌消失，而且那是一向被认为是坚实永久冰的地带，在那里恐怕有好几世纪了。我们往小屋行进，比尔已找出一条适合马走的路径，避开滑溜的地点。天开始降雪，但不太密，我们尚能视物。在滑雪坡顶，马儿卸下雪橇，牵着绕道经岩石地下坡。我们则像上次，推雪橇滑下坡。两马比我们先到，已安置在游廊下。

那晚是运补队伍自建立安全营以来，首次重聚，只少了六匹马。很久以后，斯科特队长要我提出“冰块漂流事件”的报告，我在报告结语中说：“检讨已往，我的结论是，二月二十八日那天我低估了危险的征兆，次日也可能太忧虑我同伴的安危。不过，各种因素相加，使后来发生的事不可避免。”我没有忘记提及谢里和克林的英勇表现，至于我自己，也已尽力。我承认我欠缺经验，但能做的全做了，我也就不怕别人责怪我。我的看法是，导致此事的前因累累，绝非偶然两字可以解释。早六个小时，我们会安然越过海冰抵达小屋；晚几个小时，我们一到冰棚边缘就会看见未冻的海水。暴风雪不迟不早，在那时候击倒了马匹，威利不迟不早那时死了，狗队没弄懂它们应为我们带路。种种因素扣在一起，让我们就在全年里面仅有的、可能陷入那处境的两个小时，踏上了那条危险之路。相信事出偶然的人尽管去相信，我却决不相信那只是偶然。也许到明年，我们会看出这项重大打击究竟代表什么意义。我们赴极点时，绝对不该自吹自擂、盲目自信，像离开加的夫时有些人表现的模样。

可怜的斯科特队长现在又多了一层忧虑。安置了马匹、物料和机具的度冬木屋，位于一片低矮的沙滩上，离水不到二十码。现在冰已消融（而木屋地板仅高出水平面一码多），如遇暴风雨怎么办？这问题我们没法解决，只有等着看。埃文斯角虽从这里隐约可见，在海水重新冻结以前却无异于和新西兰一样远。斯科特队长确曾考虑试走埃里伯斯山肩过去，但从我们这面走，中间有极多深广的间隙，几乎不可能走得通。大卫教授曾率队从山的另一面攀到山顶，说是一条裂隙也没遇见。斯科特队长走相反的路线却走不通。我常陪他去散步，有时他会谈起春去夏来的计划。他对所受的损失很看得开，从来没有责怪任何人。

鲍尔斯的信摘录到此。克林后来告诉我他是怎么上得冰棚的。他首先爬到裂沟上，循着最结实的一条冰道，但后来走不通，折回来，从一块冰跳到另一块冰，终于到了白岛。那时，“我还挺有精神，”他说，“那天身边围绕着好多企鹅、海豹和杀人鲸。”

克林拿着一根滑雪杖，这杖——

帮了我大忙。我站在一块有斜度的冰上，冰的一角几乎与冰棚相连。我用滑雪杖在冰棚边上挖了一个洞好立足，挖好后我脚踏两条船，一脚在冰棚上，一脚在冰块上，再用杖在上方挖个洞，跳一下，原来在冰块上的脚移到上方。那地方真难立足，但我想那是唯一的机会。

我急速赶往安全营，他们一定老远就看见我了，我想是格兰滑着雪来迎接我。之后斯科特、威尔逊和奥茨也老远迎出来。我说明了怎么回事，他看起来有点忧虑，但没说什么，只叫奥茨进屋去，点燃炉火，让我吃一顿。

读者可能有兴趣多了解一点几百条鲸鱼在水道里活动的情景。这些鲸多半是杀人鲸（学名逆戟鲸），很多很多只一起巡弋，吐气、喷水，偶然直立出水探看冰块表面，把庞大的黄黑相间的前半身放在冰块边上。它们毫不掩饰对我们与马匹的兴趣，我们知道只要一落水，结局既快又血腥。

但我清楚记得，鲸鱼并非都是杀人鲸，有些是瓶鼻鲸（又称长吻鲸）。我印象如此深刻，是由于一个吓人的片刻。

我们移动得很缓慢，有时候等上二十分钟，等适当方向的冰块靠近，但远处有一片海冰，似乎有缓坡向上连接固着的冰棚。靠近些后，我们看见两者之间有一条时出时没的黑线。我们猜这是冰棚边缘初裂的缝隙，随浪开合，就像所有的冰块都随浪上下一样。我们想，趁它合拢的时候，我们可以把马赶过去。

我们移向冰棚，开始攀爬碰触冰棚边缘的冰块斜坡。留克林看守马匹，鲍尔斯和我上前去察看。我们爬到一块冰上，希望那冰与冰棚相连。

我永不会忘记所见的景象。在我们和冰棚之间，有一条宽约五十码的水道，像冒泡泡的大锅一样，我们眼看着冰块被斩切、被翻倒、撞击别的冰块、分裂、漂开。杀人鲸布满整条水道。往下看，在我们的冰块和相邻冰块之间有一个洞，不比一个小房间大，里面至少有六只鲸鱼。太挤了，它们只能露出口鼻在水上。我记得这些口鼻分明是瓶鼻鲸的形状。这时候我们的冰块分裂为二，我们赶紧退到低处较安全的冰块上去。

在《“发现”号探险队的动物学报告》一文中，威尔逊声言，在南极海中是否有瓶鼻鲸，尚未确认。不过经常在南纬四十八度以北出没的这种鲸，很可能就是他和队员们在冰边看到的口鼻呈瓶状的鲸。我对鲸鱼所知不多，但我相信躺在我们下面二十英尺处的就是这种鲸。

获救后，如前所述，我们在离冰棚边缘至少一海里处扎营。整夜，或不如说整个清晨，杀人鲸在冰棚下吐气、喷水，有时候仿佛就在我们的帐篷底下。队员们不止一次出帐察看是否冰棚剥落得更严重了，但看不出什么改变，一定就是先前那块看起来很结实的冰被大浪击裂，冰与冰间雪桥遮覆的海水里，鲸群往来巡弋，搜寻海豹。

次日，大部分的冰都已漂入海，鲸鱼没有那么多了。那天关于它们最值得一提的事是在鲍尔斯的马比尔叔落水之后，出现在旁的一群鲸表现出来的群体行为。我们正努力把比尔叔拉上冰棚，“老天，看看那些鲸！”有人这么说。在我们站立的冰块后面，一个水池里，十二只大鲸鱼并列成一条直线，全面对着这块冰。在它们前面，像一队士兵的队长似的，有另外一只鲸。我们一回头，它们全钻入水去，动作齐一，由前面那个大家伙带头。我们以为它们一定会攻击我们所在的冰块，它们也许没有，也许攻击而无效，因为这块冰厚达十五六英尺，我不知道。我们再没见到它们。

那几天发生的另一件事也值得记录。“谢里、克林，我们漂出海去了。”鲍尔斯以这样的惊呼唤醒我们，他自己仅穿着袜子，站在帐篷外，时间是那个星期三的清晨四点半。一跑出帐篷，看到的确实是非常无望的状况。我认为我们三人应该立刻冲向冰棚，俾能保住一命，还要去抢救马匹和装备简直是疯狂。我把这想法说了出来。“哼，我要试试。”鲍尔斯回答。而，不管这是不是狂想，他大致做到了。我从没见过有人像他这么处变不惊的。

有些队友回首小屋角，一定有特殊的眷恋。他们是在那里经历了大喜或大考验的。小屋角自有其气氛，我说不出那是什么。部分是美学的，海与巨山，春与秋的光辉色彩，能令最没有想象力的人也为之眩惑；部分是神秘的，有大冰棚横陈门前，白天见埃里伯斯山烟霭苍茫，夜晚见奥罗拉山如帐如幔；部分是对一些地点的记忆与感情，如那旧屋，那些素有的地标，对深知“发现”号探险队历史的人来说多么熟悉，那些插在雪中的棍子、挖冰洗船留下的冰洞、岬角上文斯的十字架。现在又有另一个十字架，在观察山上。

不过，当我们初抵小屋时，那地方一点也不舒服。威尔逊、密勒斯和格兰已在那里住了几天，他们找到一些旧砖块和一支烤架，在地板中央有一座敞开式海豹油炉。没有烟囱或通风口，煤烟密布，坐在旁边的人都看不清彼此，一开口便会咳嗽，眼睛睁开稍久便会刺痛。阿特金森和格兰趁我们不在时清掉了地板上的冰，但天花板与屋顶之间的蓝色坚冰仍存，天花板有几处下垂弯曲，看来危险。风日夜怒吼，说小屋里冷，实在是非常温和的措词。

这屋子是“发现”号探险队所建，该队队员自己是住在岸边与海冰冻成一片的船上，把此屋当成工作室或万一发生船难时的庇护所，但太大，不宜烧珍贵的煤取暖，故可说是大而无当，费而不惠。斯科特评论此屋，

> 整体来说我们的大木屋会有用，但绝对不是不可或缺的。花这么多钱、占那么多船上空间、费那么多事把它运来，其实没必要。不过它现在在这里了，会屹立很多年，任何运气不佳的队伍如追随我们的脚印前来，可能不得不在此屋中寻求食物与蔽荫。①

噫！一九〇二年时斯科特可没想到，这木屋在一九一〇年至一九一三年发挥的功用还比较大。我们看见这屋子的游廊尚完整，两座测磁小舍与一座垃圾堆仍存。垃圾堆里找出好多可用的东西。砖块用来建海豹油炉，铁皮放在其上当炉台，长条的炉管用作烟囱。有人不知怎么调制了水泥，把砖块砌起。一座测磁小舍的石棉罩用来隔绝烟囱与木质屋顶。一扇旧门变身为厨子的流理台，旧木箱翻过来当板凳。“发现”号留下大量饼干，装在约四十只大包装箱里，我们把这些箱子横排在木屋中央，作为隔间。冬天用的布篷从屋外的雪中挖出，遮覆墙面以保屋内温暖。夜里我们把地板上的东西都清掉，铺陈睡袋。

---

① 斯科特《“发现”号之旅》卷一第350页。——原注

从观察山山脚远眺小屋角，可看到当年“发现”号停泊的海湾、“发现”号小屋、文斯的十字架、冻结的大海，以及西方山脉——德贝纳姆摄

运补之旅开始时的八匹马，现仅存两匹，这两匹宝贝马住在游廊上，那里防风且防雪。比较粗蛮的狗拴在外面，比较温驯的不拴，任其走动。虽如此，狗斗仍然不时兴起。有一条可怜的小狗叫马卡拉，自船上卸货时被雪橇压过，在冰缝事件中再度受伤，现已半身不遂。它是个可怜的家伙，后半身不长毛，但它很勇武好斗，从不服输。一天晚上风很大，密勒斯与我听到一条狗的叫声，出去一看，是马卡拉爬到一座陡坡上去，不敢回头。狗队后来终于要回埃文斯角，我们让它跟着狗队跑，但快到埃文斯角时，它不见了，怎么找也找不到，过了几周，我们已放弃希望。但一个月后，格兰和德贝纳姆（地质学家）去小屋角，在小屋门口发现马卡拉，羸弱可怜，但还能对他们吠叫。它一定是吃海豹为生，但怎么做到的是一个谜。

读者会问，距离埃文斯角的度冬总部那么近，怎么不能马上回去呢。从小屋角越过海到埃文斯角是二十五海里路，两座木屋都在同一座岛上——小屋角在半岛尖端，埃文斯角在突出海中的火山熔岩遗迹上，连接两者之间的陆地从未有雪橇队伍走过，原因是埃里伯斯山的坡地上有极大的冰瀑。看一下地图就会知道，虽然小屋角除抵达高地一隅外四面环绕着海或海冰，冰棚却与小屋角半岛隔平底船角相连，因此小屋角与冰棚间有多条路径相通，更往北却不通，直到秋或冬的低温使得海面冻结。我们是三月五日来到小屋角的，斯科特预计三月二十一日可越过新结冻的海冰。然而，我们又等了将近一个月，第一组人马才得通行，回埃文斯角，那时海湾才刚冻结，峡湾则仍未冻，因为冰一形成，风马上把它扫到海中。

在各种最近袭向斯科特的烦心事中，他最担心的是大到把冰川舌都冲去的浪，会不会把我们在埃文斯角的木屋也卷走。为此，他告诉威尔逊和我，要准备组成一支雪橇队，穿越冰瀑到埃文斯角去。

> 昨天与威尔逊到城堡岩去，看有没有可能去埃文斯角。天光很亮，走在太阳底下很暖和。往埃文斯角的路无疑位于埃里伯斯山最难走的角落。从这里看（至少七八海里外）便可看出整个山侧全是乱七八糟的裂隙，不过在三四千英尺的高处或可找出一条路来。①

过了几天，这计划放弃了，因为不可能成功。

三月八日，鲍尔斯领一组人去我们遇救之处的灾难营取回留在那里的装备与食物，亦即我们自海冰上抢救回来的东西。他们去了三天，发现拖运东西很困难。他说：

> 在海湾角落的冰棚，被冰脊环绕，花了两小时才跨过。我们沿

① 《斯科特的最后探险》卷一第 201 页。——原注

着一条巨大的裂隙走，裂隙如街道，躺在我们附近。有一处我看至少有十五英尺宽，虽因雪覆盖而见不到底，下面却一定是未冻之海水，因为我听到海豹在底下喷气。

鲍尔斯在信上描述他们拖着重物上坡往城堡岩的情景：

我们把东西分两次运，花了一早上才到鞍部营。我发觉一步不停地缓缓上陡坡，比快步走而中途休息几次要好，而且省力。我实践这理论，很成功。我不知道是否每个人都同意我一口气上山的主意。第二辆雪橇上去后，阿特金森说："通常我不讨厌你，不过有时候我真恨你。"

笛福①可以再写一部《鲁滨逊漂流记》，不过地点换成小屋角。我们以雪橇运来的补给品已差不多用完，靠猎杀海豹取得食物、燃料及照明。我们的脸因熏海豹油而污黑，看起来粗野无比。晴朗的日子我们猎捕、切割及拖回找得到的海豹，或攀爬四周有趣的丘陵或火山口。晚间我们议论不已，却甚少彻底解决任何纷争。有些人照顾狗，有些人照顾马，有些人搜集石块，有些人描绘美丽无瑕的夕阳，但最重要的事是吃和睡。在六周的拖运工作之后，我们大约每天花十二个小时在睡袋里。我们休息。也许有些人不喜欢这样度日，不过我们觉得很好。

威德尔海豹常在这南极边缘的海域出没，它刚好提供我们所需的一切：肉可食，还可治疗坏血症，油可做燃料与灯油，皮可做靴子。它躺在海冰上，庞大的身躯很难看，不用棍子戳它一下，它是不会注意有人

① 丹尼尔·笛福（1660—1731），英国小说家。以《鲁滨逊漂流记》一书获得历久不衰的声誉。

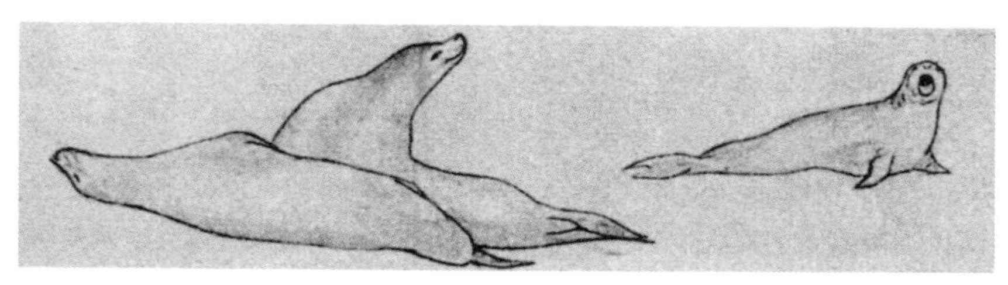

海豹——威尔逊速写

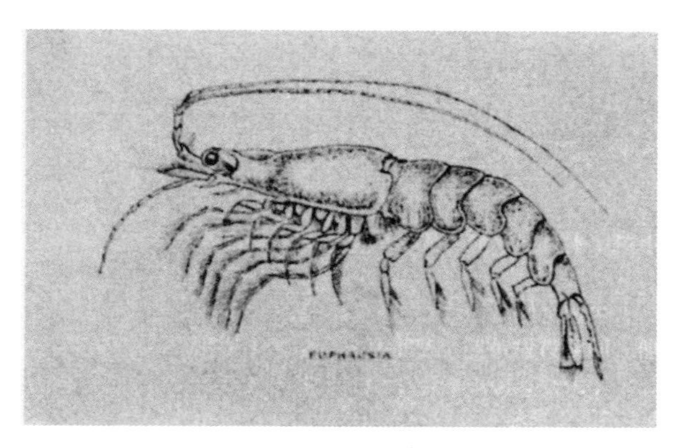

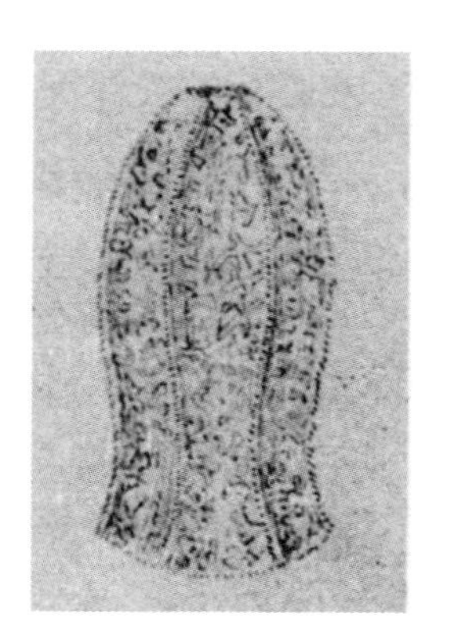

海中生物——威尔逊速写

来的。就算戳了它，它也可能只是对着你打个哈欠，又睡去了。它的本能是，如有警讯，远离海水，因为它知道敌人杀人鲸住在海里。但你若驱赶它下水，它眨眼之间便变化成美丽优雅的东西，极其敏捷地游泳、翻滚，追捕鱼儿毫无困难。

我们很幸运，在距我们不到二海里远的地方，有个一英亩大的小湾，海冰未化。这是冰棚、海与陆地相接之处，斯科特在“发现”号时代称之为平底船角。

平底船角夏天的时候是麦克默多湾里最受海豹欢迎的孵育地。附近的冰棚缓慢向半岛移动，把海冰挤成冰脊。冰脊之间的凹处被挤向下，夏天的时候形成海水池，海豹就在里面躺下，晒太阳；雄的互相打斗，雌的带着幼仔：幼仔像小猫，追着自己的尾巴玩。现在海冰已破裂，火山口山冰岩下这遮风蔽雪的角落里聚集了许多海豹。

去猎捕海豹，要用一根大棍子、一把刺刀、一把剥皮刀和一把钢刀。大棍子要能重重打在海豹鼻子上，把它击昏，免它受痛楚。刺刀（应附十字形柄，以免手在刀刃上划伤）至少要十四英寸长（不连柄），用来刺入海豹心脏。剥皮刀连柄长一英尺，刃长七英寸，宽一又四分之一英寸，有的尖头，有的圆头，我不知道哪一种比较好。柄要木制，握着手暖。

刺杀和切割海豹是可怕的工作，但绝对必要，而手法娴熟不仅人道且可节省时间与精力。首先将皮连脂肪一起剥下，然后剥肉至骨，内脏清除，肝仔细取出。肉切块，放在雪地上让它冰冻，等到硬得像石头一样时收集起来。骨架以斧头砍开，喂狗。除内脏外没有一样丢弃。

照明完全是点油灯。一只锡制火柴盒内盛海豹油，加一根灯芯，便是最好的油灯。有人制造出各种样式大小的灯，都能照明，不过没那么亮。有人更有野心，试用海豹油以外的材料，其中最糟的大概数奥茨制作的一盏。不知谁发现了一些碳化物，奥茨马上计划用电石灯照明全屋。其他人都以毫不遮掩的紧张注视这实验。幸好，威尔逊以他技艺精良的双手接过了这份工作。有好几天，奥茨与威尔逊浸淫在电石气工厂计划中，然后，原因不详，他俩发现此事行不通。这么成功的策略，女人是想不出来的。

鲍尔斯、威尔逊、阿特金森和我一天早上在火山口山上，看见一支雪橇队自城堡岩方向走来。不出我们所料，是我们的地质调查队从西方山脉回来，成员有泰勒、赖特、德贝纳姆及依凡斯。他们完全没有认出满脸黑灰的我们，就是在冰川舌与他们船边分手的那伙人。我但愿这段故事能由德贝纳姆来讲。他们做了些什么，是那些天我们的主要话题。他们给我们的团体增加了人数，也增加了智力。现在我们增为十六人。泰勒特别健谈，说出来的话通常很有创意，不过有时有点粗鲁。我们大都很乐意围着火炉听他滔滔讲论。斯科特和威尔逊总是参与热烈的讨论，其他人则各凭兴趣、知识与经验插嘴。轻率论定是站不住脚的，我们这小团体里有太多的专家，立刻就会揭露错误。另一方面，世界上很少有地方我们当中没人去过一次以上，后来谈到我们自己的英国，各种参考书更不断取出以平息争端。像《时代地图集》、百科全书，甚至一本拉丁词典，都是这样争辩中的无价之宝。我认为名人录也应列入其中。

在无人注意的角落，我们找出几本《当代评论》《女孩报》《家庭先锋报》，都是十年以前的！我们还从冰里挖出英国小说家斯坦利·韦曼的小说《我的萝莎女士》的残缺本，小心化冰取出，每个人都传阅了。又因书缺末尾，更添悬疑。

“明早该谁做饭?”是每晚睡前最后的疑问。会有两人自愿出来。在寒冷的冬天早上点燃一只普通煤炭炉本就不好玩，要点燃小屋角的海豹油炉就更是艰苦，金属的火钳能冻伤你的手指，海豹油也冻结了，必须化成液体才能用，水则是用冰融化而成。不过，等炉子暖起，你的火爆情绪也冷却了。一盘炒海豹肝，一杯热可可，搭配无限量供应的饼干，是标准的早餐。准备好时，持续不绝的“喝汤”声把睡袋里的人叫出来，一边起身一边擦抹掉进眼睛里的麋鹿毛。有一天我把一些饼干与沙丁鱼同炒（我们只有一罐沙丁鱼），离火后，饼干仍留在炒菜锅里，它继续加热，烧成了焦炭。这大约是最难吃的一顿早餐，后来大家称之为“烧焦餐”。四月一日，鲍尔斯想愚弄两位队友，做法是把这两人的餐盘里盛上马料，仅表面铺上薄薄的海豹肉。结果作法自毙，好几星期之后我才知道，海豹肉不够铺满餐盘，他只好牺牲自己的配份，分给这两人，他自己则没得吃。这类小事能让大家爆笑，且在记忆中成为突出的鲜活事件。

早餐后是大清扫。抓起任何可代替扫帚的东西，这时白天脚上穿的：鹿皮靴、硬毛袜、普通袜、布绑腿，取代了夜里穿的蓬松睡袜与镶皮毛睡靴。负责午餐的人开始动手准备：用冰斧从海豹肉储藏室中撬下、砍下一块冻肉或肝，顺便带几张附着三英寸厚脂肪层的海豹皮进来，像带一桶煤一样，放在火炉边上。众人渐渐分散，各随职责或兴趣从事，只余几人铲开夜间堆积在门口及窗上的飘雪。

到午餐时间，每个人都有新闻报告。赖特发现了一种新的冰结晶；斯科特测试过小屋角外的冰，发现厚达五英寸；威尔逊在阿米塔吉角外发现新的海豹洞，我们也许不需跑远便能取得食物与燃料了；阿特金森捕杀了一只帝企鹅，重逾九十磅（约四十一公斤），是新纪录；助理动物学家知道自己得负责剥制标本，却丝毫不想做这事；密勒斯找到一个自抵达高地滚石入海的理想地点；德贝纳姆想出一个新理论解释大圆石形成的原因——这是一块与周围地质结构都不一样的巨石；鲍尔斯提出明年探极时回程可经由高原而不走冰棚；奥茨则咕哝着说他想再来一块肉饼。大家爱做的消遣是打绳结：你会不会用单手打丁香套？

下午与早上一样，不同的是太阳沉没在西方山脉后面了。秋天的落日是世界上最美的景象，威尔逊画了许多素描，后来在度冬基地完成水彩。大部分素描是在观察山山顶所作，他总是蹲在岩石背风面底下，那地方，快两年后我们竖立了一支十字架，纪念他及同伴的死。他戴无指手套，指头裸露，迅速勾勒出山形与云貌，只消一分钟，指头就受不了，必须放回羊毛及毛皮手套里，等暖了之后再继续画。铅笔和素描簿是放在沾了海豹油的小工具袋里，挂在腰上。斯科特也有一只类似的绿帆布工具袋，以短绳系在腰上，内装他的雪橇日记，写在一本类似的本子上。

到晚餐时，屋内已干暖到闷人的地步。这事有利有弊。利是我们的睡袋、鹿皮靴、手套、袜子等全挂在屋内烘干了，这在雪橇之旅后很有必要，对保存毛皮也很要紧；弊是天花板上的积冰受暖后融化下滴，有一次还有整块的冰跌落，幸好人都在屋外。防范水滴到身上、衣服上和睡袋上是当务之急，每一只锡罐都拿出来接水，水汇流而出。等炉灶冷了，滴水也就停止，屋内结成钟乳石似的冰柱，再没有一座史前洞穴有这样迅速的石笋生成。

三月十六日，当季最后一次的赴冰棚雪橇队出发，携带补给品往角落营，增加那里的贮藏量。队伍由埃文斯率领，队员有鲍尔斯、奥茨、阿特金森、赖特和我，再加上两名水手，克林与福德。旅程来回共八天，驾雪橇，没什么大事。有几天雪雾甚浓，估计应已跑了到角落营那么远的路后，我们停下来等天气好转。结果发现离角落营六海里之遥，四面尽是冰缝。由此可见在此天气下多么容易偏离路线，而如果能保持方位正确又是多么了不起，有时凭的是直觉而非技术。

不过我们得到冷天驾雪橇的经验，也很有用。零下三四十度的气温，与后来所经历的寒冷相比不算什么，不过就新手来说够冷了；你会学得怎么照顾鞋袜，怎么拿金属器，以及不要浪费时间。这时候太阳每天还会升到相当高的天空，这很重要，因为有阳光，衣物用具容易干。

同时我们也渐渐了解春季出行将是多么困难，至于在严冬时节外出旅行将是怎样的考验，我们无从想象，但我们已计划如此做。

事后评论当然容易，但是，回想起来，整个探险以及后来的悲剧，主要是由于未能预见冰棚上的秋天寒冷至此（例如二月气温零下四十度）。在靠近未冻海的地方，三月中旬的气温也没有这么低。不过，即使有谁想到这一点（而我猜没有人想到），恐怕也不会推理下去，想通冰棚内侧此时比别处都冷得多。相反，我几度听到斯科特提到，探极队伍可能到四月才回来。当然，也必须了解，用马匹载货到比尔德莫尔冰川，必然得迟些出发，因为我们的马已受风雪之害，证明它们不能承受冰棚的春季天气。事实上，斯科特在《致大众书》里说道："世上无人能料及在这个月份，冰棚上的气温与地貌会是如此。"

回到小屋角，看到所有东西，包括小屋在内，都披挂着冻结的浪沫。原来刮过好大一场风暴，我们在冰棚上，仅被它的尾巴扫到而已。斯科特写道：

> 海冰一直在严重崩解。溅起的浪花因风直泼到岬角这边，披覆了每样东西，像雨般落在小屋的顶上。可怜文斯的十字架，高出水面三十英尺，却也被浪花密密包裹。狗儿们自然不好过，我们跑出去解开两三条狗的绳，就满身都浇裹了浪冰，风衣弄得非常湿。这是我们抵此以来（两周半来）第三场南来巨风，像这样的狂风只需刮上一场，湾中的船就受不了。一九〇二年"发现"号在此时竟完全未遭遇此风，实在奇怪。①

这季节在远距离外很难看清未冻海面，因为海水温度相对较高，海

① 《斯科特的最后探险》卷一第207页。——原注

面上笼罩着雾，称为霜烟。如有风，这烟就在海表浮动，如果没风，烟则上升，形成屏幕般的浓障。站在抵达高地，亦即我们所住的这手指形半岛的指甲部位，可以看到埃文斯角附近有四座岛，冰川面上还有一粒黑点，是从埃里伯斯山倾落而下，我们知道那是埃文斯角上方的陡坡，后来被命名为“坡道”。但目前，我们那温暖舒适的木屋等于远在千海里之外。风一静止，海面便结起薄冰，二十四小时内它会增到四五英寸厚，但总是不够厚，抵不住下一阵狂风的吹袭。到三月，南面的冰便够结实了。埃里伯斯山斜坡脚下的两座海湾则要到四月初才出现冰。

我们绝不信任初结的冰。四月七日，斯科特询问可有人愿向北走新结的冰，往城堡岩去一趟。我们走了约二海里，冰在我们脚下浮沉，我们极力避开池塘及水道似的未冻之水，泰勒不幸跌落水中，幸好他不需人搀扶便爬上来，全速冲回小屋。我们准备次日通过此冰面往埃文斯角，夜间所有的冰却一扫而光。另一次我们又准备次晨出发，却在出发前五小时，退潮的海水带走了所有的冰。

斯科特认为埃里伯斯山下的两个湾冰结得够厚实了，准备走这条路。第一个湾是小屋角半岛南连埃里伯斯山、北接冰川舌的接合处。横越冰川舌，便来到舌外的第二个湾，湾的北端即埃文斯角，湾中有德尔布里奇群岛，其中一岛叫大尖背岛，恰居于舌与角之间的直线上。因有此岛，湾中所结的冰容易固着。此路线以前未有人走过，但斯科特希望找到一条路，从半岛下到冰海上。他寄望于哈顿崖，这是露出于不规则冰面的一片火山岩。

斯科特、鲍尔斯、泰勒和依凡斯共用一顶帐篷，埃文斯、赖特、德贝纳姆、格兰、克林和另外一位用另一顶帐篷，这样的队伍从小屋角出发。他们抵达滑雪坡坡顶时，南方的天空很黑，下着雪。我们帮他们越过第三火山口。从小屋角到冰川舌的冰不牢得很，因此他们继续往前走过城堡岩，想在哈顿崖某处寻路下去，走看起来已经固着一段时间的冰面，然后通过冰川舌，到看起来也很紧固的海冰，到埃文斯角。

午餐后，威尔逊和我约在下午四点往回走，风已经大得接近暴风了。在高地上往埃里伯斯山看还挺清楚，但我们看不见他们在冰上的任何迹象。

四月十二日。今晨天刚亮时，暴风雪起，现在正吹得暴烈。雪很大，料想外面能见度很差。我们都替回去的那批人担心，因为斯科特提过要在海冰上扎营。抵达湾（就在小屋角北）的冰已被吹掉。他们有睡袋、两餐的食物，每顶帐篷有一个野炊炉。

四月十三日。我们很担心旅人的状况，尤其看到小屋角以北的冰全不见了。今晨的风雪把它吹走了，白岛和冰崖再现，是视觉上很大的改变。阿特金森午餐前进屋，告诉我从高地上看，从冰川舌到埃文斯角的冰好像也都没有了。我们听了午餐桌上一片肃穆。饭后我们全登上第二火山口，看到从哈顿崖到冰川舌以迄埃文斯角的冰都还在。

临走前，斯科特说了要在此后三天的第一个晴朗夜晚的十点钟，从埃文斯角发出闪光信号。今晚正是第三晚，而且是第一个晴朗的夜晚。我们准十点全跑到屋外去，看见有火光发出，之后是一阵烟火表演。我们都兴奋欢呼，知道他们一切安好。密勒斯跑进屋，把一块布篷用煤油浸湿，点着了举起，当做回应，往空中抛了又抛，直到它烧成碎片，落在雪地上。我们的欣慰难以言宣。①

回去队伍的旅程故事得由鲍尔斯来说：

① 我自己的日记。——原注

我们攀上山脊，越过城堡岩，往埃里伯斯山方向走。起先像要起风暴，走着走着天气晴了些。踏在无人踏过的土地上是很有意思的事。斯科特拉着雪橇走得很快，他的步伐一直是迅捷而轻松的。越过哈顿崖时雪雾迷蒙，我们先扎营吃午餐再下坡。暴风雪无疑将至。午餐时天放晴了。吃完午餐已是三点半，因为饭前走得久了些。

幸好雾散了，因为坡上不仅有一道一道的冰缝，坡底且是一座很高的冰崖。我们来回寻觅，找到一处较矮的坡，从顶至底仅约三十英尺。我们自此以绳索降下人及雪橇。风起了，自崖上刮起积雪，像云般飘下。我们用两根竹竿接运下最后一人，把高山索留在那里供人攀崖之用（假如有人要带食物回小屋角的话）。重新装好雪橇，横越海湾往冰川舌去。约六点，天已黑时，到了冰川舌。新结的海冰上面有一层盐粒，让人觉得是拖着雪橇在糖蜜上走而不是在雪上，拉雪橇上坡更觉沉重。冰川舌多半是坚硬的蓝冰，很滑，又每隔几码就有一道冰缝。大多数冰缝上都有积雪如桥，但总有踏空的时候，天又已黑。不过，我们都系着绳子，倒没人掉下去。

走到冰川舌的另一面，有一处避风的凹地，决定在那里扎营弄吃的。那是晚上八点，我主张就地过夜，因为我认为在黑暗如墨的夜晚到新结海冰上去探险是很愚蠢的事，何况暴风雪就要来了。持相反意见的理由当然是我们距埃文斯角只剩五海里路了，而我们又没有多带食物，因为没料到下崖难行、冰上带盐，以为一天便能走到。我认为，躺在睡袋里挨饿，总比在新结的薄冰上饱受风雪好得多。

吃过饭，九点半，我们在茫茫一片的雪雾中出发。风倒是止了，终于我们看到德尔布里奇群岛中最近的一座岛——大尖背岛的轮廓；我们的方位定在前方一座较小的岛，叫做小尖背岛。快到小尖背岛时雪下得什么也看不见，连走在岛边时也看不见岛就在那里。这样乱走是不行的，我们毕竟得在海冰上扎营过夜了。冰上雪很少，帐篷的帷幔无物可以压住，湿盐又浸透了睡袋，再说，明知身子底下仅隔六至十英寸的冰，便是黑暗的海水。总之，营地不安全，我决定一夜不睡。

如所预期，暴风雪在午夜过后不久赶上我们。风在头顶上的岩石间穿梭怒号，也许听来恐怖，却让我安心，因为确定我们仍在岛边，没有移向大海。不消说，我告诉大家我们的营地像教堂一样安全。天光透出时，泰勒冲进冲出，带进的风卷起挡冰帷幔，刹时间帐篷如伞合拢，我们再也打不开，幸好帐篷周围已堆积了一些飘雪，经过一两个小时的努力，才总算又扎稳了帐篷。天空飘雪甚密，为消磨泰勒的精力，我说我们去爬到岛上，眺望埃文斯角吧。

这岛自海上直耸而起，四面都极陡直，我们爬得艰苦。一到顶，我们便明白了为何为这岛取这样的名字。峰顶极薄窄，可以跨坐其上，像骑在马鞍上一样。不过风太大，坐在上面不舒服，我们便下来了，只见低云四合，唯不通岛峰顶露出，此外一概不得见。在山脚下的挡风面，我们发现有一小块礁石，非常平坦，大小恰可容两座帐篷相连而扎。这里风又刚好被岛挡住，几乎没风。我促请斯科特队长移营至此。泰勒则怂恿着奔赴埃文斯角去。斯科特决定"为了泰勒的安全起见"，我们移到礁石上去。那里是坚实土地上的理想营地，又没风，如果我们有食物的话，外面风暴刮多久我才不在乎呢。

我们在那里待了两夜。十三日早晨，风吹够我们，回它姥姥家去了。我们看见辛普森的观测站在山顶上，但小屋究竟无恙与否？等我们绕过岬角进入北湾才看得到。度冬基地安然屹立，北湾虽才刚结冰，却很坚固，可容我们走过。有人看见我们了，过得片刻，全屋倾巢而出，包括辛普森、庞廷、纳尔逊、戴伊、拉什利、胡珀、克利索尔德（厨子）、季米特里和安东（马童）。庞廷跑上前来时脸上神色古怪；他没有认出我们，待在那里面无表情——后来他承认，他起先还以为是挪威探险队的人来了。我们马上受到热情的欢迎，好像我们真立下什么功勋似的。

发电机移动了位置，还有许多装备也从海滩边移到了较高处，不过海水从未漫入木屋，因此一切都好。屋子里看起来很棒，我们三个月来第一次从镜子里看到自己的尊容，难怪庞廷一下子认不出我们这群盗匪。他拍了我们的照片，等能寄给你的时候给你看，你会觉得好笑的。我们放怀大吃，又洗了热水澡，把自己弄得像个人样。我自此论断，木屋是南半球最好的住处，不过我没法马上安居下来。我渴望回雪地里睡睡袋，想念小屋角海豹油的气氛。我想原因是，我所有的密友，比尔、谢里、奥茨和阿特金森，都还留在那里。

度冬基地的马厩里有八匹马，乱踢先生死了。它们加上小屋角的两匹，我们现在共有十匹马。我一眼看到与我那匹死去的好马本是一对儿的另一匹西伯利亚大马（只有它们俩是西伯利亚马，其他的都是中国东北马），马上指定要它跟我，如果“上级”同意的话。

一两天内，要派一队人携补给品回小屋角，我请缨。斯科特队长自己要去，但他说如果我也肯去，他会很高兴。定好如果星期一天气好，我们就出发。共分两组，斯科特队长率拉什利、戴伊和季米特里共一顶帐篷、一辆雪橇；克林、胡珀、纳尔逊及我是另一组。一直走到冰川舌天气都好，接着清冷的南风便迎面吹来。我们越过冰川舌，顶着风走到哈顿崖下扎营，那里略可遮蔽风雪。我们的脸全遭冻伤，我的脸洗净刮了胡子，变嫩了。攀上崖是件困难事：先站在一堆积雪上，把十英尺长的雪橇举上肩头——至少是举

埃文斯角的度冬基地。左后方埃里伯斯山顶笼罩着鲸背云，坡道上有圆锥形小墩，起风雪时得由屋旁梯子上屋顶，清除风力计上的积雪。——德贝纳姆摄

上高个子的肩头；这样才刚触及悬空的雪檐。雪檐是雪不断落在悬崖锋利的边缘而形成的，形状各异，但通常是像这个，屋檐般悬空。从边缘看，好像很容易掉落，但其实它很结实。我们站在临时阶梯（雪橇）上，以冰斧凿出立足点，斯科特队长和我首先爬上去。借绳索与阶梯之助，我们先拉比较轻的人上去，最后吊上装备。绳索拴住雪橇上端，最后两人腰上另系绳索，终于也爬上来了。天很冷，两名新手再遭冻伤，一个在脚，另一个在手指上。

狂风又起，不过朝高地走，比较不顶风。我们在城堡岩下的斜坡上扎营。风止了，星光灿烂，唯气温低。克林和我头朝下坡睡，好让纳尔逊和胡珀两个从没拖过雪橇的人睡得舒服些。结果克林上半身滑出帐篷，冷风遂从帐幔下钻入，但是到天亮了我才发现，因为我们都一倒下就睡着了。斯科特队长的舵手（克林）真是铜筋铁骨。

抵达小屋角，受到盛大欢迎，主要是看在我们所携食物的分上，尤其是糖。我离开小屋以前我们就靠石蜡糖代替糖，后来连这个也没有了。次日我们去猎捕海豹，谢里和我剥了一只，之后我俩去阿米塔吉角散步，岬角上风声嘶吼。我们一直走到平底船角才回来。我只戴了薄的罩脸帽，耳朵差不多要冻掉了。①

再说我们留在小屋角照看马及狗的这些人，一天下午去安全营取了些压缩马料。复活节周日在暴风雪中度过，下午风停雪止，刚好看到金色夕阳沉入紫色霜雾及飘雪笼罩的大海中。

我在日记上记载，复活节早餐我们吃的是罐头鳕鱼，奥茨仔细烹调过。午餐则是饼干与乳酪浓汤，晚餐是煎肉饼，餐后喝可可加雀巢含糖罐头奶水，真是极大的奢侈。其他时候，我们缝补鹿皮靴，读《荒凉山庄》。

后援部队是四月十八日开到的：

我们度过了快乐的一周，只有我们七个人，在“发现”号小屋里。我想，我们虽很高兴看到众人到来，我们七人却宁可在此自在过活。而且，料想他们一来，就表示我们要挪地方了。果然。

密勒斯奉命率员留守小屋，领导福德、基奥恩两个老手，和纳尔逊、戴伊、拉什利和季米特里等新来者。他显然担心刚带来的食物（糖、发酵面粉、巧克力等）会被来的人吃光，小气地不给我们奶油，巧克力也只给一点点。

周二日夜皆无风而冷，气温约为零下三十度。小屋角北面的海，本来结的冰都给风吹走了，到周三中午，又结成厚约五英寸的

① 鲍尔斯的家信。——原注

冰。我们又猎得三只海豹。斯科特显然打算周四出发，可以一路走海冰回去，没料到新结的冰忽然无声无息地漂到大海里去了。①

两队人于四月二十一日出发经由哈顿崖回埃文斯角：第一队斯科特、威尔逊、阿特金森、克林；第二队鲍尔斯、奥茨、谢里-加勒德、胡珀。到了哈顿崖，风照常猛刮，我们放雪橇下崖到海冰上时，都冻伤得厉害。太阳即将告别四个月之久，幸好它的余光尚足照亮我们这次行动。晚餐我们匆忙在崖下吃了，天已黑，摸黑越过冰川舌时，鲍尔斯在家信中叙述：

我带的队伍年轻资浅，我又知道斯科特队长是飞毛腿，遂先就留意选了一辆新雪橇。载的东西很少，行进速度取决于拉车的人，而那天我们倾尽全力。不出我所料，斯科特飞奔向前，我们紧随在后。后来我们渐渐超前，他竟有些追赶不上，他大惑不解。把雪橇放下崖后，我们收回原先留在那里的绳索，在海冰上又跑起来。我们跑得实在很快，我不得不承认是我们的雪橇比较好，遂主动提出分一个人帮他们拉车。此议遭到拒绝，但越过冰川舌后，斯科特队长说到小尖背岛时他要和我换雪橇。这段时间我们随时可以放下他们自顾自跑掉，等到他们换得我们的雪橇后，他们也对我们如法炮制。我们早料到如此，我从来没有这么拼命地跑过。急行军将近十二小时，只剩二海里就要到了，却碰到一条崎岖不平的海冰面，黑暗中我们全摔倒了，我尤其摔得重，差点昏过去。幸好没人注意到。我一会儿发热一会儿发冷，很不舒服，但我们仍紧随在彼队之后，我渐渐恢复平衡，期间幸而仍能全速前进，不过彼队已经超前，

---

① 我自己的日记。——原注

由风和飘雪在冰崖边形成的雪檐——德贝纳姆摄

> 我们则有些支撑不住。快到岬角时我又摔了一跤，诸般症状又发了一次，但我们依旧坚持下去，绕过岬角，抵达时仅落后五十码左右。我感到前所未有的疲惫，我的队友也一样。当然我们没必要赛跑，但我们赛了，而且若有机会我还会赛。奥茨弄了一杯白兰地，是他从船上贪污来的，我们喝干舔净。另一队也一样累得差不多了，所以我想双方都有得说。

两天后太阳最后一次露头，此后四个月不再见。

回顾当日，我领悟到两件事。一是，在夏天或秋天拉雪橇，并不像我想象的那么辛苦。第二，在小屋角的那段日子，是我一生最快乐的时光。刚好能维持饱暖，没有多的，没有虚饰，很多人的生活比那贫乏辛苦得多。文明的必需品在我们看来是奢侈。普里斯特利把我们在小屋角的生活比作主日学的同乐会，文明的奢侈品是制造出来的需要。

第六章
第一个冬天

人所能定下的最高目标，不是消除一切未知，而是借着不倦的努力，把我们活动的小小领域，略略向外扩张一点。

——赫胥黎①

于是我们回到舒适的木屋。前往南极，即使有什么值得称道之处，一旦到了那里，你就再无可吹嘘。为了探险的缘故在埃文斯角待上一年，就好像因患肺病到疗养院住了一个月，或在一家豪华旅馆里滞留了整个英国的冬天。没什么好得意的，只不过是在那样的环境下所能做的最舒适、最容易的事罢了。

我们的处境不差。木屋，以南极木屋而言，宽敞可比旅馆中的丽兹酒店。外头虽然黑暗、寒冷又多风，屋中却舒适、温暖又愉快。

又有好多事情要做，加上至少两趟最艰巨的旅行。

斯科特刚刚在度冬总部他的小桌边坐下，筹划探极之旅的复杂作业时，他的心情是很低落的，我知道。“探极的事算完了。”他把我们救出浮冰时对我说。启程运补时所携的八匹马死了六匹；越往冰棚走，马越衰弱；狗群急奔返家后饿得只剩肋骨，好像再也不行了——以这些悲惨的景象为基础，开始策划一趟一千八百海里的旅行，自然是不乐观的。

但换一个角度看，我们尚有十匹马，虽然其中两三匹状况不佳，但

① 赫胥黎（1825—1895），英国博物学家、教育学家，第一个提出人类起源问题。

马和狗的喂养方式显然都大可改进。狗的改进方法很明显：它们的口粮需要增加。马的问题就不那么单纯了。我们带来给马的主要粮秣是一包一包的压缩马料，理论上应是很好的马料，是小麦尚青时割下压制而成的。它是否真的是小麦我不敢说，反正大家一致认为其营养成分对我们的马绝对不足。喂它们吃这个，它们就减重，只剩下皮包骨。可怜的畜牲！看着都惨。

奥茨的功劳常被大家忘记。马料不佳不是他的错，损失这么多匹马更与他无关。奥茨一直主张带状况最差的马去运补，在冰棚上能走多远就走多远，然后杀了它们，贮藏其肉。现在剩下的十匹马交到他能干的手中，有的马中看不中用，尤其是耶和，我们根本不指望它能做什么事，不过到头来它倒拖运轻量的东西走了八趟一吨库——那是二百三十八海里的路。另一匹，"基督徒"，是个磨人精，不经一番缠斗没法套它上雪橇，它一得机会就把人撂倒；等四人合力把它套上开跑，它又怎么也不肯停下，于是在南行的路上，奥茨和三个与他同帐篷的人只好省略午餐，每天直跑一百三十海里到底。

奥茨训练它们、喂养它们，好像要带它们去参加赛马似的。冬春两季，南行时要领它们出行的人尽量带它们出去运动。改给它们吃新鲜好料：豆饼和燕麦，这两种我们只带了少量，原是打算留到探极路上吃的。能想到、能做到的让它们舒服的事，我们都做了。动物在这里的日子不好过，但后来我们知道，一直到快结束任务，它们都吃得好、睡得好，过得比寻常未出远门的大多数马都好。最后任务达成时，我们站在希望山的阴影下，威尔逊说："恭喜你，提多（奥茨的昵称）。"斯科特则说："谢谢你。"

提多咕哝了几声，很高兴。

极地之行运输极为困难，但其他方面则前景乐观。要驾雪橇的人都已在外面待过三个月，有了相当多的雪橇经验，有的且甚艰苦。雪橇、衣物、人的食物以及装备都是最好的，虽然有人建议做些修改，也都可以修改。不过，最希望能改进的一件事却做不到，那就是好穿的马雪鞋。

已完成的工作很可观。极地之旅中，马和狗在头一百三十海里都可轻松上路，到一吨库后才开始充分载重。好处很明显：能走多远，全视能携多少食物而定。西队往峡湾以西进行地质探测时，泰勒与队友调查了干谷、费拉尔冰川和库特利兹冰川，画出精确的地形图，这是该地首次由地形学专家及深明冰之特性的人检验过。至于一般例行的科学与气象观察，所有斯科特的雪橇队都一直在做。

还有，埃文斯角的科学站已成立三个多月，其观测记录之彻底与精密不输世上任何科学站。我希望以后有人详细报告这些持续的观测，有些是用最复杂的仪器做的。从小屋角回来时，我们首次看到木屋及其附加建筑设备之完整，都大感惊讶。不过，起先最让我们感兴趣的是厨子用一种他发明的电动机器控制面包的发酵程度。

我们开心地享受美食、热水澡和木屋的舒适，不过我们并没把埃文斯角想象成人间佳境。这地方单调无趣，只不过是一片低矮的黑色火山熔岩，大部分覆盖着雪，疾风与飘雪不断扫荡。这种火山熔岩很特殊，全世界少有别处得见，但你见过一块就够了，不需多看。不像南边十三海里处的小屋角半岛宽阔高耸，此地无丘陵、无火山口，无城堡岩那样的地标。不像往北六海里的洛伊角，此地没有可攀爬的山道、没有各种各样的湖，也就没有这种纬度所能找到的植物。虽然有几只贼鸥来此聚会，此地却不像洛伊角有企鹅孵育地，夏天趣味盎然。曾经遮覆罗斯海、直达埃里伯斯山、溢过埃文斯角的大冰被，退去后又不曾留下各种各样奇异的大理石、辉绿石、斑岩和沙岩，像沙克尔顿度冬总部那边的地面。

埃文斯角是火山熔岩铺成的低地，从埃里伯斯山坡地的冰川面伸出约三千英尺，形状大致呈等边三角形，三角形的底宽约三千英尺，此线以外是埃里伯斯山坡地与冰缝处处的冰川与巨大的冰瀑；线上则有斜度约三十度的坡道，一百至一百五十英尺高的小丘。我们的木屋距此线约四百码，从木屋看去，此线像一道大堤，大火山埃里伯斯山在其后矗立，柱状蒸汽与烟雾自火山口升起。

岬角大致不高于海平面三十英尺，形状有点像野猪的背，有几块脊椎突起。山脊之间的凹谷大都填满了雪和冰，有一两处积雪够多，变成了小冰川，不过并未移动太远，便缩小了。有两座小湖，分别叫做贼鸥湖和岛湖。唯一的一座小丘差不多紧贴着木屋后面，取名风信山，因为上面有我们的一支风信标与别种气象学仪器。此丘背风面有小冰川流下，我们在里面钻了两个洞，能保持稳定的低温，其一用来做磁性观察，另一则存放我们自新西兰带来的羊肉。

我们的木屋建在北面，屋外粗石滩斜下入北湾之海。我们登陆时那里是沙滩，但以后，即使在盛夏也再未见沙石露头，因为冬天的暴风雪在滩上覆盖了几英尺厚的冰垫。岬角另一面是陡峭的黑色棱堡与悬崖，有的高约三十英尺。三角形的顶点同样是火山熔岩峭壁。整个地方都不宜在黑暗中行走，地面撒满大小不一的圆石，又有坚硬冰雪凿成的一道道沟渠。有些地方蓝冰滑脚，一不小心便跌倒。不难想象，这里实在不适合怯懦易受惊的马溜达，可是海冰不牢的时候，再没有别处可以去。

站在木屋门外，除岬角与山相连的那一处外，四面环海。面向北，身后是大冰棚与南极，眼睛则望向麦克默多峡湾出口，过去是罗斯海，远方是新西兰，两千海里的大海与浮冰、冰山。转望左边的海，正午时太阳虽不露头，却离海平线并不太远，在西方山脉上撒了一层柔和的黄色光，让峡湾对面，三十海里外的海岸线隐约可见。越朝北则越不可见，但山影在天空形成浮动的幻象，像柠檬色天空里的黑色岛屿。正前方则是黑色的未冻之海，海平线上有光影，是冰闪，表示前面有浮冰群。

从陆地向海伸展的冰缘——德贝纳姆摄

可是看着看着，好像有一粒小黑点忽显忽隐，颇让人纳闷。但后来醒悟，是远山或蒲福岛的幻影。蒲福岛把守着麦克默多峡湾口，堆积起无数冰块堵住湾口以防船只来袭，却是千年空守，帆影杳然。

再向北望，中距离处，突出在海中的是一线黑色低地，唯有一处高起。这是洛伊角，沙克尔顿的旧屋在其上。高起处是高峰，这一线土地就是你所能见到的麦克默多峡湾东边第一片地，也是罗斯岛最西的一角。一堵高墙骤然挡住它的去向，转眼向右看，原来是二百英尺高的纯绿与蓝垂直冰崖，直下入海中，与我们所在的埃文斯角夹成木屋前面的海湾，我们名之曰北湾。这大冰崖上有冰缝、高塔、棱堡与雪檐，我们百看不厌；有一条自埃里伯斯山坡上滑下的冰川由此出海。山上下来的冰川有很多条，有的冰坡斜缓如一般山势，有的陡峭或破裂如冰之瀑布，无法攀越。这条冰溪我们称之为巴恩冰川，宽约二海里。我们右前方至右后方，亦即东北面到东南面的背景，整个由我们庞大、会喷火的邻居埃里伯斯山占据。它高一万三千三百五十英尺（约四千零六十九米），我们居住在它的阴影之下，对它既倾慕又亲善，有时还略带景仰之情。它在近代皆未显露可能爆发的危险迹象，虽然火山口有时会升起数千英尺高的浓云密雾，有时烟尘如柱至少高达一百海里，我们却觉得相当安全。

如果你站这么久还不太冷（站在埃文斯角上不是好玩的事），让我们到屋后，爬上风信山瞧瞧。这小丘仅约六十五英尺高，却是岬角主要景观，而且陡到必须匍匐而上，没有风的时候也一样。注意不要踩到从山顶风信杯连到木屋的电线。风信杯在风中旋转，屋中电动设备自动记录：风力每加强四海里，便有一个讯号传到木屋，计时器上一支笔便画下又一个记号。山顶上也有气象屏幕，每天清晨八点，有人风雨无阻地去看它。

到得山顶，面向南方，也就是与在山下时相反的方向，首先映入眼帘的是海。湾里的已经结了冰，但湾外的峡湾中仍然未冻，仿佛一直流往你的脚下。虽然海水延伸了将近二十海里，但接着你就会看到地平线上处处可见陆地或冰原。船只到此不能再行，罗斯七十年前便发现了。看清楚这两项要素后，你的注意力便会被左边的景象完全吸引过去。那是埃里伯斯山南麓，可是与刚才所见多么不同呀。北麓的山坡以宽阔平静的线条泻入美丽庄严的滨海悬崖；这里，多少诨名、多少形容词，都不能恰当形容它的无限混乱。想象十海里长、三十海里宽的奔流，自高山巨岩间坠落，翻滚成巨波大浪，想象它在一霎间被冻结成白色。无数次风暴刮来飘雪，却总也遮不住它。它仍在移动。如果你在静止的冷空气里多站一会儿，有时会听见冰裂的微声，是因冷，或因重量使之断裂。大自然撕裂这冰，如人撕裂一张纸。

这面的海崖没那么高，冰缝和洞穴较多，积雪也较厚。白色的海岸线约五海里远处因悬崖与黑岩突出而断裂，这黑岩叫“土耳其人的头”，再远是冰川舌的白线，突出几海里入海。我们曾经走过，所以知道在那

从海冰远眺埃里伯斯山和南极洲陆地边缘

大尖背岛后的埃里伯斯山

外面有一座海冰冻结的小湾，但从埃文斯角这边只能看到小屋角半岛的基部，还有一块突出的岩石，标明哈顿崖的位置。半岛挡住，看不见冰棚，冰棚风倒是不断吹过哈顿崖，崖顶笼罩的雪云就是证明。城堡岩如哨兵兀立，岩外是抵达高地以及我们住在小屋角时熟得不得了的各火山口。“发现”号小屋在十五海里外，无论如何是看不到的，不过它就在半岛尖端陡峭的岩石那里，在我们立足处的南方。

在我们右前方，由南到西这四分之一的视野尚未描述。先前我们看到西方山脉的线条在北面消失，正午的阳光在天空制造出幻影。现在我们也看到同样的山影向南方天空延伸，这些线条与我们之间是许多海里长的海或冰棚。远方的南地平线上，几乎与小屋角相交之处，矗立着米纳峭壁，距我们约九十海里。再过去就是一吨库，从那里把眼光向右转，可看到峰峰相连，尽是崇山峻岭——发现山、早晨山、利斯特山、胡克山，以及山与山间相隔的冰川。山高几达一万三千英尺（约三千九百米），群山与我们之间，南隔冰棚北隔海，除非暴风将至或正吹袭，总是清晰可见。西面则见一大堵雪或冰墙，在恒变的南极光的照射下发出各种不同的光芒。其外是高原。

我们还没提到方圆约三海里内的四座岛。最重要的是距埃文斯角尖端一海里的不通岛，得此名是因它四面尽是拒人于千里之外的陡峭熔岩，即使在海水冻结时也难以攀登。我们找到一条路上去，但此岛无甚意趣。帐篷岛在它的西南，其余两岛只能说是小屿，在南湾之中与我们对面而立，名叫大小尖背岛，都是山岩横脉，脊线尖锐。小尖背岛就是几周前斯科特等人回埃文斯角途中托庇之处。这些岛原都是火山，呈黑色，不过我相信形成它们的火山岩浆是从麦克默多峡湾而非埃里伯斯山流出的。诸岛在本旅途中的重要性是它们有助于稳固海冰，免遭南来风暴吹走。此外，它们也是有用的地标，不止一次让在黑暗与浓雾中迷失方向的人得以辨认位置。有几座冰山在这方面也发挥了功能，它们是从罗斯海漂流进来，搁浅在不通岛与岬角之间的浅水带，南湾中也有。它们既有用又好看，两年间，我们眼看着这些巨塔似的冰堡被海水、阳光与风侵蚀，虽仍屹立在原来的位置，却已是昔日自我的残躯。

刚才检验过的景物，许多地方显露出黑色的岩石，我们所站立的岬角更常是黑的比白的多。一向以为南极完全为冰雪覆盖的人会感到迷惑不解。其实很简单，本地区强风盛行，突出的岩石与悬崖上无法积雪不说，连岩石本身也受风侵蚀。风总是自南方吹来，面南的突岩因此多无雪覆盖，朝北的岩石则堆成舌状突出的极坚硬的雪片，到末端形成尖点，雪舌大小视岩石体积而定。

当然，这地方绝大多数土地还是覆盖着深厚的冰川与雪，风再大，也只能吹开积雪，露出底下的冰。但是，若以为南极是白茫茫一片，那就错了。不仅山岩、岬角和岛屿会露出黑色，雪本身也很少是白的。仔细看，会发现它染着多种颜色，主要是钴深蓝或茜草红，以及这两色混合后形成的各种层次的淡紫色。纯白世界很鲜见，我记得有一次自小屋或帐篷出来，看到雪真的是白的，颇感惊讶。等到天空的美丽色泽映照在雪上，形成精致繁复的光影，而未冻之海的多种深色也自冰墙与冰崖上反射回来，映出各种各样的亮蓝与翡翠绿，你就会了解这世界有多么美，多么干净。

我可能无法以言词让读者体会这块纯洁的南方土地多么吸引追求它的人。最大的吸引力是它的美，其次，也许是它的壮阔巨大。那些高山与无边无际的空间，能让最无心的人、最没有想象力的凡夫俗子为之惊愕敬畏。它还有一样礼物双手奉送旅客，比较平凡，但可能更受欢迎，那便是使人好睡。我想别人与我没有两样，睡觉的环境越恶劣，睡得越甜，梦得越美。有的人曾在飓风中、暴雪与黑暗中睡觉，上无片瓦、帐篷，甚至不知还能再见到朋友与否，没有食物可吃，只有雪，怎么喝也喝不完的雪，钻进睡袋来，我们日以继夜地熟睡，有一种麻木的满足。

我们想吃甜食，最好是浸糖浆的罐头梨！啊！这是南极在最糟或接近最糟的情况下给人的睡眠。而如果最糟，或者说最好的情况发生，死神在雪中来寻你，他是以睡神的面貌出现，你会欢迎他，像欢迎朋友，而不是可怕的敌人。南极以这样的方式对待在极端的危险与艰困中的你；如此你或能想象，它给的是怎样深沉健康的睡眠：在夏日一整天的拖拉雪橇之后，吃一顿热乎乎的晚餐，钻进干暖温软的睡袋里，光线穿透绿色丝质帐篷，空气中有熟悉的烟草味，唯一的噪声是系在外面的马儿用力咀嚼草料的声音。

在埃文斯角度冬期间，在温暖、宽大、舒适的屋子里，我们尽力睡个够。多数人晚上十点上床，有的点着蜡烛看书，常常口嚼一块巧克力。电石灯十点半熄灭，整座屋子便陷入一片黑暗，只有厨房炉火的光，显示值夜的人正为自己做宵夜。有些人鼾声如雷，但没有比鲍尔斯打鼾更大声的了。有的人说梦话，多半是最近的惊险经历令他们神经紧张的结果。总有什么仪器在响，有时还有小铃小钟的叫声，我到现在还不知道各种响声代表的意思。平静无风的夜晚外面没有声音，只或许有狗的嚎叫、马在厩中踢腿。此外，破坏夜之宁静的便是值夜人的声响。但在大风雪的夜里，风掠过屋顶向海吹去，在通风口中怒吼号叫。若风更大，则整个木屋都为之震动，小石子被风捡起，啪啪打在南墙的木板上。第一个冬天这样的夜晚很少，第二个冬天却好像夜夜如此，有一场暴风连刮了六个星期。

值夜人每小时巡查一次，早上七点查过最后一次，叫醒厨子，生好火，便可以去睡觉了。但他往往还有许多事要做而干脆不睡。例如，如果天气看起来要转坏，他就尽早带马出去溜达；或库存品清单还没整理出来；或钓鱼洞需要照看。各种五花八门的事情。

火上嗞嗞作响，一股麦片粥和煎海豹肝的气味预告着早餐已备。理论上是八点开早饭，实际上要晚很多。睁开惺忪睡眼，会看到气象学家蹒跚出门（辛普森总是步履蹒跚），去他的测磁小屋换记录纸，并上山察看仪器。二十分钟后他会回来，通常满身雪花，帽子上全结了冰。这时候，比较勇悍的人在洗浴：那是说，在零下的气温里，颤抖着以雪擦抹身体，假装他们喜欢这样。也许他们是对的，不过我们说他们是爱虚荣。我可不知道是不是！这里要解释一下，水是没得用的，因为遍地是冰，煤炭却少。

屋中每逢吃饭，必有一大危险出现，我们称之为“砍”。“砍”者，争论之谓也。有时候争得头头是道，不过每次都很热烈。太阳底下（就我们的情况而言，或许说月亮底下比较恰当）任何事情都可成为争论的题目。从两极到赤道，从冰棚到英国普兹茅斯村，无不可争。争论总是从最微小的事情上发端，扩大到最广远的地方，犹如燎原的星星之火，无止无尽。争论没有结论，悬在半空中停止，也许几个月后又拿出来争，却已扭曲了样貌。坡道上为何有突起？冰的结晶形式如何？从普兹茅斯船坞大门出来，往独角兽门走，一路经过的公共建筑顺序及名称如何？南极最好的鞋底钉是哪一种？伦敦哪家餐馆的牡蛎最棒？马披的罩布什么质料好？如果你在丽兹酒店问侍者要一品脱的苦酒，他会不会露出惊讶的表情？虽然《时代地图集》并未标明各公共建筑的名称，百科全书也未详细说明豪华旅馆的侍者行为，这两套书还是比别的东西更能解决争端。

冬天的早上，到九点半早餐桌便清好，大家各忙各的，只纳尔逊还不肯住口地呶呶不休。自此时起一直到晚上七点吃晚餐，各人都有工要做，只中午短暂休息吃午餐。我并不是说大家坐着像在家上班一样，完全不是。我们的工作多半在室外，运动是其中很重要的一项，但出门之后，每个人都很自然地去做他关注的事，不管是关于冰或岩石，关于狗或马，关于气象学或生物学，或关于检潮仪或气球。

如果风不太大，马儿就由它们的主人领着，在早餐后，中午喂食前，出去散步。牵马散步有时挺愉快，有时却是最麻烦的事，完全看马的性情与天气而定。马厩沿木屋背风面的墙设立，又一直点着一只熬油炉，因此相当暖和，而一被领出去就觉得冷，即使没有风也是。

摸黑跑马十分困难，再怎么努力，也没法让它们得到吃那么多好东西应做的充分运动。再加上这些马都爱乱踢乱咬，一有机会就想脱缰而去，就是在最无风、月光最亮的日子，带它们出去也不免几番惊险。最难遛马的日子是不确定该不该带它们上海冰的日子。让人害怕的是雪雾迷蒙，马主万一迷失方位，很难找路回来。多云、小雪，或吹轻微北风，通常都意味着暴风雪将至，但暴风雪可能延宕二十四小时不至，也可能几秒钟内就临头。很难说马儿今天该不该闭门不出，鱼网该不该收起，去洛伊角的行程该不该延后。通常大家仍冒险去了，因为整体来说，大胆一点比过分小心要好，而且就因为有风险，内心总有个声音催促你去做，你不想不去。我们很怕自己胆怯。

举个典型的例子。一个浓雾迷漫的日子，无月无星，下着小雪，一丝风都没有，因此无从辨别方向。鲍尔斯和我决定牵马出去。我们越过海潮裂缝，这是生成冰与固着冰的接缝处。我们贴着巴恩冰川的高崖底下走，后来又沿着一条小裂隙走到海湾中央架有温度计屏幕的地方，都没问题。我们擦亮一根火柴，费力地读了数字，回头往木屋走。才走了一刻钟，我们便知道迷路了，幸好后来认出一座冰山，显示我们行进的角度是正确的，这才安全抵返木屋。

在晴朗清爽的日子，满月照亮山脊、裂缝与雪坡，穿上滑雪板，漫无目标地四处游荡是很愉快的事。你可以绕过岬角的悬崖那边往南滑去，看望正在冰上小洞里忙着摆弄温度计、气流计等仪器的纳尔逊。纳尔逊每天砸破新结的冰，让这些仪表维持与空气接触。他以电话与木屋联系，又给自己盖了一个冰雪小庐以避风。你也可以去迎接从小屋角携狗队返来的密勒斯和季米特里。再跑远一点，四面就全然寂静无声了，但你的耳朵听到滑雪杖在坚冰上刮出的金属声，于是知道有人在别处滑雪，也许距你数海里之遥，因为声音传得极远。偶然传来尖锐的爆响，像手枪射击的声音，那是埃里伯斯山诸冰川的冰在收缩，你于是知道天气更冷了。你的呼气成烟，在你脸上化为白霜，在你的胡子上结成冰。如果非常冷，你可能还会听到水气在空中冻结的脆响。

这些日子是这第一个冬天最美好的记忆，至今清晰地留在我心中。一切都如此新鲜，我们曾如此惧怕，后来又彼此取笑的，可怕的“漫漫冬夜”。没有飘雪、没有结晶冰时，大气十分清明，月光洒在大地上，看得见小屋角半岛的主要线条，连九十海里外，冰棚上的明纳峭壁都看得见。埃里伯斯山的冰崖则像黑暗的巨墙矗立，冰崖之上，冰川的蓝色冰闪烁着银光。火山口的蒸汽慵懒地低垂，呈长条迤逦远方，让我们看出那里吹的是微弱的北风，意味着南方正酝酿风暴。有时会看到一颗流星直落入山中，而绝大多数时间，南极光焦灼地在天空游走。

大家都了解多做户外运动的重要性，经验也告诉我们，第一年里，最快乐、最健康的队友就是在新鲜空气中待得最久的人。我们通常散步、工作及滑雪都是单独一人，不是因为有谁跟别人处不来，而是因为人总希望一天里有一点时间独处。至少军官们是这样的，水手怎样我就不确定。以我们的情况来说，一年里只有冬季，出外散步时可以独处。木屋当然总是有人，拖雪橇出去时更是日夜都跟人挤在一块儿。

不过有一个例外。每天傍晚，只要不是刮着暴风，威尔逊和鲍尔斯便会一同去坡道上看“伯特伦”。这句话需要解释一下。我提过所谓“坡道”是部分覆盖着冰、部分覆盖着雪的粗石陡坡，是我们所居住岬角与埃里伯斯山冰川区之间的分隔线。气喘吁吁地爬上这道堤防似的陡坡后，眼前是一长条圆石散布的崎岖地面，圆锥形的小墩星罗棋布。这些小墩的来源我们起先百思不解，后来经切割观察，发现它们的核心都是坚实的火山熔岩，证明它们是同一块岩石风化而成。穿过此岩地往前走几百码（在黑暗的夜里难免跌倒、滑跤多次），你便看到刚刚发生冰川作用的迹象。再远些，在冰溪中孤立着另一组圆锥形石头，其中最大的一块上，我们放置了气象屏幕 B，俗称“伯特伦”。这屏幕，以及分置于北湾与南湾中的 A 屏（阿尔杰农）与 C 屏（克拉伦斯），都是鲍尔斯竖立的。他设想得对，有这三个屏幕在，可作路标，又可记录三地的最高温、最低温与当时温，用来与在木屋量得的温度相比较。根据记录，海冰上的气温与岬角上的气温大有不同，而百码高山坡上的气温往往比海平面上的高几度。我相信这地区的气候存有相当大的局部差异，这些屏幕提供了有用的资料。

威尔逊与鲍尔斯在风狂雪骤的时候也爬上坡去，他们虽看得见眼前的岩石与地标，稍远处却一片迷茫。在这样的天气里，走在熟悉的地标间是可以的，若到无固定地标可参考的海冰上就很不明智了。

威尔逊在这样的时候出门，喜欢把罩脸帽卷上去，露出脸，因为他很得意于他一直没冻伤。一个寒冷多风的晚上，他跨进木屋，脸上两团白的，想用狗皮手套遮也遮不住，你可以想象我们当时的爆笑。

喂马是在中午，雪为饮料，压缩草料为食，外加燕麦或豆饼。分量则依目前能做的工及将来要做的工而定。我们自己的午餐是在一点稍过时开动，开饭前几分钟会听到胡珀的声音喊：“清理桌子，德贝纳姆先生。”所有的纸笔、图表、工具与书便都得移开。这张桌子周日铺深蓝色桌布，平常日子以及用餐时间则铺白油布。

午餐无肉，有无限量的面包和奶油加果酱或乳酪，喝茶或可可。在寒冷地方，可可无疑是最有用的饮料。大家多次争论是茶好还是可可好。有些人会自己到炉火上烤奶油吐司吃。我得承认我不喜欢面包涂乳酪的吃法，在吃乳酪的日子里，许多人学我的样，把乳酪弄得一团糟，对此我们甚感惭愧。斯科特坐在桌首，也就是东面，其他人则每餐随便坐，想要跟谁说话就坐那里，或有空位就坐下。如果你想发表意见，德贝纳姆总是愿意听；如果你想听不想说，则坐在泰勒或纳尔逊附近就对了；如果你只想安安静静吃饭，阿特金森或奥茨也许会提供你适当的气氛。

我们从不欠缺谈话材料，主要因为每个人都希望有人说话。我们之中绝大多数都知道恐怖的沉寂的感觉，知道吃饭的时候应该要说话，不管有没有话要说。另一个比较基本的原因是，我们有各行各业的专家，他们的足迹遍布全世界，专长范围往往重叠或相关，因此论点、题材或交换意见的机会不仅多，而且可无限扩充。再加上我们的工作性质，集合的这伙人本就喜欢打破沙锅问到底，你可以预期，愉快有趣的谈话有时会变质为热烈吵闹的争执。

吃过饭，烟斗点起。我提起烟斗只因为承蒙威尔斯先生的好意，我们的烟草供应最充分，同样由他提供的香烟则特意限制，只带了少量，分配给吸烟的人。结果香烟的身价提高，在这一般通货没有价值的地方，香烟变成打赌的筹码。“我跟你赌十支烟”或“我跟你赌一顿晚饭，等我们回伦敦以后”，成为争论中双方最常说的话。偶尔，当打赌的一方对所争之事特别有把握时，他会愿意以一双袜子当赌注。

到两点钟，我们再次散开，各做各的事去。外面的天气尚堪忍受，人很快便走光了，只余厨子和两个水手在那里洗刷盘子。其他人则尽量利用地平线下的太阳反射出的一点微光做事。这里要解释一下，在英国，太阳大致从东边出来，正午时偏南，而从西边落下，在南极则非如此。我们所在的纬度，太阳正午最高点是在北方，午夜最低点则在南方。大家都知道，夏季有四个月（十月至二月）太阳从不降落到地平线下；而冬季则有四个月（四月二十一日至八月二十一日）完全不露出地平线上。大约二月二十七日，夏季结束，太阳开始在午夜时分在南方落下及升起；次日它落下得早些，沉得低些。三月和四月间，它一天比一天降得低，到四月中，完全下沉，仅于正午时在北方天边惊鸿一瞥，这就是它离去之前最后的告别。

相反的程序自八月二十一日开始。这一天，太阳自我们木屋北边的海平面上一闪即逝。次日它升高一点点，待得久一点。再过几周，它就自东方完全升起，然后沉没在西方山脉后面。但它并不停留在那里。不久它便每天自东南方升起，直到九月下旬，不再升起，因为它根本没落下，只是每天绕着我们打转。夏至日（十二月二十一日），太阳在南极点旋转二十四小时，没有一分钟改变纬度一度。其他时候，它总是正午时在北方，午夜时在南方。

常常，太多次了，刮着暴风，不能出去，顶多去读取观测数据、去照顾狗、去取冰来化水或去拿需用物品。只出门几码也得非常小心，而且没必要就不出门。不说别的，门前所积飞雪先得铲除，才能走出去。不管刮不刮风，下午四点一过大家就纷纷回屋，自那时起到六点半，在屋里各做各的事。晚餐时间将近时，会有好心人坐在自动钢琴前弹奏，那是我们最喜欢的事情，这样，我们便心平气和地坐上餐桌，胃口极好。

汤，通常是番茄汤，之后是海豹肉或企鹅肉，每周两次改吃新西兰羊肉，加上罐头蔬菜，这就是我们的主食。餐后有布丁。我们喝莱姆汁和水，有时水中含有怪怪的企鹅味，因为水是采自山坡上的冰。

在航行往新西兰的途中，晚餐后我们喜欢来上一杯甜葡萄酒或利口酒。唉，现在不行了：自离新西兰后，船上空间不足，不能多带酒，虽然医生们都主张多带些。我们只有几箱酒留待特殊庆典之用，另有一些上好白兰地，拖雪橇出去时带着，作为医疗性慰藉品。获准取用这奢侈品的军官，在旅程末了时会极受爱戴。

也许就因为没有酒，在“新地”号上的一项习俗受到禁止，那就是周六晚上的敬酒词：“敬女友与太太们，愿我们的女友变成我们的太太，我们的太太永远是我们的女友。”周日晚上的敬酒词也许比较恰当（以我们的情况来说）：“敬不在此的朋友们。”结了婚的军官很少，不过我相信探险生还的人回返文明后，大都赶紧结束光棍生涯，到目前只余两人尚未婚。他们的婚姻应该都很成功，因为好的南极探险者具备做丈夫的所有有利与不利的条件。

在自动钢琴上面，靠近餐桌桌首处，摆着留声机；斯科特小卧室的壁柜上，放大镜底下，有一只自制的盒子，内有隔层，收着我们的唱片。留声机通常在晚餐后打开，其价值可以想象。你得切断与文明的一切关系，才能充分体会音乐的力量。音乐唤起往事，勾出其中深沉的意义，因而抚慰了现在，引燃对未来的希望。我们也有很好的古典音乐唱片，放这些唱片的好心人得到的回报是愉快的家居气氛。晚餐后，桌子清好，有些人在桌边看书、看杂志，有些人去做自己的事。至于游戏，你会发现一阵子疯一样，没什么道理可言。也许好几个星期大家热衷于下西洋象棋，过些时流行起跳棋，然后是十五子棋，风水轮流转。奇怪的是，我们有纸牌，可是没人要玩。除了从英国出航时在船上玩过以外，我不记得看到过有人玩纸牌。

关于书，我们有不少当代小说，尤其是萨克雷、夏洛蒂·勃朗特、布尔沃-利顿和狄更斯的作品。很感谢提供这些书给我们的人，不过我觉得最适合我们在度冬总部看的书，是新出小说中的佳作，例如巴里、吉卜林、梅里曼及莫里斯·休利特的书。我们当然也应该尽量多带萧伯纳、巴克、易卜生和威尔斯的作品，因为这些书中的论点及可能激起的讨论对于与世隔绝的我们将如天赐的礼物。有一种书我们很多，那便是有关北极与南极旅行的书，是博蒙特爵士与马卡姆爵士送我们的，相当完整，大家都很爱看，不过，这些书你可能宁愿探险归来后再看，而不是你正在体验类似生活的时候看。在讨论或讲解有关极地的题目如衣着、食物分配、怎样盖冰雪小庐时广泛用到这些书，我们也经常查考或从中取得有用的秘诀，如帐篷内多贴一层衬里以保暖，以及熬油炉的结构等。

我已谈过地图与参考书的重要，应该有一套好的百科全书与英文、拉丁文和希腊文词典。奥茨喜欢看内皮尔的《半岛战争史》，有些人则觉得赫伯特·保罗的《英国现代史》是很好的随身读物。我们拉雪橇出去时，多半都会在个人行囊里塞进一两本不重但耐看的书。斯科特探南极时带了勃朗宁的诗集，不过我只看他读过一次；威尔逊带了《莫德》与《悼念》①；鲍尔斯每到营地，总是有一大堆货要计算、各种观测要记录，我相信他没有带读物。我拉雪橇出门时所带最好的书是《荒凉山庄》，不过一册诗总是有用的，诗可以在每日长途行进、一片空白的心中默念、背诵，以免无所事事的心在饥饿时记挂着食物，或纯粹出于想象地发起牢骚。与另三个人昼夜不离地共处几个月，本来就让人神经紧张，这想象的不满可能会扭曲而造成真正的不和。如果同行伙伴与你的阅读品位相似，你们可以合伙带书，挑一本能提供许多想法及讨论的书。我听说斯科特与威尔逊在第一次探南极洲时便带了达尔文的《物种起源》。这是你进行雪橇之旅时所带的，但在度冬总部，睡前半小时你总想读点现代社交生活的虚华浮饰，尽管那种生活你可能从来没接触过，以后也不想尝试，但读一读却很愉快，尤其那浮华生活如此遥远，你不可能太沉浸其中。

我常惊讶斯科特怎能举重若轻地做那么多事。他是探险队的主要推动力量：在木屋中，他静静地筹划、计算各种数字，对科学研究极有兴趣，若无其事地在纸上解出深奥的科学问题。他喜欢抽烟斗、看好书：勃朗宁、哈代（所著《苔丝》是他最爱看的书之一）、高尔斯华绥。巴里是他的好朋友。

他很愿意听取建议，只要建议行得通。最不可能的理论他也愿意细

① 《莫德》与《悼念》皆为英国桂冠诗人丁尼生的长诗。

究有无可行的方式。他有敏慧而新颖的头脑，面对任何实际或理论的问题时都经过充分思考。他的人格特质很有吸引力，爱憎分明，能用简短的同情或赞美，让手下倾心追随。我从没见过任何人，不分男女，能像他这样有吸引力，在他愿意的时候。

拉雪橇时，他比任何人都努力。没跟他一起拉过雪橇，无法真的了解他。我们拉车上比尔德莫尔冰川时，一天走十七个小时，极为累人，每天早晨给唤醒时，觉得好像才刚睡下似的。到午餐时我们觉得下午不可能再跑早上那么多的路，喝一杯茶、吃两片饼干之后精神大振，午后的头两个小时反而走得很带劲，是一天里面最顺利的两小时。但走了四个半、五个小时后，我们就等着斯科特左右观望，表示他在寻找适当的扎营地点。“走了一阵子了！”斯科特会喊，然后对奥茨喊：“现在几点了，提多?”奥茨可能回答七点，“噢，这样，那我们再多走一点。”斯科特会说。“跟上来！”大概要再走一小时以上，我们才停下扎营。有时天上的云镶着银边，表示暴风将至，斯科特便急着赶路。疲倦的身体虽欢迎暴风的到来（我这里说的是夏天的雪橇行军），斯科特却不能容忍一点点的延迟。我们自然难以了解他身为负责人的焦虑。我们的职责只是跟从，有人来叫便起身，拉车时全力以赴，分派的工作彻底而迅速地做好；斯科特却得筹划每天的行进路程、可携货重及食物，还要做与我们一样多的体力劳动。拉雪橇这件事，领导责任与体力劳动双重之重担，是很少有别的工作能比的。

他的个性复杂，充满光与影。

英国人都知道斯科特是个英雄，对他的个性却所知甚少。在我们这个多姿多彩的团体里，他绝对是主宰人物。事实上，在任何团体里，他都一定会居重要地位。可是认识他的人很少知道他是多么内向而孤僻，正因如此，他常常任由别人谤怨而不辟解。

更有甚者，他纤细敏感如妇人，简直可算是他的缺点。他这样的人担任领袖，差不多是苦难一身担，有如烈士，而领袖与追随者之间应该基于相互了解而产生的互信，却变得困难。知他的人才会很快欣赏他，其他人则靠长期相处的经验而认识他。

他的体格并不强壮，幼时体弱，一度人家以为他养不大。但他长得很匀称，宽肩阔胸，体力比威尔逊强，但不如鲍尔斯或水手依凡斯。他有消化不良的毛病，在比尔德莫尔冰川顶，他告诉我，刚开始爬的时候他以为绝对到不了。

气质上他有许多弱点，很容易成为暴躁的独裁者，沮丧和抑郁的情绪常常持续几星期不去，这些在他的日记里经常透露。他有勇气，能担大任，但有时他做这些事非常痛苦。他常哭，比我认识的任何男人都爱哭。

弥补这许多缺点，让他奋勇向前的是他的品行，他的优良品质。这并不是说他有各种美德。举例说，他完全没有幽默感，看人也不准。但你只要读一页他临终时所写的东西，你就会知道他多么有正义感。正义于他有如上帝。其实我相信你一开始看他的遗言就会一直看下去，而且读过一遍不够，还想再读一遍。你不需要多少想象力，就看得出他是怎样的人。

尽管经常受到沮丧的打击，斯科特却是我所见过坚强心灵与强壮身体的最强大组合，而这一切都因为他本性软弱！他天生暴躁、易紧张、性急、抑郁而且情绪不稳，但他克服自己，变得这么有活力，这么奋发而决断，而且发挥个性上的磁性魅力。他自承天性懒散，素来萎靡不振①，但他很怕让倚赖他的人陷入困境。你读他的遗书，可以一读再读②。

---

① 《斯科特的最后探险》卷一第 604 页。——原注

② 《斯科特的最后探险》卷一第 599、602、607 页。——原注

历史会记载他是征服南极的英国人，死得光荣壮烈。他有多方面的成就，南极绝对不是其中最重要的一项。最重要的一定是他克服自己的弱点，成为我们追随且爱戴的坚强领袖。

第一年里，斯科特的主要队伍里总共有十五个“官”、九个“兵”。官分成三个执行官与十个科学官，但这种划分是很粗略的，像威尔逊，他是科学家，却也无疑是执行官，而执行官们也做很多科学工作。这里我简述各人在木屋中的日常工作，让读者大致了解他们的个性与作为。应先说明，并非每个人都参加了拉雪橇工作。有些人是因科学特长而选入队中，不是因为体力适合拉雪橇。每次都拉雪橇的官包括斯科特、威尔逊、埃文斯、鲍尔斯、奥茨（管马）、密勒斯（管狗）、阿特金森（外科医生）、赖特（物理学家）、泰勒（地质学家）、德贝纳姆（地质学家）、格兰和我自己。探极之旅中，戴伊先是驾机动雪橇，后来雪橇坏了。剩下的是气象学家辛普森，他的观测工作需要持续做；纳尔逊，观察海洋生物、海水温度、盐分海流与潮汐；庞廷，职责是摄影，其成就有目共睹。

不管我怎么赞美威尔逊，他在英国的许多朋友以及在船上、在木屋中与他共过事的人，尤其是有幸与他一同拉过雪橇的人（因为拉雪橇是最艰苦的考验）都不会满意，我知道我说不尽他的好处。你若认识了他，你不能喜欢他，你一定得爱他。比尔是地上的盐（中坚人物）。如果你要我说出是哪一项品质让他如此有帮助、如此受爱戴，我想答案是他从无一刻想到自己。在这方面鲍尔斯也非常了不起，我等一下会谈到他。我还想顺便提一句，在南极旅行中，这也是最必要的特性。我们有很多这样的官和兵，探险的成功相当程度要归功于大家捐弃个人喜恶，以谋全体的福利。威尔逊和纳尔逊首先立下典范，其他人景然从之。这份精神让我们不止一次度过可能发生冲突的难关。

威尔逊身兼多职。他是斯科特的左右手，是探险队中科学组组长，原是圣乔治医院的医生，专精脊椎动物的动物学家。他所发表有关鲸、企鹅与海豹的著作至今仍是最好的，而且连非科学家读起来也兴味盎然。在“新地”号出航的路上，他还在替皇家松鸡病委员会写报告，却没活着看到刊印出来的作品。不过，与他最熟的人可能对他的水彩画作怀念最深，超过他在其他方面的成就。

他少年时，父亲让他假日出门漫游，唯一的条件是他得带回一些素描作品。我提到过他在雪橇旅行或其他没有绘画材料的情况下所作的素描，例如在小屋角的时候。他带回度冬总部的笔记本里全是这些线条与颜色：西方山脉的日落、冻海或冰墙上反映的光、埃里伯斯山头白天的蒸汽云和夜晚的南极光。他在斯科特小卧室的隔壁架起一张桌子，两头以箱子支高，撑起约四平方英尺的画板，把他所见的光影逐一画上。他画在湿纸上，因此得画得快。他崇仰罗斯金①，希望画得越逼真越好。如果抓不住他想表达的效果，就把画纸撕掉，画得再美也在所不惜。他设色之忠实不容怀疑，画作细腻地记录了我们一起看到的景象。至于笔触的精确，我可以引用斯科特在“发现”号探南极之旅中写下的一段话：

> 威尔逊是最孜孜不倦的人。天气晴朗的时候，在我们累人的一天工作终了时，他会花两三个小时坐在帐篷门口，细密地描绘西方海滨的壮丽山景。他的素描精确得惊人，我曾以量角器实际测量，结果发现他的比例完全正确。②

---

① 约翰·罗斯金（1819—1900），英国艺术评论家兼作家，十分赞赏英国风景画和水彩画家透纳强调光影的作品。

② 斯科特《“发现”号之旅》卷二第 53 页。——原注

除了画陆地、浮冰群、冰山与冰棚这类科学与地理题材外，威尔逊也留下一些画大气现象的油画，不仅科学上精确，而且非常美。其中有南极光、幻日、幻月、月晕、雾虹、彩虹云、山的折射影像，以及各种幻象。你看一幅威尔逊的幻日画，不仅可以确定那些假太阳、圆圈和柱体在天空的方位恰如纸上所绘，也可以确定其间，例如太阳与外圈光之间的层次数目，完全如实际所见。看他的画，如果画的是卷云，那就一定不会是层云在当时的天空；如果没有画云，那就是晴朗无云。是这样的精确，让他的作品从科学角度来看特别有价值。我也该提到，威尔逊也常替别的科学家作画，留下标本的彩色记录，其中鱼与寄生虫的画特别有用。

我没资格从艺术角度评断威尔逊的画，但如果谈的是线条的精确、色彩的真实、大气柔和细致光影的再现，则他都表现出来了。我只能说，在地球上不为人知的角落从事科学与地理工作，艺术家是不可或缺的。

威尔逊自认他的艺术能力有限。我们常谈及透纳①若来到色彩映象如此美丽的地方，会画出怎样的画来。我们促请威尔逊画些具特别效果的画，但他觉得这样做超出他的能力，毫不迟疑地拒绝了。他的色彩鲜明、笔触简洁，处理雪橇题材具备专业的热情，因为他完全熟知雪橇生涯的一切。

斯科特与威尔逊携手合作，扩大探险队的科学目标。斯科特虽非任何科学的专家，却衷心热爱科学。“科学，一切努力的盘石之基。”他这样写道。不管是与赖特讨论冰的问题，与辛普森讨论气象学，或与泰勒讨论地质学，他不仅表现出清明的头脑、学习的热情，而且具备足够的知识，可以很快提出有用的建议。我记得纳尔逊在处理问题时，除科学

① 透纳（1775—1851），英国风景画和水彩画家。

途径外一概嗤之以鼻；他总是说：“不能瞎猜。”但他强调斯科特例外，说斯科特天赋异禀，能一语道出解决之道。斯科特在日记中一再提及他对理论科学与应用科学的兴趣，在南北极探险中，领队如无此兴趣，恐难有太大的科学成就。

威尔逊在科学成就上的功劳比较明显，因为他是科学组负责人。但外人无法从已发表的报告中看出他协调各门科专家的能力，也看不出他统率这些人、解决其纷争的老练得体。最了不起的是他的判断正确，斯科特与其他人都极为倚仗他。在这个地区，错误的判断可能导致大难，可能损失人命，因此判断能力是最可贵的。天气的变化总是突然发生，海冰的状况、在坑坑洼洼的地区拉雪橇时的行进方向，无不需要高明的判断，最好还要有经验。大自然在此往往是人无法抗衡的敌人，而我们希望将危险减至最小，效果增至最大。威尔逊既善判断，又有经验，他的经验之广博不输斯科特，我知道斯科特常常在与威尔逊一席谈话后改变主意。这里引述斯科特日记中的一段：

> 他参与几乎每一堂讲课，要解决我们在极区世界中遭遇的各种理论或实际问题，几乎总是要咨询他。①

> 要谈比尔·威尔逊的好，总让我词穷。我相信他是我所见过最好的人，越接近他，越能感受他的好处。他的人品端正，可信可赖，你能想象这份品质在这里有多么重要吗？不管遇到什么事，比尔都会非常踏实，非常忠诚，非常无私。再加上洞悉事理人情，他沉稳而老练无比。以上大致说明他的好处。我想他是队上最得人缘

① 《斯科特的最后探险》卷一第 295 页。——原注

的一位，这也说明了很多事。①

末了，斯科特自己躺着等死时，写信给威尔逊太太：

我无别计可安慰你，只能告诉你，他死时恰如其生前，是个勇敢、真诚的人，是最好的同志，最忠实的朋友。②

斯科特少年时体弱，成年后才强壮起来。他高一米七五，重七十三公斤，胸围一百厘米。威尔逊并不特别结实，随“发现”号出发时，他才刚治好肺病，但他却随斯科特到了最南点，还帮着把沙克尔顿安然带回。沙克尔顿那条命是斯、威二人捡回来的。威尔逊比较瘦，像运动员的体型，善走，身高一米七九，体重七十公斤，胸围九十一厘米。我一向认为，任重道远，所赖者并非强壮的身体，而是坚强的意志，威尔逊是很好的例证，相信类似的例子多得很。斯科特死时四十三岁，威尔逊三十九岁。

鲍尔斯与他们俩都不同。他二十八岁，身高仅一米六三，胸围却达一百零二厘米（我提出胸围数字仅是作为他体型的参考），重七十六公斤。他是马卡姆爵士推荐给斯科特的，一天马卡姆爵士在“伍斯特”号军舰上，与舰长威尔逊-巴克共进晚餐，鲍尔斯正好在此舰上受训。那时鲍刚从印度回国，晚餐桌上话题转到南极。谈话间，威尔逊-巴克转向马卡姆爵士，指着鲍尔斯说：“这里有一位，将来有一天会率领探险队去的。”

离开“伍斯特”号后，他过了一段颠沛的生活，先是转到商船上工

---

① 《斯科特的最后探险》卷一第 432、433 页。——原注

② 《斯科特的最后探险》卷一第 597 页。——原注

作，随“炎湖”号环航世界五周，后来加入印度皇家海军，在伊洛瓦底江上担任一艘炮艇的艇长，再转至英国海军舰艇“福克斯”号上服务，经常驾无篷小艇缉查在波斯湾上私运军火的阿富汗人，阅历颇丰。

之后他加入了我们探险队。

入队时刚从全世界最热的地方来的鲍尔斯，却比队上任何人都耐寒，这实在是一件怪事。我不知道其中有无因果关系，不过刚从印度回来的人，往往觉得英国的冬天奇寒难耐。我只能说，英国的冬天是湿冷，南极却干燥。鲍尔斯总是宣称他既不怕冷也不怕热，他这话可不是夸夸其谈，多次经验将会证明。

同时，他的个性是绝不服输的。他也许没有欢迎难题，但确实不把难题放在眼里；一方面嗤之以鼻，一方面不屈不挠地攻克难关。斯科特相信有困难就要克服，鲍尔斯则相信他就是那克服困难的人。这份自信建立在深厚的宗教信念上，他的信心且能感染别人。留守船上的队友和登上陆地的队友都信赖他。“他很不错。”这是他们对他航海能力的评价，这方面他确实很强。“我喜欢跟着伯第（鲍尔斯的昵称），因为他条理分明，让我安心。”这是一天晚上我们扎营时，一位队友的感言。那时我们刚花了一段时间捡起前人留下的物资，若是一个比较差的人带队，很可能就找不到这批物资了。

他是我一生最好的两三个朋友之一，因此我在向读者描述他时，很难避免夸大之嫌。有几次他的乐观态度显得太造作，虽然我相信他其实出于真心；有几次我简直觉得他开心得可恨。在习于以衣着取人的人看来，鲍尔斯太粗犷。“给那人一把战斧，你就杀不死他。”这是在基督城一场舞会上，一个新西兰人的评语。这种人在传统生活中也许不受重视，但在漂浮浪间的冰块上，在被风浪推拥后退的船上，在分崩离析的雪橇队里，或刚把晚餐泼洒在帐篷地上的情况下，我渴盼有鲍尔斯前来，领我去有食物与安全的地方。

受神偏爱的人死得早。如果说给他一条清楚、坦直、光辉的人生道路，让他受许多苦却让他没有怀疑、没有恐惧，是爱他的话，那么神爱他。勃朗宁在写以下诗句时，心里想的也许就是鲍尔斯：

从不退缩，永远挺胸向前；
从不怀疑密云将散；
尽管正义遭到挫败，他做梦也不相信不义的一方会得胜；
他相信我们倒了还会站起，败了下次打得更好，
睡着了将会醒来。

他没有半点复杂难解之处，坦荡单纯，直率无私。他的工作能力超凡，自己的工作做完还有空，就去帮科学家做事或牵马出去遛。装有自动记录仪器的气球是他帮着施放的，之后气球松脱，又是他循线找回。安放在远处的三个气象屏幕是他装的，他又是最常去读取数据的人。有时他照顾狗，因为管狗的人刚好没空。他最喜欢一条特别强壮的爱斯基摩狗，名叫克利斯拉维察，简称克利斯，据说是俄文“最美”的意思。特别喜欢它的原因是它是众狗中最野蛮的一条，最常受到惩罚，而鲍尔斯

克利斯拉维察——德贝纳姆摄

认为一个问题动物，不管是人还是狗，需要的是帮助。他是队上最矮小的人，却偏偏挑选最大的两匹马来带领，先一匹带往运补之旅，后一匹带往极地旅程。带它们出去运动于他是实验，因为他爱动物虽深，对马所知却甚少。他一开始带他的第二匹马去运动（第一匹马死于浮冰上）是骑着它。“我很快会适应它。”一天维克多在海潮裂隙把他摔下时他这么说。接着压低声音说：“它也一定会习惯我的。”

这是在户外的工作，比在屋里舒服。但他最重要的工作要在室内做，他也一样以无尽的热情从事，因此无闲暇看书或休息。

他在伦敦作为行政官加入探险队，任务是主管仓储。他装货的方法连码头工人都佩服。一天早晨他从主舱跌落到底下的铣铁上，过了约半分钟才醒来，立刻继续工作，好像什么事也没发生一样，更令工人们佩服。

一路航行过来，他对仓储的了然于胸和绝不服输的个性日益彰显，斯科特看出他深可倚重，遂请他随同登岸，他求之不得。他全权负责所有的食物供应，包括在总部所吃的和雪橇队路上吃的；他也负责雪橇的载运物品及重量分配、煤炭的消耗以及发放衣物，甚至木匠的工具间、水手长的帆缆储藏柜。在度冬总部，箱笼全堆积在屋外，不久即被飞雪掩埋，谁要用哪一样东西时，只有他知道在哪处的哪一只箱子里。

时间越久，越看出他的能力超卓，斯科特于是把事情一样一样交托给他。斯科特是肯授权的领袖，只要手下证明能挑重担，他便会授权。鲍尔斯一定分担了斯科特很多工作，他才有时间参与总部的科学研究，并写下很多信件与记录。第一个冬天，鲍尔斯帮斯科特做的主要是两件事：一是拟定南行计划并计算出应携物品之重量，二是监督总部的日常作息。一切运行井井有条，我说不清需用物品是怎样发放的、怎样组队轮流去取冰化水以及其他任务编派，我不知是怎么安排的，反正都安排好了。鲍尔斯的床位在我上铺，每晚我上床睡觉时，他都站在一张椅子上，把他的床当桌子，我想现在留在我手上的这许多物品清单，一定都是这个时候算出来的。总之，事情都在我们不知不觉中做好了，更证明其安排之平顺有效。

在他眼中，世上无难事。我从没见过比他更轻快、强悍的个性。斯科特写的东西里多处谈到他多么重视鲍尔斯的协助。运补之旅和冬季之旅他都参加了，从他的表现看来，他会入选探极队伍，果不其然。没有人比他更有资格入选。“我相信他是最坚强的极区旅行者，同时也是最不屈不挠的。”①

标准很高。

鲍尔斯给我们上了两堂精彩的课，第一堂讲的是雪橇旅行的食物，末尾他谈到我们在运补之旅中所配给的食物，并根据科学的计算，提出探极之旅应携食物的建议。他的建议有根有据，有一位科学家原本抱着敌意前来，认为一个未经训练的外行人怎可讨论如此复杂的题目，但听过之后，即使没有改变想法，至少也消失了敌意。第二场他讲的是极地衣着，事前也经周密准备。整体的结论是（这是冬季之旅以后的事），我们现有的衣着和装备已无太多改进空间，不过应记得除手脚外，防风的衣服胜过毛皮。我则认为，拖雪橇时，在防风衣之外没法多穿，但冷天驾狗拉雪橇，我总觉得毛皮比较好。

每周三次，晚餐桌收净之后我们坐下来听讲。并非强制性的，水手们只来听他们特别感兴趣的题目，例如密勒斯活灵活现的西藏边境之旅。那里原来居住着十八个部落，他们是西藏原住民。密勒斯告诉我们喽罗族怎样哄骗他的同伴布洛克，让他以为他们乐于帮助他，结果却杀了他。

---

① 《斯科特的最后探险》卷一第 362 页。——原注

> 他无照片或图片可为佐证，只有很草率的地图，却让我们全神贯注地听他精彩的冒险故事将近两小时而不倦。密勒斯的血液里有流浪者精神，除了在最荒僻的地方不能快乐。我从未见过如此极端的人。在木屋，他仍盼望单骑赴小屋角，觉得我们这一丁点的文明也够烦。①

多数人觉得一周听三次演讲太多了。第二个冬天我们人数大减，每周便只讲两次，我认为这样好多了。不过，庞廷的演讲大家总听不厌。他放他自己拍的幻灯片，讲述他去过的许多地方。我们因此在短短一小时内神游缅甸、印度或日本，感受到当地的花树与女性风情，那是与我们所处境况恰好相反的，看了无不心旷神怡。庞廷也替别人的演讲制作幻灯片，用的是他秋天拍的照片或翻拍书上的图片。不过大多数的演讲内容都很硬，有各种设计图与计划书，画在纸上，一整叠钉在大画板上，讲一张撕一张。

从实用观点而言，最让我们感兴趣的一晚是斯科特提出南行计划的那晚。读者也许会问，为什么没有早早拟定计划，而要等到出发前的冬天才提出呢？答复是，早先只能有一个大概的安排，要到秋天的雪橇之旅后，我们学得有关食物、装备的教训，了解狗、马与人员的可靠程度，再加上变动之后具体知道有哪些可用的运输工具，才能够做出精确的计算。这样，在五月八日的晚上，我们怀着兴奋的期望，坐下来听取斯科特的计划，并以顾问委员会身份提出建议。

也是在这样一个冬天的夜晚，斯科特宣读他有关冰棚与内陆冰的文章，以后所有关于这题目的研究大约都是以他这篇文章为基础。冰棚，他认为，应该是浮在水上的，面积至少是北海的五倍大，平均厚度约为

---

① 《斯科特的最后探险》卷一第 396 页。——原注

四百英尺。“发现”号曾在冰棚上贮存一批货，由其位置变动速率计算，冰棚在十三个半月内向罗斯海移动了六百零八码。冰棚面的倾斜度不足以致此，前人的看法是从内陆高原上流下的冰川造成，但这理论也不尽能解释。辛普森认为是冰棚上的雪积存到某个程度，造成冰棚扩大。论文末尾提出关于内陆冰层分布与特性的一些模糊想法，不过整个论文很有说服力，有很多好理论。

辛普森是极佳的讲员，他讲气象学，并解释堆满他那角落的各种仪器工具各是什么用途，大家都甚感兴趣。纳尔逊谈生物学，泰勒讲地形学，也都很有趣。“泰勒，我昨晚梦到你的演讲。我活了这么久，竟不知世上有这么有趣的门科！”这是斯科特听过一场演讲的第二天所说的话①。赖特谈冰的问题、放射线以及物质起源，则是相当技术性的题目，我们听得一头雾水。但阿特金森谈坏血病，每个人都切身相关，有话要说。事实上，在场的听众中就有一人六个月后患坏血病到很严重的阶段。阿特金森赞同的理论是：坏血病是细菌引起的血液中的酸性毒素所致。他解释石蕊试纸试验的用意，我们每个月以及出雪橇任务前后都要抽血，加入各种浓度的稀硫酸，直到血变中性为止。健康人的指数是三十到五十，有坏血病迹象的人则是五十到九十，视其严重程度而定。已知可防止坏血病的只有新鲜蔬菜，如果只吃新鲜肉类，在其他条件很差的情况下是不行的。一个例子是巴黎被围困时他们有很多马肉可吃，但坏血病仍盛行。一七九五年安森的五百名船员有三百人死于坏血病，但那年首次发现莱姆汁可治疗此病。自此英国海军几乎不再有人患此病，在纳尔逊②的时代也没有；但原因却不详，因为据现代研究，莱姆汁仅有预防之功。商船上人仍患此病，自一八六五年起十年间，无畏医

① 泰勒《与斯科特同行：乌云背后的亮光》第240页。——原注

② 霍雷肖·纳尔逊（1758—1805），英国海军统帅。

院约有四百个病例，而在一八八七年到一八九六年间，却只有三十八个病例。我们在埃文斯角有钠盐，必要时可用来碱化血液做实验。阿特金森认为黑暗、寒冷和苦工都是坏血病的重要病因。

南森主张吃各种不同的食物，以预防坏血病，斯科特谈起南森告诉过他一则故事，他始终不明其理。故事说有些人吃了坏掉的罐头食物，有的只有一点坏，有的实在腐臭了。他们丢掉坏得厉害的，吃了只有一点坏的。“而其实，”南森说，“他们应该吃最坏的。”

后来我问了南森这到底是怎么回事。他说，他讲的一定是一八九四年至一八九七年杰克逊与哈姆斯沃斯到法兰士·约瑟夫地探险的事。乘船来去的队员得了坏血病，但登陆的队员没有。关于此事，杰克逊写道：

> “向风”号的船员我想是太不小心，吃了坏掉的罐头肉，虽然把最坏的丢掉了……我们（在岸上的）多半吃的是新鲜熊肉。船上的队员也可以吃熊肉，但他们宁可每周吃几顿罐头肉，不愿天天吃熊肉。有些船员对熊肉有成见，根本拒吃。①

当然坏掉的食物根本不该吃，但据南森说，造成坏血病的尸毒是在肉类腐败的初期产生，等到后期会产生酵素破坏尸毒。因此，如果非吃不可，倒宁可吃坏得最严重的罐头。

威尔逊则强烈主张单吃新鲜肉便可防止坏血病。他说“发现”号之旅便靠吃海豹肉解决这个问题。至于在“发现”号的探极之旅中发生的坏血病②，他认为不能算数。不过，在我们的冬季之旅中，我记得威尔

---

① 杰克逊《在北极地区的一千天》卷二第380、381页。——原注

② 那次探极仅斯科特、威尔逊及沙克尔顿三人同行，途中沙克尔顿得了坏血病。

逊说道，沙克尔顿好几次一出帐篷即晕眩，且似乎病得很重。威尔逊自己好几次得坏血病，都在别人尚未察觉前，他自己首先察觉，原因是牙龈变色要过一段时间才会显现在前面。他认为在那次旅行中狗群并非得了坏血病，而是中了尸毒，因为鱼罐头在船经热带时坏了。他认为大家误把“发现”号之旅中出现的一些症状，如身上发疹、腿与脚踝肿大等，当做坏血病的征候，而其实只是太过疲劳的结果。我还可以加一句，我们在冬季之旅回程时也有这些迹象①。

此外还有德贝纳姆讲地质学，威尔逊讲鸟、兽及素描写生，埃文斯讲测量；但在我的记忆中最生动的莫过于奥茨讲的“不当养马法”。凡要参与第一阶段南征之旅的人，仰赖马为运输工具，自然对此讲题有兴趣而且有需要。不过大家对演讲者的兴趣更大于讲题，想看沉默寡言的提多怎样发表公开演说，并认为他一定很不愿意做这件事。结果他讲得周详而旁征博引，虽然没有人看到他事前做过任何准备。大家听得很高兴。他一开场便说：“很荣幸今晚有机会向大家讲话。”我们都笑了。他接着便详述马的通性与体能，尤其是我们所有的这些马的个性与状况，讲得很有趣。末了，他讲了一个故事，说他曾参加一场晚宴，猜想他是勉强赴宴的。一位年轻女士迟迟未来，众人等不及她，坐下来先开饭了。不久她来到，模样害羞而困惑。“对不起，”她说，“都是马害的，它……”“它是匹懒惰马？”女主人替她说出来。“不是，它是个——我听到马夫这样叫它好几次。”

奥茨是个老派、凡事做最坏打算的人，但个性极为可爱。在冰棚上过夜时，我们拴好、喂好马，常看着狗队由远而近来到营地。“这些狗大概还能再撑十天。”他会喃喃自语。我不认识几个骑兵，不知道他们

① 以上所说关于坏血病的种种都是过时的议论，坏血病纯因缺乏维生素C所致，与尸毒、细菌、寒冷、黑暗等无关。

有何通性，但我想，恐怕很少有骑兵愿意骑匹懒马到处跑吧；也很少有骑兵会戴着破旧不堪的帽子来吃晚饭，以致全桌的人出于好奇把他的帽子传而观之。

他在队上负责照料马匹，曾任骑兵队军官的他，在这方面无疑有最佳的训练，但他对马的了解远超过照料所需。有关马的一切他几乎无所不知，可惜他没有帮我们在西伯利亚挑选马匹，否则我们一定会有好得多的马可用。除了照料所有马匹外，他也领有自己的一匹马，就是前面说过的最难缠的"基督徒"，在南行之旅及之前的训练中，都是奥茨领着它。关于"基督徒"，我们还会多次谈到它，它好像是专程到南极来带坏其他驯顺的马的，但奥茨从头到尾对待它的方法，堪为精神病院院长的典范。他机智、耐心而多方面鼓励"基督徒"这危险的畜牲，其英勇形象至今深印在我记忆中。

说到此，容我顺便提一句，我们的这些马受到的体贴照顾是别的动物想都想不到的。马主以自我牺牲的精神对待它们，当它们是朋友、同伴而非畜牲，喂食、训练、披罩布。它们从未受到鞭打，以前则显然经常挨打。它们过的日子比以前好很多，而我们自己的处境其实很局促。我们对它们产生很深的感情，但并不因此看不见它们的缺点。马的智力有限，主要倚赖记忆，其愚鲁堪与政客匹敌。所以，当马遇见与习惯不同的情况时，它不能适应；若再加上鞍辔与罩布冻成冰，绑上各种各样的绳索褡扣，害得它不能到处啃吃，连自己的系绳和同伴的头毛都啃不到，草料也不足，又不想做工，它的脾气可大了。不过，马主和马儿们都相处得还不错（只除了"基督徒"老不合作）。这倒也不令人意外，因为大多数马主都是水手出身，素来深爱动物。

木屋北墙外搭了宽檐出去，两端及靠外面都用木板遮蔽，砖头状的煤块充当支柱，暴风又把雪吹来堆积在木板墙脚，这马厩便成了极能避风雨且称得上温暖的地方。马站在一格一格的小间里，头朝屋子，与屋子之间隔一条走道。形成小间的木条上钉着食槽。它们很少躺下，地面太冷，而奥茨认为即使船上有空间带干草来给它们铺在地上，对它们的帮助也不大。马厩地面是碎石子，木屋就是盖在碎石地面上。以后如果有人要带马到南极，可以考虑地面铺木板，可能会让它们舒服些。沿着狭窄的走道过去，你就通过一排头，其中好些会在微弱的光线中啃咬你。奥茨在马厩尽头自己造了一座熬油炉，比小屋角那座用剩余物资造的炉精致，不过原理是一样的，即将一块连着油脂的海豹皮放在烤架上，油遇热熔化，滴在下面的灰上，又作了燃料。这火不仅温暖了马厩，也融化了雪，让马有水喝；暖热了糠粥。这温暖有伴的家一定很得马心，因此每当带它们去寒冷、黑暗、多风的海冰上运动时，它们总想逃脱，一旦逃脱，总是直往家奔，在马厩里跟主人你追我跑，直到实在躲不过了，才乖乖地走进它自己那个小隔间，别的马则嘶叫、踢打着讥笑它的就范。

它们运动的方式我已介绍过，它们的冬季食料则如下：

早上八点：草秣。

中午十二点：雪、草秣与燕麦或豆饼，隔天轮换。

下午五点：雪、热糠粥加豆饼，或煮燕麦加草秣。最后来少量干草。

春天来临后，它们渐渐改吃冷而硬的食物，仲春开始逐渐增加运动量，让它们拉只载一点货的雪橇。

可惜我没有记下奥茨希望能给马吃怎样的食物。压缩马料绝对是不行的，我已经说过了。他也许希望冬季给它们吃干草，但干草很占位置，船上每一英寸空间都很宝贵。我们离开新西兰时所载马料计有：草秣三十吨、干草五吨、豆饼五至六吨、麦麸（糠）四至五吨，此外有两种燕麦，白的比黑的好。我们想多带麦麸但带不了①。不过我们喂它们的东西不只这些，有一匹叫零碎的马就喜欢吃海豹油，吃得挺好。

离开新西兰时我们有十九匹马，原定十七匹跟主队登岸，另两匹跟着坎贝尔那队去探勘爱德华七世地。结果两匹马在船上便死于暴风，一月时我们在埃文斯角卸下十五匹马，其中六匹在运补之旅中死去，而暴躁的乱踢先生在我们出去运补时，不知何故病倒，后来不得已给它一枪了结。因此冬季开始时，主队原有的十五匹马仅余八匹。

前面说过，我们出去运补时，船载了坎贝尔的两匹马，想在爱德华七世地送上岸，但因浮冰群阻挡，不能靠岸。他们沿岸搜寻可登陆地点，结果发现阿蒙森在鲸鱼湾。在此情况下，坎贝尔决定不在那里登岸，转往南维多利亚地北岸，尝试登陆，终于成功。其间船曾回埃文斯角，送消息来，又因他认为马对他已无帮助，遂将两匹马涉水约半海里送上岸，因为船不能靠得更近，而海冰又已化。这样，入冬时我们增添了坎贝尔的两匹马，耶和与支那人，加上运补之旅尚存的两匹，一级棒和吉米猪，以及留在埃文斯角的六匹（抢匪、零碎、骨头、维克多、麦可和“基督徒”），总共十匹。

十匹当中，“基督徒”是唯一真正的坏蛋，但它很强壮，如能驯服是很有用的。骨头、抢匪、维克多和零碎都很管用，麦可温驯但很容易紧张，不过也可用；支那人则不可靠，耶和更甚，有时根本不肯拉任何东西。至于一级棒和吉米猪，是我们运补之旅的老伙伴，其中一级棒比较好，它也是受困于浮冰的马中唯一获救的，而如果它那次没有活下来，我不知道探极之旅还去不去得成。吉米猪身体虚弱，但在探极之旅中表现很好。这两匹是曾有拉雪橇经验的仅有马匹，它们比别的马表现得好也许只是巧合，但我总相信因为它们比较熟悉冰棚上的情况，探极

① 《斯科特的最后探险》卷一第 4 页。——原注

时它们没有不必要的忧虑和疲倦，对它们一定很有好处。

至此，读者应该可以了解我们多么担心马受伤或生病。拜马主仔细提防之赐，受伤的事很少发生，有之，也很轻微。容我顺便解释一下，冰上通常铺着薄薄一层浮雪，因此不滑。但三不五时，我们会在中夜听到砰然巨响从墙那面传来，守夜人赶紧跑出去看，奥茨起来穿靴子，斯科特发出不安的声音。多半是骨头或支那人在踢马厩小舍，也许是为了保暖。等守夜人赶到，他只看到一排睡意迷蒙的脸，在手电筒的光照下对他眨眼，仿佛在说这夜的沉静绝不是它打破的！

但古怪的动作容易出意外，不止一次，我们发现马儿扭曲着身子，甚至倒在地上。它们的头拴在小舍两头的支柱上，若想躺下会有点困难。比较严重的是有一次一匹马生了重病。先是另一匹马有类似而比较轻微的症状，那是吉米猪在六月中腹痛，但那天到了晚上它又照常吃东西了。严重的是七月十四日中午，骨头没有进食，接着剧烈痉挛。

> 它不时想躺下，后来奥茨终于觉得让它躺下好了。一躺下，它的头便慢慢垂下，时时痛苦地抽搐，痛得厉害时，它会抬起头，甚至想站起来。以前我从来不知道马在此处境下有多么可怜；它不出声，只有阵阵痉挛透露它的苦楚，还有它的头迟缓地移动，眼中流露出忍耐的神色，是祈求的意思。①

近子夜时，我们觉得它快不行了。我们知道若不能保得其余动物身体健康，春来后的旅行失败的机会将大增。

> 子夜过后不久，有人告诉我（斯科特）那马似乎好些了。两点

① 《斯科特的最后探险》卷一第352页。——原注

半时我又去马厩看它，它确有进展，虽仍侧躺着，头伸得长长的，但已不再抽搐，眼里的神色也轻松了，耳朵听到声音还会竖起来。我正站在那里看着，它忽然抬起头，毫不费力地站了起来。再过一下，好像噩梦醒来似的，它伸鼻向干草、向隔壁的马。三分钟内它喝了一桶水，开始吃东西了。①

马生病的近因据说是“吃了一小球有些发酵的草料，草料外面粘了条虫。感染尚不严重，但虫若挂在肠内壁上就完蛋了。”

骨头复元顺利。两天后另一匹马拒食、倒下，但很快康复了。

马为何生病，有多种猜测，但没有一种让人满意。有的人认为是通风不良，因为生病的两匹马恰站在熬油炉的两侧；反正，一条大通风管装起来了，放新鲜空气进来。又有人说，可能是饮水不足，因为它们吃雪不会像喝水喝得那么多；补救的方法是给它们水而不是雪。我们也给它们比以前多的盐。不管致病原因是什么，以后再没发生腹痛的事，它们的情况一直到我们展开雪橇旅行都很好。

马儿都吃打虫药；我们还发现它们长虱子，辛苦而费时地以烟草水擦洗后根治了。我知道奥茨主张于初冬时给马剪毛，认为这样它们新长的毛会好很多。他也主张给每一匹马较宽松的空间。

谈到马，不能不提我们的俄国马童安东。他个子矮小，但极强壮，胸围达一百零二厘米。

安东和同样来自俄国的狗队驾驶季米特里，原本都是从西伯利亚来到新西兰，负责照顾马和狗，但他们表现很好，很有用，因此请他们随队上岸。不过，安东好像并不清楚他来到的是什么样的地方。我们的船向南驶到克罗泽角时，他看见罗斯岛的两座高峰耸立在前，冰棚则消失

① 《斯科特的最后探险》卷一第353页。——原注

在东方海面上一堵绵延不断的冰墙之下，他以为已经到了南极，高兴得不得了。等到冬天渐临，黑暗笼罩，迷信的他觉得大事不妙，非常紧张。木屋前方，海冰与陆地连接处，因海潮起落，时时断裂。有时候海水会涨上来，安东看到海上闪烁的磷光，认为是魔鬼在海上跳舞。我们发现他为祭鬼牺牲了他最宝贵的奢侈品——他配给到的一点点香烟，他摸着黑，把香烟一根根插在水中。他当然想念他在西伯利亚的家，他准备迎娶的独脚妻子。后来他明白了我们要在南边再待一年，颇为困扰，跑去问奥茨："如果我今年年底就走掉，斯科特队长会不会断绝我的继承权？"他的英文不好，为了清楚表达他的意思，前几天他就在问："做父亲的死了，不留东西给儿子，英文怎么说？"可怜的安东！

他切切期盼船的到来，船到时，他背着随身包，赶紧越过海冰去迎接。他要求上船工作，获准后高兴万分，在船抵新西兰以前，再也不离开它。不过，他是个一贯开心、一贯努力的人，对我们的小团体很有帮助。

据萧伯纳告诉我，就算是婚姻最幸福美满的夫妇也有争吵的时候。因此，如果我说我们自离英国起，到返回新西兰止，团体生活过了三年，而从来没有发生任何摩擦，那我说的一定不是事实。我应该说，我们没有什么严重的争执。更精确地说，我看到过一个人一度看起来"浑身是刺"，但仅此而已，也没有维持多久，而且据我所知他的愤怒是有道理的，只是我忘了究竟是为何事。为什么我们比一般探极队伍相处和睦？很难说，不过有一个很重要的原因：我们很忙，没有时间争吵。

赴南极之前，常有人说："你们会互相烦腻。整个黑暗的冬天你们要做什么？"其实，工作就是解决问题的方法。军官们值了一整夜的班之后往往不睡觉，而去做白天例行的工作，以免进度落后。日间很少有时间看书或休息，至少晚餐以前完全不能。虽然没有规定一天得做几小时工，习俗是早餐至晚餐之间都在做事。

我们的小团体急欲有成。年轻而悲观的人会奇怪这群健康而有智识的人怎会如此一心一意要为整个世界添加他们这一点点科学与地理的知识，而他们并不知道这知识有什么实际的用处。不管是外行人或科学家，都决心达成预定的目标。

我相信在这份工作狂热后面有一种复杂的理念。不相信知识自有其价值的人，不宜过这样的生活。在文明世界，人总是问："这有什么用处？这里面是有金子还是有煤?"现今的商品意识不能欣赏纯科学：英国的工业家对于不能在一年内让他有回收的研究没有兴趣；都市人则认为没有生产力的工作只是浪费能源。这样的人只能过传统生活。

同意这样传统观点的人，与"下南边"不会有任何关系。我们的磁性与气象学研究也许对商业与运输有相当立即的贡献，但除此之外我想不出我们的辛苦有什么现实作用，只不过是增添更多无用的知识罢了。探险队的成员相信发现新土地和新物种有其价值，抵达地球的南极点、细心做气象与磁性观察、进行地理调查以及所有我们能做的研究，有其价值。他们准备忍受艰苦环境；有的人为这份信念而死。若无信念，我们这小团体不可能有高昂的士气。

但如果说我们相处愉快是因为我们适应良好且急欲有成，那别的探险队为何争端较多呢？我猜是因为我们有些成员立下苦干与牺牲的典范。

辛苦归辛苦，我们很愉快。从冰棚回来时，我们说那地方真讨厌，我们再也不要去了。可是现在，我们梦回冰棚，思念起它的清洁、旷远、野炊炉的气味，以及那温柔深沉的睡眠。这世界的许多问题都是回忆勾起的，因为我们只记得一半。

我们忘记或快要忘记一桶饼干怎样被马吃掉，害我们一整周痛心不已；最要好的朋友怎样在极大的压力下彼此多日不说话以免发生争执；厨子给我们的每周粮食袋分量不足怎样让我们愤怒；终于可以放怀大吃后我们的饱胀不适；一位队友在离家几百海里外病倒，我们怎样忧虑；还有连续两周的雪雾迷漫，若再找不到贮物堆我们就要饿死的感觉。我们只记得听到"扎营"的呼叫，吃了些点心后又赶了五海里路的那晚；安全越过一道险恶冰缝后，吃晚餐时的融洽情谊；圣诞节那天吃的一小块梅子布丁；在冰棚上一边赶马一边唱的水手歌。

我们为科学而旅行。自克罗泽角采来的三枚小小的胚胎，自巴克利岛取来的化石，以及那大量的资料，不那么醒目，但同样仔细小心，在风中、雪中，冒着黑暗与寒冷，一小时一小时搜集记录的资料，都是为了给这世界增添一点点知识，让知识建立在事实而非想象上。

有些队友很有野心，有的要钱，有的要名；有的希望得到在专业阶梯上的助益，有的想入选皇家学会会员。有何不可？但也有些人，视名利如浮云。我就不相信威尔逊发现阿蒙森比他早几天抵达南极点时有多么难过——没什么。授勋给纳尔逊他是不会稀罕的。利利、鲍尔斯、普里斯特利、德贝纳姆、阿特金森，还有许多人，都是这样。

但出外做研究的这批人可没忘记在国内负责处理他们研究成果的当权派。我记得最后一年冬天，在木屋里有一场讨论，几个人热烈争论他们到南边来，在专业上损失多大，怎样落于人后、离开跑道，等等，讲了很多。接着话题转到研究成果发表的问题，他们希望怎样发表。甲说他才不要把报告交给国内某机构让他们胡搞；乙说他可不想让他的成果被堆在博物馆架子上永远不见天日；丙说他很愿意把报告发表在科学期刊上。坐在安乐椅上，可能会负责处理我们辛苦得来的样本和观察记录的科学家们，那晚一定耳朵发热。

当时我有点愤怒。我觉得这些人能到南边来，应该觉得幸运：有几千人愿意取代他们的位置而不可得。但现在我比当时了解得多了：为了科学，在冬季冒风寒出门旅行受尽辛苦而无怨无悔，是贡献；终生与别的科学家共同研究、尽忠职守，可能贡献更大。

第七章
冬季之旅

啊，但是人应企望更高、更远，

不然要天堂做什么？

——勃朗宁《安德烈·德尔·萨托》

对我，以及对每一个留营未出的人而言，他们此行的成果是激发我们的想象力，他们的故事是极区历史上最英勇的故事之一。这些人在极地最深沉的黑暗中往前走，对抗最可怕的寒冷与最狂烈的风暴，这是前所未有的；他们在所有不利的条件下坚持了整整五个星期，这是英雄行径。这是我们这一代的传奇，我希望这故事一代一代流传下去。

——斯科特的日记，写于埃文斯角

下列是冬季之旅雪橇载重（三人合重）清单，是出发前鲍尔斯所列：

消耗品——	重量（磅）	小计（磅）
“南极”饼干	135	
三只装饼干的盒子	12	
干肉饼	110	
奶油	21	
盐	3	

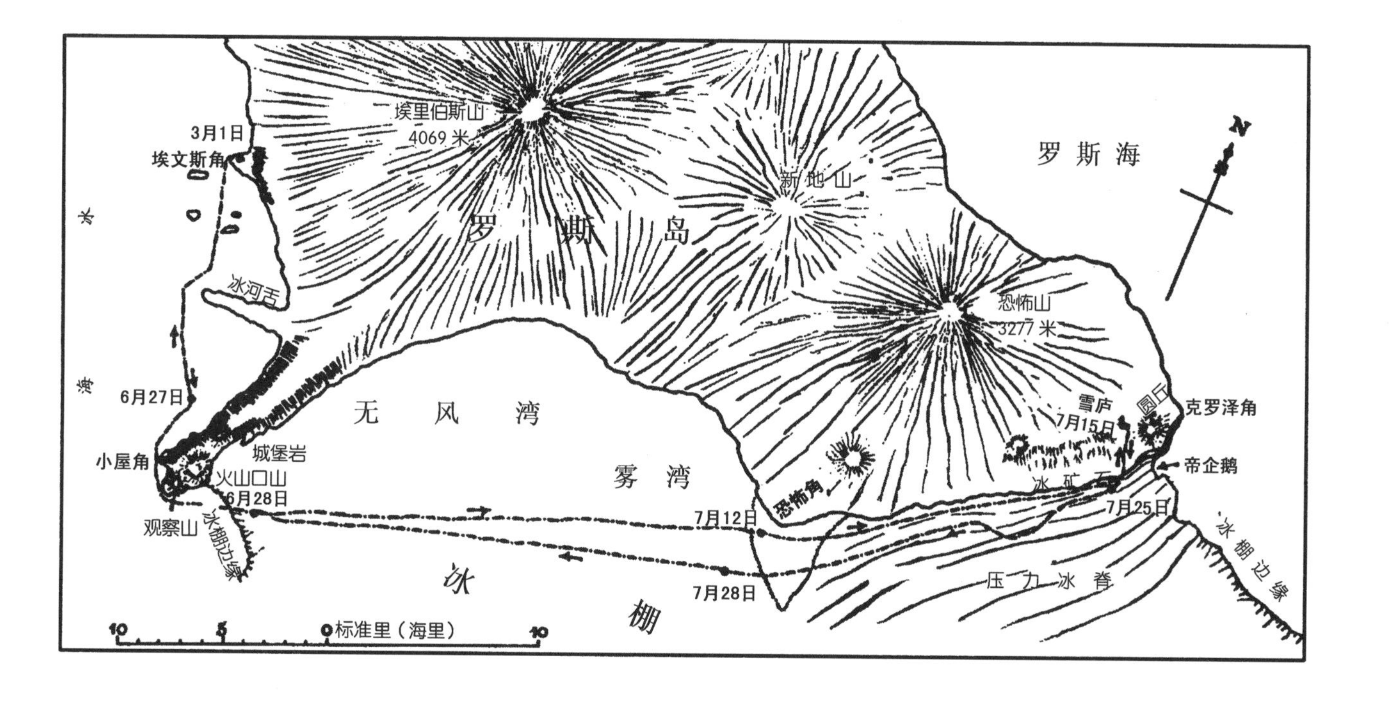
罗斯海
N
埃里伯斯山
4069 米
新地山
罗斯岛
恐怖山
3277 米
3月1日
埃文斯角
冰河舌
冰
海
6月27日
小屋角
城堡岩
火山口山
6月28日
观察山
冰棚边缘
无风湾
雾湾
恐怖角
雪庐
7月15日
圆丘
克罗泽角
帝企鹅
冰矿石
7月25日
7月12日
7月28日
压力冰脊
冰棚边缘
冰
棚
10
5
0 标准里（海里）
10

茶叶	4	
油	60	
野炊炉备份零件及火柴	2	
卫生纸	2	
蜡烛	8	
包装	5	
酒	8	370

非消耗品——	**重量（磅）**	**小计（磅）**
两辆二点七米长的雪橇，各重四十一磅	82	
一套炊具	13	
二只装满油的野炊炉	8	
一座双人帐篷	35	
一只雪橇铲	3.5	
三只鹿皮睡袋，各重十二磅	36	
三件棉凫绒毛睡袋衬里，各重四磅	12	
一条高山索	5	
一只材料袋，内装修理材料，以及一套工具服，内插修理工具	5	
三只个人包，各装十五磅重衣物等	45	
灯盒，内装刀、钢条等，宰杀海豹、企鹅用	21	
医疗与科学用品盒	40	
两把冰斧，各重三磅	6	
三套人拉雪橇用缰具	3	
三套运货用套索	3	
建雪庐时作屋顶与门帘用的布	24	

工具箱	7	
三双滑雪板及滑雪棍（后来没带）	33	
一把十字镐	11	
三双鞋底钉面，各重二磅三盎司	6.5	
两根竹棍，测量潮汐用，各长十四英尺	4	
两根尖竹棍	4	
一块木板，作雪庐的门楣	2	
一袋塞内草（塞在靴内用）	1	
六根凹入短竹棍，以及 一把小刀，用来切割雪块造雪庐	4	
包装	8	420
共计		790

前面提到的灯盒内装：

一只熬油灯、一只酒精灯、一座帐篷内蜡烛灯、一根吹火筒

三人小组共有七百五十七磅重（约三百四十三公斤）的东西要拉，滑雪板及棍在最后一刻决定不带。

这些东西一辆十二英尺长的雪橇装不下，因此分装在两辆九英尺长的雪橇上，一辆挂在另一辆后面。这样，装卸及处理用具容易很多，但雪橇与地面的摩擦力也增加了近一倍，拉起来吃力。

六月二十二日，冬至夜是个晴朗严寒的夜晚。天空深蓝近墨，星子有如钢针，冰川闪着银光。雪乒乒乓乓打在脚下，冰在下降的温度中迸裂，潮水涨起时，海冰发出碎裂的呻吟。在这一切之上，一波又一波，一层又一层，那是南极光。你眼看着它消逝，然后忽然一缕巨大的光束

冲上天顶，映出最浅淡的绿色与橙色，后面跟着亮金色的尾巴。它又落下，淡去，变成大探照灯的灯光，从埃里伯斯山冒烟的火山口后升起。然后，这精神的面纱又拉开——

> 在轰隆的时光织布机前，我勤勉工作，
> 替神纺织你看见他穿的衣袍。

木屋内正在狂欢。我们非常开心——难道不该吗？今晚太阳回转向我们，这样的日子一年只有一天。

晚餐后，应该要听演讲的，但该演讲的鲍尔斯没讲，倒捧进一棵很棒的圣诞树，是用劈开的竹子和一根滑雪杖做成的，每一根末端绑着一支羽毛。蜡烛、糖果、蜜饯，还有各种荒谬的玩具，是比尔提供的。提多拿到三份礼物，高兴极了：一块海绵、一只哨子和一把玩具气枪。那晚他到处问人有没有流汗。“没有。”“有，你流汗了。”他说着便拿海绵擦你的脸。“如果你很想讨好我，我开枪的时候你就倒下去。”他对我说。他向每个人开枪，空当的时候他吹哨子。

他跟安东跳枪骑兵方块舞，安东的舞姿让俄罗斯芭蕾相形失色，却一直道歉说他跳得不够好。庞廷放映自我们抵达后他所拍的幻灯片，其中许多由密勒斯着了色。每当一张着色幻灯片打出来，我们便吆喝：“是谁着的色？”有人便会喊：“是密勒斯！”众人一阵起哄。庞廷根本没办法开讲。我们用牛奶调鸡尾酒，斯科特举杯建议祝福东队，厨子克利索尔德却建议为“真正的牛奶”干杯。提多朝空中开了一枪。“我把子弹射入天蓝——荷马是怎么说的？”蓝色碧空，指的是埃里伯斯山①。我们睡下时，他说：“谢里，你替你的行为负责吗？”我答是的，他便大

---

① 原为希腊神话中由尘世通往冥府之暗界，荷马史诗中以“蓝色碧空”形容之。

声吹响哨子。我记得的最后一件事是他摇醒密勒斯，问他订过婚没有。

那真是一个狂欢的夜晚。

五天后，三个人喘着气、流着汗，站在麦克默多峡湾里，其中一人心里多少是有些害怕的。他们有两辆雪橇，一辆套在另一辆后面，雪橇上堆满睡袋和露营用具、六周的食物以及一箱腌渍保存样本用的科学器具。此外有十字镐、冰斧、高山索、一大块绿色帆布以及一小块木板。六小时以前，斯科特看见我们的雪橇时，惊讶地说："比尔，你带这么多油干什么?"他指着第二辆雪橇上的六个罐子。就这样的旅行而言，我们的载重惊人——每人要拉二百五十三磅（约一百十五公斤）。

两只帝企鹅——赖特摄

是正午，但一片漆黑，而且冷。

回想十五个月以前，在伦敦维多利亚街上一间肮脏的办公室里。"我要你来。"威尔逊对我说。接着道："我要在冬天到克罗泽角去，研究帝企鹅的胚胎发展过程，不过我现在不能多说——也许这事永远不会实现。"啊！这里比维多利亚街好，那边的医生差点不准我来，因为我只能模糊看见马路对面有人在走动。后来比尔去与斯科特谈，他们说我可以去，不过要知道我冒的风险比别人大。那时候我什么风险都愿意冒。

运补之旅后，在小屋角附近滑陡的冰墙上散步，比尔问我要不要跟他同去——第三人还会是谁？我俩都非常笃定想要谁去。那天晚上威尔逊便问了鲍尔斯的意向。当然他想来。所以，我们就来了。“这次冬季之旅是前无古人的大胆冒险，”斯科特当晚在小屋里写道，“但去的人都是好手。”

我可不敢说。比尔和伯第是没得说的，也许拉什利担任第三人更好，但比尔有偏见，认为水手不宜参加这种旅行：“他们照顾自己不够周到，而且不肯检点自己的衣物。”但拉什利很好——要是斯科特去探极只带四人，而且包括拉什利在内就好了。

我们这次出门是为什么？帝企鹅的胚胎在科学上有什么重要？三个精神正常、具备常识的探险客为何要在黑暗的冬季去克罗泽角，那个人只有去过一次，是在明亮的天光中去的，但还觉得非常辛苦的地方？

帝企鹅是一种不会飞的鸟，吃鱼为生，从不登上陆地，即使孵育时也不这样做。它们冬天在冰上产卵，整个孵化过程都在海冰上完成，把卵放在脚上孵，紧依着下腹部。但是帝企鹅可能是现存最原始的鸟类，了解它的整个胚胎发展史相当重要，可看出动物早期发展的遗迹，重现早年生命的形态。帝企鹅的胚胎或可证明从爬虫类进化到鸟类之间的未知过程。

至今已知帝企鹅的孵育地只有一个，那便是克罗泽角冰棚边缘一座小海湾内的海冰上，但克罗泽角周围若干海里，有南极最大范围的压力冰脊。企鹅幼雏在九月间发现过，威尔逊认为卵应产于七月初。因此我们一过冬至便动身，进行前无古人可能也后无来者的奇异探巢之旅。

汗在我们的衣服里结成冰，我们继续向前。只看得见左面远处一片黑色，那是土耳其人的头。这地方消失后，我们便知已通过冰川舌。我们不见冰川舌，因为它隐身在岩石后面。我们扎营用午餐。

我记得这第一营，只因这是我们初次学习在黑暗中扎营。若是我们当时就碰上后来遇到的低温……

刚起了一点风，我们急匆匆扎起营：先解下身上的雪橇套索——赶快，把垫布铺好——用袋子把它压住——现在用竹子把帐篷内衬铺得平平的——抓好，谢里，现在铺上外罩垫——堆些雪在帐篷外面的裙边上，轮做厨子的则已在帐篷内找出蜡烛和一盒火柴……

我们就是这样扎营的，我们做惯了，在春、夏、秋天的时候，在冰棚上，日复一日、夜复一夜，太阳仍高，或沉而不落，我们扎营，必要时脱下手套，反正等一下有的是时间暖手；那时我们得意于在脱下缰索二十分钟内便煮好餐食，那时我们认为戴着手套做事太慢了。

现在不行。“我们得慢点走，”比尔说，“我们要习惯摸黑做事。”这时候，我记得，我还费神戴上眼镜。

我们在海冰上过夜，发现我们走得太靠近城堡岩。第二天下午我们才抵达小屋角，在那里用午餐。我这里说日和夜，其实日夜无差别，后来我们发现没法按照一天二十四小时作息，于是决定不理会这习惯，可走便走，非休息不可便休息。我们还发现在这情况下做饭是很辛苦的工作，不能按照往常的惯例，每个人轮做一周的厨子，于是改为每个人做一天。食物，我们只带了干肉饼和饼干、奶油；饮料有茶，睡觉前我们喝热水，把身子暖起来。

当晚从小屋角出发，用两辆九英尺长雪橇拖拉重物还算容易；那是第一段，后来才知也是唯一一段好拉的路。我们绕过阿米塔吉角向东。知道冰棚边缘就在前面，也知道冰棚与海冰相接处是陡直的冰崖，因此我们寻找有积雪堆成坡的地方，从那里上去。一上去迎面便是凌厉的风吹来，总是这样，风从寒冷的冰棚上往较暖的海冰上吹。气温是零下四十七度（约零下四十四摄氏度），我是傻瓜，脱下手套拉缰绳，把雪橇拉上去。一上冰棚，我的十根手指头全冻伤了，晚上扎营做晚餐时才暖回来，几小时内，每根手指都起了两三个大水泡，有的大到直径有一英寸长。以后很多天，水泡痛得要命。

那晚我们在冰棚上，离边缘约半海里处扎营。气温是零下五十六度，我们睡得很不好，次晨（六月二十九日）钻出睡袋时，袋里还是冰凉的。我们开始猜想，一天里唯一的愉快时光是早餐时。后来我们明白这猜想再正确不过了，因为早餐后，运气不坏的话，要过十七个小时才能再钻入睡袋。

从埃文斯角到克罗泽角，我们走了十九天。这十九天的痛苦非过来人不能理解，而若有人想亲身体验，那真是大傻瓜了。我没法形容其苦。后来的几个星期相形之下可称快活，不是因为后来情况好转——情况其实坏得多，而是因为我们已麻木得失去了感觉。我自己就曾痛苦到不在乎死，如果能死得不太痛苦的话。人们总说死是怎样的英雄行径，他们哪里知道，死是容易的：一剂吗啡、一条冰缝、一场好梦。难的是继续往前……

在黑暗中扎营——威尔逊速写

是由于黑暗的缘故。即使是零下七十度，如果有天光，我想也不会很难过，因为你看得见自己往哪儿去，看得见脚踩在什么地方、雪橇缰绳在哪儿，看得见锅、炉、食物；拖运第二趟时看得见自己来时踩在深雪里的脚印，看得见食物袋的系绳，不需要千辛万苦找出一根不湿的火柴，点着了看指南针；一看腕表便知快乐的起床时刻是否已到，而不必在雪中到处摸索；不必花上五分钟才找到帐篷的门、五小时才整顿好装备出发……

不过，那些日子里，从比尔喊叫“起床时间到”到我们套上缰绳动身止，从来没有少于四小时。要两个人帮忙才能让另一个人套好拉缰，而且那两个人得费尽气力才行，因为帆布都冻结了，我们的衣服也都冻得硬梆梆的，有时两个人合力也没法把衣服与帆布扳成需要的形状。

问题出在汗与呼气上。以前我从不知道我们的毛细孔排出多少废物。最苦的日子里，我们走不到四小时便得休息，好把冻僵的脚暖回来。我们流的汗并不是穿透衣服的缝隙出去，逐渐蒸发，而是结冰、积存。汗刚刚排出我们的皮肤，便成了冰。我们换鞋袜时，从裤脚里抖下很多雪和冰，背心里和背心与衬衫之间也抖得下很多，但是我们当然不能把衣服脱到这种程度。可是钻进睡袋，幸运的话，夜里身体暖起来，冰融化，部分留在我们的衣服上，部分穿透睡袋里衬，不久衣服和睡袋便都成了铁板。

至于呼气，日间不过是让我们的下半边脸蒙上一层冰，并把罩脸帽与整个头部焊接成一块，等到炉子点起好一阵子后，才能把脸上的冰抹掉。真正的麻烦是钻进睡袋以后，因为实在太冷，睡袋不能留一个洞供呼吸用，所以整夜呼出的气都冻在睡袋里面，我们的呼吸变得越来越快，因为睡袋里的空气越来越污浊。这样的睡袋里是不可能点着火柴，或让点着的火柴持续燃烧的！

当然我们并不是一下子就冻起来；这样的情况连续好几天，才真的到了糟糕的地步。一天早上，我钻出帐篷准备搬运东西上雪橇，忽然发现大事不妙。我们刚吃过早餐，又挣扎着穿上鞋，三个人挤在帐篷里，相对较暖。一出去，我伸长头四处张望了一下，便再也缩不回去了。我站在那里的时候——也许是十五秒，衣服冻僵了。有四小时时间，我只好昂着头拉雪橇。自那时起，我们都留心先弯身成拉车的姿势再被冻僵。

这时我们已认识到，必须与平常拉雪橇时相反，凡事慢慢做，可能的话，在羊毛手套外面加毛皮手套；如果发现身体任何部位有冻僵的迹象，立刻停下手上在做的任何事，直到血液循环畅通为止。以后就经常有一人在雪中跺脚、捶臂或护理暴露在外的某一部位，而让其他两人处理营地工作。但脚的血液循环不容易恢复，唯一可能的机会是扎营后，喝些热水，脱下鞋子来揉。难处是我们不知道脚有没有冻伤，因为我们的脚根本失去了知觉。威尔逊身为医生，专业知识在此派上用场：很多次，他听我们描述我们的脚的状况来决定是扎营还是再走一小时。错误的决定能导致大祸，因为如果有一人跛了脚，全队都会陷入大难，很可能全军覆没。

六月二十九日，气温是零下五十度，有时吹一点微风，这很容易冻伤我们的脸和手。两辆雪橇很重，地面又难行，我们走得慢且举步维艰。扎营午餐时，威尔逊一脚的后跟和脚板心被冻伤，我则两脚大拇趾肿大。鲍尔斯从未冻伤脚。

那晚很冷，气温降到零下六十六度，六月三十日早餐时是零下五十五度。我们没有把绒毛衬里装进睡袋，想让它尽量干一会儿。我的毛皮睡袋太大，在整个旅程中都没有另两人的睡袋容易暖起来。不过另一方面，我的睡袋从未破裂，比尔的却裂开了。

我们正要进入小屋角半岛及恐怖角之间的那个寒冷的海湾。从“发现”号时代便知，冰棚上的风从这里斜吹而出，吹往我们后面的麦克默多峡湾，以及我们前方克罗泽角那边的罗斯海。结果是这地方的雪从未经强风扫荡、硬化、打磨，而是积攒了一大堆最硬、最小的雪结晶粒，要在低温下打这儿通过，就像是拉车过沙堆。我谈过冰棚表面是什么情况，也说过在非常冷的时候，拉雪橇的人压不碎结晶粒，只能靠着它们彼此的滚动而前进。我们这次旅行碰到的就是这种路面，而且在软雪中更严重。我们的脚每一步都深陷进去。

因此，六月三十日，我们打算动身时，发现没办法一次拉两辆雪橇。没别的办法，只好先拉一辆，再回来拉另一辆。以前有天光的时候我们常这么做，那时就只怕暴风雪忽起，掩盖了我们刚留下的行迹。现在摸着黑，更难。从上午十一点到下午三点，还有一点光，看得到我们踩过的大洞，我们拉了一辆雪橇，循迹回来，拉第二辆。换雪橇时，鲍尔斯总是替我们卸下、套上缰索。不用说，这种拉车法，每一海里的路程要走三海里才得完成。而就连只拉一辆雪橇也很困难。午餐时气温是零下六十一度，午餐后那点天光也消逝了，我们点起一根没有罩盖的蜡烛往回走，去寻找第二辆雪橇。那是古怪至极的队伍，三个冰雪满身的人和一小注光。我们常依木星定位，一直到现在，我每看到木星一定会想起它在那时对我们的照应。

我们不说话，说话不容易，不过拉雪橇本就是沉默的工作。我记得有一长串的讨论，就是这时开始的，是关于冷锋——冰棚上一直都这么冷吗？还是我们刚好碰上冷锋？这话题谈了约一星期。慢慢来，什么事都慢慢来，这是领队威尔逊的负荷。“该继续走吗？”这问题时时被提出。答复是：“走吧，只要我们还吃得下东西，我想就还好。”比尔说。永远不愠不火，冷静自持，我相信他是世界上唯一能率领这种队伍的人。

那天我们前进了三点二五海里，是来回十海里的成果。扎营时气温零下六十六度，我们身上已包覆着许多冰。那是我最后一夜躺（以前我都说睡）在我的大鹿皮睡袋里而没有铺绒毛衬垫。那晚我睡得很不好：一直发抖，停不下来。有一次抖了很多分钟，我以为我的颈子会承受不住紧绷而断掉。人家都说冷到牙齿打颤，当你全身打颤的时候你才知道什么叫冷。我只看过一个牙关紧闭症的例子，或可比拟这种抽紧的现象。我的一根大脚趾冻伤，但我不知有多久。威尔逊在他的小睡袋里相当舒适，鲍尔斯也大声打着鼾。那晚在雪橇下测得的气温是零下六十九度，雪橇上则是零下七十五度，那是华氏冰点以下一百零七度。

七月一日，我们照样来回拉运，但发现更难拉了，使尽全力也只能拉动一辆雪橇向前。自那时起，威尔逊和我产生了一种奇怪的视觉幻象：往回循足迹去找第二辆雪橇时，我说过我们是点着一根蜡烛走的，我们疲倦的大脑看这些深陷的足印不是凹下，而是凸起，是一个个冰丘，我们不由自主地费力抬起脚来踩上去。随后我们想起来了，强迫自己照直走过这些虚幻的山丘。可是意志力持续不了多久，一天又一天，我们体认到必须忍受这荒谬的抬腿举动，因为我们别无他法。当然后来这现象消失了。鲍尔斯则没有这种幻觉。

那些日子里，我手指上的水泡让我非常痛苦。早在我的双手冻伤以前，这些大水泡里的液体就已结成冰，拿锅炉或食物袋时手会痛，想点起炉子更困难。有一天晚饭后，我终于挑破了六七个水泡，让里面的液体融化流出，感觉真是舒畅。此后每天晚上我都照方治疗已熟的水泡，渐渐它们都消失了。有时候实在很想嚎叫一番。

这些日子里，不分日夜，我经常想嚎，但我发明了一种替代方案。记得尤其是在长征快结束时，我的双脚冻伤，心跳缓慢，元气低落，身体僵硬，这方法特别有效：我会抄起一把铲子，趁着厨子在帐篷内努力点燃炉子的时候，在外面铲雪，压住帐篷的裙边，边铲边念："你正接受痛苦的考验——撑住——撑住——撑住——你正接受痛苦的考验。"重复地念，想从里面得到一丁点的鼓励。我会听到自己一遍又一遍地念："撑住——撑住——撑住。"然后是："你正接受痛苦的考验。"夏天拉雪橇时有一个乐趣是让自己神驰天外，周复一周。奥茨喜欢幻想一艘小游艇（有一条醃鲱鱼可当他的钓获物）；我则幻想一座最小的轮转式书架，上面不放书，而放上干肉饼、巧克力、饼干、可可和糖，还有一套炊具在最上层，随时准备等我回家时为我浇熄饥火；我们还要上餐馆、戏院和松鸡猎场，我们幻想一个或数个美丽女郎，以及……可是现在这些都不能想。险恶的处境压得我们喘不过气来，根本不能想别的事，我们没这份闲暇。我发现最好是不准自己思索过去或未来，只为眼前这一刻的工作而活，强迫自己只想怎么把这件活儿做得最有效率。一旦放纵自己的想象……

这天（七月一日）我们还遭到轻风的迎面袭击。气温是零下六十六度，在这样的气温下，最轻微的风都能造成大害，身体任何部位一暴露在外，立刻冻伤。不过我们都在防风头罩底下垫了毛皮，遮住口鼻，是我们在木屋时以手工制成的，很舒服。凡是呼吸会结冻处都罩上，下半边脸立刻被一层冰幕遮住，形成额外保护。这很正常，也没有不舒服：因为脸上有胡须，冰不会碰触到皮肤，我倒宁愿有这层冰护住脸，直到我需要脱下罩脸帽喝汤的时候。我们只前进了二点二五海里，花了八小时。

那晚刮三级风，气温是零下六十五点五度，有雪。这很不好，幸而次晨（七月二日）我们准备出发时风减小为微风，当时气温为零下六十度，一整天都维持这温度，夜间才下降。下午四点时，我们看见一条雾自左方半岛上形成，同时也注意到冻结的手套在我们手上融解，而原本星光映出的陆地线条也模糊了。我们照样来回搬运，前进了二海里半，晚间八点扎营，气温零下六十五度。那天走得实在辛苦，我的双足在午餐时即已局部冻结。晚餐后我又挑破了六七个最严重的水泡，舒畅得很。

有些人说："啊，我们在加拿大气温也低到零下五十度；我觉得没什么。"或是："我在西伯利亚的时候，也遇到过零下六十几度的气温。"你会发现说这话的人是穿着温暖干燥的衣服，在舒服的床上睡过一夜好觉，午餐后从温暖的小屋走出去散几分钟步，或从暖气开得过大的火车厢里下来转个圈。他们把这事当做值得回味的体验。唉！如果这是冷的体验，那就像是在大餐馆里吃过一顿丰盛的晚餐后，来上一客香草冰淇淋浇热巧克力汁。而在我们的情况，如果有高于零下五十度的气温就要算奢侈，不是常有的了。

那晚上，我们首次因月亮升起而吹灭烛火。我们特意在月升之前出发，但事后证明月光对我们甚少助益，不过，有一次我们因月光而逃过一劫。

那是几天以后的事，我们走在一道道冰缝之间，恐怖山在左方高处，但我们看不见；冰棚的压力冰脊则在右方。我们在黑暗中不知身在何处，只知道是在下坡，雪橇几乎要打到脚后跟。一整天都没有光，云遮住了月，从昨天起就没见过它的面。忽然，一片晴朗的天空露出月亮的脸，照见三步之外一道宽深的冰缝，上面只铺了一片闪亮的冰罩，不比眼镜片厚多少。若不是月光忽现，我们一定都会掉下去，雪橇也会跟着下去。那以后我觉得我们也许可以支撑到底了：上帝不会这么残酷，救我们的命，只为了延长我们的痛苦吧。

但眼前我们还不需要担心冰缝的事，我们还没有走到那移动的冰棚挟千里长冰之重，挤压恐怖山所形成的道道沟纹处。我们还在无风地区，及踝的烂软雪中一脚高一脚低地挣扎。脚踩下去像是踩不到底，又因雪温与气温一样低，走得越久，我们的脚和身体越冷。通常拉雪橇时，拉上十五分钟便会暖起来，但在这里刚好相反。直到今天，我还会无意识地用右脚拇趾踢左脚后跟，这是那次旅行时养成的习惯，每次一停下来，我便这样踢着。呃，也不是每次，有一次停下来时，我们全躺下来盯着天空看，因为那两人说天上正展示最美的南极光奇景。我没看见，近视太深，又因为冷，不能戴眼镜。我们向东行时，南极光总在我们前方，比以前历次探险队在麦克默多峡湾度冬时所见都美，想必是埃里伯斯山挡住了最亮的光。现在，几乎整个天空都笼罩在一片摇来晃去的光幕下，在天顶形成大漩涡：柠檬黄、绿与橘色。

这晚的最低温是零下六十五度，七月三日的温度则介乎零下五十二度至零下五十八度之间。我们只前进了二海里半。到这时我已经暗自断定我们是不可能抵达企鹅区了。我相信那几个晚上比尔很不好过，虽然这只是我的感觉，因为他从来没说过什么。我们知道晚上是睡了觉，因为听见彼此的打鼾声；也做梦，但是不记得梦境。我们开始在行进中暂停时打起瞌睡。

我们的睡袋到这时情况已很糟，晚上得花很长时间才钻得进去。比尔的睡袋铺在帐篷中间，鲍尔斯的在他右边，我的在他左边。他总是坚持先帮我把腿放进我的睡袋，他才钻进自己的，这是很慷慨的行为，因为我们吃过热晚餐后，身体很快便会冷下来。接着是七个小时的颤抖不已，到早上一钻出睡袋，第一件事就是趁着睡袋尚未冻僵，把个人用品塞进去。这样到晚上把东西像拔塞子一样拔出来，才有一个冰冻的洞可以挤进去展开一夜的睡眠。

有时候努力把四肢挤进睡袋时，会扭到、拉到，结果会严重抽筋。我们等候、按摩，但一继续向下挪动，腿就又开始抽痛。我们还会胃痛，鲍尔斯痛得尤其厉害。这时起我们晚餐后让炉子多烧着一段时间，那是唯一让我们还活得下去的东西。手捧炉子的人一抽起筋来，我们马上把炉子拿开，直到痛楚过去。有时候伯第抽痛得吓人，他的胃痛显然比比尔和我严重得多。我的毛病是心痛，尤其是晚上躺在睡袋里时。我们吃相当多的脂肪，这也许是原因。我笨，痛了很久都没说，后来比尔发现了，给我吃些药，马上好了些。

伯第总是负责在早晨点燃蜡烛，这是很英勇的行为。火柴受了潮，我想部分原因是从外面拿到较暖的帐篷里，部分是我们把火柴盒放在衣服口袋里。有时候连擦四五盒火柴才擦着一根。盒子和火柴的温度都在冰点以下一百度左右，裸露的肌肤碰到一小点金属马上冻伤。戴着手套时你的手没感觉，尤其我们的手指头本就已失去知觉。在早晨点着第一炷火是冷不堪言的苦工，更糟的是还得先确定真的已经到了该起床的时候。比尔坚持我们每晚要在睡袋里躺七小时。

在文明世界里不容易看清人的真面目，因为隐藏的方法太多了，而大家都没有时间深入了解别人。可是在南极不同。这两人经历冬季之旅存活下来，赴南极点探险时死了，他们的品行如金，纯的、闪亮的、不掺假的真金。语言不能表达有他们相伴的好。

在这整个旅程中，以及往后的历次旅程中，活人所曾经受的最沉重的苦中，他俩没有一次吐出过轻率或愤怒的字句。当后来我们以为自己必死时，他们仍很开心，唱歌、说笑，完全出于自然。他们也从不慌张，尽管在紧急的情况下动作很快。这样的人总是早死，不值得活的人却活下去，真是遗憾。

有些人写极地探险的故事，把事情说得轻松容易。我猜他们是认为读者会想："这个人真了不起！他吃了那么大的苦头，却一点也不诉苦！"又有人走另一个极端，把零下十八度的气温说得怎么可怕。我看不出这有什么好处。我两者都不愿做，我不要假装这旅程没到苦不堪言的地步，之所以忍受得下去，并且今天回忆起来还觉得愉快，完全是因为有两位已逝的可贵友伴。同时我也不想说得比实际情况更恐怖，读者不必担心我会夸大其词。

七月三日夜间，气温降到零下六十五度，但早上我们醒来时（我们那天早晨真的醒了过来）大感欣慰。温度上升到零下二十七度，风速每小时十五海里，雪不断下。只持续了几小时，但我们知道在我们所卧的无风区以外，一定是暴风雪大作。我们在这里，却得到休息、睡觉的额外时间。只是我们都明白，等气温回冷，我们的装备会冻得更厉害。这天气不能行进。日间气温降到零下四十四度，入夜后续降到零下五十四度。

新降的软雪使次日（七月五日）简直不能走。我们照常拖运一趟再来一趟，奋力拖了八小时，只前进了一海里半。气温在零下五十五度至零下六十一度之间，一度吹起稍大的微风，把我们冻得麻木了。月亮周围有很大的光圈，且有一根垂直的轴心，又有几轮幻月。我们希望已经走到标示恐怖山起点的长条雪岬。那晚的气温是零下七十五度，早餐时是零下七十度，正午时是零下七十七度。这一天令我印象深刻的是我发觉气温不值得记录。午餐后，下午五点五十一分，鲍尔斯记录下的温度是零下七十七点五度，即冰点下一百零九点五华氏度。我想没有人会愿意忍受在这样的寒冷、黑暗里，穿着冰冻的衣服、使用冰冻的装备。“发现”号一次春季出行，记录下最低的温度是零下六十七点七度，而在那时候，春天拉雪橇出门十四天就算很长，他们还是有天光的。这已经是我们在外的第十天，而我们预估要在外待六个星期。

幸而风停了。我们回头循迹找寻第二辆雪橇时，无罩的蜡烛稳定燃烧。但如果碰触到一小点金属，只需一秒钟，未戴手套的指头便会冻伤。因此系上雪橇搭扣套索是很困难的事，拿炊具、杯子、汤匙、炉子或油罐更难。鲍尔斯是怎样处理气象仪器的，我不知道，反正气象记录完整无缺。可是你一靠近纸呼气，纸上立即涂上一层冰，铅笔写不下去。抓绳子、绑绳子在这样的低温下辛苦而寒冷。要开始拉雪橇前先得套上缰绳，停下来扎营时又要取下，每天早晨还要把睡袋绑上雪橇、把炊具绑在仪器箱的上面，这些工作都很难、很苦，但更难得多的是比较细小的绳子。最糟的是每周食物袋的系绳、食物袋里面更细小的干肉饼袋、茶叶袋、奶油袋的系绳。不过真正的恶魔要数帐篷门的绳索：硬得像铁丝，却必须系得很紧。如果在躺卧睡袋七小时的时间内你必须出帐篷一趟，你要系的帐篷门绳已硬如火钳，要重新钻入已冻成铁板的睡袋更需要好一阵工夫。劈开一小片奶油也很困难。

那晚的气温是零下七十五点八度。我不由得想，但丁把冰狱列在火狱之下是有道理的。不过我们还是睡了些觉，而且一定躺卧七小时。比尔一再问我们要不要回头，我们总是说不要。其实我想回头得很，我相信要去克罗泽角是最疯狂的梦想。那天我们使尽全力，只前进了一海里半，仍然是拖运一辆再回头拖另一辆。征途漫漫，克罗泽角距埃文斯角六十七海里！

在我短暂的人生中，我不止一次碰到一种人，完全不顾明显的基本常识，知其不可而为之，结果达成不可能达成的成就。我们从未谈论我们的想法，只谈具体的事：等到了石头地面，要怎样在恐怖山的山坡上盖一座温暖的小石屋，用企鹅油点燃炉子，在温暖干燥的屋里浸渍企鹅胚胎。我们都是很有智识的人，一定也都知道我们是看不到那些企鹅的，继续往前走实在是再傻不过了。可是我们凭借坚固的友谊，沉默地坚持下去。那两人温和地带领我，我只是做他们叫我做的事。

我们的身体需要定时工作、吃饭、睡觉，在拉雪橇的时候常常忘记这件事。不过现在我们发觉没办法在二十四小时的作息时间里，安插进八小时的行进和七小时的睡眠：例行的营地工作需时超过九小时，就是这么回事。我们于是不再遵守想象中日与夜的差别。七月七日星期五，我们就是在正午过后才出发的。当时气温零下六十八度，有很浓的白雾。通常我们只概略知道身在何处。走了一天，前进一点七五海里，晚上十点扎营。但是很舒适，我们的心脏不但没有减缓，反而跳动正常；扎营比往日容易，双手有些知觉，脚也没有麻木。伯第甩下温度计一看，原来只有零下五十五度。“如果告诉别人，这样的温度让我们大感舒适，人家一定不相信。”我记得自己这么说。也许你不相信，不过是真的。当晚我写下：“不管怎么说，做史无前例的事让人开心。”事情开始好转了，你看得出来。

我们的心脏非常英勇。每天行进将结束时，它们筋疲力竭，没有力气输送血液到肢体末端了。威尔逊和我差不多每天都冻伤脚。扎营时，我觉得我们的心脏跳动得比较缓慢、比较衰弱。没有法子，得等到热饮料烧好——午餐喝茶，晚餐喝热水。一下肚，效果立刻显现。威尔逊说，那就像是把一瓶热水贴在胸前一样。心跳加速且强有力，你感觉得到一股暖流向外、向下。这时候你把布绑腿（缠紧裤脚的布条）解下，鹿皮靴、毛袜、两双羊毛袜都脱下，按摩脚，设法鼓舞自己。冻伤当时并不痛，等它回暖了、融化了才痛。之后变成水泡，再过些时变成厚茧。

比尔忧心忡忡。似乎斯科特曾两度邀他出外散步，劝他不要做冬季之旅，最后终于同意他，条件是他得把每个人都安全带回：我们是要参与探极的人员。比尔非常尊重斯科特，后来我们费力经过冰棚回去时狼狈万分，他却一定不肯留下任何东西在克罗泽角，连已经用不上而且在木屋里有很多备份的科学器具也不肯丢。“把装备丢下不带，斯科特绝对不会原谅我的。”他说。这原是雪橇旅行的好纪律，不遵守此纪律，把东西留下等以后再来拿的队伍通常是不好的队伍；但是过犹不及。

现在比尔觉得他得为我们俩的生死负责。他一直说抱歉，说他做梦也没想到会这么困难。他觉得是他要我们来的，我们受苦该怪他。当领导人对部下有这种感情时，如果部下知情重义，会收好效果；如果部下无情无义，或只是普通，则会认为领导人软弱可欺。

七月七日晚的气温是零下五十九度。

七月八日，我们首度发现这片软如蓟粉的路面可能已到尽头。那天雪橇难拉极了，但我们的鹿皮靴不时会踩破一片薄硬皮，然后才陷进去。这表示有一点风。不时我们的脚会在软雪下面踏到一片硬而滑的地面。我们被雾笼罩着，雾跟着我们走，月亮在高处透过浓雾闪耀。定位跟拉车同样困难，整个早上辛辛苦苦走了四小时，才前进了一点二五海里，下午再三小时的辛苦则只有一海里的进展，气温是零下五十七度，吹着微风——可怕！

次日清晨下起雪来，雾很浓，我们起身时什么也看不见。照常花了四小时收拾装车之后，我们确定不可能来回搬运，因为绝不可能循着足迹回头找第二辆雪橇。非常欣慰发现我们可以同时拉动两辆雪橇了，我想主要是因为温度上升到零下三十六度。

这是我们第四天被雾笼罩，黑暗依旧。我们知道一定是快到陆地了，陆地是恐怖角，大雾可能是较暖的海水从压力冰脊及冰缝间冲上来所造成的——此处冰棚与海相通。

我希望能在某个平静无风的秋天夜晚，带你到大冰棚上，欣赏子夜太阳刚浸下海面时，罗斯岛上晕染的秋光。三月间，拉雪橇跑了一天路，腹中装下够多的肉饼，闻着帐篷中熟悉的烟草味，触摸到柔软的毛皮，知道一场好梦正等着你，这时候，走出帐篷再做最后一次巡礼。上帝制造的各种最柔和的色彩都印在雪上：西是埃里伯斯山，峰顶的烟云鲜少为风所动；东为恐怖山，不那么高，形状比较规则。两者皆宁静庄严。

那是四个月前，出到冰棚大平原上会看到的景象。极右方低下处，亦即陆地的东端，有一块黑色岩石，自巨大的雪堆中探头而出，那是圆丘，紧贴着它的下方，就是克罗泽角的崖壁。圆丘从冰棚上看挺矮，崖壁则根本看不见，但其实它们有九百英尺高，直挺挺矗立海中。

克罗泽角是冰棚的彼端边缘。冰棚东西长四百海里，高出海面二百英尺的冰崖在克罗泽角与陆地相会。冰棚以每年一海里多的速度向这片陆地移动，其挤压堆积也许你可以想象：压力冰脊之高与深，令海上之浪相形如田畦。这情形在克罗泽角最严重，但冰脊沿恐怖山南坡一直延伸，与陆地线平行。克罗泽角造成的波动在四十多海里外的角落营都显现出来，在那里有冰缝也有冰脊，我们时时需要跨越。

在“发现”号时代，冰棚撞击克罗泽角处形成一个小湾，海冰冻结其中。“发现”号的人就在海冰上发现唯一的帝企鹅孵育地。这里的海冰没有像罗斯海中的冰那样被暴风吹走，而未冻之海或水道又总在不远处，帝企鹅因此有了一个可产卵又可捕食的地方。我们就是要沿着冰脊寻路到圆丘，再从那里穿越冰脊到帝企鹅湾，整件事都得在黑暗中完成。

我们在雾中摸索向恐怖角。这角距圆丘仅约二十海里，尖端是长条雪舌，直伸入冰棚。在“发现”号时代，他们多次往返于这条路，且是在天光下，因此威尔逊知道在山与压力冰脊之间有一条狭窄的通道，没有冰缝拦路。但是白昼过长廊与夜晚很不一样，尤其两边没有墙可借以修正路线，只有冰缝窥伺在旁。反正，恐怖角一定就在附近，我们前方也一定躺着那既非冰棚亦非山脉的长条雪舌，那是我们往前走的唯一通路。

这时我们开始醒悟眼睛已不管用，应多仰赖脚与耳的感觉行事。穿着鹿皮靴子走路，跟戴着手套的效果差不多，每一脚踩下去都有真实的触感，我们因此能感受到地面最轻微的变化：一点硬脆的薄面碎了，软雪下有一块略硬的地面。不久我们便越来越凭借脚下的声音来判断踩到的是冰缝还是实地。从这时起我们经常在冰缝间走。在明亮的日光下比较容易避开冰缝，即便掉入，你也看得见两壁在何处、走势如何、怎样爬出；同伴也看得出应该怎样止住雪橇、架住雪橇；如果你吊挂在深渊十五英尺深处，怎么救你才好。再说，那时候我们的衣服也好歹还像衣服。就是在理想的情况下，天光好、温暖又无风时，冰缝也是很可怕的东西，你在看起来平坦一致的雪地上拉车，全不知道什么时候会掉进某个无底洞，或是急忙拿出高山索、止住雪橇，去帮助某个骤然消失的同伴。直到现在，我有时还梦到我们在比尔德莫尔冰川上或别的地方，有人掉下去，吊在缰索上的情景。在比尔德莫尔冰川上，与我同拉一辆雪橇的一个人，一次头下脚上地跌落；另一人在二十五分钟内掉落达八次之多。当跌落的时候，你总不免怀疑那缰索拉不拉得住你。但那样的日子，与我们盲人骑瞎马般在克罗泽角冰缝间摸索的日子相比，又堪称轻松愉快了。

我们的狼狈因衣服趋褴褛而大增。就算穿铜盔铁甲也比我们这样手足灵便些；全身附着的冰如果都集中在腿上，我想我们现在还在那儿一动也不能动。幸好两腿还能移动。最难的是把人套进拉车索。在此次旅程开始不久便遇到这个问题，当时愚蠢地决定午餐时不取下套索，结果套索所含的冰在帐篷内融解，再冻回去时硬得像木板。同样，我们的衣服也硬得像木板，以各种奇异荒谬的角度自我们的身体伸出。把一种木板套进另一种木板，需要当事人与两名同伴的齐心合作，而这过程每个人一天都得经历两次。天晓得这得花多久时间，反正每个人都少不了被重打五分钟以上才行。

在雾中向恐怖角推进，我们感觉到上坡下坡好几次。不时踩过硬而滑的雪，不时踏破脆薄冰片。然后忽然有什么模糊难摹、恶魔似的东西在前面隐约浮现。我们卸下缰索，把它们绑在一起，在冰上拉着索往上走。我有见鬼的感觉。月光隔雾照见我们头顶有可怕的崎岖山棱，爬上去后发现我们身在一条压力冰脊上。我们停住，你看着我，我看着你，之后“砰”的一响，起自脚下。迸裂声、呻吟声不断，是冰在移动，像玻璃般裂开。我们四周的冰都裂了，有的裂缝长达几百码。后来我们习惯了，但初次遇见真让人惊愕。这次旅行自始至终充满变化，绝不像夏天在冰棚上拉雪橇那般单调无聊。唯一单调无聊的事是躺在糟糕的睡袋里睡不着的时候，一小时复一小时，夜复一夜。后来我们连躺在睡袋里都遭冻伤。在睡袋里都能冻伤，情况真是很糟了。

月亮所在之处仅有一点光辉，我们站在雾中，月光刚好够显现前面另一座冰脊的边缘，左边也有一座。我们完全迷失了。冰下深沉的隆隆声依旧，可能是涨潮所致，虽然我们离滨海之冰应该还有很多海里。我们往回走，再度套上雪橇缰索，朝我们认为正确的方向走。在冰缝地带，总觉得脚下的地面随时会裂开，但我们只见到雪丘与冰堤，而且总是快要冲上去了才看见。我们真的迷了路。近午夜时我写下：“也许是压力冰脊，也许是恐怖山，没法判断。我看雾散以前是不能上路的。我们原是向东北行进，再向西南折返，觉得陷于谷中，于是扎营。”

气温已自上午十一时的零下三十六度上升到现在的零下二十七度。下着雪，什么也看不见。帐篷底下传来声响，像是巨人在敲打巨大的空水槽。种种迹象都预告着暴风雪。果然，我们才吃完晚餐不久，正一点一点挤进睡袋时，风就自南面吹来。那之前我们瞥见一块黑色岩石，因而知道我们一定是在就要与恐怖山相连的压力冰脊群中。

检视记录，很惊讶地发现这场风暴持续了三天，气温随风上升，第二天（七月十一日）早晨竟达零上九度，风力则是九级。第三天（七月十二日）更刮十级风，气温又上升了一点。

这段时间没什么不舒服。湿而暖，冰都化成了水，我们躺在冒气的液体中，想着它们再冻起来会是怎样。但我们不常担心这个，我们睡觉。从这一点看来，暴风雪实乃天赐。

我们也改变了食物配给。一开始筹备此行时，斯科特就要求我们做些实验，以备次年极地之旅高原阶段的参考。我们知道这趟冬季之旅一定难走，就天气而言比极地之旅难得多，因此决定把食物简化到不能再简。只带肉饼、饼干、奶油和茶，茶不是食物，只能提神和暖身；肉饼非常好，是哥本哈根来的。

简化食物最大的好处是每餐要处理的食物袋数量少。在零下七十度的气温中，所有暴露在空气中的东西都是同样的温度。在这样的气温中，你不妨试着解开袋子的系绳看看（两脚冻僵，双手靠着好不容易点着的蜡烛，刚刚才回暖了些），你就会明白能少解几个袋子是多么大的优势。

简化食物的缺点，而且是越来越迫人的缺点，是没有糖分。你有过无时无刻不想着甜食吃，连睡梦中也不忘怀的经验吗？那是很不愉快的经验。在此次旅程中缺少甜食并没有构成很严重的困扰，饼干里一定是

在暴风雪中顶着风雪将烹调内锅拿进帐篷——威尔逊速写

有一点糖，我们在中午喝茶、晚上喝热水时在里面浸一些，喝起来甘口怡神。这些饼干是一家叫亨特利与帕尔玛的公司特别为我们制作的，成分由威尔逊与该公司化学家研商决定，对外保密，大约是历来最可满意的饼干，我想是很难再有改善的了。饼干有两种：紧急饼干和南极饼干。但其实我看没有什么差别，只有烤制程度的差别：较干熟的饼干适合拉雪橇时吃，如果食物供应充分的话；但如果你很饿，则适合吃较生的饼干。

我们每个人携带不同分量的饼干、肉饼和奶油，借以测试人体在极端环境下对蛋白质、脂肪和碳水化合物的需求。比尔全吃脂肪，开始时每天吃八盎司的奶油、十二盎司的肉饼和十二盎司的饼干。鲍尔斯告诉我他要试蛋白质，每天吃十六盎司的肉饼和十六盎司的饼干，并建议我全吃碳水化合物。我不喜欢这计划，因为知道我会想吃些脂肪，但分量可在途中随需求而更改，因此试试看也不妨。我开始时每天吃二十盎司的饼干和十二盎司的肉饼。

鲍尔斯觉得没问题（他什么都没问题），但他吃不了那么多肉饼。比尔也吃不了那么多奶油，但不觉饥饿。我则很饿，比另两人易冻伤，希望多吃些脂肪。我也得了心痛的毛病。在多吃脂肪以前，我增加饼干的分量到二十四盎司，但还是不饱。我要吃脂肪。比尔和我后来改吃同样的东西，他把吃不了的四盎司奶油给我，我则把吃了也不饱的四盎司饼干给他，这样我俩都是每天吃十二盎司肉饼、十六盎司饼干和四盎司奶油，不过有时奶油吃不完。这是非常好的食物分配，这次旅程中我们差不多都够吃，否则绝对没法应付那艰苦环境。

在恐怖角外躺卧于风雪中时，我的心情并非完全轻松。我不知另两人有何感觉，也许那传自身下、不似人间的砰然响声令人不安。我们迷失在压力冰脊间了，摸黑出去找路恐怕不是好主意。风不似往常直线吹袭，而是绕着弯、打着转。雪橇早已埋没在雪中不见踪影。我们的处境不能令人安心。

周二晚和周三都刮着十级暴风，气温从零下七度上升至零上二度。然后风渐渐缓和，到周四（七月十三日）几乎停了，气温下降，云破星出。我们很快吃了早餐，先喝茶，然后吃肉饼，饼干则浸茶或泡肉饼汤吃。饭后把雪橇与帐篷铲出，这是大工程，花了好几个钟头才完成。终于上路了。在那样匆忙的日子里，我每夜仍写下几行记录。那夜我写下：

“今天共走了七点五海里——跑了很长的路——上下好几座恐怖山的冰脊——下午忽然遇见极大的冰缝——我们在恐怖山的高处——月亮救了我们，不然就掉进去了——雪橇恐怕也会跟着掉下去。”

七海里，以前要花上将近一周才走得到，现在一天内完成，很让人窝心。一整天气温都在零下二十度至零下三十度之间，这也很不错。穿越山脉与冰脊之间的起伏带时，我们发现从山上吹下的风自坡峰向两头走，形成一面是东北风，另一面是西北风的现象。看来空中仍有风，暴风雪未如我们所愿完全离去。

一路行来，我们靠着多点一段时间的油炉才撑下来。每餐做好饭后，我们让炉子多烧一会儿，把帐篷暖起来，这样我们可以把冻僵的脚揉搓回暖，并做一些必要的细活儿。很多时候我们只是坐在那里打几分钟的盹儿，彼此提防着不要睡熟了。但是油耗得很快。出发时我们有六罐一加仑的油（就是斯科特批评过为什么带那么多的那些油），现在已经用掉了四罐。起先我们说一定得留至少两罐等回程时用，现在估计只能余一整罐，另加注满的两盏灯。我们的睡袋状况糟透了，我每晚得花上一小时推、打、挤，才能把自己塞进去。但是挤进去躺下来后觉得更不舒服。

气温只是零下三十五度，但“一夜难眠”，我的日记上如此说。我们出发得挺早，但这一天辛苦至极，到后来我的精神简直快崩溃了，因为我们找不到那条冰缝之间的细直通道。一次又一次，我们猛然失足，说明路径不对。“是不是走得太靠右边了？”——没人知道。“那我们试试靠山边走吧。”如此如彼！

> 今晨费力拖拉了二点七五海里，之后浓雾忽散，我们发现身处一座庞然大冰脊的峰下，峰脊在阴影中像是黑色。我们续行，弯向左时，比尔跌跤，两臂插入一冰缝。跨过此缝后又是一缝，一段时间后到达左方高处，这次比尔和我都一脚踏入一条冰缝。我们触探四处皆是凹谷，于是拉雪橇下坡，安然无恙。①

一旦进入一道压力冰脊，要好长时间才出得来。比尔用高山索加长他的套索，远远在前，如此他可早早发现冰缝，以免我们和雪橇掉落。

---

① 我自己的日记。——原注

这对我们很好，但对比尔可不佳：黑暗中的冰缝真能让你神经紧张。

次晨（七月十五日）出发时，模模糊糊看得见左前方高处是圆丘，这是一座大丘，垂直至海的崖壁构成克罗泽角。我们面向它另一面的缓坡，绵延多少海里的壮观冰脊则挤压着它的冰崖；那些冰脊是我们所来之路，现仍包围着我们。恐怖山在我们左方升起一万英尺，与圆丘之间是一座大杯子形状的雪堆，雪堆有一面缓坡，连接我们刚经过的冰缝间通道。我们就从这里拖拉雪橇上去。这里没有冰缝，但雪堆被风吹得很硬、很滑，我们像走在冰上一般，不得不套上钉鞋底。雪堆的形状像杯子，其表面也像瓷杯一样平滑。我们推拉了将近三海里，在距离雪庐预定地的冰碛石层仅约一百五十码处停下。这冰碛石层在我们左上方，圆丘的双峰则越过雪杯，在我们右边。这里，八百英尺高的山腰上，我们扎下最后一营。

我们到了。

我们该给雪庐取什么名字？我们的衣服和睡袋多快能干？烧企鹅油的炉子好不好用？企鹅真的在那里吗？“事情好得不像是真的。出来十九天了。相信很少有人搞得像我们这么湿：睡袋简直钻不进去，风衣像是冰冻的盒子。伯第的罩脸帽硬得像铁——这一切，我们忽然都不在乎了。真好。”①

已是夜晚，但我们急欲开始盖屋，立刻爬上营地上方的脊岭去，那里有岩石自雪中突出。有很多圆石，一些碎石，当然还有无限硬如冰的雪，向下滚落到我们的帐篷那里，以及一海里多以外的大冰脊去。后来我们发现，在我们与大冰脊之间，是一面巨大的冰崖。冰脊与其外的大冰棚都在我们脚下，罗斯海的边缘仅在约四海里外。帝企鹅一定就在圆丘那一面，被克罗泽角挡住而看不见。

---

① 我自己的日记。——原注

我们计划用石块作墙盖小屋，外面敷雪，而以一辆九英尺长的雪橇当梁柱，一张绿色大帆布当屋顶。我们还带了一片木板当门楣。在屋里点起企鹅油炉，我们就有了一个温暖舒适的家，从这里出发去四海里外也许是企鹅孵育地的地方。也许我们能带上帐篷，在现场做科学工作，让可爱的家空上一两天。这是我们的计划。

那天晚上——

> 我们在山顶上一块大圆石下面开挖，希望这圆石能成为小屋一面墙的主体，但它下面连接岩石，挖不动。我们遂选了约十二英尺外一片还算平坦的冰碛石地，只略比山顶低一些，希望在这脊岭背风面可以避过此地常刮的狂风。伯第从山的那一面捡石头过来，再大的石头对他也不是问题。比尔从外面堆雪，我则以圆石砌墙。石头很好用，但雪被风吹得与冰无异，十字镐根本凿不动它，只能用小铲子敲下一些角屑。碎石子不够，有的话是很好的。我们下坡回一百五十码外的帐篷睡下时，一面长墙已砌了约一半，事情看来很有希望。①

从八百英尺高处俯瞰，景色绝殊。我取出眼镜，一再抹去冰来看。东边下方是一大片压力冰脊，在月光下仿佛巨人用大犁耕过，耕出一道道五六十英尺深的沟畦。这些沟畦直通到冰棚边缘，其外是冻结的罗斯海，平平躺着，纯白、宁静，似乎不知风暴为何物。北面和东北面是圆丘，身后是恐怖山，我们就站在恐怖山上。远望灰色冰棚无边无际，像一道寒冷、壮阔、模糊、沉重的符咒，是风与雪与黑暗的孵育地。老天！这是怎样一个所在！

---

① 我自己的日记。——原注

现在月光和昼光都很有限，但此后四十八小时我们尽量利用这两种光线日夜做活，常常在实在看不见什么的时候还在做，点着风灯挖石掘雪。两天下来，墙都砌好了，外面也用雪堆敷到仅余一二英尺未到顶，准备先铺上屋顶布再敷满。敷雪的困难是雪太硬，没办法塞住石块的空隙。门装上了，是三角形的帐篷门，边缘紧塞在墙里，用雪和石块封住。上面是木板扣住，底下直挖进地里。①

我们那天没能完成整个工程，伯第非常失望，简直有点生气。但要做的事还很多，而我们都累坏了。次晨（七月十八日，星期二）我们早早起身想完成石屋，但风太大，到山顶后做了些挖掘工作，但没法铺上屋顶，只得回去。我们看出坡顶的风比我们扎营处大得多，那天早晨风力达四至五级，气温约零下三十度，坡上冷得不得了。

油的问题很让我们担心，现在第五罐也用掉很多了，我们尽量节省，常常一天只吃两顿热食。得想法子去猎些帝企鹅来熬油才行。十九日是晴朗无风的天气，我们九点半出发，拉着一辆空雪橇，带两把冰斧、高山索、缰具和剥皮用具。

威尔逊在“发现”号时代多次穿越克罗泽角冰脊带，但那时有天光，他们发现在悬崖底下有一条路，这悬崖现在就在我们和冰脊之间。

快到山坡底时，得小心冰缝。这里我们以前没来过，但很快就碰到悬崖边缘，沿着它走，它渐渐低下，与冰棚齐平。向左转朝海冰去，知道再走约二海里冰脊带，便到克罗泽角。起先一海里半很好走，要绕过冰脊的一个个大冰瘤，但总还算平坦，不久冰崖便在我们左方陡升极高。比尔的意思是尽量靠近冰崖底下走，循着“发现”号时代的老路。在那个时代，他们到的时候总是太晚，小企鹅都孵出来了。我们现在找

① 我自己的日记。——原注

不找得到帝企鹅，如果找到，会不会有卵，我们不确定。

不久麻烦来了。每隔几码就碰到一条冰缝，相信还走过很多而不知。我们虽尽量靠着冰崖走，还是置身于第一道冰脊之上，与我们想去的冰坡间隔着一道深沟。之后来到第一与第二道冰脊之间的巨谷，四面八方全是形状各异的大冰堆，冰缝也四处皆是。我们在雪坡上滑行，沿雪脊匍匐前进，想走到冰崖上去，可是总走不通，又折回来。比尔系一条长索走前面，伯第的缰索也扣在套环上，我则系着缰索走在雪橇后面。这雪橇很有用，有时当桥，有时当阶梯。

有两三次，我们想下冰坡去走崖底下比较平坦的路，但坡总是太陡，下不去。在那样暗淡的光线下比例都受到扭曲，有些地方我们借冰斧和高山索之助下去了，但看起来却是笔直的。而你如果滑跤，底下总是有冰缝等着你。回程时我跌下去一次，另两人站在高壁上把我拉上去。

成列的帝企鹅——赖特摄

克罗泽角冰崖后的圆丘——德贝纳姆摄

我们于是爬下第一与第二道冰脊之间的凹谷，再爬上第二道冰脊。这里的冰脊高达五六十英尺。之后怎么走的我就不知道了。唯一的路标只是纵横交错的冰缝，有时候几步路间就有三四道。气温挺低的（零下三十七度），我没法戴上眼镜，这既对我困难，对全队也不利：比尔看见冰缝便指出，伯第大步跨过，我则会端端正正把脚放进那裂缝里去。这一天我踩进去至少六次，有一次，快到海边时，我滚进一个坑，然后滚下陡坡，直到伯第和比尔用绳子把我拉上来。

我们摔跌前进，后来走进一条大死巷子，大约是两条冰脊的末端相连而成，冰脊则突出海冰上。这样，我们四面环绕着大冰墙，中间则是陡峭的雪坡。左方高高隆起的即是克罗泽角的巨崖，但我们看不清中间是否隔着两三道冰脊。我们试了至少四条路线，都走不通。

这时我们听到企鹅的叫声。

叫声来自我们看不见的海冰上，中间的一海里多一定是冰缝交错。叫声在高崖上形成回音，我们无助地站在那里，可望而不可即。听着听着，我们醒悟到只有回头，时已近中午，一点点天光也快消逝，在那种地方若陷于全然黑暗是很可怕的。我们循路回来，我几乎立即便失足滚落一条冰缝。伯第和比尔保持住平衡，我爬上来。原路足迹难辨，不久便找不到了。伯第是我生平仅见最会辨认足迹的人，一再找回原路，但后来连他也实在找不到了。我们商议后决定照直走，果然又找回了路。到那时我们也已出了最险恶的地带。看到帐篷真高兴。

次晨（七月二十日星期四）我们凌晨三点即开始做雪庐的工。虽有风，还是勉力把屋顶帆布铺上，用雪块压住，第二辆雪橇做了横梁。帆布在向风面（南面）直落到地上，先用石块紧紧压住，再把余边收进。另三边留约二英尺余边，每隔二英尺以短绳系在岩石上。门是难处，目前我们让帆布拱在石头上，形成门廊。整个小屋盖得很好，但没有软雪填塞雪块与石块之间的空隙。不过我们已觉得屋顶不可能被掀掉，事后

克罗泽角的冰棚压力脊，后为圆丘，可

企鹅产卵的海湾——赖特摄

证明我们没错。

清晨三点，未吃早饭即上工是很凄凉的。等回到帐篷吃饭，大家都很高兴。这么做是因为今天打算再去找帝企鹅。第一线天光一露，我们即出发。

不过现在我们对压力冰脊知道得多些了。例如，冰脊的情况与“发现”号时代已大不同，可能冰脊更高大些，后来照片证明冰脊比十年前远伸入海一海里多。我们也知道了如果像昨天那样，从冰崖唯一开口处向冰棚的地方走是永远不可能走到孵育地的，以前崖下曾有的一条通道现已不存。只有另一个办法可试：越过冰崖。这就是我们今天要尝试的事。

冰崖高约二百英尺，我觉得不安，尤其是在黑暗中。但昨天摸黑回来时，我们注意到冰崖有一处裂口，底下有积雪一堆。也许可以从那里下去。

于是，每个人都把皮索系在雪橇上，比尔牵一条长绳在前，伯第和我在后面照料雪橇，我们走下通往冰崖的坡，当然我们看不见冰崖。越过一些小冰缝，不久便知道冰崖应已不远。两度试图爬上冰崖边缘不成，之后却发现了那个坡，而且不太困难地下了坡，坡底果然是我们想去的地方：壁崖与冰脊之间。

这就开始了在冰脊之间的上下攀援，其危险程度可能超出你的想象。起初与昨天差不多：互相援引着上脊峰，连跑带滑地下坡，跌进冰缝与各种洞穴再爬出来。我们沿着壁崖下面走，壁崖越升越高，渐渐来到黑色火山熔岩的断崖，克罗泽角就是这种断崖。我们跨在一道形如刀背的雪脊岭上走，中间夹抬着雪橇。右边是深谷，谷底有冰缝；左边是比较浅的谷，谷底也有冰缝，我们匍匐蠕动向前，在黯淡的光线下尤其吓人。雪岭尽头是一层层满布冰缝的坡，终于我们来到崖壁下的冰碛石面，在这里放下雪橇。

我们攀绳而上，这里的悬崖不是冰而是岩石，高八百英尺。冰脊在这里挤压岩壁，杂乱无章。四百海里移动的冰在后面推挤，把这些巨大的冰脊抛掷、扭曲，料想约伯①见了也无言词以呵责造物主。我们爬上爬下，用冰斧着力，并在钉鞋也无法立足之处凿出立足点。越来越靠近帝企鹅，看起来好像这次能成了，却来到一堵高墙，一眼望去便知绝不可能越过。一座最大的冰脊，背抵着崖壁而立。我们好像无法再进，这时比尔却发现一个黑洞，看起来像一个狐狸洞，消失在冰的内部。我们审视着："好，进去看！"他说着，头钻进去，不见了。鲍尔斯跟着进去。洞很长，不过可以钻过去，到得洞的那端，我发现底下是很深的狭谷，一面是岩壁，另一面是冰。"背抵着冰，脚顶着岩壁，保持平衡下来。"比尔说。他已经站在底下一个雪坑里的坚冰上了。我们凿了约十五个立足点才出此洞。很兴奋，非常高兴，接下来的路也比较好走，直到企鹅的叫声又传入耳际，我们站住，像三个肮脏褴褛的雕像，在帝企鹅家的上方。企鹅是有，我们就要抓到它们了，但哪里有传闻中的几千只呢？

我们站在一座冰崖上，其实只算是矮岩，约十二英尺高。下面是海冰，有许多冰岩散落在海冰上。冰崖垂直，有突出冰檐，但下方无雪堆高起。可能是因为海水最近才结冻的缘故。反正，若无奥援，下去之后很难再上来。议定必须有人留在上面，准备用高山索把下去的人拉上来。这人一定是我，因为我近视又不能戴眼镜，下岩去最没有用。如果有雪橇就可以拿来当阶梯，但雪橇留在几海里外的冰碛石上了。

我们看见帝企鹅在几百码外，冰棚悬崖底下，互相簇拥着站在一起。些少的天光消逝得很快，全然黑暗的将临与南方似要起风的光景让我们极为担心，找到企鹅这事倒显得不那么令人兴奋了。经过难以描摹的辛苦，我们即将目睹自然世界的奇观，我们是第一批而且是仅有的几

---

① 约伯，基督教《圣经》中的人物，历经危难，仍坚信上帝。

帝企鹅在海冰上照顾幼雏，后为冰棚悬崖——威尔逊速写

个做到此事的人，我们马上就能取得科学上极为重要的证据，我们将根据观察把理论变成实据——但我们只有一点点时间。

帝企鹅受惊，呱呱乱叫，奇异的声音似喇叭。它们无疑在孵卵，一边跑，一边努力把卵带着走，但在慌张推挤中，许多卵掉落在冰上，有的很快被别的无卵可孵的帝企鹅捡去，它们可能等这个机会已经等了很久。这种鸟的母性似乎压倒生命中其他的机制，在生存竞争中，只有母性满足才能存活下去。我很想知道这样的生活是否让它们快乐自得。

我们正站在“发现”号的人发现的孵育地。他们在早春时来，从没来得及见到卵，只见到亲鸟和雏鸟。他们认为帝企鹅真蠢，不知何故偏要在南极的隆冬时节孵育：这时候气温总在冰点以下七十度左右，暴风雪刮个不停。他们看见帝企鹅把宝贝幼雏放在自己（这种鸟雌雄两性争夺育雏权）的大脚上，用胸腹间的一块秃肉慈爱地压着幼雏，等它实在饿得不行了，非得到附近水道上去觅点吃的，它便把幼雏放在冰上，旁边二十只左右无雏的帝企鹅便一拥而上把它捡起。它们互争互抢，有时竟把雏鸟弄死了。如果雏鸟走得动，它会爬到冰缝里去，躲开这场斗争，结果便是冻死。同样，许多卵破裂或腐坏。显然死亡率很高。但是有些存活下来，到夏天时，若是即将刮起大风暴（它们对天气无所不知），亲鸟便携带幼鸟越过几百海里的海冰，来到未冻海的边缘，在那里坐等风暴来临。海浪涌起时，会击破海冰成漂浮的冰块，它们便在冰上随浪而去，加入大浮冰带的阵容，拥有自己私人的游艇。

你一定同意，这样一种鸟真是有趣。记得七个月前，我们在这种大黑崖下划船，看到一只孤独的帝企鹅幼雏，身上仍只有绒毛，我们即明白为何帝企鹅要在隆冬产卵。试想六月间所产的卵到一月初时仍没有成羽披覆，则若在夏天产卵，幼雏一定过不了冬天了。帝企鹅不得不排除万难，因为它们的幼鸟成长得这么慢；就像我们人类也因此花很长时间育儿一样。可怪的是这么原始的鸟，为何童年期这么长。

这种鸟的生命史虽有趣，我们却不是走三星期的路来看它们孵蛋的。我们要胚胎，越早期的越好，而且要没有坏、没有冰冻的，这样国内专家才能把它们切割成微小片段，审查鸟类进化的历史。因此比尔和伯第很快收集了五枚蛋，打算放在毛皮手套里带回恐怖山上的雪庐去，用带来的酒精浸泡起来。我们也要企鹅油作燃料，因此他俩杀了三只企鹅，剥下皮来——一只帝企鹅重可达九十磅（约四十公斤）。

罗斯海冻结在外，举目不见海豹踪影。只有约一百只帝企鹅，而不像一九〇二年和一九〇三年有两千只左右。比尔估计每四五只成鸟有一枚蛋，这当然只是粗略的估计，因为我们不愿多加惊扰它们。不懂为何所见的鸟这么少，不过看起来海冰才结冻不久，这是不是第一批先锋？是否之前先孵过一批蛋，海冰却被风吹去，这是第二次的努力？这座小湾是否已不安全？

以前的人看到帝企鹅如果找不到可抚育的幼鸟，便将死的、冻僵的拖来放在腹下。他们也看到腐坏的蛋，意谓蛋冻僵之后又被拿来孵。现在我们发现这些鸟非常想要孵点什么，竟把冰当蛋放在腹下！有几次比尔和伯第捡起蛋，发现只不过是冰块，圆圆的，与蛋差不多大，脏而且硬。一次他俩看见一只鸟掉落一枚冰球，另一只鸟则正把一枚冰球塞入腹下，不过一旦有真的蛋出现，它们立刻放弃假蛋。

我站在崖上时，一群帝企鹅绕崖游行了一整圈。光线已很差，我的同伴最好赶快回来，每件事都得赶快做。我先把他们放在长手套里的蛋吊上来（之后用灯心绳挂在脖子上），然后吊上油皮，但完全拉不动比尔。“拉呀！”他在底下喊。“我在拉呀。”我说。“但是下面绳子还是很松。”他喊道。后来他站在鲍尔斯的肩膀上爬上来，我们两人合力拉鲍尔斯，下面的绳子却还是松的。我们一拉紧绳子，它就卡在冰缘上——从冰缝里救人时也常发生这种现象。我们试把绳子由冰斧上送下去，不成功。鲍尔斯四处跑来跑去查看，把一只脚伸到冰缝里却碰到海水，事情看起来有点糟糕。这时鲍尔斯发现冰崖有一处无冰檐，遂以冰斧砍出几个立足点往上爬，我们在上面拉，终于大家在崖顶重聚了，但他浸了海水的脚包满一团硬冰。

我们尽快往回走。五个蛋分放在我们的长手套里，伯第把两块皮绑在身上，拖在后面；我绑了一块。我们援绳而上，攀爬脊岭和钻过冰洞很难，有一处是很陡的碎石雪坡，我爬到一半掉落了冰斧；又有一处太黑，看不见来时凿的立足点在哪儿，我就不管三七二十一地凭运气往上爬。最有耐心的比尔这时说：“谢里，你得学会怎么用冰斧。”这一趟走下来，我的风衣成了破布。

我们花了点工夫才找到雪橇，这时只剩三个蛋还算完好，我的两个都在手套里打破了。第一个我倒掉了，第二个我留在手套里，打算回去煎来吃。这个蛋也没能到家，不过在回程中我的手套远比伯第的容易化冰（比尔没有拿蛋），我相信是企鹅蛋的油脂对手套有好处。走到脊岭下的凹洞时，实在太黑，只能摸索前进。这样越过许多冰缝，找到脊岭，翻越过去。在高处比较看得见，但来时足迹很快就见不到了。我们照直走，幸运找到来时的下坡路。这天一直刮着凌厉的冷风，气温在零下二十度至三十度左右，我们觉得很冷。现在更糟，往上寻找帐篷所在时，雾气迷漫，迹象不妙。随即刮起四级风，我们完全迷失方向。经过好一阵搜索之后，才终于找到标示雪庐所在的石堆。

我曾听过一个英国军官的故事，他在达达尼尔海峡的战争中瞎了眼，在英国与土耳其两军阵地间的三不管地带迷失，只在夜间出来，却无从得知哪边是本军阵地，来回游走间，土耳其军和英军都向他射击。这样过了几天几夜。后来有一夜，他爬向英军战壕，如常受到攻击，他不禁喃喃自语："老天！我怎么办?"英军有人听到，这才把他拉进去。

他所受的折磨难以衡估，发疯或死亡或许可以解除他的痛苦。我只知道，在这次旅程中，我们已经开始视死亡为朋友。那天晚上，我们摸索着往回走，困倦、寒冷，累得像狗，四周一片黑暗，风雪交加，那时候，冰缝几乎像是友好的礼物。

"事情一定会好转，"比尔次日说，"我想昨晚我们的霉运到了底了。"其实我们没有，还早得很呢。

事情就是如此。

我们首次迁入雪庐，为的是改用熬油炉，好省下油回程用，但又不想在帐篷里熬油，把帐篷熏得黑油油的。风雪刮了一整夜，雪从几百个墙壁缝隙里吹进来，落得我们一身，因为在这多风地区，我们找不到软雪来堵塞硬雪块之间的洞。我们剥下企鹅油时，粉状的雪覆盖了每件东西。

虽然不舒服，这倒不需要太忧虑。风吹来的雪有些会积存在小庐及庐后岩石的背风面，正可用来填塞空隙。非常吃力地终于点起了熬油炉，一滴沸油爆起，溅入比尔的眼睛。以后他一直躺着，忍不住呻吟，显然非常痛苦。后来他告诉我们，他当时以为这只眼睛废了。我们勉强弄了一顿饭，饭后伯第仍让炉子点着，但屋子没法暖起来。我出去，割下门外一块绿帆布，把屋顶帆布压在大石头底下，再用雪块尽量塞紧，总算把大部分的飞雪阻挡在外了。

很奇怪天使与傻瓜常殊途同归，我们这趟旅行到底比较接近天使还是傻瓜我始终无法判定。我从未听到同伴口出恶言，只有一次听到一句不耐烦的话（就是我在企鹅孵育地没能把比尔拉上来那次），再来就是同一天晚上比尔眼痛时的呻吟之声，算是最接近抱怨的了，但是大多数人在这样的时候一定会嚎叫不已。“我想昨晚我们的霉运到了底了。”这对比尔来说是很强烈的语言。“有一段时间我觉得自己无能为力。”①他在给斯科特的报告中说。这次旅程是在独特的环境下考验人的耐力，而这两人总是挑起一切责任，展现出自制的特质，这份特质是此行成功唯一可确定的因素。

次日（七月二十一日），我们收集所有找得到的软雪，塞进硬雪块的缝隙里。雪量实在少得可怜，但完工后已看不出墙上有任何缝隙。风有把屋顶往上掀的倾向，我们砍下一些大硬雪板，压在帆布上面，紧贴着作屋梁的雪橇。我们又把帐篷搭在雪庐门外，这样，雪庐与帐篷都高居八九百英尺的恐怖山上，但都在一块突出的巨岩之下，巨岩后面是陡坡，直降到冰棚上，暴风雪就从这方向吹来。我们前面的坡则向下约一海里，降至冰崖，非常滑溜，必须穿上钉鞋底才能行走。帐篷大半在雪庐的背风处，但棚顶超过雪庐屋顶，帐篷边缘也有一部分突出于雪庐墙外。

那晚我们把大部分器具都搬进帐篷内，并在帐篷里点起熬油炉。我

---

① 《斯科特的最后探险》卷二第 42 页。——原注

一向不信任这种炉子，时时刻刻担心它会火焰高涨，烧掉帐篷。但它的火势强大，帐篷又有双层衬里保温，相当温暖。

我们始终没法按照常规作息，有时清晨四点，有时下午四点，才开始努力融化睡袋钻进去睡觉。这无所谓。那个星期五，我想我们是下午入睡的，锅子、鹿皮靴、很多袜子、鲍尔斯的个人用品袋以及很多别的东西放在帐篷里。熬油炉大概也放在那里了，因为雪庐暖不起来。帐篷的垫布则在雪庐里，我们的睡袋底下。

“情况一定会好转。”比尔说。不管怎样，我们还是有很多应该感恩的方面。以我们所有的硬雪块与石块，我不认为有人能盖出更好的雪庐。我们慢慢会让它密不透风的。熬油炉管用，而我们有油可熬。我们已找到一条路通往企鹅孵育地，手上又有三枚虽然冻僵但完好的企鹅卵。我手套里的两个在我摔倒时打碎了，原因是我不能戴眼镜。再者，地平线下的太阳在正午时透出的光渐渐长了。

但是我们在外的时间已经比以前春季出门最长的时候长了一倍。春天出门的人有天光，我们却在黑暗中；他们从未经历如此低温，通常连接近这样的温度都没有；他们又甚少在如此难行的地区拉车。快一个月来，我们睡得最好的一次是在大风雪中，气温略高，我们的体温因此得以融解衣服与睡袋中的冰。我们的心灵大受磨损，体力也显然比以前衰弱。我们只剩下一罐多一点的油供回程之用，而我们知道通过冰棚的路有多难走，就是初出门的人、新整好的装备也不见得能耐得。

我们花了半小时钻进睡袋。卷云自北方横越星群，南方天空看来浓密，但在黑暗中总很难判断天气。没有风，气温约零下二十度。我们觉得没有什么特别可忧之处。帐篷挖得很深、压得很实，世上没有什么力量能移动雪庐的厚墙，扯走帆布屋顶。

“情况一定会好转。”比尔说。

我不知我醒来时是几点钟。没有风，一片死寂，是可以让人安心也可让人恐惧的寂静，视情况而定。然后有一声风泣，接着又归宁静。再过十分钟，狂风大作，像是这世界发了疯一样。地球被扯成碎片，不能想象、无法形容的狂暴与咆哮。

“比尔，比尔，帐篷吹走了。”接下来我记得的就是鲍尔斯在门口对我们一再狂叫。这种清晨的震撼最让人难受，头脑还没有清醒过来，以为是死亡的延长。一趟又一趟，伯第和我奋力在雪庐和帐篷门之间的几码路上往返。我实在不晓得帐篷里的东西怎么能留下那么多。帐篷原来的所在散置着装备，后来检点一番，丢失的只有锅子的底垫、外锅的盖子。这两样东西再也没见到。最奇妙的是我们的鹿皮靴子还在原处，那里刚好是在雪庐的背风面。伯第的个人用品袋也在，还有一罐糖果。

伯第带了两罐糖果来，一罐在庆祝抵达圆丘时吃掉了，这是第二罐，我们都不知道，原来是为第二天比尔的生日准备的。后来我们周六开始吃，罐子以后比尔也派上了用场。

把这些东西搬进来，我们得与厚实如墙的黑雪对抗。雪向我们吹来，意欲将我们卷下山坡。但我们一开始奋斗便没有什么可以阻挡。我看见伯第被击下坡一次，但他及时爬回来。我们把找得到的东西全交给比尔，这才回到雪庐，收拾东西，也收拾混乱的心情。

情况极坏，不尽然是我们的错。我们在找得到石块的地方建庐，很自然地把帐篷和雪庐都置于可避强风之处，现在却发现我们的危难不是起因于风，而是由于无风。飓风主力被屋后的脊岭挡住，从我们头顶斜出，在下面形成真空吸洞。我们的帐篷不是被吸向上卷入风中，就是因一部分在风中一部分不在，而被吹走。雪庐的屋顶被转向上然后猛地坠落，打得很重。雪往里灌，不是被风吹进，而是被屋子吸进。背风面，而不是向风面的墙进雪最多。所有东西已经都覆盖在六至八英尺的雪下。

我们不久便开始担心雪庐的安危。起先压在帆布屋顶上的重雪块还压得住，但渐渐地，风好像移动了它们。神经紧绷得不堪忍受，在各种汹涌的噪声中等待能让人发疯。一分钟又一分钟，一小时又一小时——雪块被吹掉了，屋顶上下击打，再结实的帆布也经受不起无休无止的重击。

那天，周六早晨，我们吃了一顿饭，以后很久都没得吃。油实在珍贵，我们想用熬油炉，但它在抽动几下之后在我们手上碎成一块块，接合剂居然熔化了。这样也好，我想，因为这时候用它比平常更危险。结果我们用野炊炉煮了一餐。锅子被风吹去两个组件，我们只好尽量设法让它在炉子上保持平衡。之后议定，有鉴于余油已不多，我们下一餐能多晚吃就多晚吃。没想到上帝已为我们安排好了这事。

我们极力阻挡雪吹进来，用袜子、手套和衣服堵塞洞孔。但没多大用处。雪庐是一个真空吸洞，能吸什么就吸什么。没有雪的时候，黑色细小的冰碛石屑就会进来，扑在我们身上和所有东西上。我们坐等屋顶掀掉，等了二十四小时。情况坏到我们不敢打开门。

很多个小时以前，比尔告诉我们，屋顶如掀掉，他认为我们最好蒙在睡袋里滚动，挪到空地上，冻僵，被雪埋没。

情况越来越无望。帆布被吸上去时，与支撑它的雪橇之间距离越来越大，这一方面因为帆布被扯撑，另一方面因为压在上面的雪块掉了。帆布打下来时的声音比先前大，从墙缝间进来的雪比先前多，尽管我们所有的薄手套、袜子和较小的衣服都拿去塞了洞，连睡袍都塞在屋顶与门楣石之间了。石块被拉起、摇晃着，我们怕它随时会掉下来。

我们彼此说话得用吼的。早先我们想用高山索从外面把屋顶捆住，但鲍尔斯说风这么大，绝对做不到。“在海上你绝不会要水手做这种事。”他说。他一再从睡袋里出来，填塞洞孔、塞紧屋顶，等等。他实在了不起。

这时屋顶被吹掉了。

埃里伯斯山——赖特摄

压力冰脊——赖特摄

伯第正在门边，那里的帆布压在门楣板上，比别处更受风。比尔大半身都在睡袋外，压着一根棍子什么的。我不记得我在干什么，不过我是半身在外、半身在睡袋里。

门的上方开了一点小缝，绿色帆布在比你读这段字更短的时间内，刮扫进几百粒小碎片。鬼哭神号难描其声，此声之上更有强大的山风把帆布撕成细条的声音。我们拿来砌墙的最大一块石头向我们倒下，雪立刻成片飞进。

伯第急忙钻入睡袋，终于钻进去了，也带进去一大堆雪。比尔也是，不过他的情况好些；我本就半身在袋内，没问题，于是转身去帮比尔。“管你自己的。”他喊道。我仍坚持要帮他，他俯身过来，嘴贴着我的耳朵说：“求求你，谢里。”他的声音非常焦虑。我知道他觉得责任在身，他怕是他把我们送进鬼门关。

接下来我看到鲍尔斯的头横过比尔的身体。“我们没事。”他喊道，我们肯定地回应。虽然我们都知道说这话只因明知大事不妙，但这项声明仍有帮助。然后我们尽量把睡袋翻转，让睡袋底朝上，开口处则压在下面。我们躺着想心事，有时候唱歌。

威尔逊后来写道，我猜我们都在筹拟没有帐篷怎么回去的计划。我们只剩下一块垫布，压在我们身下。当然那时我们不能交谈，但暴风雪停后我们商议是否可能每晚在雪地上挖一个洞，用垫布盖在上面过夜。在如此低温、如此装备下怎么回去，我想我们其实没有主意，但这事连提都没有人提一句。伯第和比尔唱了很多歌，片段的歌声不时传入我耳际，我于是跟着哼，有时哼得有气无力的。当然我们身上覆满了雪。“我下定决心要保持温暖，”鲍尔斯写道，“在压覆我身的屑块之下，我拍打着脚，唱所有会唱的歌来打发时间。有时候我打比尔一下，看他仍然会动便知他还活着——他这个生日过得真糟糕！”伯第身上堆的雪比我俩都多，但我们都得时时抖动一下，把睡袋上的雪抖掉。打开睡袋口，可取到一点软雪，捏一捏，放进嘴里融化。等手又暖起来以后再多拿些；这样，我们并不太渴。有几根碎帆布条仍挂在我们头顶，在风中发出枪击似的爆响，但没有一条掉落。风声很像火车快速通过隧道，两边窗户都关上时的声音。

我很相信我的两个同伴从无一刻放弃希望。他们一定吓坏了，但是并不慌乱。至于我，是完全不抱希望；屋顶飞去的那一刻，我觉得事情已经完结。我还能怎么想？我们花了那么多天，在黑暗中经历前人从未经历的寒冷，才终于抵达此地。以前从无人忍受至几天以上的环境，我们承受了四星期。这期间，我们睡不好觉，只是累得不省人事，像人在拷刑架上睡着一样；每一分钟我们都在为生存奋斗，而且总是在黑暗中。我们能撑下去，靠的是极端注意照顾双脚、双手和身体；靠着烧油，以及吃很多热而多脂肪的食物。现在失去了帐篷，六罐油只剩下一罐，锅子也不齐全。我们的衣服，运气好天气不太冷的时候能拧出水来，而一钻出睡袋我们立刻冻成穿着冰甲胄的硬块。在低温下，有帐篷遮蔽，我们尚且需要花一小时以上才能奋力钻进冰冻的睡袋。不行！没有睡袋我们是死定了。

至于找回帐篷的几率，看起来不到百万分之一。我们位于九百英尺高的山腰上，风势大得可以把东西直吹入海。我们屋前先是一座陡坡，坚硬得十字镐也凿不动，滑溜得鹿皮靴子走上去停也停不住。坡下是几百码高的大冰崖，冰崖外是绵延无数海里的压力冰脊，冰缝、坑洞散布其间，在里面找帐篷跟找一朵雏菊一样不可能。冰脊之外是未冻的大海。很可能，帐篷被摄入空中，掉落在海中某处，正往新西兰漂流着呢。很显然再也不会见到它了。

与死亡面对面时，你想的并不是坏人怎样受刑罚，好人怎样臻极乐。我也许猜想过自己上天堂的几率，但坦白说我不关心。我不打算回顾自己一生的罪过，但我的一生确实浪费了。通往地狱的路也许铺满善意，通往天堂的路却也铺满错失的机会。

我想重活一遍。我可以活得多么乐趣无穷呀！真是可惜。波斯人不是说吗，将死之时，我们想起上帝的仁慈，会懊悔因怕遭审判而有许多事想做却没敢做。

我想吃浸渍在糖水里的桃子，想得不得了。木屋里有这东西，其香甜甘美超过你所能想象。我们已经一个月没吃到糖了。是啊——尤其想念糖水。

我就这么抱着不敬神的态度等死，下定决心不要保暖，认为不需要过太久，又想如果实在不行，就想办法去医药箱弄些吗啡来。一点没有英雄气概，可完全是真的！是啊！舒适、温暖的读者。人不怕死，怕的是死前的痛苦。

之后我很自然地睡着了。这恐怕让想读我死前挣扎的人失望了。想来在大风雪中，气温相当高——接近零度的温度在我们看来就算相当高了。再加上堆积在我们身上的雪也让睡袋里形成一个潮湿可喜的沼泽，我相信我们都睡了不少觉。要烦心的事实在太多，所以烦心也没有用，何况我们实在累极了。我们也饿，上一餐还是昨天早上吃的，不过饥饿并不迫人。

于是我们躺着，潮湿而相当温暖，一小时又一小时，暴风在四周怒吼。十一级风是暴风，十二级是可记录的最大风力，鲍尔斯记录风力为十一级，但他总是担心高估，因此倾向低估。我认为那是不折不扣的飓风。时醒时睡，记忆中我们并没有太难过。我知道春天来克罗泽角的队伍经历过持续八至十天的暴风雪，但我们没有为此担心，我想比尔不担心。至于我，我是麻木的，我模糊地想起探险家皮尔里在无帐篷的情况下度过了一场暴风雪，但那是在夏天吧？

我们是在周六（七月二十二日）清晨发现帐篷不见的，那天早上我们吃了最后一餐。屋顶是在周日中午左右掀去，其间我们没吃东西，因为存油太少，也因为除非绝对必要不能钻出睡袋。到周日晚上我们已三十六小时没吃东西了。

屋顶掀去时朝我们掉落的石块没有伤到人，我们虽不能出睡袋去移开它们，在它们之间腾挪出摆睡袋的充分位置却不难。比较严重的是积雪渐渐堆满我们身上和四周。它虽然能帮助保暖，但在这相对的高温下，雪也使睡袋更湿。如果找不回帐篷（找得到才是奇迹），则睡袋和身下的垫布就是我们挣扎过冰棚的仅有装备。在我看来，那结局只有一个。

但是我们只有等待。离家约七十海里，来时花了将近三个星期。心情略好时我们设想怎么回去，但这样的时候实在不多。周日早晨过去，变成下午，变成晚上，变成周一早晨，风刮得像疯狂的恶魔，像全世界的风汇集此处，全发了疯。今年我们在埃文斯角也碰到狂风，海水几乎漫至屋门口，但我从未听过或遇过或看过这样的风。我奇怪它怎么没有把大地刮走。

周一清晨，风时而有停止的意思。通常在冬季的大风暴里，你躺着听风听了几天几夜之后，偶然的静止比风声更让人紧张，那是“没有感觉的感觉”①。又过了七八个小时，风虽仍在吹，我们却不需吼叫便听到彼此的说话声了。距上一次进餐已过了两天两夜。

我们决定出睡袋去寻找帐篷。冷得不得了，凄惨极了，不过我想大家都没显露出来。黑暗中看不见什么，帐篷更无踪影。我们逆风回来，捂暖手和脸，议定想办法做一顿饭吃。这顿饭定是全世界最古怪的。我们把垫布插入睡袋下，钻进睡袋，把垫布拉过头顶，在中间点起野炊炉，用手平衡炉上的锅，因为锅子的两件组件被风吹去了。有风探进时，炉火闪烁。很慢很慢地，雪在锅内融化了，我们丢进很多肉饼，那

① 原文为 the feel of not to feel it，出自济慈的诗作。——原注

气味好过世上任何东西。终于我们喝到茶、吃了汤肉饼，里面搀了很多睡袋的毛、企鹅羽、尘土和碎粒，但是好吃得很。锅子里残留有企鹅油，烧化了，给茶增添了一股焦味。此餐我们永难忘怀，是我所享受过最美味的一餐，而那焦味总让我回想起当时的景况。

天仍黑，我们又躺回睡袋，但不久一丝光线透出，我们于是起来再去寻找帐篷。伯第跑在比尔和我的前面。我笨手笨脚地把睡袋的棉凫绒毛衬里掀了出来，一片湿淋淋，再也塞不回去，只好任它冻僵在那里，它马上就变得硬如岩石。南方天空黑沉险恶，看来风暴马上又会临头。

我追随比尔之后下坡。什么也找不到。但是，搜寻之间，我们听到右边下方传来一声呼叫。我们滑下坡，简直停不住脚，来到伯第面前，他拿着帐篷，外罩仍缠在竹棍上。我们的命丢掉又捡回来了。

我们满怀感激，说不出话来。

帐篷一定是给刮上天空，上去时合拢起来。内衬系在竹棍上，竹棍缠住外罩，整个一起飞上天，像一把合拢的伞，这就是我们获救的原因。如果它是张开的，一定会撕破。合拢着，加上压在上面的积冰，它恐怕重近一百磅（约四十五公斤）。风把它吹落在约半海里外，一个陡坡的底下，那是一个凹洞，它又仍是合拢的，风的主力从它上面越过，因此它还在那里，竹子和系绳扭曲缠结，两根撑竿两端破裂，但丝质帐篷完好未破。

如果帐篷再被吹走，我们也跟着完结。我们庄严虔敬地捧着它上坡回来，仿佛世上再没有任何东西比它更珍贵。我们把它的裙边深深埋进地下，从没有一个帐篷埋得这么深。不搭在雪庐旁边，而在我们刚到时搭营的山坡下的老地方。比尔搭营时，伯第和我回雪庐去，挖出埋在雪里的所有东西，刮扫掉雪屑。想不到屋顶掀掉时我们的损失很少。用具大都挂在作横梁的雪橇上，不然就是塞在洞孔中防雪。南方来的风自北方倒转回吹时，一定是向屋内地面吹，雪接着把一切覆盖住。当然有一些手套、袜子吹走不见了，但最重要的，比尔的毛皮手套，塞在洞孔中没丢。我们把东西都装上雪橇，推下坡。我不知道伯第是什么感觉，但我觉得很软弱，推得很吃力。风暴看来已经临头。

我们又吃了一顿。我们想吃。热乎乎的汤肉饼一直下到脚和手去，又上到脸、耳和脑。我们于是能讨论接下来怎么办。伯第主张再去企鹅地一次。亲爱的伯第，他从来不承认被击败——我恐怕他也真的从未被击败！“我想他（威尔逊）认为是他把我们逼入这个死角的，因此决心立刻回家。我则主张再去一次孵育地。不过，此行我是自愿受他指挥的，所以次日我们就启程返回了。”①按常识判断实在别无可为，非得回去不可。而且睡袋情况这么糟，在冰棚的低温下钻不钻得进去已很令人怀疑。

不知道是什么时候，只记得在下坡——为什么下坡也不知，可能是去寻找锅底垫吧。我想到，人在这样的处境下，为了睡一场温暖的好觉可以付出任何代价。他会愿意付出任何他拥有的，像是若干年的生命。一两年一定是肯的——也许五年？对，我愿意付出五年生命作为代价。我记得雪脊如波浪，记得圆丘上所见的景色，远远下面海上模糊的黑点，雪地上的绿帆布碎片在风中颤抖，寒冷的悲惨，以及啮咬我心的衰弱之感。

伯第要我用他的棉凫睡袋衬里——他的干软美妙的绒毛内衬，他从不把它放进他的毛皮睡袋里。我拒绝了，我觉得如果接受，我就不是人。

我们把食物都装进吊挂在雪橇上的帆布袋，这才入睡。累坏了。那晚气温仅零下十二度多，但我的左脚拇趾在没有绒毛衬里而且一向就太大的睡袋里冻伤。我花了好几个小时把脚暖回来，用一只脚捶打另一只

① 鲍尔斯的日记。——原注

的方式。起身时风刮得厉害，看起来暴风雪就要来临。我们有很多事要做，得花两三个小时把物件装上雪橇，不要的东西则堆放在雪庐一角。第二辆雪橇也留下了，并写了一张字条系在十字镐的柄上。

我们在风中推车下坡，这风后来渐变渐大。气温是零下十五度。我负责在车后平衡雪橇，但我实在累垮了，恐怕根本没能使劲推。伯第比我们俩都强壮得多。我疲倦渴睡之至，比尔看起来也累得不行。到得坡底，我们转而面向冰棚，背对企鹅地，但走了约一海里，南边天空看起来委实阴沉，我们于是在大风中扎营。我们的手一只接一只都冻僵了。那里有一片被风吹得硬实的波状雪脊，别无他物，搭营耗费很长的时间，可用的漂雪很少，只好用硬如冰的雪块压边，却担心会擦破帐篷。伯第把整罐饼干系在门上，以防其飘动；又把门帘上的帐篷拉绳系在他自己的睡袋外面：如果帐篷飞走，他也跟着去了。

我觉得自己快要解体了，遂接受了伯第的绒毛衬里。这真是了不起的自我牺牲精神，我不知如何描述。我觉得自己接受此恩实如禽兽，但我如不能睡点觉，则必将成废人一个。比尔和伯第一直叫我少做点事，说我做的超过分内所应为，但我觉得越来越衰弱。伯第仍然维持强壮，他晚上大致睡得很好，他的困难在于总是等不及挤进睡袋便睡着了。他极有恒心地记录气象，但有些夜晚应记录时他睡着了，只好从缺。有时他端着餐盘便睡着，任由餐盘跌落，有时他手上甚至端的是炉子。

比尔的睡袋越来越糟：衬里塞进去后实在太挤，许多地方都裂开，是长而大的洞。他总觉得自己没睡觉，不过他其实睡了一些，因为我们听到他打鼾。我则除了借用伯第的绒毛衬里后头两天绒毛干暖时睡得好以外，也一样自觉没睡着。不过我连续五六夜被同一场噩梦惊醒，梦到我们被雪堆积，比尔和伯第纷纷把他们的用品塞进我的睡袋，我不肯接受，他们便把我的睡袋割开，或用别的方式，强塞进来。除此之外，我不觉得我睡了觉。①

鲍尔斯的日记里则记载：

我们还没到谷底，狂风再度吹起，只好扎营。那晚帐篷门帘一直像步枪似的砰砰作响，原因是两根柱子两端都裂开，扣不牢。我怕它们会整个飞去，尽量绑紧，顶端更系一绳，环绕我的睡袋。一天半后风势减弱，我们才出发，走了五六海里，发现置身于冰缝之间。

那天（七月二十六日）一整天我们都在微弱不堪的光线下向前挺进，在冰脊之间跌跌撞撞，向上到恐怖山的山坡。气温自零下二十五度骤降到零下四十五度。

好几次我们在风吹成的平滑冰面上踏入仅覆薄冰的冰缝。但我们仍继续凭感觉前进，避开坚硬的冰坡，拣较深、较脆的雪地走，那是冰脊之谷的特色——在黑暗中，我们又落入冰脊带的掌握。没有光，没有可资辨识的地标，只有前方模糊不清的坡影，坡影不断变化，距离与形貌皆无法判定。我们从不知道是正走向近处的陡坡还是若干海里外恐怖山的长坡。终于我们靠耳朵行路，也靠脚下踩雪的感觉，因为声音与触觉会告诉我们踩到冰缝的几率有多大。我

① 我自己的日记。——原注

们就这样在黑暗中继续前进，希望我们好歹是朝正确的方向走着。①

后来我们闯进一片冰缝区，不辨东西，于是扎营。比尔说："不管怎样我想我们是离开冰脊带了。"可是我们一夜都听到海浪在冰下冲击的声音，像有人在敲击空浴缸。

第二天造成麻烦的是伯第的怪帽子。"您认为这顶帽子怎么样，长官?"我们出发前几天，我听见他这么问斯科特。他捧着帽子向前，活像个女孩在展示她的巴黎新帽。斯科特看着它，沉默了一会儿，说："等你回来我再告诉你，伯第。"这帽子很复杂，有鼻罩、扣子、系绳等，他设计这帽子来挡风，像为船设计风帆一样。我们每次出远门以前，都要花很长时间做女红，每个人都有不同的构想，把衣物修改得合乎他用。有的人修改得很好，像比尔；有些人弄得太宽松，像斯科特和水手依凡斯；有些人弄得马虎但是可用，像奥茨和鲍尔斯；有几个人马虎得不可用，我就不说名字了。总之伯第的帽子一沾满冰就不大合用。

早晨一有天光，我们就看出置身于恐怖山上两块冰碛石地的北边。我们不知这里正是压力冰脊撞上恐怖山的地方，只模糊看见眼前有东西挡道。想越过它，却发现有一座巨大的冰脊在右方如山耸起，遮住冰碛石与半座恐怖山。比尔说唯一的办法是走过去，希望近前发现没那么高。但我一直有一种不祥之感，觉得到恐怖山之前还有很多这样的冰脊。过了一会儿我们想越过此脊，却遭遇冰缝，不得不退回另寻道路。比尔和我都一脚踩进此冰缝。我们走了约二十分钟，发现一处较低矮的地方，试着往上爬，爬到了顶。但一越

① 《斯科特的最后探险》威尔逊的报告卷二第58页。——原注

攀下冰缝——威尔逊速写

过顶，伯第立刻就掉进一条冰缝，这冰缝宽到足以吞没他。从表面看不见也抓不到他，悬挂在缰索上。比尔去拉他的套索，我抓住雪橇前杠。比尔叫我去拿高山索，伯第从底下指挥我们怎么做。我们没法拉他起来，因为冰缝两侧都是软雪，他没法使力。①

鲍尔斯写道：

我的帽子完全冻僵，我的头像被扣在结实的冰块里，想往下看，便会全身倾倒。结果是比尔一脚踩进一条冰缝，他虽大声警告，我仍两脚都踩了进去。冰缝上的薄面破裂，我掉落其中。幸好我们的雪橇缰索是设计成用来撑住掉落的人的，我遂吊挂在无底深渊之上，两边又都是脆薄的冰。冰缝很窄，我若能看见，跨过去并不难。比尔说："你要怎么做？"我说要高山索附脚环，脚环套在我的脚上，他俩先拉脚环，再拉缰索，把我拉上去。

在地面上的我横卧在冰缝上，递脚环索给伯第，他套在脚上，提高脚，让我收进一段手中的高山索；然后重心放在脚上，身体抬高，比尔

① 我自己的日记。——原注

便得以收进一段缰索；比尔拉紧缰索，让伯第再把脚抬高，我又收进一段高山索。我们就这样一英寸一英寸把他拉出，我们的手指全冻伤了，因为当时气温是零下四十六度。自此以后我们常用此法救出掉落冰缝的人，想到这是一个冻僵的人自己吊挂在冰缝中时发明的方法，颇觉有趣。

看得见前面又是一道冰脊，我们不知过了这道还有多少道。情况看来很不佳。比尔牵一条高山索远远在前探路，我们顺利越过此脊。这种用长绳领先探路的方法我们都觉得很有效。自此时起，我们否极泰来，一路到底。出到海冰上后，行程几天之内便结束，那几天小屋角始终在望，又有天光。我一直觉得此行一路上奇峰突起、异事不断，到后来何去何从根本不在我们的掌握之内。去克罗泽角的途中，忽然云破月出，显示一条足可吞没我们连同雪橇的大冰缝就在眼前。得此天助之后，我觉得我们应不会死在路上了。当帐篷飞去，看起来我们不可能再找到它时，风雪中躺在睡袋里，我觉得我们再无生还的机会。我无法记述我多么绝望，怎样一种灾难重重的感觉。启程返回时我觉得事情将会好转，到今天，我清楚地感到今天的遭遇是最后的霉运，此后当可走上坦途。

沿着冰脊谷，我们走出了冰脊带，一整天上坡下坡，但未再见到冰缝。事实上，冰缝和冰脊都消失了。是这天起，一道极美的光自克罗泽角升起，跨越整个冰棚，基部是你所能想象的最鲜艳的深红色，向上渐次变为各种红，然后转为亮绿，最后融入深蓝的天空。那是我所见过的天上最艳丽的红。①

---

① 我自己的日记。——原注

夜间气温零下四十九度，清早我们动身时是四十七度。到中午已攀上恐怖角，埃里伯斯山迅即出现在眼前。这也是第一个真正明亮的白天，虽然太阳还要等一个月才会自地平线上露面。光线带给我们的宽慰难以形容。我们越过恐怖角的路线比来时偏外方，看到来时避了三天风雪的脊岭。

次夜最低温是零下六十六度，我们已来到冰棚上的无风湾，软雪、低温、多雾且浮雪会下陷的地带。周六和周日，即二十九日和三十日，我们奋力一步步横越这片荒原，依旧全身结满冰，但城堡岩越变越大。有时候像是要起雾或起风，但后来都恢复清明。我们的体力渐衰，衰弱到什么地步我们当时不知，但我们每天都有实质的进展——四点五海里、七点二五海里、六点七五海里、六点五海里、七点五海里。来时走在这片地带上，我们往返拉雪橇，每天只能前进约一海里半。来时让我们痛苦不堪的雪地，现在不那么松软如沙了，下陷的雪也看得较清楚。雪地下陷是因表面浮雪被我们的脚踩下而连带沉陷，通常沉陷范围限于脚下四周二十码左右，下沉幅度两三英寸，一脚下去有一种“崩陷”的感觉，会让你以为踩到了冰缝。这块地区的雪陷现象比别处都要多，有一天，比尔在帐篷内点燃野炊炉，我一脚踏进刚挖的一个洞里，这动作触发一场大雪陷：雪橇、帐篷和我们自己都猛然下沉约一英尺，陷落声由近至远传出去不知多少海里，我们住手倾听，直到冷得受不了。整个雪陷一定持续了三分钟以上。

行进中暂停时，我们不卸下身上的缰索，任由松弛的皮索落在粉状的雪中。我们站着喘气，背对着高积如山的冰冻装备，那就是我们拉运的重负。没有风，顶多只有空气轻微的流动，我们的呼气冻结时发出碎裂声。我们没有必要不交谈。不知为何我们的舌头倒从不会冻僵，但我的牙齿神经已被冻死，裂成碎片。午餐后我们走了约三小时。

“你的脚怎么样，谢里?”比尔在问。

“很冷。”

“没关系，我的也一样。”我们不费事问伯第，他自始至终脚没有冻伤过。

半小时后，我们仍在行进，比尔会问同样的问题。我告诉他两脚已失去感觉。比尔自己一脚尚有感觉，另一脚则已麻木。他决定最好扎营：眼看又是凄惨的一夜。

我们开始取下鞍具，比尔则别的先不管，首先把手上的毛皮手套脱掉，小心整理柔软部分成形，让它冻结（不过通常手套戴一天也不会回软），然后放在他面前的雪上——两个黑点。他较好的毛皮手套在雪庐屋顶飞去时弄丢了，现在这双是我们额外携带的细致狗皮内衬，新的时候好看又舒服，干的时候戴着来扭紧经纬仪的螺丝很合用，但太细致，没有扣环、系绳之类。现在他若没有这双手套还真不知道怎么办。

我们工作时一直戴着羊毛织的无指手套和全手套，毛皮手套则能戴时尽量戴着。慢慢把搭扣解开，绿色垫布铺在雪地上。这块帆布原本设计成也能当风帆使用的，但我们此行从未能架起风帆助推雪橇。铲子与竹棍都放在所有载货的最上面，现在先取下放在雪地上等要用时拿。下一步是卸下三只睡袋，逐一压在垫布上——这些硬如棺材的东西是我们的命……有一人退下去揉搓他的手指头去了。锅子从用具箱最上端取下，有些锅组件与野炊炉、酒精罐、火柴等物放在同一个袋子里，另一些部分则留着等一下盛雪。我们三人双手各执一竿，把竹棍平铺在垫布上。“好了吗？放！”比尔发号施令，我们便轻轻把竹棍铺在软雪上，以免它们沉陷太深。帐篷里衬上的冰主要来自锅子的蒸汽，以前我们总努力打掉或刮掉这些冰，但现在，老实说，我们已不去操心这事了。帐篷顶有一个小通风孔，原是设计来让这蒸汽散掉的，现为保暖已束紧。把帐篷的外罩也罩上后，一天里第三件难事就要开始了。第一件难事是钻进睡袋；第二件，同样难的事是躺在那里六小时（我们已将躺卧时间缩短为六小时）；这第三件，就是点燃炉子，并做晚饭。

值班厨子捧着残缺不全的金属炉和剩下不多的蜡烛，艰难地钻出帐篷门。密封的帐篷里倒好像比外面更冷。试了三四盒火柴都点不着，气急败坏中，请别人自雪橇上找一盒新的来，这盒擦着了，原因是这盒还没有在较暖的帐篷里受过潮。蜡烛用一根铁丝挂在帐篷顶。要讲我们花多久时间才点着炉子、解开食物袋系绳，未免太乏味了。总之做好这些事后，另两人大概已把帐篷边埋好，清理好外面，锅子里装满雪递进来，温度计安在雪橇底下。总还有一两件零工待做，但他们只要一听见炉子的嘶嘶声，看见帐篷里透出火光，一定很快就会进来。伯第用一只空饼干桶做了个锅底垫，代替被风吹去的那个，这东西大致可用，但我们得用手保持它的平衡。我们把锅子放在比尔的睡袋上，因为那平整冻僵的睡袋平铺在地面。现在做饭花的时间比以前长。有人把饼干敲打出来，厨子把一餐份的肉饼放进内锅，锅子里的雪已融化了一半。趁空，我们脱下昼间靴袜，换穿夜间靴袜——蓬松的骆驼毛长袜及毛皮靴子。在微弱的光线下，我们检视脚上的冻伤。

总要花上至少一小时，一顿热餐才进得了口。汤肉饼吃完，用热水浸饼干吃。午餐喝热茶配饼干，早餐则是肉饼、饼干和茶。我们不能应付更多的食物袋，三只就够麻烦了，所有的系绳都硬如铁丝，帐篷门的系绳最难，偏还非得系得紧紧的不可，尤其是在刮风的时候。早先我们不怕麻烦，每天收叠帐篷前先用刷子把帐篷外的霜刷掉，但这阶段早已过去了。

热热的肉饼汤一直暖到脚，我们趁机揉搓冻伤处。晚餐前换上干靴袜，现在大家都暖和多了。之后我们开始钻睡袋。

伯第的睡袋恰好合他的身材，不过如果塞进绒毛衬里可能会太小。他的热量一定比别人都大，所以脚从没冻伤。他能睡，我不敢说一夜睡多少，不过总是比我们多，一直到最后几天都是如此。我整夜躺着睡不着时，听他打鼾也算愉快。旅程中他把睡袋从里面翻出来变成毛皮向外，又翻回去回复毛皮在里，这样好几次，抖出好些雪和冰，减掉不少潮气。要把睡袋翻转，唯一的机会是刚钻出睡袋时立刻翻，动作还得快，才不致未翻完即冻住。夜间如要出帐篷也得快去快回，不然回来睡袋就硬掉了。当然这是说在最低温的时候。

我们不能烤睡袋，曾试着把炉子放进袋子让它融解回软，但也不太成功。以前，非常冷的时候，我们早晨还在睡袋里时便先点燃炉子，晚间刚躺进睡袋时也让炉子多点一段时间。但回程时没有油可做此奢华享受，直到最后一两天。

我不相信还有人，不管病得多重，有像我们躺在睡袋里这么痛苦。我们整晚冻得发抖，抖到背都要断了。回程时又加上一个困扰，就是双手在这样的睡袋里一整夜之后，泡得湿透。我们必须戴全手套与半手套，而两者皆湿到不能再湿，所以早上起身时，我们的手就像洗衣妇一样，白、皱、湿。以这样的手开始做一天的工作相当不健康。我们很希望有塞内草袋护手，这种草袋的好处之一是吸进的潮气可以抖掉。但我们的草袋仅够保护可怜的脚。

回程的惨况在我的记忆中模糊了，我知道在当时我的身体也不太能感知。我想我们每个人皆如此，因为我们都衰弱了很多，没什么感觉。到企鹅地那天，我就不介意会不会掉进冰缝，自那时起我们又遭遇诸多苦难。我知道我们在行进中睡着，因为我撞到伯第身上而醒过来，伯第也撞到我身上而惊醒。在前面带路的比尔大概撑住没睡，但如果我们在比较暖的帐篷里等水烧开，我们会睡着——手里捧着肉饼或炉子。我知道睡袋里满是冰，因此就算水或汤泼在睡袋上，我们也毫不在乎。我们把睡袋当地毯，在上面煮东西。本来早晨起身时应该把睡袋卷起，但现在我们根本不卷，相反地，我们趁它未冻结前，尽量把袋口张得大大的，然后把它们大致平放在雪橇上。我们三人合力，把睡袋一个一个抬上去，它们看起来像被打扁的棺材，只不过可能比棺材硬得多。我知道如果夜间扎营时气温仅零下四十度，我们便庆幸今夜很暖；早晨起来时如果气温约零下六十度，我们便不想知道。昼间的行进比夜间的睡眠还让人愉快些，虽然两者都辛苦异常。我们的处境大约是人类所经历最糟的，但仍然每天走很多路，而我从未听到一句怨言，甚至也没有诅咒，大家总是抱持自我牺牲的精神。

我们离家越来越近，而且每天都有不错的进展。我们一定能完成此旅，只要再撑上几天；六天、五天、四天……可能只剩三天了，如果不碰上暴风的话。我们的总部木屋就在那脊岭后面，雾总是在那脊岭形成又被风吹散，那就是城堡岩。明天我们说不定看得见观察山了，设备齐整的"发现"号小屋在那后面，可能有人放了些干睡袋给我们接风。我们认为到了冰棚边缘，苦难就算过去，而冰棚边缘一定不远了。"你正接受痛苦考验，撑住；你正接受痛苦考验"——这句子始终在我脑中轮转。

我们"确实"是撑住了。那些日子回忆起来真好。我们开伯第的帽子的玩笑，唱自留声机里学来的歌曲，对冻伤的脚有成套的安慰话，对别人的嘲弄报以宽容的微笑，期望能睡一夜好觉。我们没有忘记说"请"和"谢谢"，这些客气话在那样的情况下很有作用，我们维持文明的礼貌。我相信我们蹒跚前进时仍蒙上帝垂顾，我们不发脾气——对上帝也不发。

我们今晚"说不定"可以走到小屋角。现在我们烧比较多的油了，那一加仑的油很够用。也点比较多的蜡烛：一度我们担心会不够点。这天早上真冷：零下五十七度。但没有风，冰棚边缘一定不远了。地面渐渐变硬，一些风吹成的沟畦出现，地表开始结成硬脆片。我们一直猜想冰棚在这附近呈斜坡下去。现在地面已是硬雪，像翻转的盆子般突起，我们的脚因不再陷入软雪而暖起来。忽然看到一线微光横越前方，是冰棚边缘。我们脱险了。

把雪橇经一座雪堆推到海冰上，一股寒流随之而下，正是五周前冻伤我手的冰棚冷流。推雪橇离开这冷流，扎营，吃了一顿热食。气温已上升到零下四十三度。最后三海里，绕过阿米塔吉角时，我们已感到暖了些。努力把雪橇抬上冰墙，把门口的积雪铲开，我们进入小屋，觉得相当暖。

比尔主张，抵达埃文斯角木屋时不应立即进入那温暖的屋子——那就是明晚的事！他说我们应逐渐回到温暖的环境，先搭营在外面或在廊下住一两天。但我想我们从没有真的打算这么做。小屋角是不需要过门不入的。小屋正如我们离开时的老样子，没有人送东西到这里给我们，没有睡袋、没有糖，但是油很多，还有运补之旅时留下的一座干帐篷。我们在屋内搭起这帐篷，帐篷里点起两只炉子，坐在睡袋里打瞌睡，又喝没加糖的浓可可，太浓了，次晨起来嘴里都是可可。我们很开心，吃着喝着就睡着了。过几小时后讨论着干脆不要躺进睡袋睡。可是那样得有人看管炉子才不会冻伤，而我们不敢相信自己能保持清醒。比尔和我胡乱唱一首不成曲调的歌，最后我们逐渐钻进湿淋淋的睡袋。只在里面待了三小时，清晨三点便很高兴地起来，准备打包上路，却听见风声渐起，不宜动身，于是又坐在帐篷里打盹儿。风在九点半左右停了，我们十一点出发。走啊走的，好像走进一片光明。到次年我才明白，冬季后半应有的微弱天光在我们的旅程中大半被山挡住了。现在，北方天际线再无遮拦，暌违数月的太阳就在那条线底下，天上彩虹色的云真是美。

我们使出最后一点精力拉车，每小时行进约二海里。起先二海里是难走的盐地，之后是起伏甚大的硬雪坡，然后就好走了。我们边走边睡，到下午四点，已走了近八海里，过了冰川舌。我们在那里午餐。

午餐后，最后一次收拾上路，比尔低声说：“我要谢谢你们所做的一切。我不可能找到两个更好的同伴——更重要的是，我也不想找别人作伴。”我引以为荣。

南极探险很少像你想象的那么难，很少像别人说的那么苦。但这次旅行实在让我们词穷——没有言词可以形容其恐怖。

我们又拖拉了几小时，天很黑了。有一阵子我们不大确定埃文斯角在哪里，后来终于绕过它。时间大约已是晚上十点或十一点，也许有人会看到我们向木屋走去。“分散开来，”比尔说，“好让他们看出是三个人。”但是一路向岬角推进，过了潮水裂缝，上到堤岸，到了木屋门口，也没听到一丝声响。马厩里也没声息，连狗都没叫一声。我们停住，互相帮忙把冻结的拉缰卸下——照例是很费时的工作。门打开——“老天爷！去克罗泽角的人回来了。”一个声音说，然后消失不见。

这就结束了全世界最惨的一趟旅行。

读者会问，那三枚企鹅卵怎么样了？三个人拼着命，每天冒三百次生命危险，忍受人类所能忍受的最大痛苦所带回来的三枚卵后来怎样？

我们且暂离南极，来到一九一三年伦敦南肯辛顿的自然历史博物馆。我曾写信来，说我这个三人小组中唯一的尚存者会带企鹅卵来，亲自呈交给负责保管这些“圣蛋”的人。我没有把受到接待的情形逐字记录下来，不过以下所记大致述说了其过程：

馆员：你是谁？要干什么？这里不是蛋铺。你凭什么来管我们的蛋？要我报警吗？你要找鳄鱼蛋？我不知道什么蛋。你跟布朗先生说去吧，给蛋上漆的人是他。

我找到布朗先生，他引我去见馆长，是个科学方面的人。他有两种态度：第一种是和蔼而客气，用来对待重要人士，当时他就正在跟这样的一个人说话；另一种是极端粗鲁凶恶，用来对我。

我谦卑地说明我带了企鹅卵来，并奉送上去。他收下，没有一个谢字，转向那重要人士讨论这些蛋。我等着。我的血气上涌。他们的谈话持续了很长时间，忽然馆长注意到我还在那里，似乎很嫌恶。

馆长：你不必等。

英雄探险家：我希望有一张收据，如果可以的话。

馆长：不需要。不要紧的。你不必等了。

英雄探险家：我想要有一张收据。

但这时，馆长的注意力又完全放在重要人士身上了。坐听他们谈话似乎不是什么高尚行为，英雄探险家于是礼貌地离室，坐在外面阴暗过道的椅子上，在脑袋里演练等重要人士离去后怎么说服馆长。但重要人士没有走的意思，探险家的思绪与心情越来越灰暗。时光流逝，小职员来来去去，疑惑地看着他，问他何事。答复总是："我在等一张企鹅卵的收据。"到最后，探险家显然不是要等收据，而是打算等着杀人了。大概有人报告了被害的对象，反正收据终于出来了，探险家带着走路，觉得他的举止真是绅士，但实在气闷之至，好几个钟头都在想象中执行他真正想对馆长做的事：用靴子教导他一些礼貌。

过了些时，我与斯科特队长的妹妹一同参观自然历史博物馆。先就与一名小馆员吵了一架，告诉他南极探险队带回来的动物标本并不包括在上面猎食的一只蛾。接着斯科特小姐要求看看企鹅蛋。小馆员断然否认有什么企鹅蛋。斯科特小姐不愧是斯科特队长的妹妹，她大发雷霆，我很高兴引她离开，不过威胁说如果二十四小时内没收到企鹅蛋安好无损的书面保证，我就要把事情经过全抖出来。

最后通牒生效，保证书如期送到。后来听说蛋已交给阿什顿教授进行显微检验，我很放心。但是他未及处理这事便故世了，蛋则交到爱丁堡大学科萨尔·尤尔特教授的手上。

他的报告如下：

尤尔特教授的报告

在"发现"号旅程中没有取得帝企鹅的胚胎，颇令威尔逊博士失望。那次英国南极探险队虽未带回含胚胎的帝企鹅卵，但“发现”号上的自然学家已得知这种企鹅家族中最大品种的孵育习惯。已确定的事包括：（一）帝企鹅与王企鹅一样，孵卵时是将卵置于脚的上面，靠下胸部的皮肤皱褶保护及固定其位置；（二）帝企鹅的孵育完全是在南极最冷、最黑暗的月份里，在海冰上进行。

威尔逊博士花了许多时间研究企鹅，得到的结论是，帝企鹅的胚胎将可让我们了解鸟类的起源及其历史，他因此决定，如果再得机会往访南极，他将全力争取在孵育季节到帝企鹅孵育地去一趟。他怎样终于到克罗泽角去，怎样取得帝企鹅卵的过程，在“冬季之旅”一文中有生动的描述。接下来的问题是：这趟“全世界最古怪的鸟巢探险”对我们的鸟类知识真的有帮助吗？

一般承认鸟类是从两足爬虫类演化而来，两足爬虫类昌盛于几百万年前，其体型略似袋鼠。从侏罗纪的始祖鸟，我们知道原始的鸟类有牙齿，两手各有三指带爪，又有一条蜥蜴似的长尾，上有近二十对完全成形的真正的羽毛。可惜不管是这种蜥蜴尾的鸟，还是在美洲发现的鸟化石，都未能让我们明了羽毛的起源。鸟类学家和其他费时研究鸟类的人都认为羽毛是鳞片演化成的；始祖鸟手的边缘与前臂上的鳞，以及尾巴两边的鳞，后来经拉长、磨损与修改，而形成翼与尾的羽茎；再后来，其他的鳞片转变，成为防止热量流失的保护层。但是这些理论并无证据证明羽毛是鳞片变成的。在鸟类的初期胚胎里也没有发现鳞片或羽毛的雏形。但是，在这三枚帝企鹅胚胎中，最幼龄的一枚尾部有羽毛雏形——这胚胎可能是七八天大，而较大的两枚胚胎中，则有数不清的羽毛雏形，也就是细小的叫做乳突的疙瘩。

企鹅，与许多别种鸟一样，有两种不同的羽毛乳突：一种是比较大的，会发展成真羽的前身；比较小的乳突则会发展成绒毛的前身。

在讨论羽毛的起源时，我们关心的不是真羽，而是其前身雏羽，更关心发展成雏羽的乳突。我们想知道的是，在鸟类的进化过程中，发展成第一代羽毛的乳突，是否相当于蜥蜴胚胎中发展成鳞片的乳突？

已故的艾希顿教授原负责检验“新地”号带回的样品，他特别研究了克罗泽角采得的帝企鹅胚胎里面的羽毛乳突。他画了些图，显示这些乳突的数量、大小及形状，但很不幸，这位杰出的胚胎学家留下的笔记中，并没有说明他认为这些羽毛乳突是由鳞片乳突演化修改而来，或是胚质中出现特殊羽毛形成因素所造成的新创乳突。

当这三枚帝企鹅胚胎最后到达我手中时，我注意到帝企鹅胚胎中，羽毛乳突的出现先于鳞片乳突。这一点，最大的胚胎提供的证据最多，这胚胎的发展阶段约相当于十六天大的鹅胚胎。

在最大的帝企鹅胚胎中，尾股部布满羽毛乳突，腿上，一直到接近跗骨关节处，也都是。但跗骨关节以下，即使是最大的这枚帝企鹅胚胎，也没有出现后来会包覆脚爪的鳞片痕迹。脚上没有鳞片乳突，表示若非鳞片乳突与羽毛乳突根本不同，便是脚部的鳞片乳突发育迟缓。没有证据显示现存蜥蜴的跗骨关节以上鳞片乳突先于其下的鳞片乳突出现。

帝企鹅胚胎中跗骨关节以下没有乳突，再想到许多鸟类的每一个大羽毛乳突旁边都附有两个或更多非常小的羽毛乳突，我于是去研究其他鸟的腿足乳突。最惊人的结果来自中国鹅的胚胎。中国鹅的腿比企鹅长，在十三天的中国鹅胚胎中，跗骨关节以下，甚至以上相当距离处，都是非常光滑无乳突的；但是，十八天的中国鹅胚胎里，腿上的羽毛乳突已发展成纤维状，内含一根相当完好的羽毛。鳞片乳突则不仅出现在跗骨关节以下至其上若干距离处，甚至在跗骨关节至膝关节之间，夹生在羽毛纤维的根部间空隙。更重要的是，在二十天大的中国鹅胚胎里，腿的羽毛纤维间有一些乳突发展成鳞片，与羽毛根部重叠，就像松鸡与别种脚覆羽毛的鸟，脚上羽毛与鳞片重叠一样。

在鸟类的胚胎中，没有证据显示羽毛乳突会发展成鳞片乳突，或鳞片乳突会发展成羽毛乳突，我们因此可以断定，羽毛乳突与鳞片乳突根本不同，料想原因是两者在胚质中各有其特殊成分。就像我们发现犰狳的鳞片底下长出毛发，古代鸟类的身上可能和某些现代鸟类的脚部一样，羽毛与鳞片并存。但是随着时间推移，也许鳞片的生长受阻，鸟类的外衣不再全是发育完全的鳞片和不显眼的小羽毛，反而差不多全由无数绒毛羽所织成，发育完成的鳞片仅保有跗骨以下的地盘。

如果这项结论成立，帝企鹅的胚胎对羽毛起源的定论有帮助，那么为科学而进行的全世界最惨的旅行可算没有白费。

第八章
春 来

屋中一片嘈杂。大多数人本已上床，我模糊记得他们穿着睡衣睡袍，抓着我，设法把我身上盔甲似的衣服剥掉。最后他们把衣服剪开，丢在我的床脚，有棱有角成一堆。第二天早上它们融化了，湿淋淋共重二十四磅（约十一公斤）。吃过面包、果酱加可可之后，问句如雨洒落："你们可知这是历来最艰苦的旅行？"斯科特说。留声机放着一张破唱片，逗得我们大笑，由于体力衰弱，竟停不下来。我历劫归来的情况显然不如威尔逊：他们告诉我，我进屋的时候下巴都掉下来了。钻进温暖的毛毯，我想着天堂大约就是这样，然后就睡着了。

我们睡了一千万年，醒来时所有的人都在吃早餐。非常舒服地过了一天，懒洋洋地晃来晃去，半睡着半开心，听别人报告新闻，回答他们的问题。

> 我们被当成来自另一个世界的人那样照看。今天下午我用热海绵沾湿脸，刮了胡子，然后洗澡。拉什利已帮我理了发。比尔看起来很瘦，我们都因瞌睡而视线模糊。我的胃口不好，口很干，喉咙痛，整个旅程中都干咳不已。我失去了味觉。我们被大家宠坏了，但最大的乐趣来自床铺。①

---

① 我自己的日记。——原注

这情况没有持续很久：

又过了无所事事的非常快乐的一天。栽了两三次瞌睡后我干脆上床，读了一会儿书，便睡了。我们三人每次吃过饭约两小时后便又想吃，昨晚吃了丰盛的一餐后，又吃了宵夜才睡。我的味觉恢复了，但我们三人的指头都不管用，重得像铅，可里面又像针刺般痛。脚也一样刺痛。我的脚趾肿大，有些指甲掉落，左后跟整个是一个大水泡。从温暖的床上起来，直接走到强风吹袭的屋外，几乎被风吹倒。我觉得虚弱，努力振作起来，想着这只不过是神经过敏，但晕眩感又来，只好赶快回屋。伯第现在满脑子明年再去一趟的计划，比尔说摸黑去太危险了，他不考虑这么做，不过八月份或许有可能。①

又过了一两天：

我身上长满红疹，很痒。脚踝和膝盖肿得厉害，但双脚则没有像比尔和伯第那样痛。手会痒。我们一定是体力大衰，不过我想伯第是最强壮的一个，他好像恢复得很快。比尔则仍很衰弱而憔悴。大家对我们极好，天使都会被宠坏。②

我摘录日记里这些个人感想，因为我手上再无别人的记录。斯科特这时的日记里有一段陈述：

去克罗泽角的一行人昨晚回来了，他们忍受了五星期记录中最艰苦的环境。我从未见过比他们更饱经风霜的模样。他们的脸孔疤

---

①② 我自己的日记。——原注

痕与皱褶处处，目光呆滞，双手因持续受潮与受寒而变白起皱，不过冻伤的疤痕倒很少……经过一夜的休息，今天他们的外貌与心力看来都很不一样了。①

“阿特金森曾在风暴中走失”，这是我们头脑稍一清楚后便听到的新闻。自南极回来后，阿特金森参与北海战争一年，加入达达尼尔海峡战争，又在法国打仗，还在一艘铁甲战舰中被炸，多次大难不死，总是像回力球般又弹回来，也许撞扁了些，但弹性很大，不易受伤。大难之后他仍会以一贯安详的声音要求再次出任务，每次任务归来，他总是称道其他人如何英勇，而不提自己。

那是七月四日那天的暴风雪，当时我们正往克罗泽角去，躺在无风湾避风，知道别处一定都刮着极大的风。不错，埃文斯角就刮大风，不过下午风小了，阿特金森和泰勒上坡道去察看那儿的温度计。他们回来得挺顺利，几个人于是讨论着要不要去看海冰上的两个气象屏幕。阿特金森说他要去看北湾的那个，格兰便说他去南湾。他们于下午五点半分别独自出发，格兰在一小时十五分钟后回来，他只走了约两百码。

阿特金森也没有走得更远便看出最好放弃，于是他转身迎着风走，靠着风吹在脸颊的感觉定方位。我们后来发现，岬角尖端的风向与木屋所在的风向不尽相同。也许就因此，也许他走的时候稍稍偏左了一点点，也许是风暴让人大脑麻木的作用已经产生，反正阿特金森自己不知怎么回事，没有朝他正前方的岬角走去，反而走到了一张老渔罟那儿，他知道这东西位于海冰上两百码远处。他努力站稳对正方位，再朝岬角出发，但任何在风暴中站立过的人都会了解那有多难。雪落如毯，天又很黑。他继续走，什么路标也没看到。

---

① 《斯科特的最后探险》卷一第 361 页。——原注

一切都模糊不清。一小时又一小时，他蹒跚而行。双手冻伤得厉害，碰到冰脊，跌倒在冰脊上，在雪中手膝着地匍匐前进，一再被风击倒倾跌，这样在茫茫大雪中挣扎了不知多远，他的头脑仍保持清醒。他发现一座岛，以为是不通岛，花了很长时间绕过岛去，碰到更多的冰脊，沿着冰脊匍伏前行。发现另一座岛，继续盲目寻路。在岩石背风处，他暂避了一阵子。他虽穿着风衣，里面的衣服却单薄，更糟的是他没穿鹿皮靴，而穿了双普通靴子，不够暖。他用脚踢出一个雪洞，万一非躺下不可，躺在洞里活着的机会大些，因为在风雪中迷失的人，睡着即意谓死亡。他不知道出来多久了，不过到这时一定超过四小时了。

如果风雪持续，他必无生还机会，但风缓下来，露出月亮，希望复炽。他的头脑仍清楚明白月出的意义是很了不起的事。他搜寻脑袋，想起前一天晚上入睡时，从埃文斯角看到的月亮方位。木屋一定在那个方向：这个才是不通岛！他离开岛，朝这方向走去，但风暴复至，威力更强，月亮隐去。他想回岛去，却找不到了。这时他又碰见一个岛，也许就是不通岛，停下来避风。风又止时，他再出发。走了又走，后来看出不通岛在他左方。显然他是在大尖背岛下面，这里离埃文斯角可是四海里左右的路程。月光仍照耀着，他往前走，最后看到一点火光。

屋里的人直到晚间七点一刻，晚餐快吃完时，才注意到阿特金森不见了，距离他出门已是两小时以后。埃文斯角的风已息，虽然雪雾迷蒙，大伙并不十分着急。有人出屋去大声呼叫，有人提着灯笼往北边找去，戴伊则设法在风信山上点起一盏煤油灯。阿特金森所在之地这时风未止息，我见过暴风往海上猛吹，岸上却已清平的情况，很能体会他一直摸不清方向的感觉。我相信此地的风暴是相当局部的。往北搜寻的人九点半回来，一无所获。斯科特这时真的很担心了。从九点半至十点之间又派出六个搜救队，但时间过去，阿特金森已六小时音讯杳然。

阿特金森看到的火光是戴伊在埃文斯角点起的浸了汽油的绳子。他据此校正方向，不久便来到岩石下，看见戴伊瘦长的身子，像但丁笔下地狱之鬼似的在岩石上工作。阿特金森大声呼唤，叫了又叫，戴伊总没听见，最后都快走进屋了，才被两个在岬角上搜寻的人看见。“这一切都是我自己的愚蠢所致，”他说，“可是斯科特从没说过我一句。”我想我们都该这样宽厚！你说呢？

事情的经过就是如此，但他的手严重冻伤。

理论上，太阳应在八月二十三日重新与我们见面；实际上，那天除让人目盲的飞雪外，什么也见不到。两天以后，我们看到它的上端了。套句斯科特的话，日光“冲”向我们。拟定进行两趟春季旅行，探极之旅的准备工作也已展开。此外例行观察记录工作仍继续做，每个人都忙得不可开交。

埃文斯中尉、格兰和福德自告奋勇，去角落营和安全营挖出贮藏物品。他们于九月九日出发，当晚在阿米塔吉角外的海冰上扎营，最低温是零下四十五度。次晨他们挖出安全营被一冬的雪掩埋的贮藏品，继续往角落营去。当晚的最低温是零下六十二点三度。第三晚扎营时风暴将至，气温零下三十四点五度，当晚最低温则是零下四十度。这在风暴中是极低的温度。第四天下午（九月十二日）他们出发时，风大且冷，当晚苦寒，他们发现最低温达零下七十七点三度。埃文斯在报告中主张不要用绒毛睡袋衬里，也不要用帐篷内衬，可是参与冬季之旅的三个人全不赞同他的意见。九月十三日，他们大半时间在挖掘角落营的东西，下午五点离开，打算赶路回小屋角，除用餐外不停留休息。他们整夜赶路，停下来做了两餐饭，到九月十四日下午三点抵达小屋角，共计走了三十四点六英里。次日返抵埃文斯角，来回共计六天半①。

此次旅行中，福德的一只手严重冻伤，不得不于一九一二年三月搭

---

① 《斯科特的最后探险》卷一第 291 至 297 页埃文斯中尉的记录。——原注

“新地”号返回新西兰。阿特金森精心治疗，对他甚有助益。

威尔逊仍面容惨淡，我也不太健朗，但鲍尔斯毫无倦意。从克罗泽角回来不久，他听说斯科特要去西方山脉，便说服斯科特带他去。他们于九月十五日携水手依凡斯与气象学家辛普森出发，斯科特称此行为“非常愉快且有教育意义的春季小旅”①，鲍尔斯则称之为“快乐的郊游野餐”。

郊游在零下四十度的气温中，由木屋出发，每个人要拖拉一百八十磅（约八十二公斤）的东西，主要是夏季地理勘查队所需的物品。他们北行至邓洛普岛，而于九月二十四日回头，九月二十九日回到埃文斯角。那天他们走了二十一英里，遇见暴风，并偶有暴雪，气温零下十六度。他们挺进太久，暴雪迎面而至，只好扎营。在海冰上扎营总是很困难，因为冰上无松雪可用来压帐篷。他们不得不先把系在竹棍上的帐篷内衬取下，这才抓得住竹棍。然后一英寸一英寸把外罩罩上。晚上九点，雪停了，风则仍一样大，他们决定出发回埃文斯角，抵达时已是子夜过后一点十五分。这一天是斯科特记忆中最辛苦的一天，这非同小可。辛普森的脸真是奇观！他不在的时候，泰勒成为首席气象学家。他是个贪心的科学家，又握有一支流畅的笔，结果是他在与我们共处的一年半里产出丰硕，包括两次率队赴西方山脉做科学之旅。他主动投稿给《南极时报》，所写的散文与诗锋利紧凑，其他人皆不能比。不动笔的时候，他就动舌头，谈天说地，道古论今。有他在，木屋欢乐得多。天气好时，会看见他大步跨越岩石，全不顾惜衣服磨损。他穿坏一双靴子的速度快过我认识的任何人，他的袜子需要用线缝补。他对冰的移动与磨蚀也感兴趣，几乎每天都花些时间研究巴恩冰川的斜坡与巨大冰崖，以及其他有趣的地点。当他觉得谈话无味时，会以同样暴烈的方式掷身床铺的帘幕之后，而当桌上争论不休时，他可能从帘幕中现身，投入论

① 《斯科特的最后探险》卷一第409页。——原注

战。他的日记一定与他呈给斯科特的地质勘探报告一样长。他极爱做笔记，随时准备好做各种各样的观察记录；拉雪橇出门时，他可能每个口袋里都鼓出一本笔记本，日晷、分光罗盘、鞘刀、双筒望远镜、地质用锤子、无液气压计、步程计、照相机、经纬仪以及其他调查用器具，再加上护目镜和手套，都藏在他身上。手上可能还持有一把冰斧，去寻找可能的科学进展，但他的同伴则绝没有他这样的缜密有序。

他瘦削而棱角分明，但头顶上一圈友善的光环抚平了桀骜不驯的印象。我敢说他是个很不整洁的帐篷伙伴；我也确定与他同帐篷的人不会愿意失去他。他的装备超过他应带的分量，他的心也总是给占得满满的。他是个很占位置的人，等他结束两个雪橇季的借调期，回到澳大利亚政府工作后，我们清楚地感觉到他遗下的空虚。

我们从克罗泽角回来后，斯科特一直非常忙。我们的归返卸下他心头一大重担，日光的复临则催动每个人的心。对于一个性急不耐的人来说，长期的等待终将结束是很可欣慰的。再说，一切都很顺利。九月十日，他带着宽慰的叹息写道，南行之旅的详细计划，总算完成了。

> 每个数字都经鲍尔斯复查过，他对我的帮助极大。如果机动雪橇能用，我们应不难上到冰川；如果不能，我们只要运气不太差，也到得了。三个组，每组四人，从冰川往前，需要大量补给品，但只要补给得当，我们的目标应可达成。我已尽量把所有可能发生的不利因素都考虑进去，据此安排各组人手。我怕怀抱太大希望，但考虑过所有因素，我觉得我们的成功几率应该很大。①

他又写道：

---

① 《斯科特的最后探险》卷一第 403 页。——原注

在前途有望的各种迹象中，最可喜的莫过于众人的身心健康。不能想象有比他们更活力充沛的团体，选定往南的十二个人里，挑不出一个弱手。每个人的拉雪橇旅行经验都很丰富，彼此友谊深固，非比寻常。感谢这些人，尤其是鲍尔斯和“琐事官”埃文斯，我们的装备没有一样不是根据经验，做过最细心的安排。①

确实，鲍尔斯是斯科特拟定南行计划时帮助最大的人。他不仅对存货如数家珍，且曾研究极地衣着及极地食物，脑中有各种方案和代替方案；更了不起的是，任何难题都打不倒他。狗拉雪橇、机动雪橇和马拉雪橇各应载重多少，各匹马的负荷能量如何，差不多都在他的掌握之中。每天出发时，我们只需领出各自的马，雪橇一定已经准备好了，该载的货、重量若干，都不会错。这样的帮手，对于探险队的领袖，珍贵得如等重的黄金。

但现在斯科特忧心忡忡。我们的运输工具没有多余，而在预定出发前一个月，灾难接踵发生，有三个人伤残：福德的手冻坏；克利索尔德从冰山上跌下来，脑震荡；德贝纳姆踢足球重伤膝盖。名叫耶和的马简直是废物，一度打算根本不带它去算了；支那人的评价也一样低。又一条狗死于不明疾病。“处境很难，”斯科特写道，“但我已不再消沉。船到桥头自然直。”又道：“再等下去，恐怕我们要变成一支‘废物’② 队伍了。”

出发前夕，又一件意外发生：一辆机动雪橇的轮轴坏了。

今晚将机动雪橇搬到冰上去。飘雪成堆，使得路面很不平坦，第一辆，也是最好的一辆，雪链迸断。换了一条链子后继续前进，

---

① 《斯科特的最后探险》卷一第 404 页。——原注

② 《斯科特的最后探险》卷一第 425 页。——原注

但快到冰块上时，冲进冰脊边一座陡坡，雪链再度卡住扣链齿轮；这回非常不幸，戴伊在紧急关头滑了一下，无意间把节流杆完全推进去卡住。引擎熄火，但后轴下面涓涓流出油来。经检查，是轮轴箱（铝制）裂开。拆掉箱子带进木屋来，看看能不能修理，但时间紧迫。这一切都显示我们经验不足，技术欠佳。我暗自认定，恐怕机动雪橇帮不上我们多少忙。不过到目前为止，出在它们身上的麻烦原都是可以避免的，只要多加小心，有点先见，它们原可以成为很好的帮手。问题是如果它们不成，没人会相信它们其实可用。①

同时，密勒斯和季米特里率领两支狗队，从小屋角去了角落营两趟。第一趟来回只两天一夜，十月十五日回来；第二趟也差不多，是月底去的。

机动雪橇队本应最先出发，但延迟到十月二十四日。他们预定在南纬八十度三十分处等我们，如果马达坏掉，就得以人力拉运一些货品。两位机师是戴伊和拉什利，埃文斯中尉和厨子胡珀充当他们的助手，拉一条绳子在前面探路定向。“斯科特非常希望雪橇车能成行，即使对南行探极没有太大帮助，小小的成功也足以证明它们有能力改善极地运输。”②

拉什利原是海军首席司炉，在“发现”号时代曾陪同斯科特进行高原之旅。以下关于雪橇车的多难经历摘自他的日记，后面关于第二支回返队伍的冒险经历也是。他准许我把这些极其生动而简单的描述引用于此，我感激不尽。

一九一一年十月二十六日，雪橇车已在海冰上两天，往小屋角行去。拉什利写道：

---

① 《斯科特的最后探险》卷一第 429 页。——原注

② 《斯科特的最后探险》卷一第 438 页。——原注

九点半出发，引擎顺利发动，地面比前两天好走多了。每辆车已耗光一罐汽油，并共用掉一罐润滑油。在离小屋角二海里处用午餐。斯科特队长和埃文斯角来的支援队伍帮着我们越过蓝色冰，但我们其实不需要他们帮忙。午餐后再出发，但另一辆车没跟上来，因此停车等候。我开始想，这些雪橇车马力不足，恐怕不能持续在海冰上拖拉。也许到了冰棚上会好些。引擎过热看来会是个困扰，我们每走四分之一海里至一海里，便得停下至少半小时，让引擎冷却，然后又得发动几分钟，让化油器暖起来，否则汽油不能蒸发。我们每天都有新的体验。到小屋角以后，续往阿米塔吉角，雪下得很大，于是我们搭起营帐，等候另一辆车赶上来，那辆车已经耽误了一整个下午，没什么进展。到六点半时，鲍尔斯先生和谢里先生来找我们，叫我们回小屋角过夜。我们在那里好好喝了一顿热汤，跟大家共度了一个愉快的夜晚。

一九一一年十月二十七日

今晨天气晴朗，气温有点低，两辆车发动很困难，后来终于起步。我那辆走得很好，路面似乎有些改善，比较好走，但崎岖得很，引擎过热的问题并未克服，我看也不可能克服。就要到冰棚时，我这辆车的引擎开始发出敲击的怪声，在同行诸人的帮助下，上了冰棚。另一辆车已先顺利上坡，等着我跟上。既然我的车有毛病，我们便决定扎营，吃过午饭再看看是怎么回事。打开曲轴箱，发现曲柄臂已断成碎片，只好换上备份。这表示戴伊先生和我得受一番冻。在冰棚上做金属工可不是很愉快的事。后来埃文斯中尉和胡珀搭起棚子为我们遮风，到晚上十点修好了，准备上路，但因气温极低，发动困难，于是决定扎营过夜。

一九一一年十月二十八日

起身后再尝试发动车子，仍因低温，花了一点时间才发动起来。出发了，可是过热的问题又出现了。路面非常难走，车子持续拖运重载，看来甚难。我们总在等另一辆车跟上，每次停下，就有事发生。我的风扇卡住，耽搁了一些时间，不过修好了。埃文斯先生得回去取备用器械，因为有人大意未带。那可是好长的路途，我们离小屋角约有十五海里远。

一九一一年十月二十九日

又出发了，但没走多远，另一辆车出了毛病。我回去看怎么回事，似乎是汽油脏了，也许是换了一桶汽油的缘故。总之修好了，扎营吃了午餐。之后走了一段，一切看来顺利时，戴伊先生的车也一样曲柄臂断了。我们得研究怎么办。

一九一一年十月三十日

戴伊先生的车报销了，再也不能动，因此今晨出发前先把货物调整。现在四个人只有一辆车，走得相当顺，只是仍有过热的问题，因此有一半的时间都浪费掉了。我们认为人力拉车的时候不远了。共走了七海里后扎营过夜。距离角落营尚有近六海里。

一九一一年十月三十一日

发动不易，快到角落营时，天气变坏，只好提早扎营。我们带了大量的马料与人食，但机动雪橇显然失败。

一九一一年十一月一日

又是一番奋斗后才得上路，不久即抵角落营，在那里留了一张条子给斯科特队长，解释车辆损坏的原因。我请埃文斯中尉附带说明，我这辆车也走不了多远。过角落营才一海里，我的引擎果然再也不动。这就是机动雪橇的结局。我不能说我感到难过，因为我并不难过，我想其他人的意见也一样。我们每次停车，都得花很大力气再推它起动，而我们经常需要停车，因此一天结束后，到晚上我们非常疲倦。虽然现在我们得以人力拉运，大约也不会更累。人力拉运开始，先重整雪橇，装上我们拉得动的人粮，每个人计负担一百九十磅（约八十六公斤）重量，出发。强风迎面吹来，走得不大舒服，但我们进展不错，约三海里后扎营过夜。路面不好，脚步沉滞难行。

人力拉车三天之后。

一九一一年十一月五日

今天走了约十四海里半，相当不错。如果地面都能像现在这样，我们将进行得很顺利。我们想，马队应该已经上路了，希望他们的运气比较好，但就我所见，他们也会遭遇一番艰苦。

一九一一年十一月六日

今天我们努力赶路，走了十二海里。地面崎岖但滑溜。一切看起来都很好，但入晚扎营时，大家都累坏了。

一九一一年十一月七日

今天又有很好的进展，但光线很差，有时候根本看不见正往哪儿走。我睁大眼睛寻找去年运补队堆积的石块墩，今天下午看到一个，是距一吨库约二十海里处，因此以目前的速率，我们明晚应可抵达一吨库。今天气温很低，但我们已渐渐习惯了低温。

一九一一年十一月八日

开始时很好，但地面一天比一天软，我们走得腿痛。抵达一吨库，扎营。然后挖了些补给品出来，我们得能带多少食物就带多少，这地方无疑荒凉无比。马队不见踪影。

一九一一年十一月九日

今天开始第二阶段的旅程。我们奉命推进到一吨库以南一度的地方，停下来等候马队和狗队来会合。我们既然每天都能走相当长的路程，他们应不可能超越我们，但今天我们发现货物难拉得多。我们每人拉运二百多磅（约九十一公斤），中间停下来好几次，每次再出发时都很吃力。不过我们还是走了近十海里半，各种因素计算起来，是很不错的进展。

一九一一年十一月十日

我们再度精力充沛地动身，但这是非常困难的工作，我们大家都感受到了。今天的路面铺着软结晶体，不利于拖拉。到晚，胡珀差不多垮了，但他勉强撑住。我希望他撑下去，吃饭时他胃口不大好，但我们知道他需要多吃点。埃文斯先生、戴伊先生和我则还想多吃些，我们才刚觉得饱而已。今天走了十一点二五海里，现在我们一路上堆石作墩，第一个是上路约三海里后堆的，午餐时又堆一个，下午堆一个，晚上再堆一个。这样我们有得忙。

一九一一年十一月十一日

今天很辛苦。地面很难行，我们也都够累了。人力拉车无疑是最辛苦的工作，难怪雪橇车受不了。我想起曾目睹他们在伯明翰的车厂试车，机动引擎相当坚固耐用，但是在冰棚上拖拉重载，跟在车厂可大不相同。

一九一一年十一月十二日

今天与前两天差不多，但光线暗淡，下着雪，地面更难行。我们一天走了十海里，扎营时大家都不行了。

一九一一年十一月十三日

天气似乎要变，如果不久碰上暴风雪，也不应惊讶，不过当然我们不想碰到。胡珀累坏了，但还是挺得住。戴伊先生脚步沉重，他唯一的怨言是想要多吃一点。

一九一一年十一月十四日

今晨出发时，埃文斯先生说再走约十五海里就到我们预定的地点了。拖运仍是一样艰苦，但天气略好了些，暴风远扬。我们走了十海里，扎营。主队仍无踪影，但应该随时会到。

一九一一年十一月十五日

又走了五海里，已达应到之处（南纬八十度三十二分），扎营。现在得等别队到来。埃文斯先生很高兴我们没被别队赶上，不过我们猜他们就要到了。我们没有可惭愧之处，因为我们每天都走不少路。今天下午我们堆了一个大石墩才入睡。天气冷但晴朗。

他们等了六天，马队才抵达，将所运物品留置当地，称为“上冰棚库”，又称胡珀山。

第九章
探极之旅（一）

来，朋友，
追寻新世界，并不太迟。
推船出海，坐稳，好击桨
试探前进；我的目的是
航行到落日之外，航行到
所有的西方星群之外，直到我死。
也许我们会被卷入深渊，
也许我们会航抵快乐岛，
见到伟大的阿喀琉斯，我们认识他。
虽然代价很大，虽然饱受风霜；虽然
我们不再拥有昔日足以
摇天撼地的力量；我们尽力展现了自己；
我们的心志不输英雄，
时机与命运不济，但有强烈的意愿，
去奋斗、去追寻、去发现，永不屈服。

——丁尼生《尤利西斯》

整体来说，在人类抵达北极之后那么短的时间内即有人抵达南极，是很了不起的事。从哥伦比亚角①到北极点，直线距离是四百

① 哥伦比亚角，位于格陵兰西北端。——译注

一十三海里，而皮尔里的探险队带了两百四十六条狗，以三十七天时间走到。从小屋角到南极点，来回是一千五百三十二海里（或一千七百六十六英里），光是走到比尔德莫尔冰川顶上，就比皮尔里走到北极点的路程远一百海里。斯科特从小屋角到南极点，走了七十五天，再加上他回程的最后一次扎营，共是一百四十七天，将近五个月的时间。①

一、 冰棚阶段

泰勒记述了十一月一日上午十一点自埃文斯角出发的情形如下。他自己几天后率队做第二次地质之旅。

> 十月三十一日，马队先出发。两匹不中用的马，由阿特金森与基奥恩领着，于四点半首先动身，我陪他们走了约一海里。基奥恩的马名叫吉米猪，它走得比名叫耶和的同伴稳多了。我们通过电话得知他们安全抵达小屋角的消息。
>
> 次晨，探极队员把要寄的信都写好，丢在阿特金森床上一只包装盒里，十一点的时候，这最后一队准备出发去南极了。他们昨晚就把雪橇装捆好，每个人再携带二十磅（约九公斤）重的个人用品包。“老板”（斯科特）问我该带哪本书，他要一本耐看的，我推荐廷德尔的《冰川》一书——如果他不会觉得“太冷”的话。他没兴趣！于是我说：“何不带勃朗宁的诗集，像我一样？”我想他听了我的劝。
>
> 赖特的马首先套上雪橇。支那人堪与耶和争取最后一名的地位，不过它的好处是容易套鞍辔。水手依凡斯带领抢匪，这马习惯

① 作者识。——原注

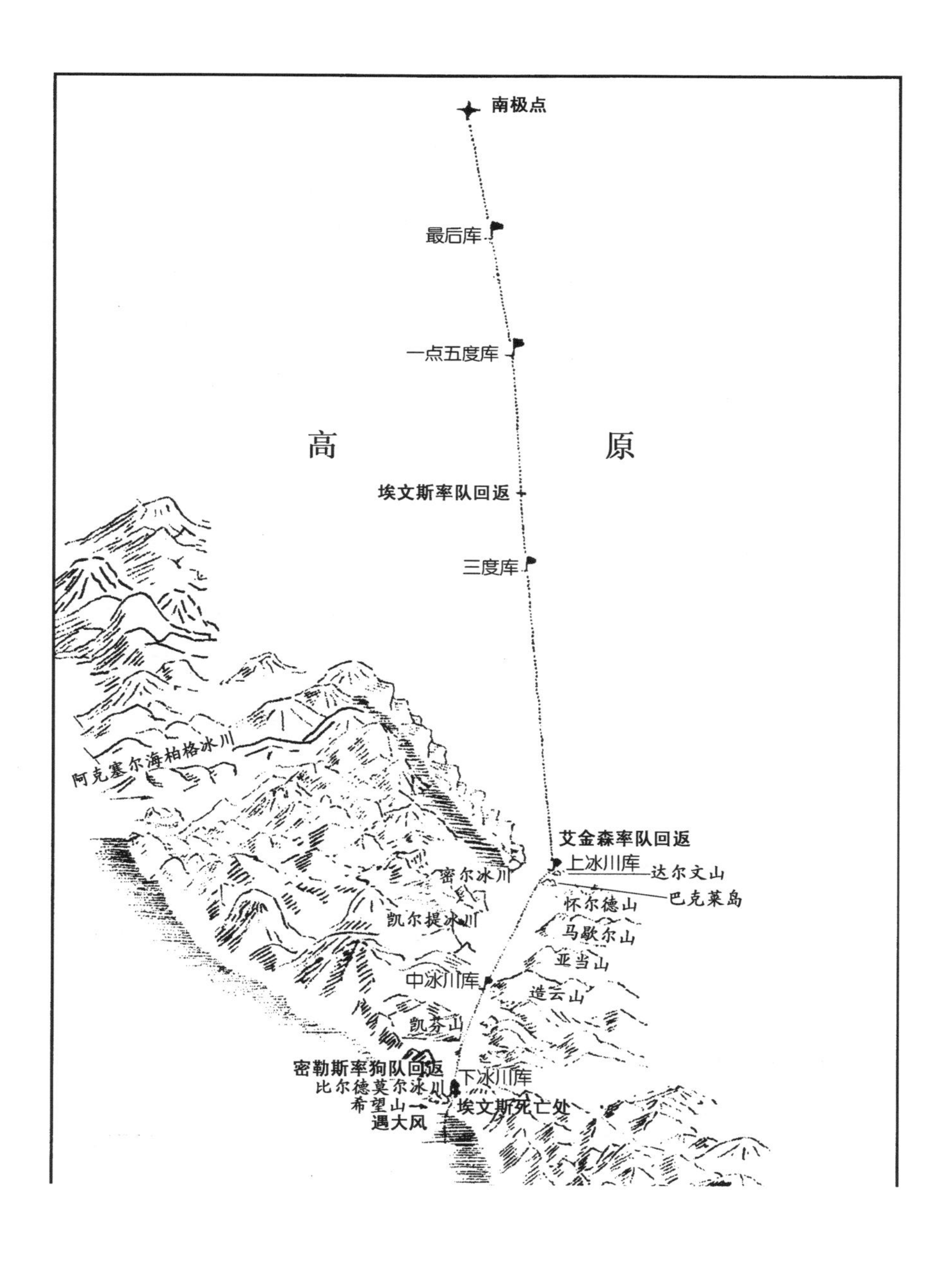
南极点
最后库
一点五度库
高
原
埃文斯率队回返
三度库
阿克塞尔海柏格冰川
艾金森率队回返
上冰川库
达尔文山
巴克莱岛
密尔冰川
凯尔提冰川
怀尔德山
马歇尔山
亚当山
中冰川库
造云山
凯芬山
密勒斯率狗队回返
下冰川库
比尔德莫尔冰川
希望山
埃文斯死亡处
遇大风

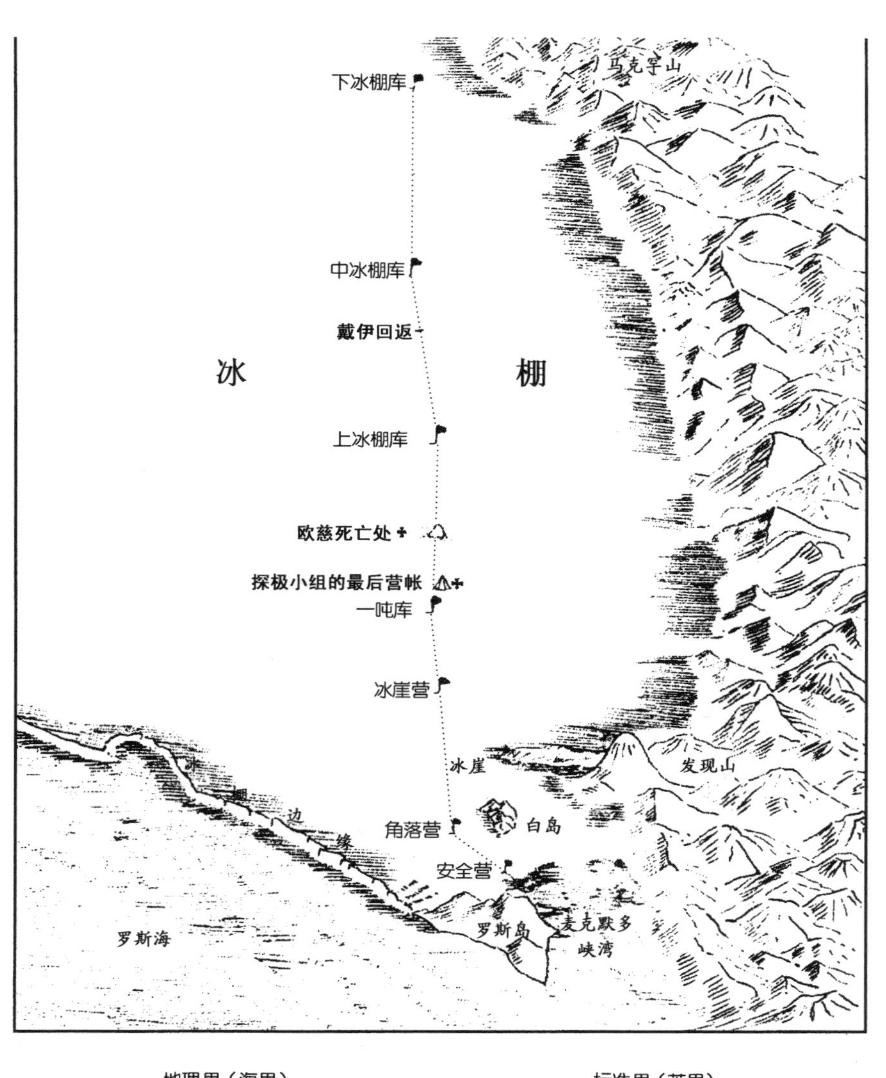

马克宁山
下冰棚库
中冰棚库
戴伊回返
冰
棚
上冰棚库
欧慈死亡处
探极小组的最后营帐
一吨库
冰崖营
冰
棚
边
缘
冰崖
发现山
白岛
角落营
安全营
罗斯海
罗斯岛
麦克默多
峡湾
地理里（海里）
0
50
100
150
标准里（英里）
0
50
100
150
200

探极之旅

一上好辔便直冲向前。谢里领了麦可，一匹听话肯走的马；威尔逊带了一级棒——三月间幸免于杀人鲸之口的那匹。斯科特领着零碎去套雪橇，由小安东帮着，把它套得紧紧的，这才发现雪橇是鲍尔斯的！不过他几分钟便换好雪橇，快步向南奔去了。"基督徒"，一如以往，像恶魔般难缠。他们先把它的一只前脚缚紧在肩下，然后花了五分钟把它推倒，雪橇拉上来，趁着它的头给按倒在地上时套上缰索。最后它站起来，缚着的前脚还没放开，便开始挣扎着往前跑。几次猛力踢打后，前脚释放，后脚弹跳几下，便轻快地走了。它一旦脱缰开跑，提多便无法停住它，只好让它一口气跑上十五海里左右方休！

亲爱的老提多——这就是我对他最后的记忆。永远沉着，从不匆忙，从不发怒，只是安抚那坏东西，一心一意让那最不可靠的家伙表现出最好的一面，担负它简单的任务。鲍尔斯最后离开。他的马，维克多，紧张但不坏，很快便跟上去了。我跟到岬角尖上，眼看着那小队伍——已经散开得不成队形，快速消失在南方寂寞的白色荒原上。那晚我接到威尔逊自小屋角打来的电话，与他聊了一会儿——那是我最后一次与这五条英勇的汉子说话。①

所有的马匹都在下午四点以前抵达小屋角，刚好来得及避开一场强风。三匹马与我们一同住进屋里，其余的则系在廊下。经过这段路程，可看出各马载了货之后行进速度差异极大，彼此间隔可达数海里，"让我想起划船比赛或无组织的舰队，各船速度极不一致。"②

决定改在夜间行军，启程的次序如下：三匹最慢的马——阿特金森

① 泰勒《与斯科特同行：乌云背后的亮光》第325、326页。——原注
② 《斯科特的最后探险》卷一第446页。——原注

的耶和、赖特的支那人、基奥恩的吉米猪——先走。这队别号“波罗的海舰队”。

两小时后，斯科特那队继之：斯科特领零碎、威尔逊领一级棒、我领麦可。

这两队都在中夜停下吃午餐。再过一小时，剩下四人开始把“基督徒”套进缰索；它一开跑，另外三人便尽速套上他们各人的马，跟在后面，马不停蹄地跑了一整夜。这样做人困马乏，但因为“基督徒”的缘故，中途无法停下来。这一队有：奥茨率“基督徒”、鲍尔斯率维克多、依凡斯率抢匪、克林率骨头。

每一队都各自带了帐篷、锅炉和一周食物袋。安排不同的出发时间，目的是让大家约在同一时间抵达。

绕过阿米塔吉角往冰棚与未来前进时，顶着相当强的风，脚下飞雪。恐怕很少人没有想到，不知何时能再见这熟悉的老地方。

斯科特队在安全营休息打尖时，波罗的海舰队正重新整鞍上路。不久庞廷出现，驾着一辆狗拉雪橇，手提摄影机——看起来与周遭很不搭配。他“刚好赶上拍摄那飞驰而过的后卫部队。这支部队来得整齐，抢匪领先，经常被勒停——是很好的小东西。“基督徒”上辔时依旧难缠，但疾走的毛病显然被冰棚地表给制服了。不过，大家还是认为不该停住它，因此这支后队就风驰电掣般超越我们，往前锋部队赶去了”。[①]

斯科特队立即收拾动身。“再见，祝好运。”庞廷挥舞着没握缰绳的一只手说。我们就这样告别了与小屋的最后联系。“未来掌握在神的手中，我想不出还有什么该做而没有做的。”[②]

大致计划是从小屋角到一吨库，马匹轻载，每日走十海里（十一点

---

① 《斯科特的最后探险》卷一第 449 页。——原注

② 《斯科特的最后探险》卷一第 446 页。——原注

五英里）。从一吨库到比尔德莫尔冰川入口处，每天平均要走十三海里（十五英里），这样才能携带四人份二十四周的口粮到冰川底下。以上是冰棚阶段的旅程，根据雪橇所载计程器，共是三百六十九海里路程。那二十四周的口粮是供应探极小组，还加上两个支援小组去到最远的运输点再回到冰川底的所需。在冰川底，会有三周的粮食留给他们回程用①。

在冰棚上的第一天诸事大吉，路上看到留在空汽油桶上的字条，告诉我们雪橇车至此无碍。但第二天我们经过五个被丢弃的汽油桶，表示车子有问题。过小屋角约十四海里处，得知戴伊所驾雪橇车的二号油缸破裂；再过半海里，看到那辆车了，被雪覆满，像一具悲恸的残骸。再下一天（十一月五日星期天早晨）走到角落营，途中有几人一脚踩进冰缝，不过没有什么。

从此处，可以看见南边雪地上有什么东西，我们希望不是第二辆车，不幸正是。“一号汽缸完全破裂，除此之外车子并无毛病。显然其引擎不适合在这种气候工作，这一点是一定可以改进的。推进器则完全可以满意。”②斯科特又写道：“令人失望。我原希望车子一到冰棚上会走得好些的。”③

斯科特很希望机动雪橇成功。他曾在挪威和瑞士试车，又极其小心地运了它们来。我相信，在他内心深处，他是想免除对马和狗的使用，因为那对动物是很残酷的。

> 只要略有成就，便足以证明改革极地运输方式的可能性。今天（离开埃文斯角时）看它们载货上路，想想到目前为止所有的缺点

---

① 《斯科特的最后探险》卷一第408、616、617页。——原注

② 《斯科特的最后探险》卷一第453页。——原注

③ 《斯科特的最后探险》卷一第452页。——原注

> 都纯是机械上的，不能不相信它们的价值。但是小小的机械毛病加上人的缺乏经验，恐怕会使这实验提早结束。若能先进行一季的训练，或许就能化失败为成功。①

我想斯科特并没有寄予太多期望在雪橇车身上，他只是想减少队员的苦工，他一直努力这么做。

雪橇车到底算成功还是失败？它们对我们的帮助确实不大，跑得最远的一辆车也不过刚越过角落营。但能拖运五十英里就省掉五十英里的人力，而且它们在冰棚上能走就已是很大的进展。它们行过的地面有硬有软，后来我们发现，夏天落的雪在冰缝上方形成冰桥，车子轧过去没事，这样才越过一些冰缝。我们也发现它们可以在零下三十度以上的气温中行驶都没问题。这已经很好了，以前从来没有机动车辆在冰棚上行驶过。整体的设计似乎没错，现在只需要多一些经验。斯科特想的是在南极做实验，却不知它们会发展成什么：法国后来的坦克车就是改良机动雪橇而成。

夜晚行军有利有弊。夜行军，马儿可在一天里较冷的时段拉车，较暖的时候休息，这是好的。它们的罩袍在太阳底下晒得干干的，几天下来也习惯了新情况，睡得好、吃得下。但另一方面，阳光高照、气温较高的时候，地面比较好拉。整体说来，夜行军对马好，但人力拉车时很少这么做。

现在日夜情况有很大不同。午夜时做什么事都得快快做完，套上缰索之后赶紧把手指头搓暖，因为气温既低，寒风复强；吃晚餐是在次日早晨，我们坐在雪橇上写日记或做气象记录，甚至赤足在雪中洗濯，不过不能太久，也不能在阴影底下。这一切与冬季之旅的体验多么不同

---

① 《斯科特的最后探险》卷一第 438、439 页。——原注

呀。我个人的印象是，初夏在冰棚上的雪橇旅行是意想不到的舒服。我们都忘记了帐篷可以很温暖、睡袋可以很干软这回事。如此极端的对照，只有实际经历过的人才能真正相信。

> 是闷热的一天，空气让人窒息，光线很强，几乎忘记气温很低（零下二十二度），暗自拿阳光晒热的街道和人行道来相比，其实六小时以前拇指还被冻伤。靴袜冻僵、衣服与睡袋潮湿之类的不便都完全消失。①

打角落营这多风地区经过，不能避免遇上坏天气。地面因风吹硬而比较好走，马儿们拖运较重的东西也不吃力，但来到下一个扎营地时，雪向东南方向堆积，微风一下子加强起来。我们匆匆筑好马围墙，吃过晚餐时刮着五级风（十一月六日早晨，第四营地）。一整天刮大风，飞雪，入晚增强为八级风，飞更多的雪。不能上路。次晨飞雪少了，密勒斯和季米特里率两支狗队出现，在我们后面扎营。根据原先的计划，狗队后出发，再追上我们，因为狗跑得比马快。

> 因降雪与积雪，我们不得不一再替马铲雪，好让它们不受风寒。马墙很能遮风，可是有些雪橇完全被雪覆盖了，我们的帐篷也太招风，结果背风的门口不断积起雪。中午过后雪停了，只有风吹飞雪。抢匪把它那段墙踢倒，耶和更一贯踢倒墙。马儿们看起来都很惨，虽有墙遮护，它们的眼睛、耳朵等还是吹进飞雪，那雪跟冰是一样的，很难弄出来。②

---

① 《斯科特的最后探险》卷一第450页。——原注

② 鲍尔斯的日记。——原注

向晚时，雪完全停了，但四级风刮个不停，让人担心。午夜时，阿特金森那一队终于上路。“城堡岩仍看得见，但再走一天，就会被白岛的北端遮住，那就要好久不得见这些老路标了。”①

次日（十一月八至九日），“午夜出发，走得很愉快。在这种天气拉雪橇是很棒的。发现山和早晨山日渐靠近，在群山全景中很美。我们现已差不多与冰崖北端并行。今晨大家在一起扎营，像一群猎犬集合，耶和竟趁机开溜！”②

下一天的行军则刚好相反。风力五到六级，下着雪。

> 有些地方地面很滑，遇到坚硬的波状雪脊，不断滑倒或绊跤。光线很差，恐怕走在云端也不自知。但雪只是小雪。冰崖完全看不清，暴风雪的迹象愈来愈明显。扎营午餐时，斯科特跟上来，一个半小时后我们赶上阿特金森，他已经扎营，我们觉得也好，因为除了迎着南风难走以外，光线也差，眼睛难以辨路。③

那天总共只走了八海里多一点。

不利的情况又持续了三天，一直到十一月十三日早晨，路面难行、天气很糟、雪下个不停，软如绒毛的雪花覆盖了一切，一英寸一英寸、一海里一海里地加厚。日记中到处可见意气消沉的语句。“如果这并非常态，则我们的运气真差。营地非常寂静，没有欢笑，表示事情不对。”④“天气阴沉可怕，下着雪。士气很低。”⑤“我早料行军不易，却

---

① 鲍尔斯的日记。——原注

② 我自己的日记。——原注

③ 鲍尔斯日记。——原注

④ 《斯科特的最后探险》卷一第 463 页。——原注

⑤ 《斯科特的最后探险》卷一第 462 页。——原注

没想到有如今日之难。”①不确定的情况总是最让斯科特烦忧，如果确知灾难临头，他倒能振作以对。船只南航遭遇飓风将要沉没时，以及我们最宝贵的一辆机动雪橇沉入海冰时，他都是我所见极少数能保持笑脸的人。连船在埃文斯角外搁浅时，他都不慌不忙，但此刻这种状况令他不安。鲍尔斯写道：

> 天气与路面俱不佳，支那人又染微恙，让前景看来不乐观。抵达（营地）时，斯科特向我发牢骚，我并不惊讶。他觉得在粮草消耗的安排上，他那队的马受到克扣，意思是指控我匀了他那三匹马的粮草去喂我的马。饭后我和他仔细审核了一遍所有粮草的斤两，经过一番争辩后，决定仍依照目前的办法分配。我很能了解他的感觉，有了去年的经验，我知道在这样诸事不吉的一天，他会担心马儿不能达成我们的期望。医生们检查了开始显露疲态的支那人。这可怜的老小子，它实在应该安享余年，而不是在这里疲于奔命。耶和看起来也很软弱，不过想想我们原不指望它走得到冰川舌，现在它已经从埃文斯角走了一百多海里。实在不知道该对这些畜牲抱多大的期望。提多总是说，它们是一群最没用的废物集合在一起。②

> 天气再糟不过了，冷风夹雪，自东方吹来，地面又难行。新降的雪呈粉状，厚厚地铺在地上，可怜的马差不多陷在里面。如果不是为它们着想，我是一点不在乎的，但是眼看我们最好的马才上路就受这样的折磨，真让人丧气。像昨晚那样走上一夜，一定减损了它们有用的生命。我们出来已两周了，往冰川的路程才走了三分之

① 《斯科特的最后探险》卷一第 461 页。——原注

② 鲍尔斯的日记。——原注

一，却是每一匹马都露出倦意。与两周前比起来，维克多现在看起来瘦嶙嶙的。①

但是马儿渐渐好了；而大约就在此时，耶和变成冰棚宝马，支那人成了雷霆神驹。“我们这组的四匹马受苦最多，”鲍尔斯写道，“我不同意提多的看法，让马儿一口气跑到底，中间不停下来午餐休息。马儿们无疑都累坏了，累到吃不下东西。今晨（十一月十三日）对他们是晴朗温暖的，零上十五度（零下九点四摄氏度），到目前为止我们最暖的气温。下午下起大片雪花，像英国所下的那种，以前我还没见过在此地下这种雪。地面变得很难拉雪橇，马的鬃毛和罩袍上都覆盖了小冰块。”

下一天（十一月十三日至十四日）的行军好得多，不过雪橇还是陷得深而重，每匹马都显露疲态。十四日白天温暖宜人，马儿们都在太阳底下站着打瞌睡。远处已可看见陆地，是我们多日来首次见到陆地。十一月十五日，我们抵达一吨库，自小屋角起算，已走了一百三十海里。

留在那里的两辆雪橇仍直立着，贮物堆上破旗子的碎片迎风招展。竹子旗杆上系着锡盐罐子，里面有一张字条，是埃文斯中尉留的，说他的机动车队五天前经过此处，将继续以人力拉车的方式前往八十度三十分处等我们。“他在两天半内走了三十海里——非常迅速。”②我们挖出贮物堆，一切都没变，只除了背风面有一大条雪舌，与贮物堆齐高，向东北延伸约一百五十码，可见此地多刮西南风。九个月前，我们曾撒了些燕麦在雪地上，希望能借以测量出一冬的雪量，不幸我们再也找不到这些燕麦了，不过有别的证据显示雪量很少。紧系在支架上的最低温度计显示为零下七十三度。经过冬春之间我们在冰棚上的体验，这个温度

① 鲍尔斯的日记。——原注

② 《斯科特的最后探险》卷一第465页。——原注

高得令人惊讶，尤其我们当时是把温度计贴在雪橇底下，因此不受辐射影响，一吨库的这个温度计却是暴露于天空之下。冬季之旅中，我们发现在遮蔽处测得温度为零下六十九度时，未遮蔽处的温度则是零下七十五度，有六度的差异。所有贮藏物资都完好如初。

接着我们展开冗长的军事会议。意思是斯科特于早晨吃过晚饭后，召唤鲍尔斯，可能也加上奥茨，进我们的帐篷。会中发言总是半严肃半诙谐，议题总是绕着马打转。议定在此多留一天，让它们休息，因为食物很充裕。主要的讨论是今后马料的分配：各马的状况、能拉的货量以及还能拉多远的路，这些因素都要考虑进去。

> 奥茨认为马儿们都撑得下去，不过它们耗损的程度超过他的预期。以他通常悲观的态度，他这样说表示很有希望。我自己则乐观得多，我觉得好些马现在的情况比刚上路时还好，至于其余的马，我们没必要担心太多，那些较弱的马，我们反正从未抱以太多期望。好吧，结果如何只能等着看啰。①

决定带刚好够马儿们走到冰川底下的马料，在那以前会先杀死几匹。显然耶和与支那人走不了太远。也必须杀几匹马做狗食。两支狗队现在拉了约一周的马料，但离开一吨库后，如不杀几匹马做狗食，它们跑不了两周以上。

这项决定等于说明斯科特放弃带马上冰川的想法了。这让大家都松了一大口气，因为根据沙克尔顿的形容，冰川下游冰缝处处，我们相信带马上冰川无异于自杀。一整个冬天，我们都在脑中设想能用什么办法赶马上冰川，如果马儿掉落冰缝，可以怎样松脱缰索，以免雪橇跟着掉

---

① 《斯科特的最后探险》卷一第 465 页。——原注

落。但我得说成功的机会甚微。就我们对冰川所知，我相信驱马上冰川没什么希望。就连狗也得先经仔细调查地形之后，才能谨慎地带上去。在此不确定的情况下，队员的心理压力更胜领队。领队很清楚值不值得冒这个险：斯科特可能从来就不真打算带马上冰川，但各马的饲主却以为有可能会这么做。我还记得当我们听到威尔逊不会带一级棒（最强健的一匹马）越过冰川入口时，大家何等宽慰。

到目前为止，"基督徒"不负其昭彰恶名。以下这段鲍尔斯的日记是明证：

> 我们三次把它扑倒，它都站起来挣脱，把我们四人全摔跌在地。有一次它险些把我踩在脚下。它似乎健壮得吓人，只可惜把力气都浪费掉了。……"基督徒"，一如以往，捆住一脚，被推倒在地。他一次比一次狡猾，尽其所能地咬人、踢人。它发现软雪不像海冰，摔在上面没那么痛，便不顾一切地乱冲乱撞。我们穿着鹿皮靴，很滑，不易全力对付它，今天它把奥茨踢翻，脱缰而去。幸好我们紧抓住它第四只脚的绳索，它跑到别的马那边去时，我们抓住它。终于它躺下，认为它打败了我们，但我们这时已把雪橇套在它身上，它一站起来，我们便赶它向前走，以免它踢掉挽缰。……
>
> 季米特里来帮我们料理"基督徒"。三人抓住它，另两人套上雪橇。奋斗了二十分钟，其间它还踩了我一脚，不过没怎么样。……计诱"基督徒"。提多放开捆脚绳，"基督徒"以为没事，撒腿就跑，这才发现它所痛恨的雪橇拴在它身上。不幸它起步太快，只有一根套索系牢，它因此向右方旋转，并攻击那根套索。我以为会缠成一团，但它停在骨头与抢匪之间的墙那里，我们松开它，取下雪橇，重来。我们把挽缰放在雪橇旁边而不拿向前，它果然又放松警戒，我们趁它不注意，闪电般套上缰。……我们又跟"基督徒"

缠斗了一番。它记得曾上过当，现在根本不肯靠近雪橇。三次脱缰而去，幸好它总是回到马群中间，而不会跑到冰棚上去。最后我们把它推倒，它已疲于挣扎，再试了一次后便套上缰，开步走了。

拉雪橇的辛苦不算什么，行进时经常四下空茫不能视物才让人沮丧。这时候，例行的帐篷内活动能造成很大的差别。斯科特的帐篷很舒适，我每次被安排与他同帐便很高兴，被改派到另一帐篷便很懊丧。他的动作极为敏捷，他那组人不论扎营或拔营，都一点也不浪费时间。他非常细心，有人说太细心了，但我不以为然；他要求每样东西都整齐干净，每样东西都有固定的位置。在运补之旅中，他示范给我们看，进入帐篷前，把衣服和靴子上的雪拍得干干净净；如果门口有积雪，进入帐篷后也要掸落雪，然后把垫布上的雪扫掉。后来每顶帐篷发了一把小刷子，就是扫雪用的。这么做，其他明显的好处不讲，衣服、靴子和睡袋比较容易干，也就延长了毛皮的寿命。“再怎么说，”一天晚餐后威尔逊说，“最好的雪橇手是自动自发、做了不说的人。”斯科特同意。如果你“与老板同拉雪橇”，你得睁大眼睛，看有什么小事待做，就赶紧做了，一句话也别提。一天到晚跑进来报告说他又修了雪橇、建了马墙、为锅子装满了水，或补好了他的袜子的人最讨嫌了。

我在运补之旅中途首次迁进斯科特的帐篷，对于细心带来的舒适大感惊讶。这帐篷在晚餐时有家庭的气氛，虽然在午夜扎营吃中饭有凄凉的感觉，他的帐篷里却没有一点不整洁之处。另一件更让我印象深刻的事是烹饪。每顶帐篷的配给食物当然都一样，我初到斯科特帐中，很感饥饿，便说了出来。“烹饪不佳。”威尔逊马上说。这话一点不错。在斯科特帐中两三天后，我腹中强烈的饥饿感便消失了。威尔逊和斯科特在过往经验中学得许多烹饪妙诀，而一个聪明的厨子可以把每周配份食物调理得每天不一样。有时是白煮肉饼，有时搀入竹芋粉调成浓粥，有时放一两块饼干进去，少加水，变成浆糊汤。饭后再来一大杯可可。浆糊汤也省油。可可与茶可替换着喝，不然做成可可茶，既有茶的提神效果，又有可可的营养价值，更好。至于当甜点用的一茶匙葡萄干，也可做许多变化：浸在茶里不错，与饼干、肉饼一起煮成浆糊粥更受欢迎。

“你的努力赢得我无尽的感谢，谢里。”斯科特一天晚上满意地感喟，因为我在他们不知情的情况下省下了一些可可、竹芋粉、糖和葡萄干，汇集起来做了一道“巧克力热粥”。不过他第二天早上恐怕有点消化不良。有时候吃饭时我们闲聊些有趣的话题，有一天我的日记上便写着：“午餐时愉快地谈论作家。巴利、高斯华绥等人都是斯科特的好友。有人告诉英国漫画家兼作家马克斯·比尔博姆，他长得像斯科特，他听了立刻（像斯科特一样）留起胡子来。这是斯科特告诉我们的。”

但出来三周后，话题已竭，此后经常整天不交谈，只有例行的“扎营啦!”“好了吗?”“打包。”“休息啦。”最后一句是走了约两小时之后说的。人力拉车时，通常帐篷一收好、雪橇装上货、缰索套上身、雪屐穿上脚，马上上路。过十五分钟后，手和脚都暖起来，手套和靴子里的雪都融化了，我们便停下，让每个人调整雪屐和衣服，然后再开步走，大约走两小时以上，才再停下来休息。

十一月十六日晚间自一吨库出发，自此每天要赶十三海里的路。为减轻马匹负担，我们留下至少一百磅（约四十五公斤）的马料没带。这重量不算少，六匹较强壮的马离开角落营时，每匹拉重六百九十五磅（约三百十五公斤），现在则只拉六百二十五磅（约两百八十三公斤），耶和拉四百五十五磅（约两百零六公斤），支那人拉四百八十八磅（约两百零六公斤）。两队狗合拉八百六十磅（约三百九十公斤）马料，而根据原计划，它们自一吨库起应拉一千五百七十磅（约七百一十二公斤重量）。以上重量包括雪橇、绳索及辔具，共重约四十五磅（约二十公斤）。

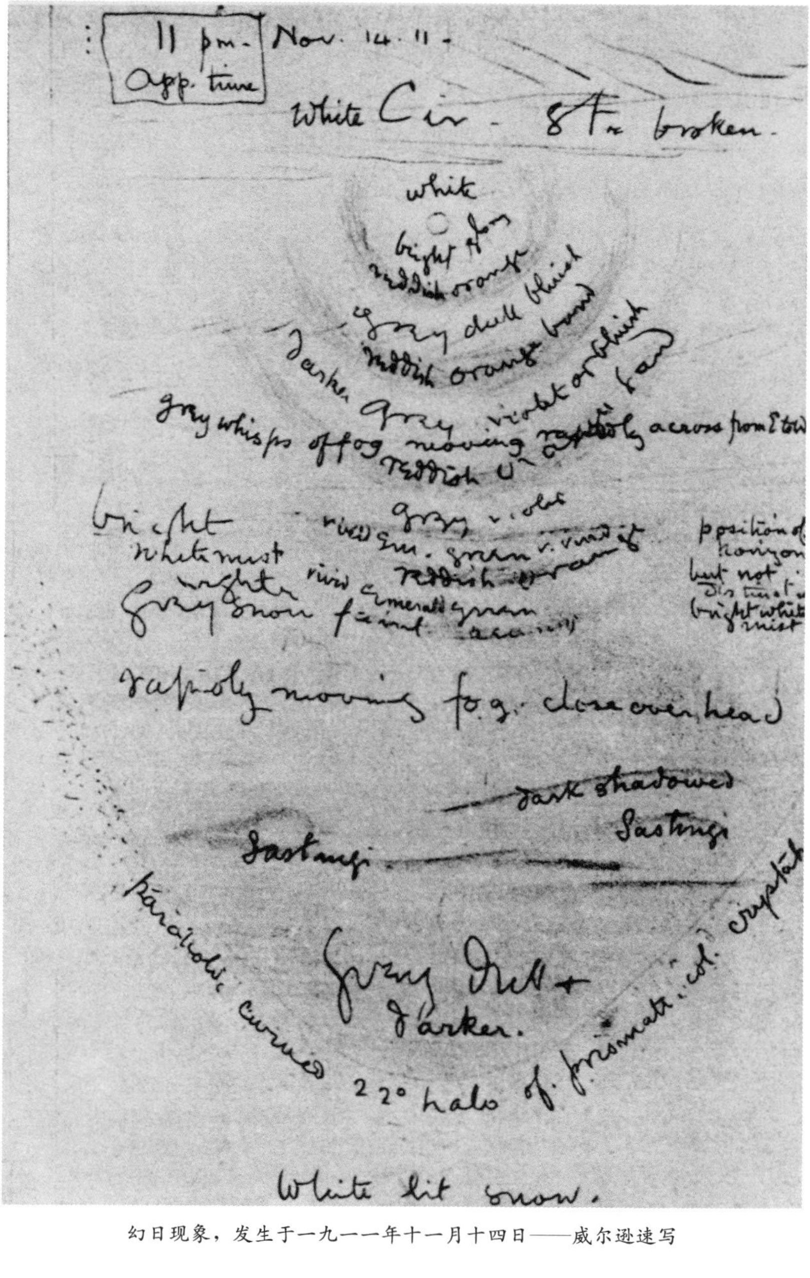

幻日现象，发生于一九一一年十一月十四日——威尔逊速写

夏天似乎迟迟而来，我们迎着略强的微风走，气温零下十八度。奥茨和依凡斯都冻伤多处。我看到密勒斯的鼻子冻伤，告诉他，他不管，说他懒得管了，终究会好的。马儿走得比以前好了。次日的地面是有硬皮的雪，上面敷一层粉状松雪，气温是零下二十一度，算冷的。十三海里路程快走完时，斯科特看见马儿们样貌疲累，觉得它们的状况应该更好才对。于是又召开一次军情会议，会中决定，每天平均十三海里的行程无论如何一定要完成，再丢下一袋马料在此，如此马儿们到后来可能草料不足，但也管不了了。奥茨同意，但说马儿们已走得比他预期的好，他说耶和和支那人或许还能再走一周，至少三天是一定行的。鲍尔斯一直反对抛弃马料。斯科特写道："不管是否匆忙赶上冰川，都有危险；但是我们终究会到的。"①

这天早晨，"基督徒"发了一顿脾气后，鲍尔斯记载，他的雪橇里程计被它扯走，于是：

> 早餐后，我把雪橇里程计带进帐篷，用生皮带拴起，作为安全措施。冰结晶造成多轮幻日，在天空展示。环绕太阳的是二十二度的光环与四轮呈彩虹色的幻日，外面又有第二层七彩光环。太阳之上有另外两道光环的弧光分别触及两圈光环，较大光环的弧光两面都隐约可见。太阳下面是圆顶形的白光，内含一个变形的幻日，与真的太阳一样令人目眩。整个天空是本地常见景象的典型。

次日："我们看见走在前面的人的倒影，就在离他们头顶一段距离处。"

以后三天的行程中，我们大致每天都走十三海里没有问题。但是可

---

① 《斯科特的最后探险》卷一第 468 页。——原注

怜的耶和不大成，每走几百码就要停下来。领着不中用的畜牲是很悲哀的事；这段路上是阿特金森领着它。赖特和基奥恩都比我们的麻烦多得多，而他们的马走得不错，得归功于他们的耐心照顾。偶然在行进中，马鼻头上会形成大冰柱，赖特就拿自己的风衣当手帕给支那人擦拭。最后一天，十一月二十一日早晨，我们看见前面一座大墩，是机动车队在那里，埃文斯、戴伊、拉什利和胡珀。这墩位于八十度三十二分处的胡珀山下，就是我们的上冰棚库。我们在那里留下三份高地口粮，两盒救急饼干、两桶油，这是三组人从比尔德莫尔冰川底往回走的三周粮油，他们要靠这些从八十度三十二分走到一吨库。我们又前进三海里，一起扎营：共是十六个人、五顶帐篷、十匹马、二十三条狗和十三辆雪橇。

机动车队（人力车队）已等了六天，以为我们早就该到，渐渐替我们担心起来。他们说他们很饿，本来就瘦长的戴伊更是瘦削憔悴。我们拿出一些多余的饼干，他们感谢不尽。我们赶狗、牵马的，食物都够吃。

现在我们出来三周了，走了一百九十二海里，已很清楚马儿们可以做些什么。这些不中用的马表现得很不错：

> 我们希望耶和可以再撑三天；不管怎样，三天后它要被杀，喂给狗吃。密勒斯已急着让狗儿们好好吃一顿，他现在天天等着这大餐的到来。另一方面，阿特金森和奥茨则盼望这劣马能走得比沙克尔顿杀掉他第一匹马的地方更远。支那人的状况据报也很好，看起来马儿将不负所望。①

从冰块上获救的一级棒，从头到尾都是我们最强壮的一匹马，它现

① 《斯科特的最后探险》卷一第470、471页。——原注

在比所有别的马都多拉五十磅（约二十三公斤）的货。它的体型漂亮，安分守己，称之为“小马”其实不符。事实上，我们有好几匹马都挺大的。“基督徒”比别的马都衰弱得快，不过所有的马都在减重，尽管燕麦和豆饼包它们吃到饱。鲍尔斯写到这些马：

> 我的马维克多现在领头带队，像我去年的马（比尔叔）一样。它是一匹稳健的马，温和得像绵羊。我简直想不起不过是一个月前，我和它之间还关系紧张，要四个人合力才能把它套上雪橇，还要两个人使尽全力，才拉住它不挣脱缰绳。就在此次旅程之初，它还不听使唤得要命，总是精力过剩得想要挣脱。三周来在一望无际的冰棚上拉车，把它磨练得沉稳了，我想我比以往更喜欢它。和其他的马一样，它的身材不再圆胖，变得长腿瘦身，以马而言很丑，可是我绝不会拿它换任何别的马。

马主在午餐及晚餐时喂马；睡眠中，大约出发前四小时，奥茨和鲍尔斯又起来喂它们一次。有几匹马有甩掉饲料袋的坏习惯，有的一为它戴上饲料袋立即甩掉，有的则是急着想吃到留存袋底的几粒玉米而甩掉。我们只好把袋子绑在络头上。“维克多昨天啮住了它的头绳，吃了个光：并不是饿，它到现在也没吃光份内的饲料。”①

原先的计划是戴伊和胡珀自八十度三十分处回头，但现在决定他们所属的四人小组继续同行几天，作为轻载重的先行部队，在前面探路。

天气好多了，多半时候都看得见太阳，自离一吨库以来，我只记录下一次气温低于零下二十度。马儿们有时陷溺难行，但我们绝没有过度驱策它们，而食料也是尽它们吃。我们知道悲惨的时刻就要到来，但不

① 鲍尔斯的日记。——原注

曾料到有多么悲惨。从北冰棚库起，马儿大都只拉五百磅（约两百二十七公斤）以下的重量，我们预计一直走到冰川不会有大问题。一切都要看天气而定，而现在的天气极好，马儿也稳健地列队前进。十一月二十四日夜，最没用的耶和被牵到队尾，枪杀了。这时已超过沙克尔顿枪杀他第一匹马的地点十五海里以上。想想出发前我们连它上不上得了路都很怀疑，这结果得说是奥茨与阿特金森管理马匹的一大胜利，不过更大的成就当然属于耶和自己，它一定是极力振作起精神，才把一副弱躯拖拉到如此远的地方。“一年的照顾与悉心喂食，三个星期的工作与善待，合理的载重与充分的食料，最后是无痛的结局。如果有人称之为残酷，则我既不了解也不同意。”鲍尔斯如是评论。他接着说：“雪地反映的子夜阳光，开始灼伤我的脸与唇。我睡前擦上护肤油膏，发觉很有用。戴护目镜也防止雪盲。斯科特队长说，粉红色的镜片让我看什么东西都带着粉红（乐观）色彩。”

在冰棚上扎营，时为一九一一年十一月二十二日——威尔逊速写

次晨我们告别戴伊和胡珀，他们朝北、朝家走去①。两个人走在冰棚上没有什么乐趣可言。戴伊对机动雪橇已尽其人事，帮我们载运了最难走的起初那段路。那晚斯科特写道："再走几天，对达成目标就比较有把握了。"②十一月二十六日午餐休息时，纬度是八十一度三十五分，我们在此设置中冰棚库，计含自胡珀山返回的每组人一周粮油，这减少了我们两百磅（约九十公斤）的载重。那天的行进很困难。"当天降大雪，天与地一片白茫茫时，走在雪原上最是让人心情黯淡，幸而有好同伴，一切也都稳当顺利。"③

动物们无疑都累了，而"我发现动物累了时，人也被拖累"④。次日（十一月二十八日）并未好转："启程时艰难无比。雪雾厚得像树篱，飞雪兼吹尖厉的南风。"⑤

鲍尔斯写道："走了整整一度，没遇上一个好天，只有云、雾和南边吹来的雪。"这几天走得很辛苦，最糟的影响是我们知道一定因风走偏了路，回程时得费事寻找贮藏品。以下摘自鲍尔斯日记中的一段，描写的就是一个典型的艰苦早晨：

> 头四海里对我惨不堪言。维克多，也许是累了，也许是不想迎风行走，慢得像送葬的马。光线很强，非得戴护目镜不可，可是雪不断落入镜片，擦都来不及擦。我落在队伍后面很远，只偶然透过雪看到前方的队伍，可是我实在怕维克多会就此完结。以前我总是

---

① 戴伊与胡珀带了斯科特的便条回埃文斯角，便条上写着：亲爱的辛普森，我请戴伊与胡珀带回此信。我们的进展不错，马儿们走得挺好，希望能顺利走到冰川，但为更保险起见，我把狗队带到比原先预计更远之处，因此狗队会迟归，归后恐也不宜工作，甚至能不能活着回去也不知。斯科特——原注

② 《斯科特的最后探险》卷一第 474 页。——原注

③ 《斯科特的最后探险》卷一第 475 页。——原注

④⑤ 《斯科特的最后探险》卷一第 476 页。——原注

比别人晚出发，人家走了四分之一海里我才动身，然后赶上。走到四海里墩时，我已经快受不了了，但我什么也没说，因为每个人都够烦恼的，受苦的不只我一人。休息后维克多转弱为强，一马当先，重拾领队位置，以地面的崎岖程度而言，走得也很稳健。我的脾气与心情随着它的每一个步伐而好转。下午它同样稳当快捷，我取下它的缰索后它竟在雪地上打了个滚，这事它已十几天没做了，显然它并不疲倦！

的确，那几天我们是奋力向前，这晚被枪杀的支那人倒像是脱离苦海。它已走到离冰川不到九十海里处，这或许对它是项小安慰。

一路颠仆前进，在暴风雪中，我们全未料到，在次日，十一月二十九日的行进中会见到什么。山脉大坡迤逦到我们西边，不久就会挡住我们往南的路；耸立在我们前面的好像是马克姆山的三峰鼎立。在冰棚上走了约三百海里单调平坦的路，看到山景真高兴。我们在南纬八十二度二十一分处扎营，比一九〇二年斯科特所至最南点已超过四海里。那一次他们运气好，天气晴朗，沙克尔顿在他的南行记录中也叙述了这一阶段。

坏天气持续，各人日记中都显露出沮丧之情，而太阳一出，大家马上精神百倍，现在读来颇觉有趣。同样的效果一定也产生在马身上。实在说，这段时候责任在身的人心理压力一定很大，而外在景象又毫无怡人之处。结晶的地表昨天还像看不见的地毯，今天却变成闪亮多彩的冰砖，让人跌跤的不规则表面现在看得很清楚了，踏上去或跨过去连想都不用想。二十小时前令你生气疲倦的东西，现在变成你平生仅见全世界最奇妙的风景。雪橇的吱嘎声、炉子的嘶嘶声、热汤的气味与睡袋的柔软，这一切都多么可喜呀。

愿我能再次

　　坐在炉边

倾听它温柔的乐曲

　　觉得身心舒畅。

愿舍弃家居的奢华锁链，

　　舍弃平淡的例行生活，

我向往置身雪原之上，

　　套着缰索，往外奔去。

穿着鹿皮靴的脚啪、啪、啪，

　　每个人拖拉两百磅重，

肉饼汤和饼干都不够吃，

　　干得好，少年郎！起帐！去轭。

——纳尔逊发表在《南极时报》上的诗

以后两天（十一月三十日和十二月一日）我们一程又一程绕着山边走，觉得实在没什么可抱怨的。山势尽于八十二度四十七分处，我们就在此放下冰棚上的最后一批库存，称之为南冰棚库，同样是每个回程队伍的一周粮油。“每个小组以四人计，下一个库存是在北面七十三海里处的中冰棚库。回程时一周走超过一百海里不难，因此如无意外，供应应不致短缺。”①当时我们都这么想，直到探极小组死在路上。这是我们的第二十七营，我们已出来一个月了。

以后几天得有好天气，因为我们就要来到陆地边缘了。斯科特上次南行时，因遇大断层，没能上得现在我们右手边的山。地质学家称此断层现象为剪裂，是冰川自陆地移开所造成的。在这里，上千海里的大冰

① 鲍尔斯的日记。——原注

棚块自山边移开，引起的骚动非常大。沙克尔顿曾描述他如何找到“入口”，那是在希望山与南极大陆间的一条通道，他就从这通道穿越到比尔德莫尔冰川。他与同伴在勘查路径时遇到一条极大的断层，宽八十英尺、深三百英尺，无法越过。往右走，他们发现有一处断层里塞满了雪，就从那里过去，又走了若干海里，到达陆地。置下南冰棚库时，我们认为距此“入口”约有四十四海里，希望再走三天，能在那里扎营。

“基督徒”在南冰棚库被枪杀了。它是唯一没有立即断气的马。也许奥茨开枪时，心情不像平常那么平静，因为“基督徒”虽如此凶暴，却是他自己的马。就在奥茨开枪时，它移动了一下，头上带着子弹冲进营地，大家好不容易抓住它，基奥恩差点被它狠狠咬一口。它又给领回去执行完枪决。没有了它我们倒省事：它虽强壮却好斗，冰棚虽令它驯服了些，它却从不肯拖运应有的重量。它本还可多走几天，但马料不足。我们开始想，留下那么多马料没带是否明智。每匹马的肉可供狗吃至少四天，有的更多，而且它们身上有很多脂肪——连耶和都是。这让人欣慰，因为这证明它们的日子并不太难过。我们也把较嫩的马肉煮在我们自己的肉汤里，滋味很好，不过我们没有多的油来烹调它。

我们一晚比一晚迟动身，为的是由夜行军渐渐转换成日行军，因为我们打算从拉车上冰川起，改为日行夜宿，到那时已没有马，不需在太阳高挂时休息。因此可以说，我们下一次的行军是在十二月二日。

出发前，斯科特走到鲍尔斯面前：“我做了个决定，你听了可能大惊。”维克多将在今天日暮时处死，因为马料实在短缺。伯第在这天日暮时写下：它，

> 这天走得好极，一路领先，如常最先到点，轻松地拉运了四百多磅（约两百多公斤）的货。这么好、这么强壮的畜牲必须枪决，实在可惜。也像是命运对我的讽刺，因为我一向反对喂马匹过多草

料，意见却未获采纳。我也一贯强烈反对大幅减少携带草料的分量。现在我的马死了，我很感伤心。老好马维克多！我每天都从我份内匀出一块饼干给它吃，子弹送它长眠以前它才吃了最后一块。我的第二匹马在此南纬八十三度处完结，虽然不像第一匹马死于海冰裂开那么悲惨，我的难过是一样的。这畜牲长久以来是我的伴侣，受我照顾。它在我们的事业中尽了它的力，愿我自己套上缰索时也一样尽到我的力。

雪开始降在它的凄凉长眠之地上，似乎有暴风雪要来。前景黑暗、暴烈而危险。

这果然是一次困苦的行军，像是走向一片空白的墙，马儿们在雪中陷落很深，留下一个个整整一英尺深的洞。气温是零上十七度，雪花落在深色的帐篷上和我们的皮毛衣上，便融化了。给马儿们砌好挡风墙后，我们的风衣上全流下水来。

我写道："我们饱食一顿马肉，满意地入睡。"我们只能把马肉放进肉饼汤里，不能多做烹调，但仍觉滋味甜美，不过不好嚼。人力车队由失去机动车的埃文斯中尉与拉什利，以及失去马的阿特金森和赖特组成，他们现在都很饿，我们多数人也都盼望着开饭，并且尽量放一块饼干在袋子里路上吃。马肉因此是大家欢迎的食物。我想我们应该多存放一些马肉在贮物墩那儿，现在我们吃不了的全喂了狗。若是多存几罐油和一些马肉，探极小组或许就能平安到家了。

十二月三日，我们凌晨两点半起身。雪雾深浓。早餐时风雪由东南掩至，不久即刮起九级飓风，雪堆如山。"我在此地夏季所经历最强的风。"①不能动身，但我们出去给马儿砌墙，其中一堵墙给吹倒了三次。

---

① 《斯科特的最后探险》卷一第483页。——原注

下午一点半，太阳出来了，大地清明。我们两点出发，一座山在前方出现，我们以为是希望山。但巨大的雪云迅即堆积，两小时内已是一片幽暗，看不见打前锋的人力车队留下的行迹。抵达标示四海里处的石墩时，刮强劲的北偏西北风，这是非常鲜见的事。鲍尔斯和斯科特穿着雪屐。

> 我穿上防风衬衫，寻觅前人行迹，走了二海里，忽然撞见先行部队的帐篷。他们因能见度差，定位困难而扎营。倒是马儿们因顺风而走得很好，斯科特认为值得再挺进一程。于是我们又走了四海里，总共推前十海里，是不错的半日行程，这才扎营。穿着雪屐行进很快，只是茫然不能视物。顺风，雪地又因风吹得硬了，滑行甚易。扎营时刮起强风，就不太愉快了。现在大家又都钻进了睡袋，肚子里装了一顿好餐，管他风大风小，躺在鹿皮睡袋里是挺不错的感受。①

有雪屐穿的人是觉得挺好（这件事也让人起牢骚），马儿却没有那么轻松，它们有时候陷得很深，我们自己也往往深陷过踝。这天我们开始越过冰棚的一座座大波峰，峰与峰间相隔几海里，表示陆地已近。扎营时我们在马的北面筑墙，因为风从那个方向吹来，但十二月四日早餐时刮着东南方向的暴风雪。我们被这变化两极的气候搞糊涂了，很是生气。又不能走了，又得在雪橇与马匹周围铲雪，并把马儿牵到墙的另一边去，墙也有部分需要重砌。我们都在想："人力拉车多简单呀！"又想："可怜无助的畜牲——这地方可不宜牲口居住。"雪花飞舞，我们连隔壁帐篷都看不见。又因为扎营时刮的是北风，帐篷门开向南，现在正

---

① 鲍尔斯的日记。——原注

好迎着暴风，每有人进出，雪片便随同飞入。人力车队赶上来时正好暴风雪快要转剧。狗倒是很舒服，深埋在雪中。水手们开始争论谁是灾星。他们说是照相机惹的祸。大风雪把人也弄得癫癫狂狂的。

到中午时，像是有人把帘子卷起来似的，雾散风止，一座伟岸大山几乎就在我们眼前拔地而起。东南方向的远处，仔细看的话，可以看出冰棚平坦的地平线上有一处突出，我们认为至少是纬度八十六度处，而且是非常高的山。山峦穷目所及，峰峰脉脉，延伸向它。

> 我从未见过这样的高山：本内维斯山①站在这些巨峰最矮的一个旁边，也会像是土堆一个。但是群山彼此却不会因比肩而减色，因为它们太高大了。每个山坳、每个转角，都交错着宽阔的冰川、冰瀑和千古不化的冰封谷地，其壮美无以形容。天地清明之至，好像每块岩石都突出来，而当太阳升到我们与群山之间的时候，其光影使得景色更加美丽。②

这天我们共走了十一海里，在我们估计尚在三十海里外的“入口”正前方扎营。没见到冰缝，但越过了十或十二个很大的波峰，峰与峰间约十二、十五英尺。希望山比我们想象的大，此山之外，向冰棚迤逦延伸，是压力冰脊的巉严连成的一条白色长线，是广大冰川流入相对凝定的冰棚而造成的乱冰叠雪。

扎营之后，我的马麦可被枪杀了。它是很可爱的牲口，身子较轻，因此在软雪上较易行走，但是它的小蹄子比别的马陷得更深。我看到斯科特在十一月十九日的日记里提到，众马的蹄子都没入雪中约及踝关节

---

① 本内维斯山，英国第一高峰。

② 鲍尔斯的日记。——原注

的一半处，麦可却有一两次直没到踝关节。它是活泼好动的马，不拉车的日子躁动不安，拉车时又不时要停下来吃雪，然后才急匆匆追赶别的马。它对生活中的一切充满好奇，营地上的每一丝动静都难逃它的注意。上得冰棚不久，它便养成一种淘气的习惯，爱啃绳子、嚼食别的马戴在眼上防止雪盲用的彩穗。不过它当然不是唯一的罪犯，它自己的穗子出门不多久就遭一级棒啃掉了。并不是饿，它的饲料从来没有吃干净过。不管怎么说，它死前的几周过得挺愉快，有任何事发生，它就竖起耳朵，非常兴奋。每晚它给拴好后狗群到来，便足以让它做许多好梦。我得说，它的主人也经常做梦。麦可是十二月四日在“入口”正前方枪毙的，暴风雪随即吹起，我们当时不知，这是我们的一个转捩点。麦可一直到最后一刻都在啃嚼它的罩袍，咬嚼任何可嚼的东西。

> 是我们扎营后决定的，它已经在吃它的饲料了。密勒斯来报说，他没有东西可以喂狗了。麦可被牵走，一路在雪地上打滚，先前入营时还没有打过滚的缘故。它彻头彻尾像个调皮的小孩，现在忽然离去了。它一向是个好朋友，表现良好。南纬八十二度二十三分。它今天有点累坏了：风雪给它吃了苦头。英勇的小麦可！①

我们钻进睡袋时，山顶上絮絮地下着雪。我们需要一个好天才能度过断层。再走一段短程，马儿的任务便结束了。它们的粮草已告罄。斯科特那晚写道：“我们的第一阶段行程差不多已经完成。”②

> 十二月五日，星期二，第三十营。正午。今晨醒来时刮着极强

---

① 我自己的日记。——原注

② 《斯科特的最后探险》卷一第 486 页。——原注

冰棚上的马营——赖特摄

狗队从比尔德莫尔冰川回头，希望山和高原“入口”耸立在前——赖特摄

的暴风雪。迄今所遇的暴风雪都没有非常细的粉状雪，今天则下了大量具有这种特色的雪。到外面站一两分钟，就会从头至脚覆满细雪。气温相当高，因此落下或飞起的东西都会沾在身上。马儿没有罩袍遮护的地方——头、尾、腿等——都贴满了冰，它们的四周积雪甚深，雪橇则几乎被埋葬了，雪堆直堆到帐篷顶上。我们吃了早餐，重砌了马墙，然后钻回睡袋。连隔壁帐篷都看不见，别说陆地。这个月这种天气是什么意思？我们的运气也太坏了，我想，不过也许就要转运了……

晚上十一点。暴风刮了一整天，雪量之大为我记忆中所无。帐篷顶的积雪实在多。气温是零上二十七度，下午更升到接近三十一度，雪落在雪以外的任何东西上便融化了，结果是每样东西上都是一汪水，帐篷整个湿透，风衣、睡靴等也是；水从帐篷柱和门上滴下，积在垫布上，浸湿了睡袋，湿答答地让人难过。要是东西晾干以前忽然变冷，我们可要非常难受了。不过，如果不是担心行程严重延迟的话，情况是蛮可笑的。我们不能迁延，这时候来这么一下实在倒霉。风似有减弱的迹象，但气温未降，雪也仍然湿，表示风雪未去。

十二月六日，星期三，第三十营，正午。凄惨，凄惨之至。我们在沮丧的泥沼中不能动弹。暴风雪并未减弱，气温变成三十三度，帐篷里每样东西都湿透。人从外面进来，看起来就像淋了一场大雨般，衣服滴落的水在垫布上一汪一汪。墙、马、帐篷和雪橇边上的积雪向上攀升，马看起来落寞不安。唉！我们离冰川只有十二海里了，却受到这样的打击。无望的感觉逐渐升起，难以消退。在这样的时候，需要多大的耐心呀！①

① 《斯科特的最后探险》卷一第486至489页。——原注

鲍尔斯形容这段时间：

暴风雪像是打算集邪恶之力将我们赶走似的。也许值得描述一下，因为这是我第一次经历这么暖的暴风雪，我希望未来以气温而言，只碰到寒冷的暴风雪，或至少是不那么暖和的暴风雪。

今晨甩下温度计时，看了又看，没错，是三十三度，已在冰点以上（而且是在太阳直接照射之外的地方），这是我们南来首次得此温度。没有人明白这代表什么意思。我们勉强拿它当个大笑话讲，但这惨况或许日后读来才觉好笑。我们湿透了，帐篷湿，我们当命根子细心照顾的睡袋湿，可怜的马儿湿得发抖，通常比这低五十度也不会让它们发抖的。雪橇，自雪中挖出的部分湿了；食物湿，我们身上和身边的一切都湿，衣服湿冷而黏。水顺帐篷柱流下，碰到雪地，变成垂冰。身体的热量使得睡袋形成一个雪池，窜流的水结冰以前被它承接，但因有人的热身体躺在里面，水不会结冰，维持液态，等睡袋把它抹净。出睡袋做事，像是在锅子内装水准备下一顿饭、给马铲雪或喂食等等时，雪立刻扑满一身。不是我们习惯的那种沙状松雪，而是马上化成水流下来的大泥片。积雪如山，其他景象难以形容。我特别替不幸的牲口难过，庆幸我的老维克多免遭此劫。今天我补了一双半手套，今天只吃两餐，省去一餐。一心赶路的时候偏被困住，对多数人都够难过的，但斯科特队长一定更不好受。我高兴有比尔医生（威尔逊）与他同帐篷作伴；比尔总是让人宽心，逆境中仍达观进取。①

十二月七日，星期四，第三十营。风暴持续，情况严重起来。

① 鲍尔斯的日记。——原注

过了今天，马匹就只有一小顿吃的了。我们要么明天赶路，要么把马杀掉。这还不算最糟，有狗队，我们仍可前进。严重的是，今晨我们开始吃高地口粮了——那是说，在透支原定上冰川后才用的粮食。第一支援小组自今日起算只能再往前走两星期，以此类推。①

这天一样暖，而且更湿——湿得多。气温升到三十五点五度，我们的睡袋像海绵似的。巨大的雪堆盖满一切，包括帐篷大半、马墙与雪橇。雪小的时候，我们铲除门口的积雪，把可怜的马挖出雪堆，让它们重新站在雪上。

自此刻起，我们的食物配给量是每人每天十六盎司饼干、十二盎司肉饼、两盎司奶油、零点五七盎司可可、三盎司糖和零点八六盎司茶叶。这是高地口粮，合重三四点四三盎司，外加一点洋葱粉和盐。我很赞成这样的配给，依凡斯和其他人则遗憾没有巧克力、葡萄干和麦片粥了。上冰川后的第一周，我们每天还要少配一块饼干，留给密勒斯回程时吃。机动车队留在途中未运来的东西太多，密勒斯的狗队已经比他原先得到的命令载运得远了很多。本来他应该在十二月十日回到小屋角。不过，狗们吃了许多马肉，十分健壮。他回程时得每天平均赶二十四海里路才行。麦可不必受这些罪了：我们正吃它的肉。它很肥壮，滋味很好，不过硬了些。②

到此时，我们躺在睡袋中也睡不着。困在风暴中整整三天了，我们对十二月八日星期五抱着很高的期望。但早上十点我们吃早餐时（我们

---

① 《斯科特的最后探险》卷一第 489 页。——原注

② 我自己的日记。——原注

已依照日行夜宿的时间表作息），风雪依旧，气温仍是三十四度三。这几天的温度以及后来密勒斯回程时记录的温度，想必是冰棚内陆的最高温。在我们看来，现在温度是四十度或三十四度，根本没有差别。那天早晨真觉前途黯淡。

但到中午时，希望之光出现。风小了，我们立刻出去察看，软雪及膝，甚至更深。首先迁移帐篷，小心翼翼地挖，以免撕破帐篷。帐篷幔被流下的水结成的坚冰密密包裹。接着寻觅雪橇，在雪下约四英尺处。把雪橇拖出来，上面每样东西都湿透了。有阳光闪现，但随即又是雪雨霏霏。我们尝试搬运，四个人坐在雪橇上，另四人穿着雪屐拉运。一级棒被牵出来，但陷入及它腹部的雪中。至于雪堆，我见奥茨站在一个雪堆后面，只有头部露出来。这些都是松雪。

> 喝了些茶后我们围坐——这比钻进睡袋好多了。我不认为马儿能拉车，但奥茨认为它们明天就能拉了。马料全没了，今天只能吃昨天没吃完的。这是可怕的结局——饿死，然后被切割分食，可怜的畜牲。我与赖特换了书看，我的《小神父》换他的但丁作品《神曲》的第一部《地狱》。①

入睡时，雪啪啪地落在帐篷顶的声音让人沮丧，但气温已降到冰点以下。

次晨（十二月九日，星期六）五点半起身，天空多云降雪。到八点半时，我们已把雪橇拉出营地，开始牵马出来。“马儿乎不能动，雪深及腹，最后终于躺下。必须用绳子拉着它们走。这是很残酷的工作。”②

我对那天的印象是摸索前进，鲍尔斯和我拖着一辆轻雪橇在前面寻

---

①② 我自己的日记。——原注

路，像穿行在一道模糊的白墙中，留下行迹供后人遵循。起先我们后面一群方向不明的人围着领头的马和雪橇，推马向前，那可怜的畜牲却只能挣扎着从它扑跌造成的深坑里爬起来。其他的马让人牵着跟随，走了一段路后，人力车队回头搬运货物。没有一个人想故意折磨牲口，但还能怎么办呢？我们不能就把马留在那泥沼中。一小时又一小时，我们勉力推进，不敢停下来吃午餐，怕一停下来就再也上不了路。通过许多波峰后，巨大的压力冰脊忽然在四面出现，我们上一道陡坡，陆地边缘的断层在我们右手边，像一道大深沟。斯科特当然怕深渊难越，我们虽知有路可通，在黑暗中却难寻觅。两小时里，我们曲折彳亍，虽曰向前，却不知究欲何往，一度几乎陷入泥沼。斯科特来和我们一起寻路，我们脱下雪屐，细觅断层所在，以及可行的通路。每一步都陷入约十五英寸，往往过膝。同时，抢匪穿着雪鞋比较好走，领着马队。零碎差点退进一道大冰缝，它的一只后脚掉进去，众人解开它与雪橇的套索，然后把它拉上来。

不知道走了多久，斯科特决定沿着断层前进。后来发现一处沟中有坚冰，我们大约就是由此度过断层，度过后，看得见冰脊圈在我们身后。几乎决定就在此放下物料，但看马儿们虽然是被扯着走，却还勇往直前，便决定让它们能走多远就走多远，结果它们走得很好。我们本以为它们绝对走不到一海里，但它们勉力挣扎着，连续走了十一小时没有大停，估计走了近七海里。我们的雪橇计程器因被软雪渗入，不灵了。后来再想，可能没有那么远，也许只有不到五海里。抵达离雪桥约二海里处，我们扎营，休息固可喜，更高兴的是不必再驱使那些疲累的马儿了。它们的长眠已近。这是可怕的事，那地方命名为蹒跚营。

斯科特站在希望山的阴影下，奥茨上前去。“嗳，我恭喜你，提多。”威尔逊说。“我则要谢谢你。”斯科特说。冰棚阶段到此结束。

第十章
探极之旅（二）

探极，是探险队最重要的目的……我们不能无视于实情：科学界以及一般大众，是依此主要目的的成败来评断探险之成败。此目的达成，其他的科学工作都好办，都会得到适当的评价。此目的失败，则其他方面成就再大，也会被忽视或遗忘，至少一时被遗忘。

——斯科特

二、比尔德莫尔冰川

马儿们从冰川底下拖运了约五海里路，把四人份二十四周的口粮运上冰川，但我们迟了。我们吃高地口粮已吃了几天，这口粮本应到安置冰川库之后才开始吃的，而现在我们还有一天路程才到冰川库预定地。这当然是暴风雪造成的延迟，没人料到十二月会刮暴风雪，十二月通常是一年里天气最稳定的两个月份之一。更糟的是深雪如绒毛，铺在地上，我们常及膝陷入，雪橇同样深陷，以致横木如犁，在雪上划出沟畦。沙克尔顿来时有好天气，在冰川底发现蓝色的冰①。斯科特则怨叹运气太差。

十二月十日快中午时，我们把缰索调整好，开始人力拉车。作为人粮与狗食的马肉留存在此，还有三辆十英尺长、一辆十二英尺长的雪

① 陈年老冰因密度较高，呈漂亮的蓝色。

橇，许多零余衣物与马具等。动身时共分三组，每组拉约五百磅（约两百二十七公斤）重量。第一组：斯科特、威尔逊、奥茨、依凡斯；第二组：埃文斯、阿特金森、赖特、拉什利；第三组：鲍尔斯、谢里-加勒德、克林、基奥恩。第二组已经一同拉了几天的车，其中两人，埃文斯与拉什利，更从第二辆机动车在角落营抛锚以后便一直人力拉车，这组人自然不如另两组强壮有力。三组人外有两队狗，任重负远，载了我们的六百磅（约两百七十二公斤）货，外加要放在下冰川库的二百磅（约九十公斤）粮油。我们开始觉得阿蒙森选择的运输工具好像比较好。

"入口"是山中间隙，通往大冰川的侧门。午餐时我们来到分水岭上，这段上坡路不长，可花了六小时才极端辛苦地拖曳而上。能穿雪屐的时候我们一定穿，可是此处不能穿着雪屐拉车。一脱掉，脚即陷入及膝的雪中，雪橇也因软雪无支撑力而陷落。好的是我们的装备在明亮的阳光下渐渐晒干，一有机会我们就把睡袋摊开来晒，而嵯峨的红色花岗岩高耸入天，很让走过四百二十五英里雪地的我们看了高兴。"入口"是巨大的雪堆积满断层深渊，其位置在我们左手边的希望山与右手边的南极大陆之间。从沙克尔顿的书里，我们知道比尔德莫尔其实是非常难越的冰川。来到分水岭顶上后，我们午餐，傍晚下山，午夜时在冰川边缘扎营。我们发现，正如我们所担心的，这里覆满软雪，看不出沙克尔顿当年找到的坚冰在哪里。"我们在大雪与狂风中扎营，暴风雪仍徘徊不去，我希望风继续刮，因为每个小时都能刮掉几英寸粉状软雪，我们一天都陷在里面的这种雪。"①

十二月十一日，出发前我们堆起下冰川库，计有三周份高地口粮、可供三周之用的两箱救急饼干，以及两罐油。这些配给是供三组人走到南冰棚库所需。我们还留下点燃炉子用的一罐酒精、一瓶医疗用白兰地

---

① 我自己的日记。——原注

和一些不再需要的备份与个人用品。我们拖运的雪橇上则有十八周份的高地口粮，外加三只本周使用的食物袋；另有十箱饼干，本周使用的三盒不计；再来是十八罐油，两罐点火用酒精，一些圣诞酒，是鲍尔斯包装的。每一份食物都是供四人一周之用。

这时候，由于深雪，雪橇里程计不管用，我们只好估算每天所走的路程。

> 今天是拖得很费劲，却很有希望的一天。出发前先花两小时堆置贮存物，然后就走进巨大的压力冰脊中间。狗队拉着十箱饼干随后而至，稳健迅捷。不久我们看到一粒大圆石，比尔和我缘绳而上，把它搬下来。是很粗糙的花岗岩，几近片麻岩，内含大块石英结晶，外表呈锈色，削一片下来里面却是粉红色的，且有石英纹理纵横。这东西带着在冰上走太重了，而且四周似乎都是这种石。我们不沿着沙克尔顿贮藏过物品的大崖壁下面走，而朝凯芬山，也就是冰川中间走去。午餐时大约已经走了二三海里。路上经常遇到冰缝，但我们穿上雪屐，都滑过去了，没人掉落。深雪也救了狗儿的命。①

狗队那天早上确实冒着很大的危险。午餐后它们回头了。它们已跑了比原先预定的远得多的路，如我所说，它们早就该回到小屋角了。它们的食物配给已不容它们继续往前去。也许我们高估了狗队的能力，鲍尔斯写道："狗群健壮非常，会一阵风般把密勒斯与季米特里拉回去。我猜他们圣诞节前差不多就快到家了，因为它们一天能跑三十海里左右。"但密勒斯后来告诉我，狗队回家时走得很辛苦。不过，现在，"一

① 我自己的日记。——原注

阵旋风般，它们往回家的方向跑了。我看不见它们（雪盲的缘故），但听到那熟悉的命令，我们的最后一批运输动物离开了。”①

以后四天，我们的困难益增，有半数人都得了雪盲。抵达冰川的那一晚，鲍尔斯写道：

> 我恐怕昨天引领马队时没有戴护目镜，要付出惨重的代价了。右眼全看不见，左眼也很不好。每得雪盲，得过三四天才能好，这回可惨了。看着这张纸让我眼痛，像有人把沙子丢进我眼睛似的灼痛。

他又写道：

> 我已四天未写日记，眼痛欲死，又做着从来没有的重活儿。……我像只蝙蝠一样瞎，与我同组的基奥恩也一样。谢里与我并肩拉车，克林则与基奥恩并排在后面。我在镜片上贴胶布，只留中间一个小洞，这样，大部分光线被滤掉了，我可看到雪屐尖端，但因冒汗，镜片总是雾蒙蒙的，我的眼睛也一直出水，却不能在行进中擦拭，因为两手各执一滑雪杖；所载物品又重（我们现在添加了狗雪橇的载重），如有任何一对拉夫失去平衡，整辆车就会停住。我们每次只能勉力让雪橇前进几码，车在软雪中沉陷，像雪犁似的。起步比拖拉更难，总要使尽全力猛拉十至十五下，它才会移动。

很多人得雪盲，部分由于最后一天赶马的紧张，部分由于没想到现在我们白天赶路，阳光强烈，须采取预防措施。古柯碱和锌硫片很有

---

① 鲍尔斯的日记。——原注

效，但我们也发现煮过的茶叶用棉布包起来敷在眼上能减轻痛苦。茶叶煮过两次，一向就丢掉了。茶叶里的单宁酸有止血收敛作用。雪盲的人反正看不见，因此用手帕包住眼也不会更糟。

> 比尔德莫尔冰川。这张短笺给狗队带回去。事情不如预期乐观，但我们打起精神，说就要转运了。这里只想告诉你们，我发现我脚力不输其他人，跟以往一样。①

那是我们首次每辆雪橇上满载八百磅（约三百六十三公斤），连鲍尔斯都问斯科特是不是来回搬运比较好。那晚斯科特在日记里写下：

> 午餐后，约四点半动身时，情况很不乐观。拉不拉得动全部重量？我这组先启程，很叫人欣慰，我们还拖得动。雪橇不时陷落软雪堆中，但我们学会在这样的时候保持耐心，从旁边把雪橇拉上来。依凡斯脱下雪屐，脚步较稳。让雪橇持续向前很重要，一小时里有十几次险些停住，有好几次完全停住。停住的话是很痛苦而累人的。②

整体来说这天令人鼓舞，我们认为走了七海里。一般而言，斯科特那组并不是最辛苦的一组，但十二月十二日那天，他们的困难比我们都大。那天实在让人筋疲力尽，地面比以前都难走，许多人又得了雪盲。早晨拖了五小时，才走了约半海里。我们置身压力冰脊中，脊峰与脊峰间距离不大，若没穿雪屐，根本不能前进："不穿雪屐，便陷入及膝的雪中，若拉着雪橇，则陷到膝与大腿中间。"③

---

① 斯科特。——原注
② 《斯科特的最后探险》卷一第 497 页。——原注
③ 《斯科特的最后探险》卷一第 499 页。——原注

在造云山下扎营，两地之间不见压力冰脊——赖特摄

十二月十三日，

雪橇陷入十二英寸以上，所有索具与横木等都变成阻碍。拖和拉我们很乐意，多少次我们脱下雪屐好扶起翻倒的雪橇，这也没什么，最难的是维持雪橇继续前进，每条肌肉、每根神经都拉得紧紧的；然后车子卡住，又要重新开始推它起步。一整个上午，我们大约走了半海里。原以为下午地面会比较好走，结果大谬不然。泰迪（Teddie，埃文斯的昵称）带领他那组，早半小时出发去探路，斯科特队长尝试在雪橇下面用盘索多系一道滑刀（以免横木刮到雪），这花了约一小时时间。我们不断把滑刀转向上，把上面的冰刮掉，因为在此气温中，滑刀摩擦生热，会把雪融化在上面而变成一球一球的冰，那就像溜冰鞋上贴了磨砂纸或钉子一样。我们第二个出发，充满希望地向前冲刺，因为上午表现很好。但荣耀之心迅即消灭，

出营地才十码，我们便卡住，九小时后发现进展仍不到半海里。我从未见雪橇陷得如此深，我从未如此拼命拉车，如此一再用力到内脏都要冲进背脊骨似的，把全身力气集中在勒紧我可怜肚皮的帆布带上。不过每个人都是一样。我看见泰迪在前面挣扎，斯科特在后面奋斗，可是我们的处境最糟，因为领头的那组已经上得高坡，我却因雪盲，看不见他们行经的路径。我们实在筋疲力竭，终于放弃，改为来回搬运。载一半的货前进约一海里，放下，回头取另外一半。我这组人力气用尽，再不能拖拉比一半更多的东西。泰迪那组也这么办，斯科特那组虽未照做，我们却差不多同一时间抵达扎营地，而我们走的路程相当于他们的三倍。凯芬山仍在我们左前方，看起来好像我们永远也走不过去似的。斯科特决定，如果明天我们仍运不动全部重量，应三组人联合接力。这么艰苦的劳动一天后，前景看来再悲观不过了。①

那些天，我们每天都被汗浸得湿透。通常拉车时只穿背心、长裤和防风裤，但一停下来马上觉得冷。午餐时两只贼鸥出现，可能是被下面的马肉吸引来的，但这里离海很远，不知它们怎会飞来。十二月十四日星期四，斯科特写道："消化不良加上衣服湿透，使我昨夜睡不着，又因过分劳累，抽筋抽得厉害。我们的嘴唇都干裂、起水泡，可喜的是大家的眼睛好了些。我们再度启程，对前途却不抱太大希望。"

但我们拖曳前进，有了比较好的进展。

一来到冰川中央，我们便以造云山为定位标的，到今天晚餐时已过了凯芬山，估计走了十一二英里路，下到海拔二千英尺高处。但最让人开心的迹象是蓝色冰逐渐逼近得与我们等同高度；午餐时

① 鲍尔斯的日记。——原注

它还比我们低二英尺，晚餐时只低一英尺了。扎营时克林一脚踩破一道冰缝，这冰缝就在我们帐篷门前一英尺处，斯科特的帐篷门口也有一道。我们丢一只空油罐下去，很久很久才听到回响。①

十二月十五日的早晨我们穿越迷宫似的冰缝区，不过上面都有冰雪弥封为桥梁。我相信冰川下游都是冰缝密布，只因有厚雪覆盖，我们又穿着雪屐，故没有掉入。三组人互相竞走，也许不可避免，但其实不是好事。这天鲍尔斯的日记上写着："穿着雪屐，跑得甚快，把斯科特丢在后面，最后还赶上比我们先出发一段时间的那组。整个早晨我们维持稳定、均衡的进展，很是愉快。"但同一天，斯科特写道："现在埃文斯那组无疑是最慢的，不过鲍尔斯也没有快多少。我们加紧脚步，毫无困难地赶上了两组。"鲍尔斯组自认很强，但两组都自负优越。事实上斯科特那组最快，也理应如此，因为那组人体型最壮。

一整天光线都很差，午餐后尤其糟糕，到五点，下起大雪，什么也看不见。我们继续走了快一小时，依风向定位，也依偶然瞥见的雪脊，然后，斯科特才不甘不愿地下令扎营。现在情况好些了，地表经风，坚硬得多，雪仅厚约六英寸，下面便是冰。我们开始谈论圣诞节。这些天天气暖，我们感到口干。冷空气进入我们张开的毛孔、晒坏的手和干裂的唇，更觉难受。今晚我贴了些膏药。现在的作息时间是：五点半起身，一点午餐，七点扎营，睡眠时间八小时，可是我们累死了，可以睡到第二天中午不起来。每天行军九个半小时，午餐的茶绝对有如天赐。我们向南攀升，约在海拔二千五百英尺高处，纬度是南纬八十四度八分。②

①② 我自己的日记。——原注

帕特里克山，一九一一年十二月十六日——威尔逊速写

次日，十二月十六日，鲍尔斯写道：

今天的行军真是愉快，只除了下午快结束时以外。上午出发时我的雪橇有点困难，斯科特稳健地超越了我们。我知道我通常都能与他齐步，但开始的两小时我们竟落后几百码之遥；我极力振作队友，但不见效果。检视滑刀才发现上面有一层薄冰。之后我们就走快了。要避免用手或手套触摸滑刀，因为任何潮湿的东西都会使它表面结冰。我们通常把雪橇侧放，用刀背一次刮一面的滑刀，以免割到或削伤它。下午，不知是茶还是奶油给了我们力量，我们大踏步赶上了另一队。①

我们必须全力赶路，因为我们已比沙克尔顿当年的行程迟了六

① 鲍尔斯的日记。——原注

天，全是那场暴风雪惹的祸。自进入冰缝区以来，还没有看到预期中的危险冰缝，狗队大可以带到这里来。①

午餐时，我们看到前方有大冰脊。午餐后不久，往下走一点，又上坡来到非常崎岖的地面。我们努力推进，到四点半，雪屐不能穿了，脱下来放在雪橇上，开始步行。脚立即陷入雪中：前一脚还踩在蓝冰上，后两步却在雪中，很难走。前方的冰脊似乎一直伸展到东边凯尔蒂冰川（Keltie Glacier）旁边的一条大冰川里去，因此我们修改路线，攻往造云山脚下一座小崖。原定六点扎营，但到六点半才扎，最后一个半小时在大冰脊里，穿越大小波峰，几百条冰缝。现在我们在很大的冰脊间扎营，好不容易找到一块没有冰缝的平地，够安放三座帐篷。我们已过了凯尔蒂冰川很远，前面有一长串冰瀑，料想明天会很难走，冰脊一定巨大无比。这里是造云山的北端，这是一座很漂亮的山，垂直耸立，我们没法更靠里走。②

十二月十七日，星期天。走了约十一海里，气温零上十二点五度。海拔三千五百英尺。这是兴奋的一天。早晨像搭观景火车似的，直直走进大冰脊波里，朝造云山脚下的突出岩行去。上坡很辛苦，曲折蜿蜒前进。下坡就很刺激了，我们极力保持雪橇直行，把稳，稍稍推一下，就冲下山了。有时坡真陡，雪橇简直荡在空中。有时候刹不住车。我们齐力推车上坡，然后咻的下坡，风在耳边回旋。这样过了三小时，地势平坦些了，我们上了一道波峰，沿着蓝冰的峰脊往南，右边是巨大的压力冰脊带，我想多半是凯尔蒂冰川

---

① 《斯科特的最后探险》卷一第 506 页。——原注

② 我自己的日记。——原注

造成的。之后又上一坡，覆着雪，冰缝甚多。走了约五海里，扎营，前方是大冰脊。①

下午地面难行。斯科特率先急冲而去，泰迪和我紧随在后。我这组人或雪橇不知有什么问题，起先使尽力气也跟不上。我们勉力追赶，但约两个半小时后斯科特停下来休息时，我们衷心高兴。我重新安排缰索，再度把我自己和谢里的拉索换成长的——早上我们用的是短索，我俩都觉得累而难使力。不过换过就好了，此后的行军便多愉快而非艰苦挣扎。一天结束时来到大片蓝色冰原，冰上有波纹如涟漪，边缘则锋利如刀。偶有小片雪地，我们就在广大淡蓝的涟漪之海中间、一小片雪地上扎营。此地高于海平面约三千六百英尺，已过造云山，亦即冰川区已走了一半。②

那天我们走了十二点五英里。

比尔德莫尔冰川比阿拉斯加的马拉斯皮纳冰川大一倍，在沙克尔顿发现比尔德莫尔冰川以前，马拉斯皮纳是已知最大的冰川。去过费拉尔冰川的人说比尔德莫尔冰川没有意思，但在我看来，它壮伟无比。但正因它太壮阔，四周的大分支冰川和冰瀑相对显得小多了，这些支流和冰瀑若在任何别处，都会受到仰慕赞美的。它的宽度在某些地方达四十海里，冰瀑、群山在它身旁完全引不起注意。等到把经纬仪摆平，才明白我们周围的山有多雄壮，其中一座据估超过两万英尺，别的好几座也都有这么高。埃文斯与鲍尔斯一有机会就做调查，威尔逊则坐在雪橇上或他的睡袋上速写。

---

① 我自己的日记。——原注
② 鲍尔斯的日记。——原注

十二月十八日早晨动身前，我们取三包半周份的食物贮存于此，用一根竹棍上系红旗，插在小雪堆上为记。不幸夜里下起雪来，不能定方位，到次晨雪止时，只有西方诸山的山脚看得见。我们担心回程时会找不到贮存物，不过其实我们都找到了。

早晨雪雾迷漫，层云笼罩，雪以大结晶形降下。我们挂在外面晾干的袜与靴，都覆满美丽的羽状结晶。天气暖，行军时全身汗湿，尤其靴袜总是湿的，除了外罩通常结了冰以外。晚上扎营后，帐篷一搭好，我立刻换上夜间靴袜，并穿上防风衬衫，因为经过一天的辛苦拉车后，身体像烟似的冷下来。午餐时我常觉得冷，不过一喝热茶就好了。即使降雪，只要有微风，袜子等还是会晾干。早晨靴袜总是冰得僵硬，最好是早餐时塞在（其中一人的）套头衣里，让它融化，这样，即使是湿的，穿上也不致太冷。

我们自有坚硬涟漪的蓝色冰原出发，冰原如冻结之海，唯风在上面吹拂，它却纹丝不动。冰很滑，我们得派一两人到雪橇后面稳住，免得打滑。当然拉是容易，但地面很不平，雪橇常常翻覆，这对滑刀也不好。冰缝倒很少。

一整天阴云密布，见不到陆地，冰川也要走到眼前才看见。下午云升高一些，露出亚当山。地面较利于雪橇了，但不利于我们，因为有无数裂纹和小冰缝，我们常常踩进去，擦破腿胫骨。太阳出来，汗如溪流而下，护目镜雾蒙蒙的。地面太滑又不平，脚很难踩稳。不过我们前进了十二海里半，扎营时很觉满意。晚间天气不好，不能进行地形调查，于是我拿起雪橇里程计，花了半个晚上的时间修理“基督徒”弄坏了的这东西。后来我修好了，很以为傲，但不敢看表，不知道错过了多少睡眠。

无疑斯科特知道在冰川中怎么定位。沙克尔顿当年在这里陷入冰缝迷宫中，有两三天摸索不出，一个失足便可能全队身亡。斯科特避开冰川两边，也不靠近雪走，他往往直朝看来冰缝遍地的方向走，我们好像要走进死胡同时，却发现是康庄大道。①

不过，我们回程时却寻不到路。

现在可清楚看见右方的亚当、马歇尔、怀尔德诸山，以及它们特异的水平岩层。赖特找到一片沙岩和一片黑色玄武岩。我们在最后离开冰川以前必须多研究其地质。②

十二月十九日，零上七度。高度五千八百英尺。事情大有好转，我们攀高了一千一百英尺，今天走了十七八英里。清晨五点四十五分起身时视线不清，但不久便晴朗，吹清冷的南风，看得见巴克利岛和冰川头的地面升起。我们动身迟了，因为伯第要把雪橇里程计装上去，这花了不少工夫，但下午它运转顺当。我们起先走的仍是冰缝地面，但不久抵达蓝冰上，非常愉快地拉了两小时车。之后上一陡坡，有时是蓝冰，有时是雪地。这是最愉快的一个早晨，共走了八海里半。

午餐时记录了角度、进行了观测，很多工作都做好了。装备大盘点，因为要继续往前的队伍没有多少暖天可过。今天斯科特一度想试着从岛右边过，但走近方知不能，有大片压力冰脊。巴克利岛看起来像冰原岛，自治领山从这里看也像冰原岛。有些山看来不高，但其实很高大（因为我们已置身六千英尺高处），有的且很壮阔。密尔冰川很宽广，上有压力冰脊横过。巴克利岛与自治领山之

① 鲍尔斯的日记。——原注

② 《斯科特的最后探险》卷一第509页。——原注

间似亦有一大串冰瀑，斯科特明天要往那中间去。今天下午很难拉车，但无障碍。逐渐我们离开裸冰，走在冰川上层的古老冰原上。这冰多呈白色，我替伯第记录角度和时间，并在休息时写日记。斯科特的脚踝又痛了（“我的膝盖及大腿淤青得厉害”①），大家也都勤跑医药箱治擦伤及小毛病。现在吹着尖利的南风，天气一天比一天冷，我们晒伤的脸和手已开始感受到寒意。②

关于早上遇见的冰缝，鲍尔斯写道：

至今无人连人带索掉入冰缝，像我在冬季之旅时那样。在这蓝冰上，冰缝不显著，因为多半有雪为桥。不过还是不要踩在雪上的好。可是我的腿短，要跨过雪块很吃力，车子的重量也让我不能随意跨越，否则车子会停住。停住雪橇是要命的事，因为没人要等落后的人，事后要再追上更吃力。当然常有人掉进洞里，必须停下来帮他脱身。

十二月二十日。今天行军快速，每小时能走二海里以上，而且爬高了许多。上路后不久，来到最美的一片冰面，除有一些裂缝及雪块外，一片平滑，裂缝我们多能避过。行进很快。

最有意思的是看到密尔冰川并非如原先以为的是支流冰川，而可能是下游出口，由此冰川庞然倾落。可是不久乌云遮蔽，我们身后及下面云海如浪。

午餐时伯第大惊，发现雪橇计程器的记录仪掉了。一只螺丝在颠簸的冰面松脱，仪器随之掉落。这很严重，因为这样一来回程时就有一队没有计程器，定位将困难很多。伯第很伤心，尤其因为那

① 《斯科特的最后探险》卷一第 510 页。——原注
② 我自己的日记。——原注

是他花了那么多工夫才修好的。午餐后他和威尔逊往回走了近二海里，但没找到。后来雪雾由北面掩至，看不见了。①

冰川上似乎有暴风雪，但南方却是清明的。北风刮起积雪，很快就漫天飞舞。不过我们靠着蓝冰上的钉鞋印，还是循路回到营地，收拾上路。②

我们朝岛东走去，那边看起来是长片冰瀑的唯一断裂处。天气好了，我们现在扎营，岛在我们正右手边，长条煤层清楚地显露。正前方则是穿过瀑布的小段陡坡。今天走了约二十三英里，每个人拉重一百六十磅（约七十二公斤）。

今晚颇让我震惊。我正在帐篷外面，套上鹿皮靴子，斯科特走来，说他恐怕要给我一个打击。我当然知道他要说的是什么，但还是不能相信我要回去了——就是明天晚上。回去的队伍是阿特金森、赛拉斯（赖特的昵称）、基奥恩与我。

斯科特很悲伤，说他想了很久，但结论是他需要水手的特殊技术。我猜是重扎雪橇的技术吧。威尔逊告诉我他一直在考虑是让我还是奥茨去。如果这样，我想提多比我帮得上他的忙。他似乎非常艰难地说："我怕这事特别让你难过。"我说希望没让他失望——这是我想得出的唯一回答。他抓住我，说："没有，没有，没有。"这样的话就好了。他告诉我，在冰川底下时，他甚至不敢相信他自己能继续走。我不知道他的困难何在，不过他的脚很困扰他，还有消化不良。③

①③　我自己的日记。——原注

②　鲍尔斯的日记。——原注

在巴克利岛冰崩脚下扎营，一九一一年十二月二十日——赖特摄

斯科特在他的日记里仅说："我实在不愿做这必要的选择——没有比这更让人心碎的。"然后就描述处境："我计算从八十五度十分处起，携带十二份食物与八个人。明晚开始就应如此，省掉一天的食物。经历过那么多阻挠，现在对前途的展望不能不感到满意。"①

十二月二十一日，上冰川库。动身时刮刺骨的西南风，直吹在脸上，但阳光明亮。鼻子与嘴唇都因忽热忽冷而龟裂脱皮，身体热起来以前，微风吹在脸上甚是恼人。不过，拉雪橇的时候，不要多久便热起来了，大约十五分钟左右，便觉得舒服，除非风实在强。

我们朝看起来唯一可通过大片压力冰的地方行去。这压力冰是高原与冰川相交挤成的，在冰原岛与自治领山之间堆积起来。斯科特曾想走冰原岛西面，但西面似乎比东面更凌乱。我们朝靠近岛尾的坡走去，沙克尔顿当年一定也从这里过；从高处看，这里显然是唯一的路。我们没有像沙克尔顿那么靠陆地走，结果就没有像他遇到那么多困难。斯科特很擅长选路径，我们一路少去不必要的危险和困难。如此，我们顺利前进，但随之来到一大片纵横交错的冰缝带，每个人都一再失足，通常是掉落一脚，但也常常两脚皆踏空，有时连人带索下去，需要别人用高山索拉上来。大半冰缝可由蓝冰上一条雪痕辨认出，往往太宽，无法跃过，唯一的办法是踩在雪桥上通过，尽量不要太用力。通常雪桥最结实的地方是中间，边缘则松而虚。我们跳过几十条冰缝，它在你身下裂开时很吓人，但套在身上的缰索就是给你托付性命用的。上帝才知道这些大鸿沟有多深，看起来是几千英尺深的一片暗蓝虚无。

抵达高地之前，我们上上下下许多陡坡，下坡时雪橇跑得比我

① 《斯科特的最后探险》卷一第511、512页。——原注

们快，上坡时则简直榨出你全身力气才上得去。我们看见冰原岛的岩层，沙克尔顿认为是煤层。也有沙岩和红色花岗岩。我想削几片岩石下来，回程时也许有机会。每到一坡顶，便发现还有一坡，始终没完没了。

约正午时，云雾罩定我们，正处于冰缝阵中，不能前进。幸好找到一片雪地，可以扎营，但就连那里也有冰缝在底下。不过我们享受了一顿美味的午餐，我还趁空准备好要放在上冰川库的配给品。

下午三点云散，看得见众山西南的达尔文山峰顶。我们朝它行去。以后二海里，时而是蓝色冰，时而是难拉的新雪。斯科特十分兴奋，一直走一直走。每攀上一坡似乎就更激起他攀上下一坡的热情，而此地真的一山更比一山高。我们八点扎营，都累坏了，爬升了将近一千五百英尺，向西南行了十一海里以上。我们已在达尔文山以南，纬度八十五度七分，比冰棚高出七千英尺。我忙着准备储存品，忙到深夜，还秤出归返队伍所需的物资，分配继续前行的两队的分量。今天气温降至华氏零度，今夏最低的温度。①

今晚颇有惜别的气氛——要续行的与要回头的。我在煮餐时比尔来道别。他告诉我他料想下一队回头时他一定在其中，他说他看得出斯科特要带最强健的队友去，也许是三个海军。如果比尔不能去，我会很失望。②

所有可以匀出的装备都匀出来给续行队伍，我在日记中写下：

---

① 鲍尔斯的日记。——原注
② 我自己的日记。——原注

"我想把最拿得出手的东西留给别人：鹿皮靴子给伯第，睡裤给比尔，一袋烟草交给比尔圣诞节时送给斯科特，一些烟草给提多，毛袜和半条围巾给克林，还有一条手帕给伯第。今晚实在累了。"

斯科特写道："我们挣扎向前，考虑过所有不利因素。天气始终可忧，此外一切都依照计划进行。

"此地乃是最高处，补给品计算无误。我们应可完成此旅。"①

---

① 摘自《斯科特的最后探险》卷一第513页。——原注

第十一章
探极之旅（三）

可能仍有人认为探索未知的两极地区不是什么要紧事。这当然是他们无知。彻底探究这些地区对科学的重要性固不须我赘言；人类的历史更一直就是从黑暗朝向光明的持续奋斗，因此，讨论知识有用无用是没有意义的，人如果不再有求知的欲望，他就不再是人。

——南森

三、达尔文山以南至南纬八十七度三十二分的高原

第一辆雪橇：斯科特、威尔逊、奥茨、依凡斯

第二辆雪橇：埃文斯、鲍尔斯、拉什利、克林

在高原上的第一周，鲍尔斯写了详尽的日记，我刊布于下。十二月二十八日以后，则只有零星的记录。到一月十九日，探极小组自极点启程返回那天起，他又开始写完整的记录，直到一月二十五日。此后日记中断，到一月二十九日，又开始有零星片段，直到“二月三日（我猜是）”——写下最后一则日记。

这并不意外，就连像鲍尔斯那样精力充沛的人，在那样的情况下，能用来写作的时间也太少，鲍尔斯有太多事情要做，最后才能想到日记

这回事：气象记录、测定标的、记录从一个标的到下一个标的所花的时间，再加上所有例行秤重、分配及贮存的工作。他在极点没有写日记，但做了完整的气象报告，并测定标的。他还能写一些日记已是难能可贵。

以下摘自鲍尔斯的日记：

> 十二月二十二日，仲夏日。今天天气极好，气温高于华氏零度，没有风，甚是怡人。早餐后我安置好上冰川库，包括两包半周份的粮油，供两队返程之用；以及所有钉鞋与冰川用具，如冰斧、撬棍、多余的高山索等，和所有可以不带的个人用品及医疗品。我把我的旧鹿皮靴、防风裤和别的东西都装在袋子里留下，等回来再取。两支要继续前进的队伍，每人载重一百九十磅（约八十六公斤），包括恒重、十二周粮油、备份雪橇滑刀等。我们向第一支返家队伍道别，托他们带了信和底片回去。回家队伍是阿特金森、谢里、赛拉斯和基奥恩。跟这些好朋友道别是很伤情的，他们祝我们好运，谢里、老艾和赛拉斯尤其让我感动。
>
> 我们向前，老板那队依然由比尔医生、提多和依凡斯组成，泰迪和拉什利加入克林和我这一队。我们留下两条不用的十英尺长滑刀在贮物墩旁做记号，一条刀上还插了一面大黑旗。就为堆置这墩，早晨的行军没有平日长，不过走了五海里的上坡路，拖拉着比昨天重的东西，却比昨天好走。气温下降，改善了路面。我们也打磨了在冰川带磨损了的滑刀，效果立见。一整天朝西南方前进了十点六海里。
>
> 我们定位西南，是想避开沙克尔顿当年遭遇的冰瀑区。我们很少遇上冰缝，遇上的则宽如街道，通过时，所有人和雪橇全同时站在雪桥上。雪桥仅在边缘陷落，我们安然度过，仅时或一脚掉落。

现在地面全是雪、粒状冰原和硬雪脊，观其走向，此地常刮强烈的南偏东南风。

现在天清气朗，黄昏很美。我刚拍了六张自治领山的照片。看得见许多新的山。依观测，我们的位置是在南纬八十五度十三分二十九秒，东经一百六十一度五十四分四十五秒，磁偏角为一百七十五度四十五分。

十二月二十三日。如常，清晨五点四十五分起身。本周我当本队厨子。早餐后堆了两个石墩标示地点，八点差一刻动身。

先是朝西南方向攀爬一个大坡，以避开阻挡在南面的压力冰脊。上坡很辛苦，一度好像永远也到不了顶。勉力爬了两个半小时后，我们停下来四面察看，再一个半小时后到了顶，从顶上可以看到远处，不久以前我们还置身其中的群山，现在看起来气势雄伟。大压力冰脊大致呈东南至西北走向，有一连串像这样的冰脊，覆盖约一万多公顷的面积。沙克尔顿在此陷入其阵，一直到将近南纬八十六点五度才脱身。冰脊顶上有庞大的冰缝，足可放下“新地”号而有余。冰缝上的雪桥除了边缘外倒都很结实，不过我们还是常常掉落那温室屋顶似的冰上。雪橇则都快速通过没有出事。我们要更往西走，避开冰脊地面，一度甚至往西偏西北方向移动。

午餐时，我们已走了八点五海里，下午路面改善，一整天往西南行了十五海里。照例，我们一天拉车九小时，上午五小时，从七点一刻至下午一点；下午四小时，从两点半至六点半。拉货仍十分沉重，但地面算相当好行。一天将终时每个人都累坏了；我的每根肌肉都轮流僵硬过。爬这几座山让我的背肌酸痛，但明天就会好些，最后就不再痛了，腿上的肌肉也是如此，腿肌是最早痛的。

十二月二十四日，圣诞前夕。今晨开始朝正南行，因为我们已比沙克尔顿的路线偏西很多海里，应该已经脱离冰瀑和压力冰脊。

当然，没有人来过此处，我们只能猜想。事实上，后来我们发现根本没有脱离冰瀑什么的，只好极力闪避路障，并爬上许多大冰脊，上面尽是冰缝。脊顶都是坚硬冰雪，雪橇易行，下坡更是快乐好玩；但上坡则很困难，拖着重物在软雪上爬坡。

我们总是以两个石墩标示过夜的营地，午餐营地则堆一个石墩为记。但在众多冰脊之间，回来时还找不找得到这些石墩是很难说的，不过也不大要紧，只要上冰川库标示得很清楚就行了。今天共走了十四海里路，入睡时和平常一样，很累了。

十二月二十五日，圣诞节。一个奇异、辛苦的圣诞节。举目尽是雪，没有别的。昨天照着脸吹了一天的微风，今天更加清冷，地面有积雪。鼻子都快冻掉了，脸也失去知觉。

行进时身体虽会暖和，手臂却不管怎么使劲甩，总会麻木，因此得穿防风衬衫。但是行进中不能停下来穿脱衣裳，所以最好出发前就把衣服都穿上，宁可过热，不要耽误行程。早餐时吃了一点马肉庆祝节日。我是本帐篷本周的厨子。

我们直向南行，又碰到老朋友冰缝，又爬上冰脊。上午过了一半时，我们全都不断掉落冰缝，但我这组的拉什利掉得最深。他整个人、整条缰索都掉进去。我很庆幸几天前我发现他的拉索磨损得厉害，才给了他一条新的。他把克林和我都拉得往后倒退，克林的拉缰卡在雪橇底下了，而雪橇一半跨在八英尺长的雪桥上，他动弹不得。我有点担心雪橇和全队都一起掉落，但幸好冰缝是斜向的。我们看不见拉什利，因为有一大块冰横伸出去，挡住他。埃文斯和我先把克林的绳索拉出来，我们三人用高山索把拉什利拉上来，然后把雪橇拉到安全的地方。

今天是拉什利的生日，他已婚，有孩子，四十四岁，快要从海军退役领退休金了。他和大多数人一样强壮，是打不倒的老运动员。身为海军首席司炉，他原本的任务是驾驶倒霉的机动雪橇。

（以下是拉什利对这件事的叙述：

这个圣诞节真够瞧的。我们在多变的地面行走了十五海里。起先冰缝颇多，冰也薄，我们常不知该怎么过去才好。我不幸全身掉进去，直到缰索拉到底才停住。这当然不是很愉快的情况，尤其今天是圣诞节又是我的生日。吊在半空中打转时，我过了几秒钟才神智清楚，看出身在何处。这实在不是个好地方。我镇静下来后，听到上面有人在叫："你还好吧，拉什利？"我确实还好，但我可不想在空中凭这么一条绳子吊着，尤其当我四下张望，看出这是怎样一个所在之后。这冰缝似有五十英尺深、八英尺宽、一百二十英尺长。我吊在那里的时候，尽有时间确定这资料。我可用悬在腕上的滑雪杖量度其宽。好像过了很久，才看见一条绳索落到我身旁，末端有一脚环，我把脚放进去，他们拉我上去。这种事我是不希望常常发生的，因为在冰缝里，我觉得很冷，手和脸都有些冻伤，这使我更难使劲自救。反正，埃文斯先生、鲍尔斯和克林把我拉上去，克林祝我寿比南山，我当然礼貌地谢了他，其他人都笑了。大家都很高兴我没有受伤，只受了点惊。好笑的是他们起先喊叫另一队停下，另一队没有听到，毫不知情地继续往前走，等到他们回头看，刚好看到我爬回地面。他们于是等在那里，等我们赶上。队长问我有没有怎么样，还能不能往前，我坦诚说"可以"；到晚上吃饭时，我觉得我可以吃双份。总之，我们吃了个饱，晚餐有肉饼、饼干、巧克力乳酪饼、马肉、梅子布丁、姜糖和每人四颗牛奶糖。每个人都吃得不能动了。）

午餐时，我们已走了八海里多。我自冰棚时期起便每天省下一点食物，到现在已有足够的分量，可在午餐时每人享用一根巧克力棒，并在每人的茶里放两匙葡萄干。下午动身后不久便脱离冰缝区，但傍晚时斯科特队长大发神威，一直走一直走。微风静止了，我的呼吸使护目镜起雾，防风衣让人闷热难忍，着实难受。终于他停下来，我们发现已走了十四点七五海里。他说："我们走满十五海里，庆祝圣诞节怎么样?"我们很乐意地续往前行——只要确定有进展，而不是漫无目的地走，我们都愿意。

我们好好吃了一顿，我自离开度冬总部以来一直藏匿着，未上公秤的一些食物，现在都拿出来。有马肉煮成、搀了碎饼干的肥热汤；可可、糖、饼干、葡萄干加水煮成的热巧克力甜汤，更添加一匙竹芋粉勾芡（这是最让人饱足的东西）。然后是每人二点五平方英寸的梅子布丁，一大杯可可。此外我们还有每人四颗牛奶糖、四块姜糖。我绝对吃不下这全部，入睡时觉得自己贪吃如猪。我写了日记——其实我希望有人抬我上床。

十二月二十六日。我们看到自治领山东南方向有许多新出现的山岭，不过在很远的地方，一定是沿冰棚群山的最高诸峰。只有在攀上冰脊顶时才看得见这些山，而我们攀了一脊又一脊。昨天早晨，测高计显示我们的高度是八千英尺（约两千四百米），这是我们最后一次测高计记录，因为我不幸弄坏了我的仪器。这些仪器是我很喜欢的东西，弄坏了，我比任何人都难过。不过，我们还有无液气压计可测量高度。我们逐渐攀高。可以预期，经过昨晚一顿大吃之后，今晨早餐大家都没胃口。我们出发时，我实在不愿在可怜的肚皮上捆缚缰索。侵人的微风依旧自南方迎面吹来，气温是零下七度（约零下二十一点七摄氏度），不过说来奇怪，我们并未冻伤。我想我们是习惯野外生活了。

不过我现在已分不清脸上有没有冻伤了，因为脸上已结满鳞痂，嘴唇和鼻子上也是。红色的胡子长满一脸，盖住很多。爬了许多脊岭，过食的后遗症消失之后，前进了十三海里，相当不错。

（圣诞节过了，所以没有大餐了。①）

十二月二十七日。我们的雪橇或组员有问题，因为我们追赶另一队很辛苦。我问比尔医生，他说他们的雪橇很好拉。我们的则需要死拖活拉才能移动。我们确实拉着它往前，可是我相信这样拉不了多久。今天共走十三点三海里，到晚上大家都累坏了。

在脊顶上就好过多了，那里是硬冰原与雪脊，我们在光滑的地面滑行，轻易收复失土。在软雪中另一队仍稳定前进，看他们似乎毫不费力地往前，我们却一小时复一小时死命挣扎，实在让人心碎。

十二月二十八日。最近这几天万里无云，二十四小时日照不断。这听起来很好，但气温从未高于华氏零度（零下十七点八摄氏度），而沙克尔顿所谓高原上“无情加强的风”不断自南方吹来。此风从不止息，整夜在帐篷四周呼啸，整天照着我们的脸吹。有时是南偏东南风，有时东南转南，有时甚至南风转西风，但永远是南面吹来，多半夹带飞雪，到夜间在雪橇四面堆积甚厚。我们早知会有此风，因此也不必抱怨。等回程时顺风滑雪而行，一定很有趣。在此茫茫雪原上，我们遇到的天气是极好的晴天。我想知道雪原底下是什么——是山和谷都积成平坦的冰原？我们经常碰到起伏，我只能想象是冰雪笼罩的山峰，而有些冰瀑和冰缝无疑也是山峦谷地

① 拉什利的日记。——原注

所造成。我们偏西走，并没有避开它们，因为看见西边还有更多的起伏，迤逦很多海里外。不过，越往前越少，现在已只剩小坡，没有冰缝。我们今天的头两小时拉车……

以下摘自拉什利的日记：

一九一一年十二月二十九日。整天刮锋利的风，飞雪积成块，令拉车困难。我们必须延长拉车时间，才赶得了那么多路。

一九一一年十二月三十日。雪橇很沉重难行，地面和风力都如昨天。今晚把雪屐留下，那是说，明天要回头的人员把雪屐留下。明天早上我们续行，等扎营休息时把雪橇滑刀换成十英尺长的。今天走了十一海里，但有点滞碍难行。

一九一一年十二月三十一日。走了近七海里后我们扎营，换雪橇滑刀，忙到夜里十一点，堆了贮物墩，送旧年，迎新年。我们都不知明年新年我们会身在何处。四周静悄无声，整夜阴沉多云，事实上最近几天都少见阳光。真希望有时能见到阳光，阳光总让人开心。

一九一二年一月一日，新年元旦。我们照常前进，但九点十分才动身，相当迟了——这情况很不寻常。气温和风仍然不利。我们现在已比沙克尔顿当年行程超前，已越过南纬八十七度线，因此离南极仅一百八十海里。

一九一二年一月二日。拖运仍很沉重，我们好像一直在往高处攀。现在的高度是海平面上一万英尺以上。这很不利，因为加热不易，食物不够热，茶也泡不开。所有东西都很快就冷掉了，水要到一百九十六度（约一百二十六点七摄氏度）才烧开。

斯科特自己在高原上头两周的日记则记述众人如何拼命赶路：他能赶一英寸是一英寸，耗尽队员的每一分精力。他很着急，他总是着急。在冰川入口前阻拦了他的暴风雪让他着急，在冰川下游延迟他的路面让他着急！你可以感觉到他在脑中计算路程：今天走了这么多海里，明天要走多少海里。这些压力冰脊有完没完？可以直走吗，还是非得更偏西不可？还有宽达十几海里的谷地起伏、雪下隐藏的山脉在冰上造成漩涡——真壮阔，也真恼人。单调的行军中，他必须保持头脑专注，才能在高低地面中测定方位。当地面暂时平坦时，他放宽心；但接着又是更多的冰脊和冰缝。永远艰苦拖拉、拖拉。永远希望再多走几分之一海里。……十二月三十日他写道："我们赶上沙克尔顿的行程了。"①

他们的速度快得惊人，一月四日第二队返回以前，平均每天走十五英里（十三海里）。十二月二十六日，斯科特写道："一天走十五英里我还不满意，真是奇怪。想想我本来不指望拖载重物一天能走上十英里的。"②

最后一支返回队伍带回的消息是，斯科特一定可以轻易抵达南极点。看起来没问题，但其实现在我们知道，这是错误的印象。斯科特的计划是根据沙克尔顿行经同一区域时的平均里程而定的，暴风雪使他进度落后甚多，但他逐渐追赶上去。无疑当时一般认为斯科特以后的行程比他预期的更顺利。我们当时不知，斯科特自己恐怕也完全没想到，他为追赶进度付出了怎样的代价。

从比尔德莫尔冰川底出发的三个四人小组中，斯科特那组一直是最强壮的，后来的探极小组就是这原班人马另加鲍尔斯组成。埃文斯那组在那以前即已人力拉车好多天，又饿又疲。鲍尔斯那组新上阵，大部分

---

① 《斯科特的最后探险》卷一第 525 页。——原注

② 《斯科特的最后探险》卷一第 521 页。——原注

时间速度也都跟得上，但一天下来总是累坏。斯科特自己那组相形之下走得轻松。从冰川顶续行，头两周有两组人，前面所述就是他们这两周的经历。第一组是斯科特那组原封未动，第二组的组员，我相信是斯科特认为最强壮的几人：两个是原来埃文斯那组的，两个是鲍尔斯那组的。斯科特那组人在上冰川以前没有用人力拉车，但另一组中有两人，埃文斯和拉什利，从十一月一日第二辆机动雪橇抛锚后，一直是在人力拉车，比其他人多拉了四百英里路。事实上，拉什利从角落营一直拉车到南纬八十七度三十二分，再返回，是极地旅行中最伟大的表现之一。

斯科特那组很快把别组人都累坏了。他们走得很轻松，别组人却很辛苦，有时且落后很多。这两周里，根据记录，他们从海拔七千一百五十一英尺（上冰川库）攀升到九千三百九十二英尺（三度库）。高原稀薄的空气和冷风与低温（这时夜晚约零下十度，白天零下十二度），再加上急行军，把第二组人给累倒了，这在斯科特的日记以及其他人的日记中都清楚可见。当时没看出的是第一组其实也渐渐不支。刚上冰川时如此强壮，在高原上行军如此迅速的这支队伍，自八十八度线以降，出人意表地急速崩解。

水手依凡斯首先倒下。他最重、最大，肌肉最结实，而这可能正是主因：他的配给口粮与别人一样。另外一件可能导致他不支的不幸事件发生在高原上的头两周。十二月三十一日，原本十二英尺长的雪橇缩短，换上十英尺长的滑刀。缩短和换刀的工作是这水手负责的，过程中他的手似乎受了些伤，这件事后来提到多次。

同时，斯科特要决定带同哪几个人与他同去探极。事态明显，他应该可以轻易去到极点："我辛苦经营至今，希望南极是我们的。"他在支援队伍离去之后的第二天写道。依照计划，最后一程往极点去的共是四人。我们是按四人份安排的：每份口粮供四人一周之用；帐篷是四人份的；锅子里放四只大杯、四只小杯、四只汤匙。在支援队伍回头以前四天，斯科特下令第二辆雪橇的四人收起雪屐。我想，这表示到此时他还打算探极小组只有四人的。无疑四人之中他居其一。“这话只说给你听：我非常健壮，尽可与他们当中最强的同行。”①他在冰川顶上写道。

他改变主意，以五人组队前进：斯科特、威尔逊、鲍尔斯、奥茨和水手依凡斯。我相信他想尽量多带人去。他派遣三人回来：埃文斯中尉带领两个水手，拉什利和克林。这三人一月四日自南纬八十七度三十二分回返，下一章就是拉什利对这趟行程的生动描述。斯科特托他们带信回来：“自充满希望的位置写这最后一封短笺。我想一切会顺利。我们有很好的一组人，所有安排也都得当。”②

十个月后，我们找到他们的尸体。

---

① 《斯科特的最后探险》卷一第 513 页。——原注

② 《斯科特的最后探险》卷一第 529 页。——原注

第十二章
探极之旅（四）

魔鬼：你就是在这些活物身上，找到你所谓“生命的力量”？

唐璜：是的；现在我们谈到最有趣的一部分了。

魔鬼：是什么？

唐璜：啊，就是，这些懦夫里不管哪一个，你只要在他脑袋里放进一个想法，就能使懦弱的他变得勇敢。

雕像：胡说！身为老兵，我承认我有懦弱的时候，那很普遍，就像晕船一样，不要紧的。但是把一个想法放进人的脑袋，那是胡说八道。在战争中，你只要有一点热血，并且知道输比赢危险，你就会奋战。

唐璜：也许这就是战争无用的缘故。但是人若不能想象他们是为一个共同的目标而战斗——为一种理念而战斗，他们永远不能真的克服恐惧。

——萧伯纳《人与超人》

四、 返回队伍

两支狗队（密勒斯和季米特里）于一九一一年十二月十一日，自比尔德莫尔冰川底下回头，一九一二年一月四日返抵小屋角。

第一支援队伍（阿特金森、谢里-加勒德、赖特、基奥恩）于一九一一年十二月二十二日，自南纬八十五度十五分处回头，一九一二年一月二十六日抵达小屋角。

最后支援队伍（埃文斯、拉什利、克林）于一九一二年一月四日，自南纬八十七度三十二分处回头，一九一二年二月二十二日返抵小屋角。

自比尔德莫尔冰川出发时的三支队伍，首先返回的一支称为第一支援队，他们是在开始食用高地口粮后两周启程返回的。开始食用高地口粮后一个月回头的第二队，称为最后支援队。由密勒斯带领的两支狗队，自比尔德莫尔冰川底回头时，已比预定走得远了很多；关于他们的情形，我稍后再谈。

关于第一支援队，我不多说。这队有阿特金森、赖特、基奥恩与我自己。阿特金森是领队，我们出发前，斯科特告诉他，如果密勒斯顺利返营，要他率狗队出来迎接探极小组。阿特金森是海军军医，因此拉什利在日记中称这组为“医生组”。

> 道别是很伤心的事。我们安置好贮存物，启程返回时，雪雾迷漫。我们摇晃着拉雪橇往北，最后看到的他们是一个黑点，消失在下一道冰脊之后……我们道别时斯科特说了些好听的话。反正他只要能平均每天走上七海里，口粮就够他们到极点。这对他来说是没有问题的。我希望他带比尔和伯第去。从冰瀑顶看密尔冰川的冰瀑和冰脊群，是我所见过最美的景象之一。老艾是很好的领队。①

从比尔德莫尔冰川下来，穿越冰棚，五百多海里路程，不可能平安无事，即使是在仲夏。我们一样辛苦拖曳，一样碰到茫茫不可视物的天

---

① 我自己的日记，写于1911年12月22日。——原注

亚当山——赖特摄

第一回返队伍摄于比尔德莫尔冰川，由左至右为：谢里-加勒德、基奥恩、阿特金森——赖特摄

气，一样恐惧、忧虑。和别的队伍一样，我们有人下痢、生病；有人摔跤、掉入冰缝；我们也有一点好东西庆祝圣诞：一层梅子布丁在可可杯底，还有造云山底下拣来的石头。我们一样找不到路，先没寻着贮物墩，后来找着了，一样雪盲、过劳、做噩梦、梦到美食……何必重复？比较之下，这趟旅程是小事情，然而从埃文斯角到比尔德莫尔冰川顶，来回是一千一百六十四英里。斯科特一九〇二年至一九〇三年的南极之旅才走了九百五十英里。

只有一天值得追记。我们和另两队一样，陷入造云山上的大冰脊群中。另两队偏东走出去，我们却因赖特的建议，朝西走。往西是对的。那一天长留在我记忆中，因为基奥恩遇上麻烦，他在二十五分钟内八次全身掉进冰缝之中。难怪他看起来有点呆滞。阿特金森则有一次头下脚上地掉进深渊，这是我所见过最糟的一次冰缝之坠。幸好他缰索的肩带撑住他，我们把他拉上来，没有受伤。

自高原下来的三队都受密勒斯的恩惠不小。密勒斯率两支狗队返回途中，重堆被十二月五日至八日的暴风雪打乱的石墩。密勒斯自己回程中找不到去程所做的标记，马墙都被积雪堆满。狗队遗留的足迹也对我们很有帮助，因为狗陷入雪中很深，留下的痕迹显著。

在每个冰棚库，我们都找到密勒斯留下的字条，相当沮丧地报告他的进展。往南冰棚库途中，他遇到很不好受的高温和非常软的地面，石墩都被飞雪掩盖，踪迹难寻。在中冰棚库，我们找到他十二月二十日所写的字条，说：视线不良加上暴风雪延缓了他的行程，一度他走错路，自己走出营地去寻路。他们很好，只是找石墩找得眼痛。他从（存放在那里的三个每周食物）袋子里拿了一点奶油出来，这样他应可支撑到下一个贮物堆①。在上冰棚库（胡珀山），密勒斯的字条是圣诞夜写的：

---

① 我自己的日记。——原注

雪地非常软，尤其是最后两天，狗儿走得很慢，不过很稳定。他的食物不足，只有碎饼干、茶、玉米粉和半杯肉饼，因此他拿了五十块饼干，又从我们的每袋食物中分去两人一天的食物。几天以前他已杀了一条美洲犬，如果要再杀，就要杀克里斯，据他说是最肥、最懒的一条。我们将会短少三十块饼干。①

密勒斯本应在南纬八十一度十五分处回头，斯科特却要他走到约八十三度三十五分处。狗儿们以马肉为食。攀上比尔德莫尔时，人粮也短缺，我们每人每天少分到一块饼干。但狗儿回程走得比预期慢，因此他的口粮不足。显然狗队回家太迟又太累，不能运粮食到一吨库给回程三队。而如果由人力拉运，能否赶在我们前面运到也很难说。从一吨库到小屋角，一百三十英里路，我们可能就得靠存放在一吨库的那一点食物过活，因此我们省吃俭用，以备不时之需。你可以想象一月十五日傍晚我们抵达一吨库时，发现三份五周存粮的高兴。戴伊、纳尔逊、胡珀与克利索尔德以人力拉运来食物，并留下字条说，角落营附近的冰缝多而且裂开无桥。戴伊和胡珀是十二月二十一日自冰棚返抵埃文斯角的，他们十二月二十六日即又出发运粮给我们。

饥饿的人一下子吃了很多东西会生病，这是常有的事。往小屋角的路上，阿特金森就很不舒服。我们于一月二十六日顺利抵达小屋角。

最后支援队回程的经过没有已刊印的记录，我在寻找资料时，写信给拉什利，邀他见面，告诉我他所记得的一切。他很乐意帮忙，又说他当时写了日记，也许派得上用场？我请他寄给我，结果收到一些有脏手印的纸。以下就是纸上所记：

---

① 我自己的日记。——原注

一九一二年一月三日

今天走得很辛苦。这是我们共处的最后一晚，明天上午我们和获选探极的人员再同走一段，就要回头了。探极小组是：斯科特队长、威尔逊医生、奥茨上尉、鲍尔斯中尉和依凡斯。斯科特队长说，他认为我们的体能都很好，都能往极点一行，但只能有几个人去，所以他希望埃文斯先生、克林和我回头。他深知我们会有一趟艰苦的旅程，但我们告诉他没有关系，只要我们提供的协助能让他们抵达极点就好了。这时我第一次听说明年会运骡子来帮忙。我自告奋勇留在小屋角，好做任何帮得上忙的事，但队长说，他和奥茨上尉都希望骡子来了以后暂时由我照管，直到他们回来。我们在帐中与老板（斯科特）谈了很久，他似乎很有信心会成功。他好像有点担心我们会在途中给系绊住，但正如他所说，我们有极好的导航官，他一定可以带我们安然通过的。他也非常诚恳地谢谢我们这一路上给他的协助，并说我们分手后他会难过的。我们当然受托带信回去，但几时能带到就不知了。我们已走到几乎与沙克尔顿当年一样远的地方。今晚就写到这里，太冷了。

一九一二年一月四日

我们陪探极小组走了约五海里，看来一切顺当，斯科特队长说他们有信心能载全重走全程，因此我们不必再往前了。我们于是停下，说了所有在短时间里能说的话，祝他们顺利成功、安然返回，并问了每一个人有什么我们回去后可以效的劳，他们都说没有什么未了之事；这就到了最后握手道别的时候。大家都有些依依不舍。他们祝我们迅速平安返家，然后就往前走了。我们为他们加油三声，目送他们一会儿，直到我们觉得冷了。我们转身，启程回家，很快就看不见他们了。趁着天气好，我们走了很久，以免粮食配给不足。自离达尔文山以来，天气一直都不差，只是最近少见太阳露脸。根据经过的石墩，我们猜测已走了十三海里。我们没有雪橇计程器，故只能一路猜测回家。

（由于在比尔德莫尔冰川上有一只计程器坏了，三支队伍回程时有一支没有计程器可用。雪橇计程器能精确计出已走里程，与船只所用的里程表一样。在无地标的雪原上，没有计程器，会给雪橇队增添极大的定位困难与心理负担。）

一九一二年一月五日

今晨起来动身时，天气晴朗，但地面还是一样，气温仍低。我们必须改变拉纤位置，克林今天带头，结果导致雪盲，而埃文斯先生也快要看不见了，因此明天要由我带头，他则在后面指点，这样应该没问题。我希望我的眼睛不要出毛病。今天走了十七海里扎营。

一九一二年一月六日

以地面情况来说，我们进展良好。正午后不久即抵达三度库，取了我们一周的配给。靠这七天粮食，我们要走到一百二十海里外的达尔文山库（即上冰川库）。我们也取了雪屐，然后扎营过夜。我们在想，不知他们遇到的风是否和我们的情况一样，如果一样，则他们是迎着风，因为我们顺风，比较好走。克林的眼睛今晚很不好，雪盲是很痛苦的事，你绝对不会想得。

一九一二年一月七日

今天的旅行很不错，风顺着吹，加快我们的速度。今天第一次整天穿雪屐滑行，比步行好，每天步行辛苦难过。克林的眼睛好些了，但距离痊愈还早。气温很低，地面难拉，但我们似乎进行得还不错。我们仍是猜测里程，埃文斯先生说我们走了十七海里半，我则说只有十六海里半。我不想高估一日行程，因为我负责保管饼干，不愿超量。这一点我们大家都同意，这样我们才确实知道每天的食物存量。我仍带头，这工作不好做，因为光线不好。我们曾看到东面有土地一瞥而逝，想必只是幻象。

一九一二年一月八日

今晨起身时，发现刮着暴风，因此似乎非得留下不可，但转念一想，或许还是上路好，因为粮食禁不起白耗。我在想探极队伍不知是否也碰上暴风，若是，他们迎着风，势不能走，我们则是顺风。来时足迹已看不见，我们遂决定直线前进达尔文山，这是沙克尔顿当年所采路径——按照他自己和怀尔德的日记。

（攀上比尔德莫尔冰川的每组人都携有上述日记的摘录。在一九〇八年的南极之旅中，怀尔德是沙克尔顿的首要助手。）

一九一二年一月九日

行进很困难，光线很差，仍刮暴风，没法看见做路标的石墩。我猜今天走了十二海里。天气略好了些，有时看得见陆地。

一九一二年一月十日

光线仍很差，飞雪甚多。但我们必须向前推进，因为距离下一个库存还很远，但我们预期在身边粮食吃光以前会到。我密切注意存粮。克林的眼睛差不多全好了。

一九一二年一月十一日

今天情况好转，可以清楚看见陆地，知道该往哪个方向走。有地标可以依据真好。但我认为我们应做最坏的打算，已开始每餐扣减一点分量，以免进度跟不上，在抵达下一个库存以前完全耗光。今天走了约十四海里。

一九一二年一月十二日

今天充满冒险经历。首先是地面多冰缝，得脱下雪屐，三思而后行。不久来到一座冰瀑的顶上，这可能就是沙克尔顿所说的那一座。我们要么直直下落六七百英尺，要么绕一个大圈，那得花很多时间，而我们现在耽搁不起。因此决定下落谷底。这件事很困难，因为我们没有钉鞋，钉鞋留在达尔文山库了；不过过了些时我们各抓紧雪橇两边，跟着雪橇滑落大片冰脊之中。我们知道这是冒险的事。到午餐时间才抵达谷底，在那里扎营用午餐，大家都为安然完成此事而很感宽慰，人车无损。不过克林的一根雪杖遗失了。我们越过的冰缝有的宽一百至两百英尺，但中间都有结实的雪桥，边缘则非常危险。这里是雪与冰开始滚落冰川的地方。再动身后，我们发现得攀峰。今晚前景看来不佳。我们离库存应只余不到一天的路程，但我不认为我们明晚到得了。如到不了，我们就得减食，因为存粮已快耗尽。我们虽一点时间都没耽搁，但一开始我们就知道，每天得平均前进十五海里半才来得及。

一九一二年一月十三日

今天很糟，遇上很多冰瀑和冰缝，到晚上，大家都受够了。有些日子压力实在大。我们扎了营，但还没到贮物库，希望明天会到。我们会很乐意离开这高地，因为高地气温很低。料想探极小组昨天应该到达极点了，假如他们运气不错的话。

（斯科特于一月十七日才抵达极点。）

一九一二年一月十四日

周日，我们下午两点到了达尔文山库，扎营午餐。食物刚好够撑到现在，有点惊险。在此取了我们三天半的口粮，靠这个要走五十七海里到造云山库（即中冰川库）。如果我们都维持目前的体能，应该能做到。我们留下一张字条，告诉队长我们平安到此，祝愿他们旅途顺利。我们发现糖暴露在太阳下，开始溶化了，我们整理收拾好才走，又取了我们的钉鞋，尽快上路，大家都很高兴。我们知道时间不多。现在开始迅速下山。今晚颇暖，茶和食物都热多了。情况好转很多。预料会很快下得冰川。最近有几个很陡的坡，拉车很辛苦，上得一个陡坡后有一条二三海里长的缓坡，来时我们便注意到这坡，并且做了记号。但回程拉车上长坡十分辛苦。

一九一二年一月十五日

今天跑了不少路。冰面很崎岖，冰缝很多，但穿了钉鞋，进展甚佳。我们不愿停下，但想想也不该过劳，因为还有很长的路要走。

一九一二年一月十六日

今天又有好进展，但晚上在很崎岖的冰面和冰脊间扎营。我们觉得行进方位略有偏差，但埃文斯先生认为不会差到哪里去，克林和我，依路标判断，也持同样的看法。总之，我们希望明天早晨走出此地，晚间抵达造云山库藏。那样我们就安全了。可是今晚的天气看来又要变坏。到目前为止我们没有遭天气所阻。我们在想，探极小组不知在天气方面是否跟我们一样好运。他们现在应该已经往回走了。山下温度较高，我们比较能写字。今晚我们谈到，狗队回家的路不知顺不顺，医生（阿特金森）组的进度又如何。他们应该快到家了。我们还想到以现在的速率，我们何时可以抵家。

一九一二年一月十七日

今天的经历，我们都希望不要再有。我无法形容今天进入的是怎样一座迷宫，又是怎样千钧一发地逃出。这一天我们大概一辈子都会记得。越是想脱离冰脊带，越是深陷其中；有时仿佛再也无法前进，只好撤退。奋斗了几小时，处处碰壁。我牵一条长索在前探路，以免雪橇冲入无底深渊。常常看到连最大的船都能在里面漂浮的开口。这就是我们一整天行经的地方。这让我们每个人都非常神经紧张，埃文斯先生尤其难过，认为是他把我们带进这鬼地方来的，但我们告诉他这不是他的错，任何人走下冰川都不知道前面是什么样的地方，我们应该庆幸至今平安。今晚我们似乎到了比较好的所在，我们扎营，未能抵达库藏处，不过相信已经不远。我不想多过这样的日子。

一九一二年一月十八日

我们充满信心地出发，相信一定可以及时抵达库藏，可是不久便陷入比昨天更糟的冰脊区。我的天！这一天真够我们受的。我不能形容今天的经历，没有人能相信我们能从那种地方安然走出。如果有照相机，就可以拍些照片，准会让每个人都吓到。我们走了一整天，只有一点点食物，因为我们已经逾期一天半。等我们出来——我说“出来”，因为我现在是在库藏处写这日记——我还剩下一丁点儿饼干和一点儿茶，给大家提提神，好继续寻找库藏。夜里十一点才找到。这一天真是我一生中最困窘的日子之一。一九一二年一月十七日与十八日不容忘怀。今晚埃文斯先生说他的眼睛痛。又有麻烦了！

一九一二年一月十九日

把库藏收拾整理好，我们再出发，往下冰川库去。埃文斯先生的眼睛今晨出发时很糟糕，不过我们行进颇顺。我今天捡了些石头，想要带回去，这是我们迄今仅有的机会。有趣的是，我捡的石头，看起来好像有人削下了一块似的，不知道是不是医生组的人削的，可是我们没见到他们的雪橇痕迹。不过他们一定是从这里过的，只因这里都是蓝冰，不易留下痕迹。走了一段路后，上了一道来时走过的脊岭，又经过我们认为是医生组圣诞夜的营地。过后不久，进入软雪区，于是决定扎营午餐。埃文斯先生的眼睛真的很糟，我们只好自己定方位。我带头，告诉他我瞄准的目标，也就是山脉上一些标志，不过我们离山还有一段路。午餐后没有走太远，便决定扎营，因为地面难行，埃文斯先生的眼睛又这么糟，我们觉得休息一下对大家都好。昨晚我们留了纸条给斯科特队长，但没说我们在造云山上遭遇的困境，等见面时告诉他比较好。

一九一二年一月二十日

今天出发时没穿雪屐，等发现地面甚软时才决定穿上走。埃文斯先生的眼睛仍很痛，他穿上雪屐后，我们把他系在挽缰上，这样他可以帮忙拉车。我们搞不清来时经过哪座山哪道岭，说来奇怪，我们根本没碰上任何一座山，地面虽很软，却是我滑过最好滑的雪地。我们猜左边也就是西边所见，可能就是来时经过而今擦身而过的山峦带。埃文斯先生虽患雪盲，什么也看不见，我们却有极佳的进展，前进了至少三十海里。今天经过医生组回程的一个营地，跟着他们的行迹走了些时，后来看不见了。今晚扎营时，大家都很有信心，只要天气不变坏，明晚一定可以抵达下冰川库。

一九一二年一月二十一日

周日。跟平常一样动身，穿着雪屐，天气仍好。埃文斯先生的眼睛还是不行，但有进步。出发后不久便找到来时的行迹，问埃文斯先生是否要顺着走，可省去他指点我的麻烦。再者，我们来时没经过冰缝，现在我却注意到有许多危险的冰缝。我还看到我们来时拉雪橇平安度过的两道冰缝，现在其间雪桥却崩塌了。从造云山到下冰川库，我们三天就走到，很感自豪。埃文斯先生今晚好多了，老汤姆（克林的昵称）往帐篷边砌雪时唱着歌。我们重堆好库藏品，照样留了张纸条给斯科特队长，祝他们快快返家。明天希望能见到冰棚，永远脱离比尔德莫尔冰川。我们没人介意为达目前成就所经历的艰苦奋斗，就像克林说的，一切都是为着科学的缘故。我们是下午六点四十五分抵达库藏地的。

一九一二年一月二十二日

今晨出门大吉，埃文斯先生的眼睛差不多全好了，因此前途看来光明些。出发不久便到了大陆与希望山之间的花岗岩山柱，攀爬山与大陆之间的坡时，一眼看见冰棚，克林便发出一声大叫，其声之大，足可把埋在雪中的马吓出来。这以后，我再也不上比尔德莫尔了。往冰棚下去时，只须一人拉车，便到了距马肉与雪橇库藏不到一海里处。依照安排，我们更换雪橇，取了少量马肉，装上竹棍作桅杆，以备风向顺时驶帆滑行。然后续行穿越冰棚。现在距小屋角还有三百六十海里。埃文斯先生在帐篷外告诉我，他的膝盖后面发僵。我问他，他认为是什么原因，他说想不出。如果他不很快好，我就要看看他是怎么了，因为根据经验，我知道坏血病的前兆是膝盖后面、脚踝周围疼痛和肿大，牙齿松脱以及牙龈溃烂。今晚我看了他的牙龈，相信他是有这迹象。我把这事告诉克林，但他似乎不知道坏血病的征兆。我叫他暂勿声张，静候发展。看来我们又有新麻烦，但愿没事。

一九一二年一月二十三日

行路顺畅，在相当好走的地面前进了约十四海里，很高兴已越过暴风营。今天又看到几个地方，冰缝里的雪桥崩塌了。幸好它们不是在我们从上面通过时崩塌的，否则以其宽度，我们会连人带雪橇整个掉入。每一个崩塌处都是我们曾经过之处，因为上面雪橇的痕迹很清楚。埃文斯先生今天似乎好些。

一九一二年一月二十四日

地面好，走得快。天气很暖，一切顺利，没什么好写的。

一九一二年一月二十五日

动身时视线很差，气温很高，雪化成水，沾在雪屐上，因此拖拉困难，向晚时更糟。午餐后吹了一小时的微风，之后便转为暴风，雪几乎成雨。我们仿佛看见库藏处就在前面，怕这场暴风雪又要困住我们好几天，像来时在陆地边缘碰到的那样，便想奋力走上去。因潮湿与昏暗，花了非常大的力气，才终于走到。最后一海里路，我是脱下雪屐，挂在肩膀上走的。等我们扎营睡下后，暴风止息了。看看温度计，三十四度（约一摄氏度）。

一九一二年一月二十六日

今天所走的路面是最好的。早晨上路时，气温仍是三十四度，对拉雪橇而言太热了。我们穿着雪屐，也许应该踩高跷，因为很多雪沾在雪屐上。我不知道如果没有雪屐怎么走，雪地非常软，我们试步行，立刻陷下去。幸好顺风，可用风帆。靠风帆的帮助，前进十三海里，其中八海里是午餐后完成的。今晨出帐篷时我不舒服，有点头昏眼花，但很快就好了，以后一天都没事。

一九一二年一月二十七日

今天又张起风帆快跑了一天。只需要一个人保持雪橇直行，完全不必拖拉，但是很热，简直可以脱光了衣服走。就世界这一角落而言，实在是太热了。但是我敢说，很快会变冷。前进约十四海里半，很高兴看到来时行迹与堆砌的石墩。天气好、走得快时，我们就心满意足。埃文斯先生闹肚子，克林几天前也有一点，不过现在好了。

一九一二年一月二十八日

今天辛苦拖拉一天。雪仍很软，太阳很热，每个人的脸都给烧焦了。现在我们差不多是黑人，头发则长而变白，是暴露于光线下的缘故，被漂白了。很高兴今晚凉了些。今天又走了十二海里半。埃文斯先生仍拉肚子，这当然妨碍我们的进程，因为途中得停下来好几次。再过几周，希望我们就安全返回小屋角或埃文斯角了。我们已出来九十七天。

一九一二年一月二十九日

整天有风帆相助，又有好进展。一个人便可照管雪橇两小时。

天气仍很暖，约二十度（约零下七摄氏度）。前进了十六海里半，离下一个库仅十四海里了。埃文斯先生仍没好，决定停吃肉饼，因为我觉得可能跟食物有关。我们要试试看。给了他一点白兰地，他又吃了点白垩与鸦片丸，看能不能止住。他的腿更痛了，我们很确定他是得了坏血症，他身上有些地方变黑、变蓝，还出现几种别的颜色。

一九一二年一月三十日

光线很差，但风不大，今天傍晚取了库粮。十四海里相当快就走到了。吃了东西后发现燃油不足，遂取了料来可以支持到下一库的油。好像是有一个罐子漏油，怎么会漏我们不知，留了字条给斯科特队长，告诉他我们发现这一现象，不过他们应有够多的油支持到下一库。我们都知道这次旅程分配的油是很够用的，但如有浪费情形，当然就需要特别注意。埃文斯先生仍不吃肉饼，拉肚子似乎好了些，但他整个情况还是不佳。再取两次库粮，我们就到了。

一九一二年一月三十一日

又快跑了一天，但光线很弱，我们不时停下察看罗盘。这是很困难的工作，尤其没有风帮助保持定向。晚上天晴了，气温白天是二十度（约零下七摄氏度）左右，夜间，现在，十度（约零下十二摄氏度）。今天行进十三海里。拉车辛苦，而且谁都需要一点热食才能在此天涯海角存活，因此我给埃文斯先生吃了一点肉饼。

一九一二年二月一日

天气很好，但拉得很辛苦，不过还是前进了十三海里。到今天，埃文斯先生和我已出外一百天了。我又得换衬衫了，这是我最后一个衬衫干净面。我穿着两件衬衫，现在每一件的每一面都贴身穿过了。我每个月换一面穿，觉得这样很好，而这一点我们三人都同意。埃文斯先生的病情仍逐渐恶化中，逃避现实无济于事。我们必须向前推进，因为还有好长的路要走。

一九一二年二月二日

今天天光又非常暗，无法有太多进展，只走了十一海里。我们应该自认幸运了，没有受困不能走。当然，是因为我们顺风，不然也会为风所阻。埃文斯先生没有好，似乎很痛苦，但仍维持开朗。

一九一二年二月三日

今晨我们不得不给埃文斯先生套上雪屐，用皮索绑在雪橇后面，因为他抬不起腿来。我又诊视了他的腿，发现正迅速恶化，情况看来严重。我们努力鼓舞他，说他一定会好转，但他不以为然。如果我们能到一吨库，改换食物，也许可以治他的病。他是个慷慨的好人，非常勇敢，让人不能不佩服的勇敢。

一整天光线都很差，我有时会有点沮丧，因为看不见，不知道走得对不对，又不能从埃文斯先生那里得到指点。我曾故意走岔，看有没有人注意到，结果很惊讶，埃文斯先生马上告诉我走偏了。我是想知道他有没有在看路，他是在看。扎营后刮起暴风，明晚我们应可抵达胡珀山。

一九一二年二月四日

动身时天气极佳，但地面难行，拖曳沉重，后来才渐渐好转。晚上七点四十分抵达库藏处。现在我们距小屋角一百八十海里，这是周日晚上，我们希望在冰棚上再过两个周日就结束了。埃文斯先生没好，反而恶化很多。我们取了食物，但肉饼大多留下，因为我们都不想吃肉饼，留下给别人吃，他们会需要的。我们留了字条，愿他们一路顺畅，但决定不提埃文斯先生生病的事。这座老石墩经风历雪，仍耸然矗立。

一九一二年二月五日

很晴朗的一天，光线很好，一切都显得可喜些。早上九点才动身，但走了十一海里半，天渐渐变冷。埃文斯先生仍在恶化，今天他又拉肚子，应该停止给他吃肉饼。

一九一二年二月六日

又是一个好天，但太阳很热，我们流了好多汗，好在我们已习惯，不在乎。我们不久就会看到陆地了，那应该是发现山或埃里伯斯山，距小屋角尚有一百五十五海里。今天又走了十三海里半，这是很好的成绩，尤其考虑到埃文斯先生每次停下以后都须慢慢起步，等他的腿有劲了才加快。不过他很痛苦，不说话。他不诉苦，可也不大能睡。等到了一吨库大家都会高兴，可以换别种食物。肉饼太腻，尤其天热的时候吃不下。

一九一二年二月七日

天气很好，但拖曳不易。看到陆地了。天清气爽，走了十二海里。病人没好，他一声不吭地走，进出帐篷都需我们帮忙。我们讨论过行止，他决心走到最后一刻，我们知道为时不多，因为他连站都站不住，全靠着毅力撑持着。等他再也走不动时，我们得把他放在雪橇上拖着走。

一九一二年二月八日

今天晴朗宜人，有微风，午餐后张起风帆前进。如果明天也这么顺，或许可到一吨库。埃文斯先生今天大量便血，事情看来不妙。现在他差不多一切都要我照顾。

一九一二年二月九日

很好的天气，很暖。下午五点五十分抵达一吨库，可以大吃燕麦粥了，能换不同的东西吃真是好！取了够九天份的食物，以我们目前的速度，届时应可到小屋角了。我们不能带太多东西，因为现在只有两人拉车。这是我们最后一次取库存，而事情看来对我们不利，领队一天比一天虚弱。他简直不能走，而我们距小屋角仍有一百二十海里。

一九一二年二月十日

在浓厚的雪雾中有相当好的进展。到晚扎营时埃文斯先生情况很坏。如果他得的是坏血病，则我很同情得这病的人。我们会尽一切力量救他。虽然病得这么重，他仍很开朗，努力想帮我们忙。现在我们改换了食物，希望能让他好转。好在克林和我都很健康，我们为此谢天。

一九一二年二月十一日

今天我们堆了个墩，把可以不用的东西都留下，因为我们再也拖不动全部重量了。埃文斯先生只要能走，我们就觉得还好。一整天光线很差，到晚又有暴风来临，所以早早扎营。走了十一海里，现离基地尚有九十九海里左右。

一九一二年二月十二日

因为天气不好，到十点才出发。给埃文斯先生套上雪屐后，他慢慢前进。我们不得不让他早发先行，我们并不愿如此做，但为了拉他出险境，只好如此。有两三次他晕厥，喂了一点白兰地后又能前进了，但很艰难，尤其气温这么低。我们担心他会冻伤。进展很慢，光线很差，很少能看到陆地。

一九一二年二月十三日

早早动身，但进度慢，埃文斯先生不能走，我们讨论了一会儿，结论是最好把他放在雪橇上，否则他恐怕撑不过。于是我们停下扎营，把所有能丢的都丢了，只留下睡袋、锅炉和剩下的一点食物和油。我们的载重并不多，但加上埃文斯先生在雪橇上，对我们两人就变成很重的活儿。他说他现在舒服了。今晨他要我们留下他别管，这我们想都不能想。不管事情好歹，我们总要陪他到底，所以我们今天就当家作主了。他得听我们的话，我们希望能把他带回去。今晨丢下装备的时候，我换了袜子，结果脚严重冻伤，只好努力揉搓按摩。埃文斯先生虽病得这么重，却建议我把脚放在他的肚子上取暖。我不想冒让他更虚弱的险，但还是试了，果然暖回来，感谢他的体贴周到，我永不会忘记他在此关键时刻对我的仁慈，但我想我们彼此都会竭尽全力帮助对方的；在此时此地，我们必须相信有一个上帝在引领我们。现在我们每次开拔时都要先把所有东西先收拾好才拔营，因为我们的领队站不起来，得先帮他穿戴好，把雪橇移到他的睡袋旁边，搬上去，绑好。这让他很痛苦，我们不免弄痛他，但他处之泰然。雪很软，光线很差，但他没叫痛，我们只听到他咬牙的声音。

一九一二年二月十四日

照样做好准备工作，顺利出发。没有多少东西好收拾，但花了点时间把病人打点妥当。地面难行，进展很慢。我们建议走久一点，看能不能赶上进度，如果我们还撑得住的话。

一九一二年二月十五日

今晨出发时天气很好，但不久雪雾笼罩，进度慢下来。因为无风相助，经常得察看罗盘。过了一会儿太阳自云缝露出，风也起，可以张帆，帮助很大。

一九一二年二月十六日

今天一整天非常难拉，光线也很差，但很高兴看到城堡岩和观察山了。我们拉开埃文斯先生的睡袋，让他看一眼。我们把食物配给减半，因为不可能在四天内抵达小屋角，即使一切顺利。

一九一二年二月十七日

今天雪雾浓厚，早晨动身后不久，我们看见像是狗帐篷（是出来迎接探极小组的两支狗队），正是我们想找到求救的东西。但走上去，却发现只是一只饼干盒塞在旧营地做为指标。可见在此地眼见不能为信。我们先是希望大增，等走上去看清楚，立刻下降。偶然可看见陆地，今天下午一次休息时，我们看见机动雪橇。啊，多让人开心哪！我们又把埃文斯先生的睡袋打开让他看。继续奋力推进三小时后，来到了雪橇旁，在那里扎营过夜。现在我们离小屋角仅有十三海里多了。要是能看见狗队向我们跑来就好了，可是我们想，雪雾迷漫，它们可能已跑过去了。埃文斯先生一天比一天虚弱，我们晚上简直不敢睡。如果气温降低很多，我们得想办法给他保暖。我们在机动雪橇这里找到一些饼干，没别的，但光饼干对我们的帮助就很大了。一整天拖曳困难，到晚上真累。我觉得六神无主，可是我们得努力推进。

一九一二年二月十八日

今晨我一搬动埃文斯先生，他便颓然倒下，昏厥过去。克林很伤心，几乎要哭，我告诉他哭闹无补于事，要勇敢起来，想办法帮忙。他那时以为埃文斯先生完了，但我们喂了他最后一点白兰地，终于把他救醒。过了一会儿，我们把他放在雪橇上，如常行进，但发现地面非常难行，一小时才走一海里多。于是停下，决定扎营。我们告诉埃文斯先生我们的计划，就是：克林继续走，天气很好，他可步行去小屋角求救。这一点我们两人已先说好了。我原说我愿意跑这一趟，让克林留下，但汤姆说他宁可让我留下照顾病人。我想我还是留下的好，这计划大家都同意了。下一件事就是粮食问题。我们还有约一天的口粮，再加上机动雪橇那儿拿来的一些饼干与额外的油，于是我们给克林一点巧克力和饼干，他认为凭这点东西他可走完这三十海里路。我给他装了一点饮料，但他不肯带。很可惜我们没有雪屐，为减少重量而丢掉了。克林便在耀眼的阳光下飞跑去求救。我一整天恐惧焦急，到晚上仍注意着天气，午夜过后很久才睡。我担心变天，不过天色一直清朗，我想他可能已经抵达，或离小屋角已不远；当然他有可能跌入冰缝，但这个险只好冒一冒。不管怎么样这是让人忧虑的时刻，这地方的天气很靠不住。克林走后，我丢下埃文斯先生，到约一海里外的角落营去，看看那里有没有什么我们可用的东西。我找到一点奶油、一点乳酪和一点糖蜜，原是带来给马儿吃的。趁着天气好，我也回机动雪橇那儿去了一趟，又找到一点油。我还找到一大块油布，系在一根长竹竿上，变成一面大旗，插在我们的雪橇上，任何人经过都一定会看到。在角落营，我看到戴伊先生留下的一张字条，说由此地到海冰之间有很多大冰缝，尤其是在白岛外面。这又让我心一沉，因为我当然立刻想到克林。他没有穿雪屐，比较容易掉下冰缝。我没有告诉埃文斯先生关于冰缝的事，我认为这事他最好不要知道。我只告诉他有一张字条，一切都好。

一九一二年二月十九日

今天埃文斯先生似乎好些了，也比较开心，休息对他有好处，帮他恢复了一点力气。我们在想不知援兵何时会来，至少还要等一两天吧。今晨雪雾朦胧，也很冷，气温降得很快，今天我们的帐篷全覆满霜，表示天气更冷了。后来雪雾消散了些，但还是看不到小屋角。不知可怜的汤姆有没有安然抵达。现在除饼干之外，我们差不多已没有食物，油则还有半加仑，如果过些时援兵还不来，别的东西都没有了，我们还可以烧些热水喝。我已拟定一个未来计划，如果援兵始终不至的话。当然我们应该往好处想。埃文斯先生站都站不起来，是不可能指望他再往前走的。也许狗队与我们错肩而过了，这样的话，小屋角仍可能会有人的。我现在很冷，不能再写了。现在太阳午夜会沉下去。如果没出这事，此刻我们应已到家。

一九一二年二月二十日

周二天气不好，早晨有小风吹雪，时或增大为暴风。我一整天都待在帐篷内，保持干暖。除饼干外没别的吃。埃文斯先生情况还是差不多，不过挺开朗。我们回忆了整个旅程，一遍又一遍。我们想象在我们后面的那一队情况如何；计算起来，他们应该已经走到冰棚上了，如果运气不太差的话。我们打各种赌：海冰的情况、小屋角的海水何时解冻、家里有什么新闻——虽然家是我们几乎从不提及的最遥远的意念，只有得吃东西的时候才会谈到。我们曾经托船运来所有好吃的东西。这些东西新西兰当然都有：很多的苹果，好吃的家制蛋糕——不要太油腻，好让我们可多吃一些。不知道骡子到了没有，在奥茨上尉回来以前我要负责照料它们的，因为安东可能已经走了，至少是就要走了。我们得赶快，船三月二日就要离开，在这里停太久不安全。

现在太冷了不能再写，但是我心不安，外面天气也还是很坏，不能期望今晚有谁到来了。“听!”我们俩异口同声说。“真的，是狗队来了。救兵终于到了。是谁呀?”我来不及多想，便出了帐篷。“是的，长官，我们还好。”是医生和季米特里。“你们怎么看见我们的?”“那旗子，老赖。”季米特里说。医生问：“埃文斯先生怎么样?”“还好，不过很虚弱。”但他的精神大振。几分钟后，他们的帐篷搭起来了，他们带来食物，我已开始为大家做饭。埃文斯先生不能吃肉饼，不过医生为他带来各种对他好的东西，一些洋葱和几样别的。季米特里带来一大块蛋糕：我们可发了。医生检验过我的病人后，我们谈了所有想得到的事情，尤其是家里的新闻、各返回队伍和船的情况以及它载来的东西。很遗憾听说它不能太靠近。骡子已到。现在我们可以安心睡了。我觉得我们已到一个新世界，我卸下了心上的重负，又看到光明的前途，阴霾已经消除。外面暴风雪正烈，医生和季米特里回他们帐篷去睡了，我也将睡，可是怎睡得着?

一九一二年二月二十一日

天气很糟，我们只好等天晴再走。一晴我们就会动身，天很冷，必须躺在睡袋里，但是一切都没问题，又有很多吃的。暴风怒吼，我们都睡下了。

一九一二年二月二十二日

晚上约九点，风小了，我们整装，十点出发，计划分两阶段完成这旅程。地太软，可怜的狗儿很辛苦，我们安排埃文斯先生上季米特里的雪橇，医生和我另一辆。现在已走了一半，停下来扎营，让狗和人休息。已跑了快十六海里，医生和我轮流一人乘车一人跑步追赶。有时我们陷入雪中及膝，但我们都挣扎着过来。我的腿现在是我全身最有力的部分，但还是很累，期待旅程结束。现在我得躺下了，因为我们不久又要再出发往小屋角去。通过白岛时地面已改善，可以清楚地看到陆地。城堡岩和埃里伯斯山冒着烟，看起来庄严无比。气氛清明、静谧而平和，与几天以前我们的处境多么不同呀，前景也迥异了。医生和季米特里为我们尽了一切努力。

一九一二年二月二十二日

休息过后再出发，下午一点半抵达小屋角，我们可暂时在此休息。季米特里和克林要回埃文斯角。没看见船。我要去弄些海豹肉和冰来做饭。埃文斯先生没问题，睡了。我们现在等信来。好笑的是我们总是在等什么东西。现在我们安全了。①

克林告诉我他求救的经过如下：

他是周日早晨十点出发的，“地面好走，非常非常好走”，他跑了约十六海里才停下来。晴朗的好天气。他共有三块饼干，两根巧克力。休息了约五分钟，坐在雪地上，吃了两块饼干和巧克力，留一块饼干在口

① 拉什利的日记。——原注

袋里。他很暖，不想睡。

他继续前进，五小时后经过右手边的安全营，抵达冰棚边缘时大约是周一午夜过后十二点半。他很累，背上发冷，雾起了。身后是明亮的，雾自冰崖那边来，白岛看不清楚，但仍看得见阿米塔吉角和城堡岩。在海冰上他滑了好多跤，几次摔在背上，而雾越来越浓。刚到冰棚边缘时刮的小风现在变强，飞雪也降下。他来到冰峡谷那儿，起先上不去。为免太累，他打算绕过阿米塔吉角，但很快发觉融雪渗入他的鹿皮靴（他没有钉鞋），于是回头到裂缝处，往左边爬上去，再沿着观察山的侧边爬，以免冰滑。到顶时，天色还清朗，模糊看见小屋的外貌，但未见雪橇或狗。他在观察山背风面坐下，用一点冰送下最后一块饼干："我很渴。"然后滑下观察山，以为这时候山下的海水一定解冻了。他没有戴护目镜，一路走来，眼睛很疲劳。但走近冰墙，发现海冰如镜，于是绕着冰墙底下走。走到近旁，看见狗群和雪橇在海冰上，这时风刮得很大，飞雪。他进屋，看到医生和季米特里在里面。"他先给我一杯酒，然后喂我吃麦片粥——可是我大叫大嚷，无法自制。我一辈子没这样，都是那杯白兰地害的。"

第十三章
悬疑

过去的一切我们置诸脑后；

我们迎向更新、更强大的世界，不同的世界；

我们攫住的世界新鲜而强劲，是辛苦、艰难的世界，

开路先锋！开路先锋！

我们告别平凡稳定，

跃下边缘，穿过小径，攀上陡坡，

征服，拥有，勇敢，冒险，往未知的路上去，

开路先锋！开路先锋！

——惠特曼

我们且回到第一支援队刚返回的埃文斯角去。

迄今我们都很快乐，大半事情都很可喜。斯科特大概不会有太大困难便能去到极点，因为我们在高原边上与他分手时，他们粮食充裕，只要平均一天走上七海里便可。我们自己，回程中平均日行十四点二海里，一直到一吨库，没有理由认为另两队不这么做。如果这样，则食物不仅足够，而且丰盛。因此我们很安心，在岬角边散步，坐在被太阳晒暖的石头上，看企鹅在我们与不通岛间的海冰小池中洗浴。贼鸥在我们身边争执锐叫，如有人太靠近它们的巢，它们便振翅飞下迎战，我们便

听到咻咻翅击。稀烂危险的海冰上躺着几只海豹，喉咙里发出咕嘟、呼咻、打嗝的乐音，与阿德利企鹅嘶哑的啊啊声恰成对比。潮水裂缝在叹息、呻吟，经历过冰棚的沉寂，这些声音很让人安慰。

同时，远处可见到“新地”号，只因海冰不稳，不能靠近。一直到二月四日才得以和船上通消息，取得我们期盼的邮件与去年的世界新闻。听说坎贝尔那组人在阿代尔角上了船，又在埃文斯小湾上了岸。二月九日，我们开始卸货，到二月十四日才卸完。在船与岸之间约有三海里的冰，我们每天来回跑二十海里以上。对于已拉过多次雪橇，而且还想继续拉的人来说，这是一个错误。后来冰开始破裂，船于十五日离开，去接在麦克默多峡湾西边的地质探测队，结果遇到很大障碍，今年它在岸边一直与浮冰群奋斗，风则随季节更迭，越来越强。一月十三日，麦克默多峡湾口的固着冰延伸到伯德半岛南端去了；十天后他们发现固着冰从花岗岩港口延伸达三十海里。后来，为了进入埃文斯小湾接载坎贝尔那组人，船曾一再努力破冰，最后船四周全被冰冻住，推进器多次碰到大冰块而打坏，只好放弃。

全队行程原本预计从离开英国起算，共两年时间，但一九一一年一月，我们在埃文斯角登陆，船开走以前，斯科特便考虑到可能会多停留一年，而要求船运补给品来。因此现在船来，不仅卸下新的雪橇和雪橇用品，还从堪察加半岛运来十四条狗，以及七匹骡子，外加它们的食粮与装备。狗儿们大而肥，但似乎只有叫雪儿和子弹的两条狗有过拉雪橇的经验。运骡子来是奥茨的主意，他认为在冰棚上，骡子可能比马好用。斯科特于是写信给当时驻印度总司令道格拉斯黑格爵士说，如果他在一九一一年至一九一二年的夏天没能抵达南极，

> 只要能运来新的运输牲口，我打算次年再试一次。环境所迫，每次探极所用的运输牲口都必须牺牲掉。

> 本来要运送更多马匹南来，但经过我与奥茨上尉仔细讨论，他建议用骡子，认为会比马好用，受过训练的印度骡子尤其理想。我们现有的马很明显步调不齐一，其他方面也很不如人意。

印度殖民政府不仅送来七匹骡子，而且当它们抵达时，我们发现它们受过很严格的训练，装备也非常好。在印度照料训练它们的乔治·普林中尉，想必花了很大的心思，我们一年经验下来所发现应做的改善，他都已经预见而提供了。七匹骡子名字分别是：拉尔汗、古拉卜、贝岗、拉尼、阿布都拉、排瑞和萨希汗，都身强力壮。

阿特金森马上要再出发。我们在比尔德莫尔冰川顶与斯科特告别时，他曾命阿特金森，如果密勒斯回来了，他俩率狗队南去迎接。这并不是救援任务，斯科特说他并不倚赖狗队帮忙，何况为了明年的任务着想，狗队也不该冒险。虽然有些队员已确定明年会留下来，有些已确定要回新西兰，斯科特和他的几个伙伴却到最后一刻都没决定去留。如果斯科特决定回去，狗队就关系到他赶不赶得上船。我曾与威尔逊讨论此事多次，他认为如果可能，斯科特最好回新西兰处理一下探险队的商务；威尔逊自己则倾向于斯科特留他便留，斯科特去他便去。奥茨，我想他是要走；鲍尔斯，我相信要留。事实上，他很乐意多留一年，这态度恐怕没有别的队友与他相同。大部分人的想法是，我们参加时是以两年为期，但如果有第三年，我们也宁愿留下来贯彻始终，而不要先回去。

希望我说清楚了，狗队之旅的主要目的是加速斯科特与同伴的回归速度，好让他们赶得上搭船回去。天冷海水冻结以前，船必须离开麦克默多峡湾。斯科特希望赶上船的另一个原因是他想让船带消息回去。从他的多次谈话以及冬天在小屋中的讨论看来，很明显他认为把抵达南极点的消息传出去是最最重要的事——如果探极成功的话，应该立即告诉全世界，而不要多等一年。当然他也希望尽速送信给妻子们和亲友们，报告探险队安然返回。

狗队出迎是为了加快探极队伍返回，而不是援救，这一点必须强调。

可是现在阿特金森处境困难。回到小屋后，我在日记中写下："斯科特本应要我们带信回来，指示关于狗队的事，但他似乎忘记了。"可能斯科特认为他已在比尔德莫尔冰川上当面跟阿特金森说过了。当时斯科特说："只要有狗食库存，出来越远越好。"

根据探极之旅的计划，三支远征队伍从一吨库到小屋角的食物，是要在三队未归时运到一吨库去。这食物包括五个一周份的粮油，我们称之为 XS 配给。如果可能，也带上一份狗饼干，这就是斯科特所说的狗食库存。原本计划狗队在十二月前半月即返回，那么运粮到一吨库的工作就由它们承担；如果狗队没有及时返回，就要由人拉雪橇，由埃文斯角送三个五周份粮食到一吨库去。

上面说过，在探极之旅中，狗队走得比原先计划的远。本应在南纬八十一度十五分处回头，却到八十三度三十五分才回头。它们也没有如别人预期的那样很快到家；狗队驾驶甚至食物不足，不得不取用预定给随后而至队伍的粮食。狗队迟至一月四日才返抵埃文斯角①。

同时，由戴伊、纳尔逊、克利索尔德和胡珀组成的人力雪橇队，已经按照计划，从埃文斯角携带三份 XS 配给去给三支回返队伍。由于载重限制，原应带五份的，他们只能带三份，两份没带，更没有狗粮。因此，当阿特金森准备率狗队往南时，他发现在角落营以南就没有狗粮了，而尚余两份给回返队伍的配给还是得送去。换言之，斯科特所说的

① 狗队在 1 月 4 日抵达小屋角，1 月 5 日抵达埃文斯角。比斯科特原先计划的迟了约 3 个星期，比斯科特的最新记录日期（12 月 19 日）晚了 17 天。——原注

狗食库存根本不存在，倒是在一吨库的粮食，探极队伍回程时省吃俭用是够了。这表示狗队能做的很少；如果一吨库有狗食存放，就有可为得多。再说，狗队的载重中还得加上给探极队伍的粮食。

旅程这么长，天气状况如此不稳定，要计算一支队伍何时能抵达某一点，即使只是粗略估计也非常困难。唯一的指标是我们这队平均每日行军里程，如果狗队出发前，第二支队伍回来的话，可再参考他们的平均里程。去回相差一周不算很大的差距，碰上一两次暴风雪就差得多了。

斯科特拟定南行计划时，是根据沙克尔顿的平均日行里程来计算的，他提到三月二十七日是可能返回小屋角的日期，这是把从一吨库到小屋角的时程计为七天。在南行途中，我听到斯科特谈起有可能四月才回来，而探极小组的粮食够他们迟至那时，没有问题。

阿特金森和季米特里于二月十三日即率两支狗队离开埃文斯角赴小屋角，因为两处之间的海冰已开始破裂，而这海冰是我们往来两地的唯一通道，也就是通往冰棚的唯一道路。阿特金森打算在一周后离开小屋角赴冰棚。二月十九日凌晨三点半，克林带着惊人的消息抵达，说埃文斯中尉命在旦夕，躺在角落营附近由拉什利看护；又说最后支援队伍仅有三人回来，这是从未考虑过的情况；又说他们与斯科特道别时，探极队伍正迅速南去，走得很快，而距离极点仅余一百四十八海里。斯科特进度超前很多，看来会比预期早很多抵家。

克林独行时，在冰棚上蓄势待发的暴风正吹袭小屋角，但他抵达时风势刚好减弱，接着又风雪大作起来。在风小前，狗队不能出动，无法驰援埃文斯。而克林则急需食物、休息和温暖。他吃喝休息时，阿特金森一点一滴弄清了上一章拉什利日记中生动描述的埃文斯得病过程，并拼凑起克林独行三十五海里求救的经过。必须记得，这是在三个半月长途旅行之末，穿越的是极其危险的冰缝地区，独行之人万一失足，是不可能得救的。克林走了十八个小时，他与他的同伴都很幸运，暴风雪刚好在他抵达之后半小时才发作，如果早一点发作，他一定没命，埃文斯得病的消息也就不可能传到了。

暴风猛袭一整天，夜晚和次晨也一样，什么也不能做。但到二十日下午，情况好转，四点半，阿特金森与季米特里率两支狗队启程。风仍很大，雪雾仍浓厚。他们不停赶路，到次日下午四点半，中间只停下来让狗休息一次，但多半时间，由于天气恶劣，他们并不确定自己身在何处，只有一次，他们知道一定是在白岛边上。第二次扎营时，他们认为拉什利的帐篷应该就在左近，后来雪雾一时散去，他们看见拉什利插在雪橇上的旗子。埃文斯还活着，阿特金森立刻给他吃新鲜蔬菜、水果和海豹肉，这些正是他的身体需要的。阿特金森对拉什利悉心照顾病人称颂感佩不已。

那一整夜以及次日，暴风持续，不能动身。直到二十二日凌晨三点，他们才出发往小屋角去。埃文斯躺在睡袋里，由雪橇载运。拉什利已经述说了他们怎么到家的经过。

在埃文斯角，我们对这些事一无所悉，而发生这些事后，不免需要人力重组。阿特金森既为现有唯一的医生，必须留着陪重病的埃文斯。阿特金森告诉我，如果再耽搁一天，顶多两天，埃文斯就完蛋了。他还说，他初见埃文斯，以为他已回天乏术。二月二十三日中午左右，季米特里与克林率一支狗队返回埃文斯角，带回阿特金森的一封便笺，令我们大吃一惊。便笺中说，他认为他最好留在小屋角陪埃文斯中尉，改由另一人去带领狗队。他希望赖特或我去。我们这才知道狗队并没有南下。

赖特和我于当天下午两点便出发赴小屋角，抵达后，阿特金森决定由我出此任务，因为我们的气象学家辛普森提前离开，赖特现是唯一能从事气象工作的专才，应该留在埃文斯角。季米特里让狗队在埃文斯角休息了一夜，于二十四日早晨重抵小屋角。

现在，一支四人小组从小屋角到转弯点再回小屋角，有充分的一天食物，标准日程是八点四海里。而斯科特从小屋角到南纬八十七度三十二分处，平均日行超过十海里。

第二支回返队伍于八十七度三十二分处与斯科特告别，那里的海拔高度应考虑进去，两支队伍到彼时为止每日行程极为顺利，达到十二点三海里；第一回返队从八十五度三分回到一吨库的平均日程也达十四点二海里；第二回返队从八十七度三十二分走到一吨库，尽管三人中有一人生病，平均日行十一点二海里；从以上数据看来，探极队伍的返家时间订得太晚，我们已不可能赶在他们之前抵达一吨库。同时，原定送到一吨库给探极队，自那里到小屋角一百四十海里路程所需的充分配给，仍留在小屋角。

我奉阿特金森之命出行，是口头命令，如下：

一、带两人二十四天的食物，两支狗队二十一天的食物，外加给探极小组的食物。

二、尽快到一吨库去，把食物留在那儿。

三、如果斯科特并未比我先到一吨库，我可自行判断怎么做。

四、斯科特并不指望狗队载他们回来。

五、斯科特明确指示过，为了下一个夏天的工作着想，狗队不应冒险。

既然在此之前未能将狗的存粮与探极小组的全部供粮运往一吨库，又发生了意想不到的事故，而狗队更往前行待命也不是绝对必要，只不过加速探极队返回而已；由此种种观点看来，阿特金森下此命令再合理不过。

我很想在刚从埃文斯角来到的另一狗队休息好之后马上上路，但暴风雪又起。二十五日早晨，雪雾仍厚如树篱，但下午清朗多了，我们把货物装上雪橇。入睡前，看得见观察山。当夜两点，我们出发。

我承认颇有疑惧。我从未驾驶过一条狗，遑论一群狗；我不会测位导向；而一吨库远在一百三十海里以外，在冰棚中间，附近没有地标。因此那晚我们冲风冒雪，向前挺进时，我一切往好处想，却什么也不确定。不过我们进行顺利，季米特里驾他那队走前面，这趟旅程大都是他走前面，他的眼睛好，总能看见有用的地标。我们遇到低温，我的眼镜净是雾气，简直没有用。我们从安全营拿了三盒狗饼干，又从距小屋角十六海里的一处拿了另三盒，并在那里休息了几小时，下午六点再次上路。一整天光线暗淡，风又强，四小时后发现角落营，令我大感欣慰。角落营的石墩从一百码外看不见，但上面插的旗子很清楚。这是存有狗食的最后一站。狗儿一天跑了三十四海里，晚上好好吃了一顿。这比我们预期的情况好，唯一让人不安的是我们两人的雪橇计程表都有毛病，其中较好的一只目前记录的里程还算正确，但比较精确的指针却不管用。我们没有最低温度计，目前温度是零下四度（约零下二十摄氏度）。

二月二十七日。恐怖山今天帮了我们的忙，因为雪雾迷蒙中，唯有恐怖山顶峰的斜坡仍清楚露出，我们就依此定向。出发时有小风吹雪，原以为会什么也看不见，但靠着运气或不知什么别的，我们什么都找到了：先是机动雪橇，然后是十海里处的马墙，我们在那里停下，喝了点茶。我原预定跑十五海里，结果路面好走无比，竟跑了十八海里半。午餐后到得一个石墩，走过二十码外，再回头就看不见它了，可是在南方天际却很远都能看到，因为它背衬着细条蓝天。我们刚扎好营，便看见一条雪线从天上直向我们奔来。现在刮着中度暴风，飞着雪。两天跑了四十八海里，比我预期的好，但愿保持好运。狗儿腿脚壮健，并未累坏。

二月二十八日刚出发，便遇到第一件不利的事：雪橇在貌似坡道的雪脊上翻覆。季米特里远远在前，后面又迷茫一片，我只得独自卸下货，因为我独力无法将雪橇翻正。刚翻回来，狗儿便起跑了，我没拿驾驶棍即跳上雪橇，但没法喊它们停下，就这样被拉往南一海里，四箱狗食、每周食物袋、锅具和帐篷柱都留在地上。狗队赶上季米特里那队后才停下，而那时所遗之物已看不见。我们回头去找。地面很好走，这一天行进了十六点七五海里，很不错。太阳在夜里十一点十五分落下，顶上因幻象而呈平面。落下后，地平线上像是冒出大股篝火。现在温度零下二十二度（约零下三十摄氏度），我们首次点起蜡烛。

二月二十九日。冰崖库。如果有人告诉我可能在四天内抵达将近九十海里外的冰崖库，我一定不相信。今天天气晴朗，有许多幻象。狗儿们有一点累。①

再跑三天，便到了一吨库。冰崖库是一年多以前设立的，是在运补之旅中送几匹马回头的地方，但那里已没有存粮。离开冰崖库那天，我们跑了十二海里，光线好，以三月来说天也很暖。但当晚天冷无眠，次日（三月二日）刮西北暴风，雪雾迷漫，只走了九海里，气温零下二十四度。三月三日的晚上我们迎着强风，抵达一吨库。这两天是我们初遇冷天，但无须忧虑，以这个季节来说，也不算太冷。

抵达一吨库，我的第一个感觉是宽慰，因为探极队尚未来到此库，换言之，我们的运补并未太晚。接下来该怎么做，我们没有什么选择。我们在一吨库停留六天，其中四天都刮风飞雪，如果我们往南走，是逆着风，行进既困难，又不可能看见迎面走来的队伍。其余两天，我虽可以往南跑一天再回来，却有可能在途中错过对方。我决定留在库上，他

---

① 我自己的日记。——原注

们若来就一定会见到。

抵达一吨库的第二天（三月四日），季米特里对我说，应给狗儿们更多的食物，因为它们累坏了，在掉毛。它们今年确实已出过很多次雪橇任务。季米特里驾狗经验丰富，我则毫无经验，我当时认为，现在也认为他是对的。于是我增加了狗的食份，这么一来，包括三月四日在内，我们只有十三天的狗食了。

我们在一吨库时，天气很糟，虽然刮着大风，气温却仍相当低，而不刮风时，气温则大幅下降。我的日记里有晚上八点测得零下三十四度和零下三十七度的记录。没有最低温度计，我们不知夜间最低温是多少。另一方面，我的日记中又有这样的记载："今天是我们第一个真正的好天，气温仅零下十度，阳光普照，我们搬了帐篷，晒干睡袋与装备，游手好闲了一天。"但是在一吨库的时候，我视此天气为暂时的冷锋，没理由认为三月份在冰棚中间总是这么冷，从没有人这时候在此地待过。另一方面，辛普森后来在他的报告中认为，冰棚在这个月份如此冷确是异常①。

一吨库既无狗食储存，我们便不可能再往南走（除非仅一天来回），否则必不免杀狗。关于这一点，我接奉的命令很清楚；我觉得没理由违令，而依情况看来我们匆忙出迎是错的，斯科特说过他不会这么早归。看来探极队会在斯科特出发前估计的时间回来，而不是按照我们依别队日程计算的时间。

我没理由猜测探极队会缺少粮食。按照配给，探极五人在他们的雪橇上或路上的库存中应有充分的食物，何况在中冰川库及其后储存有很多马肉。我们不知道依凡斯在比尔德莫尔冰川底下死去，剩余四人因此有较多的食物。在不止一个库里，煮食食物的油料都留着未动。当时不

① 辛普森《1910 年至 1913 年英国南极探险队》气象学篇卷一第 28 至 30 页。——原注

知而现在知道的是，有些油蒸发掉了。这些事会在有关探极队返程的叙述中详细讨论。

因此我一点不替探极队担心，倒是为我的同伴忧虑起来。抵达一吨库后不久，季米特里便感受到寒冷之苦。他先是觉得头不舒服，接着右臂和右半身都不对劲；自此，他右半身渐不能动。但我并未太担心，对行止的决定也未受此事影响。我决定等到只余八天回程粮食时再走，那就是说我们必须于三月十日动身。

> 三月十日。夜间很冷，八点起身时气温零下三十三度。装备收拾好，狗儿套好，在零下三十度的气温中顶风而行。狗儿六天没动，疯了，没命地跑。季米特里的狗队撞掉了我的雪橇计程器，我只好任它掉在离一吨库一海里的地上。我们只能紧抓住雪橇，任它们跑，根本不可能要它们回头，也没法叫它们转弯或指引它们方向。季米特里的驾驶棍断了，我的队边跑边打架。一次我的驾驶棍卡在索环里，把我的脚钉在地上，却被继续拖着跑；好几次我只勉强抓住不管什么。这样跑了六七海里，它们才镇静下来。①

尚余的那只计程器很不可靠，但跟随来时的行迹（这时又是云雾迷漫），并依旧营址判断，我们这天大概跑了相当不错的二十三四海里。扎营时气温仅零下十四度。不过到夜间变冷很多，次晨起来，雪雾浓厚，我决定按兵不动。三月十一日下午两点，有一小片蓝天出现，我们便依此为准启程，但不久刮起中度暴风，我们靠耳边之风测位，走了大约八海里，但我觉得多半时候是在绕圈子。那晚风烈而冷，三月十二日早晨起来时仍刮着暴风，气温零下三十三度，以后风逐渐小，到十点，

---

① 我自己的日记。——原注

季米特里说他看得见冰崖了。他说我们太靠近陆地，也就是太靠近压力冰脊。我大惊，但后来视线渐清，我有了信心，虽然季米特里说我那天开始时定位太偏东。这天我们在飞雪与零下三十八度的气温中跑了二十五至三十海里。

到这时，我对季米特里的情形真的很忧虑了，他好像病得重多了，越来越不能做事。次日顶风坐在雪橇中，零下三十度的气温很冷。起身时，陆地清晰可见，我看出我们的路线确实偏出很多。但雾立刻降下。我们朝陆地移了很多，也跑了不少路，但因雪橇计程器不管用，最近几天天气又不好，有时靠的是雾中隐现的模糊的阳光定位，扎营时我实在不确定身在何处。刚扎好营，季米特里忽然指着一个像是在前摇后摆的黑点，我们判断那是插在角落营附近机动雪橇上的旗子，我原以为离那里尚有十或十五海里远呢。这真让人大为放心。我们讨论要不要收拾起来到那边去，但决定留在原地不动。

三月十四日早晨天清气朗，这是我们运气好，因为现在看出我们离角落营差着好几海里，太靠近陆地了。之前看到的旗子大约只是一座冰脊的幻影，我们没朝它走去真乃天佑，否则麻烦就大了。那天早晨我倾尽全力把不听指挥的狗队导引向西。终于我看见一样东西，以为是石墩，还好及时发现只是冰脊形成的一个冰堆，它旁边则是一个敞开的大冰缝，约五十码宽的雪桥已经陷落。先前我们已知在经过一道道冰缝，因为底下传出空洞的响声。终于看到机动雪橇，然后是角落营在我们东边二三海里处，我才松了一大口气。“季米特里的高山索还在角落营，而我也很想把埃文斯的雪橇带回去，但那样的话我们得多跑约五海里，我决定算了。我希望斯科特到了角落营没看见我们留字条给他，不要以为我们迷路了。”①

---

① 我自己的日记。——原注

季米特里的病情似在恶化，我们继续推进，扎营过夜时距离小屋角仅十五海里。我的主要忧虑是由此到小屋角之间的海冰有没有融化漂走，我觉得要狗队绕山路到半岛，再沿着半岛从另一边下去，恐怕做不到。前方的天空反映出不冻的海水，兆头不吉。

三月十五日刮暴风，我们受困一日。但次晨八点，我们看见白岛的轮廓。我很着急，因为季米特里说他差不多要昏倒了，我觉得我们非走不可，海冰的事只好赌上一赌。我让他能躺在帐篷里多久就躺多久，我一个人把东西装上两辆雪橇。渐渐陆地明朗可见，我的精神大振。从安全营看到冰棚边缘的幻象，很让人心生警惕，但到得边缘，很高兴看到海冰仍在，而我们以为是霜雾的，却只是阿米塔吉角上空的飞雪。

驱车过转角，我看见阿特金森在海冰上，基奥恩则在后面的小屋中。几分钟内，我们便交换了新闻。船曾一再尝试靠近埃文斯小湾去接载坎贝尔等一行六人，但都未成，只好于三月四日离开麦克默多峡湾；回返新西兰途中，它还会再试一次。埃文斯好些了，已送回家。现在我们有四人在小屋角，但不能与埃文斯角的同伴通消息，因为峡湾的水已解冻，海水直冲刷到文斯的十字架底下。

我们目前并没有非常担心探极队的情况，但开始安排必要时再派雪橇出去接应。不必考虑再派狗队去，因为它们已经累坏了。骡子和新来的狗在埃文斯角。“四五天内，如果探极队还没回来，阿特金森想再南下一次，看看我们人力拉车能做些什么。我同意他的看法，即这时候想往西去会合坎贝尔那组人是没希望的。如果我们能往北，则他们自然也能往南来；让两组人置身新结的海冰上，无疑加倍危险。”

三月十七日。一个暴风天，但风力只有五至六级。我想他们在冰棚上行走应无问题。阿特金森想在二十二日动身，我的看法则是，假设他们在高地上费时三周又四天，加上因天气受困十天，从最后返回队伍抵家之日起算，多给五周时间，三月二十六日应该可到，这样一路上应很安全且不很辛苦。我们现在担心起来，但我想就算他们届时未归，我们也还不必紧张，他们可能迟很多，没有多大关系。如果我们出迎，唯一找到他们的机会是从这里到角落营以南十海里处。再往南，我们固可尽力而为，但不会有多大帮助，因为并无固定路线。因此我将于三月二十七日出发，走上述那段路，如果他们有困难，我很可能碰见他们。我把这想法告诉了阿特金森，请他裁决。我累坏了，这两天都在休息。想到再出门一定又是很艰苦的旅程，颇令我懊丧。我认为现在还不必紧张。

三月十八及十九日。我们很担心，虽然探极队也许就要回来了。我还是非常累，比我原先想的还要疲倦，我开始觉得此刻还不宜再出门。不过今天我好些了，出去走了一小段路。其他时间能休息就休息。

三月二十日。昨晚刮起很强的暴风，风力九级，降大雪。今晨门与窗外全积满雪，几乎出不去。屋子里也吹进了很多雪。我觉得很虚弱，想着出去扫雪或许对我有好处。我去了，可是风雪太大，又回来，与阿特金森擦肩而过。之后我觉得有些晕眩，记得努力推门想进来，一进门便倒在地上，不省人事，摔倒时右手筋腱扯断了几根。①

两天后，狗在早餐时嚎叫起来；当有一队人来时它们常会这样，来人还很远它们便嚎起来，克林自角落营步行来时它们便嚎过。我们听到这声音很高兴。但没有人来，后来才明白狗嚎是因为有些海豹来到抵达湾新结的海冰上。阿特金森决定于二十六日与基奥恩同拉雪橇到冰棚一

---

① 我自己的日记。——原注

趟。显然我不能同去；后来他告诉我，当我率狗队回来时他便知道我不能再出去了。

> 三月二十五日。昨晚起风，先是西南风，后转为东南，但并不强，只是雪雾浓厚。今晨讶然看见西方山脉，相信在冰棚上这是个晴天，不过到傍晚又有小风吹雪。现在已经到了我估计探极队该回来的时候，祈祷上帝让我言中。阿特金森和我互看一眼，我觉得他看起来忧心忡忡。他说他不认为他们得了坏血病。我们俩都不怎么为坎贝尔那组人担心：他只要凡事谨慎就好，而他的谨慎在船上是出了名的。他们并不劳累，且又有很多海豹吃①。他曾与纳尔逊讨论过船失事以及船不能来接他们的可能性，为此他多运了一个月的粮食上岸作为库存；他也同意可杀海豹为食。
>
> 他知道在巴特角有库存，也知道有一队人在那附近做过雪橇旅行，虽然他不知道雪橇队在罗伯茨角和伯纳基角都留下库存，但这两个库存就在岬角上，泰勒说他走下海岸时不可能没看见。②

这天阿特金森以为看见坎贝尔那组人到来，次日基奥恩与季米特里很兴奋地跑进来说看见他们了，我们全跑到岬角的海冰上，在积雪中站了很久。

> 昨晚我们睡下约两小时后，头上小窗传来五六下敲击声。阿特金森大喊："哈啰！"又叫："谢里，他们到了。"基奥恩说："该谁做饭？"有人点起蜡烛，放在小屋最远的角落，让他们看到光，我

---

① 事后发现并非如此。——原注
② 我自己的日记。——原注

们则全冲出去。但没有人。这是我所听过最接近鬼声的一次，一定是睡在那窗下的一条狗站起来抖身子，尾巴扫到窗。阿特金森还以为他听到脚步声了呢！①

三月二十七日，星期三，阿特金森出发去冰棚，陪伴他的只有基奥恩。这整个旅程中气温都很低，两人都没怎么睡，因为在这样冷的地方，两人睡一顶帐篷是很冷的。头两天他们日行九海里，三月二十九日他们在浓雾中推进十一海里，后来雾略散去，看出他们走进白岛的压力冰脊里去了。三月三十日抵达角落营以南一处，

考虑到天气、气温、季节，除非在特定的某个点，例如库存处，否则不可能遇到队伍，我于是决定自此回头。我们留下一周配给的大部分，如果他们来到此处，可帮助他们回小屋角。到这时，我心中其实已确定他们是死了。事实上，斯科特队长是在三月二十九日在一吨库以南十一海里处，写下他的最后一则日记。②

他俩于四月一日回来。昨晚六点半，阿特金森与基奥恩到了。此地雾浓风大，但他们在冰棚上时天气很好。他们去到角落营以南八海里处。他们的睡袋和衣服经过六天旅行都不成样子了，一定是气温一直在零下四十几度。再往南去事实上没意义，他们又只有两个人，更是没必要的冒险。回来是对的。他们很需要睡眠，可怜的家伙，我希望阿特金森别再操劳，他看起来摇摇欲坠。基奥恩表现很好，身体也健壮。昨天他们走了十五海里多，把第二返回队的雪

① 我自己的日记。——原注

② 《斯科特的最后探险》阿特金森言卷二第309页。——原注

橇带回来了，他们去时用的雪橇很难拉。旅程中每天都能行进，不像这里有一半的时间刮风飞雪。

几天后，

> 我们得面对事实。探极队可能永远不会回来了，而我们无能为力。下一步是尽快回埃文斯角，那里有些体力甚佳的人，至少与我们比起来体力甚佳。①

阿特金森是仅余的资深军官，除非坎贝尔那组人回来，主队的指挥权就落在他身上。这个位置，就算是体力甚佳的人，也不会嫉羡。在这样的极端忧虑与责任之下，他仍非常耐心地照顾我。我很虚弱，有时连站都站不稳，喉头肿大到不能说话也难以吞咽。我的心情沉重，身体痛苦。在这种时候，我只会给他添累赘，但他以最大的善心与医术照顾我，虽然我们拥有的药品非常有限。

这些日子里，总有人以为看到某个失去音讯的队伍出现，结果都是幻象，一只海豹、一座冰脊，或不知道什么，但我们总以为这次是真的，每次都燃起无穷的希望。同时，一件很重要的事是小屋角到埃文斯角之间的海冰，三月三十日至四月二日所刮的大风把峡湾中间的冰全吹走了。我们必须求救。次日，阿特金森攀越抵达高地，察看尚余的冰情况如何：

> 埃文斯角去的两个湾都是新结的冰——我猜是今晨才结的。其他在峡湾里的冰也是。冰川舌与埃文斯角之间的湾内有未冻的水

① 我自己的日记。——原注

道。冰川舌与岛屿之间则有一座大冰山，埃文斯角外也有一个很大的冰山。①

之后几天很冷，海冰冻结，到四月五日，“我们下午去试冰。自然是泥泞而多盐，但离老冰约一百码远就有六英寸厚，可能整个峡湾的冰平均就是这么厚。”②之后刮起强烈风雪，风雪的第四天，又可以爬到高地上，看看若干距离外的情形了。两个湾的冰似乎仍坚固。这两个湾就是冰川舌南北两侧，南与小屋角相夹，北与埃文斯角及群岛相夹而成的海湾。

四月十日，阿特金森、基奥恩与季米特里出发往埃文斯角去，沿半岛上哈顿崖，之后通过两湾的海冰，如果能走的话。现在日光很有限，再过一星期，太阳就要消失在地平线下了。他们抵达哈顿崖时，那里如常刮着大风，他们一点也不敢浪费时间，马上携雪橇下到海冰上，很高兴地发现海冰很滑。

我们顺着相当强的微风，张帆滑行，二十分钟便抵达冰川舌。攀越冰川舌，我们的运气和微风仍存，最后七海里路我们坐在雪橇上，总共一小时不到，抵达埃文斯角。

在埃文斯角，我召集所有人员，说明情况，告诉他们已经做了什么，现在我主张怎么做，也问他们在眼前困难时刻有何建议。大家几乎一致认为可做的都已经做了，季节已将入冬，看来我们无法沿海岸上去寻找坎贝尔那组人。有一两人提出也许可以再赴角落营一趟，但我知道最近冰棚上的情况，因此做主不去。③

---

①② 我自己的日记。——原注

③ 《斯科特的最后探险》阿特金森言卷二第31页。——原注

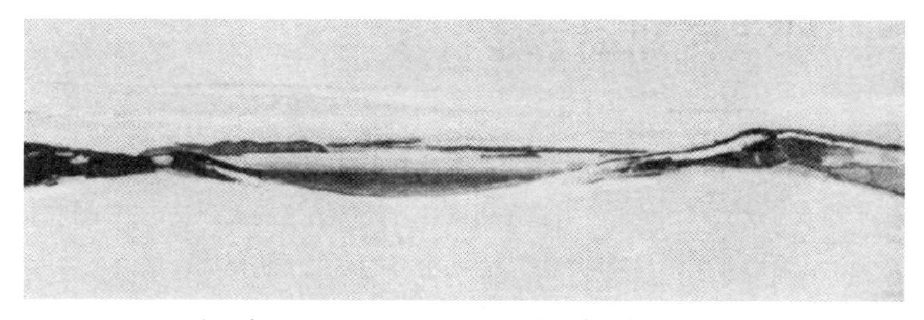

从抵达高地向北眺望埃文斯角和德尔布里奇群岛——赖特摄

从巴恩冰川眺望洛伊角——赖特摄

埃文斯角一切都好，风大，气温也高，与小屋角的寒冷恰成对比。小屋角的气温比前一年平均低十五度。七匹骡子很好，但新来的狗死了三只：还是那不明的病。

船启程赴新西兰时，带走以下成员：辛普森，他回印度工作；泰勒，是澳大利亚政府借调给我们的，为期只有一年；庞廷，他的照相工作已经完成；戴伊，他负责的机动雪橇已无可为；密勒斯，因家庭事务被召回；福德，他的手自春天遭冻伤后始终未好；克利索尔德，他跌下冰山而脑震荡；还有安东，他照料的马已经没有了。埃文斯中尉残病退役回家。

阿彻自船上登岸，接替克利索尔德的厨子工作；另一个水手威廉森登岸接替福德的位置，是我们的雪橇队中唯一的新手。除他之外，体能最佳的大概是赖特。除了这两人，我们之中再无一人在正常情况下会被派再次出去拉雪橇，尤其在此季节，太阳正要离我们而去度冬。但我们仍拉雪橇出去了。

以后几天，就忙着准备出雪橇任务。四月十三日，一组人出发经哈顿崖回小屋角。阿特金森、赖特、基奥恩与威廉森打算尝试上西海岸救援坎贝尔，格兰和季米特里则留在小屋角陪我。海冰表面不那么泥泞难拉了，冰开始泌出盐分。暴风刚起，照着他们的脸吹，他们赶紧躲到小尖背岛的背风面避风。风停雾散，他们推进到冰川舌，在那里扎营过夜，有些冻伤。次晨攀上半岛冰崖时有些困难，但阿特金森用刀子帮忙固定，四个人高举着雪橇当梯子，终于上来。

我独留在小屋角，暴风不时来袭，在老屋外咆哮呻吟。当几个同伴出发回埃文斯角时，我不明智地送了一程，直到冰坡底下。他们走后我发现自己在滑溜的雪块与冰地上站不住，狠狠地摔了几下，其中一次扭了肩。我因此更清楚地了解自己病得很重。独居小屋角期间，有时候我衰弱到只能在屋里爬行。我必须到门外取海豹油来取暖，砍切海豹肉来做饭，生火，喂狗。狗儿们有的没拴，但大部分拴在游廊下或小屋门到文斯十字架之间。小屋里只住一人，冷得要死，若不是屋中存有一些埃文斯角带来的吗啡，我真不知道会怎么样。

狗儿们知道现在没人管束，只管撒野。它们没日没夜地嚎叫、狂吠、互斗。有一天，我爬到门外七八次，想揪出带头作怪的狗。我相信是戴克，但从没当场逮住过。我当它嫌疑犯奋力责打，但效果不佳。很惭愧，当时我真想把它们全杀了。我躺在睡袋里，觉得小屋的地板在陷落，或墙壁消失在远方又回来。我不时地起来为炉子添油。四月十四日救援队伍抵达时，我觉得我像是从地狱里给送回来了。我独处了四天，再多几天我大概就要疯了。他们还带来我的信件、几本《时代周报》、一双毛毡鞋和一把梳子！我大为开心。

阿特金森的计划是四月十七日动身，越过此去南面与西南面的老海冰，赖特、基奥恩与威廉森跟他去，走到巴特角，再从那里滑雪橇上西方海岸。如果海冰尚在，而坎贝尔滑雪橇下来，他们希望与他中途相逢，可能帮得上他大忙。即使没遇上，他们可给一些库存做更明显的记号，这些库存是我们的地质探勘队留下的，其所经路径他也一定会走。前面提过，这些库存是在花岗岩港外的罗伯茨角和新港以北的伯纳基角。在巴特角也有一个库存，但这个库坎贝尔是知道的。他们也可以在坎贝尔可能会看到的地方留下字条，告诉他有这些东西存在。这趟旅行无疑有很大的风险，不仅因为冬天就要到来，昼光甚有限，也因为必经的海冰非常危险。每年这个时节，海冰总是结了便给吹走，不然就是随潮水漂去。夏天留下的老冰必然很少，而新冰既薄又随时会把他们带走。但是，该做的还是得做。

出发前商定，如果坎贝尔回到小屋角，我们便点起冲天炮，发射闪光信号弹通知他们。

小屋角与埃文斯角之间也有同样的信号约定。我们没有手提式日光反射信号机，不过我觉得我们应该有，这样在太阳出来时，小屋角与埃文斯角之间可以通讯；冬天时则应有某种灯号装置。

四月十七日，星期三，他们上午十点半出发。现在太阳只在正午时在北方地平线上得以惊鸿一瞥，再过六天更将完全消失不见，不过当然还有很长时间有微光。体力矫健的人在老冰上行走已是不易，体力已衰的人在随时会漂走的冰上旅行，实在是非常勇敢。

头两天雪橇很难拉，夜间最低温是零下四十三点七度和四十五度。结果衣服睡袋很快就冻僵。但是他们沿着老冰走，顺利推进约二十五海里，十八日晚在距蛇丘约四海里处扎营。次晨他们不得不上新结的冰，当时还刮着暴风。他们从夜营处走了四海里到蛇丘，登上陆地，很高兴没有被新冰带出大海。之后转向巴特角库存，但因暴风雪全面袭至，只得扎营。气温上升，睡袋和衣服大都解冻，但没能干，因为太阳已无威力。

次晨他们抵达巴特角库，花了不少力气才找到，因为上面没有旗子。就在扎营时他们看到北面的冰正崩落入海，他们既不能往北去会坎贝尔，坎贝尔也不能南来会他们。无可作为，只有回头。赖特这时告诉阿特金森他一直就反对出此任务："他一直相信我们非常可能丧命，却从未犹豫，也未提出反对意见。对这样的人，我感谢不尽。"①他们留下两周食物在巴特角库，尽量做好标志，以备坎贝尔若来此地时之用。再无可为了。

同日回到蛇丘，焦急地等候曙光出现，透露来时经过的新结海冰的情况。很高兴发现有些还在，便开始度过陆地与老冰之间的这一段。前一半路他们张了帆跑，后一半则拖曳辛苦，还看到一些帝企鹅，因此以为前方是未冻之海。但他们平安度过，那天共走了十海里。二十二日，

① 《斯科特的最后探险》阿特金森言卷二第 314 页。——原注

星期一，“早晨刮暴风，动身迟，往尖塔冰末端行去。发现我们的小湾海冰不见了。幸好，尖塔冰周围有冰墙，我们走了七海里，顺利通过”①。

> 四月二十三日，星期二。阿特金森一行人晚间七点左右进屋，在恶劣的天气下拉了一整天的车，正像是在很冷的春天出了一趟门的情况：衣服与睡袋全湿，毛衣、睡袍等上面尽是雪。阿特金森看起来累坏了，脸颊都削下去，喉结尖凸。赖特也弱很多，显然整队都极度缺乏睡眠。此行艰难而危险，幸好他们回来了，没出差错，因为这里的海冰不断被吹走，人走在海冰上时，不会知道冰已离岸。常看见有宽大的水道出现，即使冰厚达一英尺且没有风，也会如此。不过，就算冰不吹走，我也不认为他们能在外面待很多天。②

就是这天，太阳最后一次露面，将消失四个月。

四月二十八日，我们醒来时似乎是个好天，赖特、基奥恩与格兰于是启程回埃文斯角。他们是十点以前走的，那时我们看得见不通岛的轮廓，湾冰看来很结实，因此他们决定走城堡岩下的海冰，而不走沿半岛到哈顿崖的路线。他们走后不久起了浓雾，到十一点半刮起中度暴风，气温很低。我们非常担心，尤其后来风更大，气温降到零下三十一度，我们看不见冰的情况。两天后天才清朗，当晚有火光在约定时间自埃文斯角升起，我们于是知道他们已安然抵达。后来听说，当雾起时，他们决定沿着陆地走，那是他们唯一看得见的。不久他们发现海冰不如想象中那么牢，中间有未冻的水池，有些冰在他们走过时会上下移动；格兰

① 阿特金森的日记。——原注
② 我自己的日记。——原注

的一只脚掉了下去。之后赖特拿着高山索带头走，冰是蓝色的，拉车很容易，风力四至五级。一直到龟背岛，冰都是初结的，但之后就是老冰了。暴风雪中，他们在埃文斯角附近迷失了好一阵子，但终于找到了木屋。这次历险的教训之一是：在海冰上行走得更小心才行。

阿特金森、季米特里和我于五月一日携两支狗队动身赴埃文斯角。一出发便发现地面难行：连小屋角附近已经结了很久的冰，狗儿都拖不动。走不到一海里，到得新冰上，则又是雪又是盐粒。因为浓雾，我们沿着陆地走，好不容易到了城堡岩下。出发时还看得见不通岛的轮廓，现在则一切都消失在暮霭与霜雾之中。我们决定推进到龟背岛，过冰川舌，好尽快抵达老冰上。狗儿已很疲乏，被套在前面带头的努吉斯（原带头的雷布契克在黑夜中失去踪影）不肯再走，躺在地上赖着，我们只好把它放开，希望它会跟着走。过了一会儿，龟背岛在望，但我们已不能再往前，帮着狗儿推、拉雪橇，勉强到此。这里已是老冰，路比较好走了，一直到埃文斯角，一路没再出事。抵达时发现雷布契克在那里，但没看到努吉斯，它再也没有出现。

快到埃文斯角时，阿特金森转头问我："你主张我们明年去找坎贝尔还是探极队？""坎贝尔。"我回答。那时候我觉得，怎么可以放着活的人不去救，而去寻找已死的人呢。

第十四章
最后的冬天

在冰冻荒野中，像迷途的小兔般抱紧上帝的凡人，所抱住的可能是一只西伯利亚虎……

——H. G. 威尔斯

一、五人死亡

斯科特、威尔逊、鲍尔斯、奥茨、依凡斯

二、九人离去

埃文斯、辛普森、密勒斯、泰勒、庞廷、戴伊、福德、克利索尔德、安东

三、两人登岸

阿彻、威廉森

四、十三人在埃文斯角过第三年

阿特金森、谢里-加勒德、赖特、德贝纳姆、格兰、纳尔逊、拉什利、克林、基奥恩、季米特里、胡珀、威廉森、阿彻

阿特金森对我们这些剩余队员最后一年的艰苦生活着墨极少，应该有人强迫他写出来，因为他是能不写便不愿写的。这一年里我们面临的问题在极地探勘史上空前绝后，最后一个冬天的天气之坏也是麦克默多峡湾从来没有的。拉雪橇的人手都刚出过重大任务，有的还出过四次之

多，体力已完全耗尽。这个团体的成功在于良善的管理和坚实的情谊。有利的条件是日常生活所需的屋舍、食物、暖气、衣物等都供应无缺。在我们北方几百海里外，坎贝尔一组六人一定也在同样或更差的情况下挣扎求生，除非他们已在往南的路上遇难。我们知道他们的处境很惨，但多半还活着：他们的有利条件是人都不累。在我们南方，我们与南极之间某处，有五个人。我们知道他们一定是死了。

立刻面临的问题是如何妥善运用所余的资源。我们的人数大减，九个人在还不知道有悲剧发生的时候便走了。两个人自船上下来，最后一年我们有十三个人。这十三人里，德贝纳姆因膝盖受伤，大概是不可能出雪橇任务的；阿彻是来当厨子，不是来拉雪橇的；我自己，能不能拉车也很成问题。最后一个夏天，我们的雪橇人手总共是十一人，五个官，六个兵。

我们的运输畜牲倒很充裕。印度政府送来的七匹骡子非常好，原有的两支狗队也一样好；新运来的狗则只有两条真的能拉雪橇。不过，我们的狗队光在冰棚上便已跑了约一千五百海里，往来小屋角和埃文斯角之间的活儿还不计在内。当时我们不知，它们已经非常厌倦这工作，再也不肯如我们所盼，像以前那样快跑。

冬季将临，我们决定的第一件事是工作要尽量照常完成。科学工作当然要继续，狗和骡子也需要照顾。值夜要值，气象观测和极光记录要做，但因人数减少，水手们必须帮忙做这些事。在冬至那天，我们又出了一期《南极时报》。大家都很清楚，不能让沮丧成为生活中的一部分。后来暴风雪周复一周地把我们圈禁在屋内，维持乐观的气氛更是重要。即使偶然碰到好天，我们也只能在岬角岩地上运动散步。海冰上很不安全。

阿特金森指挥全局。不仅如此，他和季米特里接管狗的照顾。狗儿们，不管是刚出过任务的还是新来乍到的，都体弱多病，不久便成立了狗医院。到这时，我们有上年余存的二十四条和刚从船上下来的十一条，新到的狗有三条已死。拉什利照管七匹骡子，并由七个人负责带它们出去运动。纳尔逊继续进行海洋生物学工作；赖特做气象以及化学与物理工作；格兰负责仓储，并帮赖特做气象观察；德贝纳姆是地质学家兼摄影；我则奉命休养，但可以做动物学工作，编《南极时报》，并做探险队每日正式记录。克林主管雪橇载货及装备，阿彻是厨子。胡珀，我们的内务总管，除家务外还接下电石气工厂的事。另两个水手，基奥恩与威廉森，有很多杂务及准备工作。

五月一日从小屋角来时，一路蓄势待发的暴风雪等我们进屋后不久便正式发作。已冻结了一段时间的北湾的冰，在暴风雪的第一天便被吹走，只留下岸边一小条。次日下午风续增强，余冰遂去。风速达到每小时八十九海里，奇怪的是空气仍很清澄。

暴风雪的第二天，入夜后风仍猛烈，下起雪来，视线越来越不清。深夜三点至四点，风势极大，沙石扑上屋墙。风速计被飞雪堵住，值夜的德贝纳姆在四点钟时费力予以清除。在它还没有被堵住时，记录下风速每小时超过九十一海里。风速计被堵住后来了一场阵风，把每个人都惊醒了，风势比以前都大得多，石子如冰雹般敲打着墙。次晨山上的风速计显示平均风速为每小时一百零四海里。这风速计是每三分钟测一次。后来降至时速七十八海里。这天和下一天，暴风刮个不止，但到五月六日，却是最清澄美好的一天，很难相信会再起风。看得出海冰受损，峡湾中央完全没冰，未冻之水向西南延伸，远至帐篷岛。这年冬天还起了好多次更强烈的暴风雪，但这次特别重要，因为它来的时机正当海冰初结之时，一被吹散，海冰再也没机会结得够厚，每当风来，便溃散出海。

五月八日，我的日记中便记载：

截至目前，我们还没想到过这附近以及西面峡湾会整个冬天都结不成冰。现在这里仍是未冻之海，看来今年很可能不会有恒久的冰，至少此去向北到不通岛以及岬角附近不可能会有。北湾目前虽结着冰，却是夜间被风吹去，今天又吹回来的，与冰墙之间仅以一些新结之冰相连。

这年冬天，北湾的冰一再自冰墙漂去，不管有没有风。我在黑暗中努力观察。有时海冰的南侧不仅离开陆地向北漂流，也从冰川面略向西移。有时它也向东北挤迫冰川。看来整个湾的冰都受某种扭力影响，而扭力的来源是不通岛。其结果是新结冰之间常有一连串水道，向老冰伸出约四十码远，每条水道都是在不同时间形成的。这是很有趣的海冰形成之研究，冰上时或覆盖美丽的冰花。但对狗则很危险，它们有时不知道这冰不够结实，载不动它们。维达有一天就掉下去，勉力从另一边爬上来，蹒跚上岸后，它原先所站立的整块冰就漂出大海了。季米特里钟爱的狗队长努吉斯这年冬天走丢好几次，有一次它似乎就是被冰带走，最后奋力游回岸上，因为它回营时皮毛上全是冰屑。最后它彻底失踪，怎么找也找不着，不知道到底发生了什么事。

维达脾气暴躁但强壮，自我们从一吨库回来后，它的体重大约增加了一倍，这年冬天它差不多成了家犬，守在门口等人出去时抚摸它，有时也进屋来陪伴值夜人。但它不喜欢早上被赶出去，我也不喜欢负责赶它出去，因为它很凶。这年冬天我们让很多狗自由活动，没有拴住。有时静静站在岬角的岩石上时，会看到三四条狗像黑暗中的影子跑过去，忙着追逐冰墙上的海豹：这就是给它们自由的麻烦，很遗憾我们发现不少海豹与企鹅的尸身。有一条新来的狗叫狮子，有时候陪我到坡道顶上远眺峡湾中的冰。它好像与我一样对冰的形成感兴趣，当我用夜视望远镜观察时，它就坐着凝视大海，海上的冰依其生成时日或黑或白。当然我们有一条狗叫皮尔里（美国北极探险家），也有一条叫库克（英国探险家）。皮尔里因不肯拉车，在冰棚上被杀了，库克则仍在我们身边，而且好像被它的同伴斥逐，它则似乎乐意如此。未拴的狗看到它就追，当附近有别的狗时，库克一出现，马上就展开一场越野赛跑。一天它也陪我上坡道去，走到一半，它忽然回头，往木屋方向没命地奔跑，原来有三条狗从岩石后面现身，在后面猛追，在我看起来追与被追的狗都乐在其中。

下一个雪橇季来临时该做些什么，这个问题一定存在每个人的心中。要去寻找哪一个失踪的队伍？冬天出去寻找坎贝尔等六人是不可能的。就算是身强力壮的人，这时候到埃文斯小湾去恐怕也不可能，更何况我们这些体弱力衰之人。再说，如果我们能来回跑这么一趟，那坎贝尔他们跑单程应该更没问题。此外，西方山脉下方显然海水未冻——不过我们在做决定时并未受此因素影响。我们面临的问题是：

坎贝尔一行人"可能"已经被"新地"号接上船了。彭内尔说过他在北上途中会再试一次，也许他接到人了，但是因冰的情况没机会再与埃文斯角方面通讯。另一方面，也可能船没能接运他们，而由于海冰不稳，他们在此季节又不能走海岸下来。他们那组人主要的危险是在冬季，冬天一过，危险就越来越小。如果我们在十月底出发营救坎贝尔，估计船抵达的时间，我们大约只能比船来接他们早到五六个星期。不管怎样，坎贝尔等人应该还活着，挨过了冬季，救援到否攸关生死。

探极小组方面，我们知道他们一定是死了，尸体可能在小屋角到南极之间的任何地方，被雪掩埋，或躺在冰缝底，那是最有可能的情况。从南纬八十五度五分的上冰川库到南极之间，他们采取怎样的路径、库存在何处，我们都不知道，率领最后返回队伍的埃文斯中尉病残退伍回去了，另两个水手队员则全然不知路径。

根据两个支援队走下比尔德莫尔冰川的经验，那里的冰缝地区险恶可怕，因此大家一致认为探极小组掉进了冰缝；他们那组有五个人，比别队四个人、三个人都重，这可能性很大。拉什利则认为他们得了坏血病。真正的原因我们从来没有想到过，我们以为他们的配给非常充足，不可能不够吃。

我们这支探险队的第一目标是探极。如果找不到文件记录，他们最后是成是败便永远不见分晓。就算不为了他们本人与他们的家属，光为了探险队，不也应该弄清楚究竟发生了什么事吗？

找到遗体及遗物的机会看来不大。但另一方面，斯科特严格规定经过库存应留下字条，因此他很可能会在上冰川库留下某种记录，之后才进入比尔德莫尔冰川区。我们很想知道他有没有这么做。如果我们往南搜寻，必须准备一直走到此库；更远的话，我刚才说过，我们不知路径。但若要准备走到上冰川库，拉雪橇的人数必不可少，因为我们没有库存，这样，我们就派不出第二支队伍去营救坎贝尔。

这些因素都放在脑袋里，一天晚上我们在木屋里坐下来讨论该怎么做。事情难办。如果往南，可能完全失败，找不到探极小组的任何踪迹，而坎贝尔小组却因得不到援助而死掉。如果往北，发现坎贝尔小组安然无恙，而结果探极小组的命运却永远埋没。我们应该放弃可能活着的人，去寻找已知必死的人吗？

阿特金森把这些论点向全体人员说明。他表明他自己认为我们应该往南，然后逐一询问每一个人的看法。没有人主张往北，仅有一人不主张往南，但不愿表示任何意见。这么复杂的问题竟得到如此一致的结论，颇令我惊讶。我们为再次南行做准备。

做这样的决定，其困难是无法言说也无法想象的。那时我们茫无所知，现在当然真相大白。洞烛状况的人，无法体会在重重疑云中摸索的困难。

冬季日常工作顺利进行。木屋里的空间比我们所需的宽敞得多，因此有些工作便可以在屋内做。例如，我们在暗房地板下打了一个洞，运了些厚重的大火山熔岩来，堆在房屋的地基上，浇些热水，它们便牢牢凝固在地基上，如此形成基座，赖特用来进行钟摆观察。我在屋内剥制了几只鸟标本。因人数大减，屋内比以前冷了很多。

这个冬天的风特别狂暴，五月的平均风速，每小时以海里计，是二十四点六，六月是三十点九，七月是二十九点五。刮狂风以上（蒲福风速计①每小时四十二海里）的时间，五月是百分之二十四点五，六月是百分之三十五，七月是百分之三十三。

这些数字说明，五月之后我们便被怒吼的风与漫天的飞雪包围着，门前的海从无机会长久冻结。

前述五月初的暴风雪之后，埃文斯角周围的冰以及北湾的冰凝聚到相当的厚度。我们安置了一个气象屏幕在北湾的冰上，阿特金森也在那里打了一个冰洞安放渔罟，结果引来很多竞赛。水手们也打了一个，双方大张旗鼓地比赛谁网到的鱼多，不过后来渐渐偃旗息鼓，不了了之。一天早上传来欢呼声，克林耀武扬威地进来，提着渔罟，里面有二十五条鱼。阿特金森在那以前只捕到一条鱼，不过那是因为海豹发现了他的渔洞：新打的洞才捕得到鱼，等海豹发现就没有了。其中一条鱼在背鳍鞘上有寄生物。体外寄生在南极地区并不常见，这是一个有趣的发现。

六月一日，季米特里与胡珀率一队九条狗往返小屋角一趟，看能不能找到努吉斯，即五月一日返埃文斯角时跑掉的那条狗。小屋角那儿有很多食物供它捡食，但没见到它的踪迹。他们回来后报告地面难行，像前一年一样无冰脊，但从大尖背岛到帐篷岛之间有一道很大的裂口，还在继续龟裂中。小屋角堆雪甚多，事实上埃文斯角也差不多。六月初的气温降到零下三十几度，但气温下降，我们的精神反而提振：我们希望

① 蒲福风级，英国海军上将弗朗西斯·蒲福约在十九世纪中叶设计的风力等级，由〇至 12 级。

海冰长冻。

六月八日，星期六。前天晚上起，天气变了，对我们是好事，难得。周四傍晚刮起强劲的北风，夹带飞雪，入夜更是增强，到后来风速每小时达四十海里以上，气温则是零下二十二度（约零下三十摄氏度）。北方来的强风很少见，通常是暴风雪的前奏。北风到清晨消歇，日间无风且晴朗，气温下降，至下午四点时为零下三十三度。日间气压计不寻常的低，正午时仅为二八点二四。到晚上八点，气温是零下三十六度，暴风雪爆发，同时气压计跳升，所反映的是暴风雪而非温度，因温度并未上升多少。夜间风高，时速七十二至六十六海里之间，连吹了几小时，尚无消减的迹象。现在，吃过午餐，木屋吱吱摇晃，石块如雨打在它身上，飞雪堆积甚厚。

六月九日星期天。气温升高了些，日间约为零度（约零下十七点八摄氏度），暴风雪仍无减弱之意，风速仍高。北湾似有大量的冰给吹走，不过沿岸一条对我们很重要的冰道应该是不会被吹走的。

六月十日，星期一。一整天暴风狂吹。很难静下来做点事，读书或写作。屋外风声如吼，木屋剧烈晃动，我们简直担心它还能撑到几时。多半时间风速约每小时六十海里，但阵风更大得多，有时好像非得吹走什么不可。快吃中饭时，我正绞尽脑汁写《南极时报》的一篇社论，文中庆幸北湾中冰仍在。吃午餐时纳尔逊跑进来说："气象屏幕吹走了！"北湾所有的冰都吹掉了，紧靠岸边的部分，在那里已有很长时间，厚达二英尺以上，我们原本以为一定保得住，也没有了。随北湾气象屏幕一起消失的，是放在四百码外的仪器，以及渔罟、几把铲子和一辆带撬棍的雪橇。午餐时阵风特强，冰一下子就吹走了。以后再没见到踪迹，虽然飞雪不大，我们看得见相当距离外的东西。北湾的冰被吹走，很令我们失望，因为门前是冰是水对我们关系重大。我们现在差不多是被圈禁在岬角之内，自己运动或带骡子运动都只在这里。在黑暗中，地面崎岖难行。但若南湾之冰也被吹去，那可是大灾难，往南的通路完全断绝，明年也不可能拉雪橇出门了。但愿不致如此。

暴风雪连刮八天，是到那时为止我们经历过最长的一次：

它生时狂暴，死时壮烈，一直猛刮到最后一刻，先是南风，平均风速六十八海里，再刮北风，风速五十六海里，最后又回复到南风，这才平静下来。坐在这里，耳边无风声在通风孔中呼啸，寂静而有星光，北湾再度冻结，真让人宽心。①

值得注意的一点是，这次冰被吹走，与五月初的那一次一样，都发生在月晦之时，因此也就伴随着大潮。

我不想细说随后的风与雪，日与夜。少有几日没有暴风雪，但在晴朗的日子里，星光特别灿烂美丽。

今天下午摸黑自岬角回家，看见埃里伯斯火山爆发，与以前所见相比算是很大了。像一大蓬火焰冲上几千英尺的高空，旋起旋灭；再起时，只有原来高度的一半，然后便消失了。之后火山口冒起大股蒸汽，据德贝纳姆说，冒出的并非火焰，而是火山口中一个大泡泡破裂的反射。后来烟云向南伸展，我们看不见末端。②

---

①② 我自己的日记。——原注

一个暴风接一个暴风，到七月初，有四天雪雾浓得前所未见。通常在暴风天出门，风会把扑在你脸上和衣服上的飞雪吹掉，因此虽然伸手不见五指，尤其在黑暗的冬日，但拜风之赐，你不致窒息。也拜风之赐，陆地、帐篷、屋宇和箱笼不致被雪掩埋。但在这次暴风雪中，飞雪如毯，立即把你通体遮盖，脸和眼睛都被堵塞。格兰早上八点上山去读取数据时便迷失了一阵子，赖特去磁性洞穴观察时也差点找不到路回来。在此天气中，人离屋虽仅几码远，若迷失是很难回来的。

这场风暴平息后，营地已被雪掩埋，就连平坦无碍的地面也平均堆了四英尺高的雪。木屋两侧的两大堆雪被扫入海，但有些库存品恐怕始终没再见天日。大部分东西我们搬到屋后高地上去，那里不太会积雪。大约就在这时，我开始注意到埃文斯角尖端外有大块冰如锚如砥：意思是有冰在未冻之海的底部形成，且定着未漂移。这时岬角周围一直到南湾都是未冻之海，但天太黑，不能确定峡湾中冰的分布情形。我们担心与小屋角断绝往来途径，但我想是没有。天清气朗、可以出去晃荡的日子非常少。上帝诚然很愤怒。

> 七月十四日，星期天。夜间有暴风，早餐后飞雪甚多。做礼拜时，几名兵官出外取冰化水。北湾的冰吹走了，兵官们以为海水未冻，看起来会是黑黑的，但克林告诉我，他们几乎走到冰墙上去。天稍晴朗后，我们看到海与冰墙一样白。湾中躺着一长条冰，想是夜间被潮水带进来，虽然逆着时速四十海里的风。这表示潮与海流的力量可能比风还大。只在这时候有很大的潮水。一整个早晨刮风飞雪，潮水涌入，携入冰块往冰墙底下挤，以致退潮后冰还在那儿，强烈的南风也吹不走它。①

---

① 我自己的日记。——原注

从埃文斯角远眺北湾和巴恩冰川的尖端——德贝纳姆摄

搁浅在我们附近的冰山被强风搬迁、割裂。前一年安置在坡道上的气象屏幕也被风吹去，想必是给刮到空中，然后落入大海，从此杳如黄鹤。赖特安在磁性洞穴入口的两块门板也不见了：他拉起门板时，风将之从他手中夺去，消失在空中，未再出现。

大海急欲冻结，海水中无疑已积存了大量的冰结晶。不止一次，我站在冰墙上，看阵风如舌，扫向大海，舔开海水。然后，毫无预兆，风忽然完全静止。便有一层冰覆盖住海的表面，出现得极快，你可以说它上一瞬还不在那儿，这一瞬已经铺满。接着风又起，冰又被吹走。一次，冬天已过，昼光重现后，我站在岬角尖端，周围空气一片静止，忽然一海里外，暴风雪大作，岛屿，甚至不通岛与岬角之间的冰山，都整个被飞雪罩住，模糊起来。雪幕的上端界限分明，露出不通岛的峰顶，土耳其人的头看得见，埃里伯斯山相当清楚。事实上，我正好立于暴风雪的边缘，其侧边耸立如五百英尺高的墙，向海峡移动过去，时速约四十海里。风声与浪涛声自其中传来。

这里的天气状况相当局部，另一次经验也证明了这一点。那次是阿特金森与季米特里带狗队去小屋角，运送饼干与肉饼，以备搜寻队伍之用。我送了他们一程，分手后到冰川舌尖立一面旗子做调查标记。天气晴朗明亮，从舌尖很容易描绘出诸岛的方位，这表示冰川舌在一九一一年秋季断裂了很大一截。我以为会很愉快地散步回去，却发现哈顿崖方向刮来强风与飞雪。我戴眼镜，不戴便看不见，只好借透过飞雪仍隐约可见的太阳定位。忽然间，我走出了飞雪形成的墙，进入一片光明，眼前是小尖背岛。前一分钟还风强雪骤，几乎什么也看不见，下一分钟便一片宁静，仅有空气后退卷起的一点小雪。再走三百码，又刮起北风。这天阿特金森在小屋角测得的风力是八级，气温是零下十七度。在埃文斯角，气温是零度，大家坐在岩石上晒太阳、抽烟。很多例子证明这里的天气状况是多么局部。

仲冬时节有一个早晨，我们醒来时又是刮着暴风。前几天都无风，冰已冻得够厚，可以凿冰洞放渔罟了。但渔罟显然经不起这样的风吹，早餐后阿特金森把下巴一抬，说他才不想再把渔罟葬送在这样的风里。他和基奥恩出发去冰上，立刻在黑暗与飞雪中消失不见。他们取回渔罟，但回岬角时上岸地点已离去时很远。我们很高兴看到他们回来，不久冰便被吹走了。

骡子的主人们领它们散步，人畜均安，实在值得敬佩。黑暗中的埃文斯角处处散布着大圆石，未冻之海就在脚下不远处，绝对不是牵骡子散步的好地方。骡子们刚从温暖的厩舍出来，心情不佳，又是好几天来第一次出门，风势凌厉，你觉得自己的脸可能冻伤，手则一定已经冻伤了。但运动持续地做了，没有出差错。骡子们是很乐意出来的，名叫排瑞的母骡得了膝盖黏液囊肿，不得出门，便把气出在没病的同伴身上，当它们进出门，经过它面前时，用力咬它们每一个。古拉卜体型最大，威廉森带领它得靠技术。有几匹，尤其是拉尔汗，非常爱玩，绕着主人跑，停下来时便用蹄子刨地。萨希汗则很感无聊，经常在打呵欠，有人说它得了极地倦怠症！整体来说，拉什利把它们照料得很好，每天给它们梳毛，仔细照顾它们。它们是非常善妒的动物，如果对手得到较多关注，便会激动不安。但名叫维达的狗却是它们的好朋友，常到厩舍去与它们摩擦鼻子。

骡子的食物是根据去年奥茨给马的食物配给的，喂养成功。

南来时在“新地”号上给狗的居住环境很值得检讨。读者也许还记得，它们是被铁链拴在主甲板的货物顶上，在飓风与恶劣天气中吃了不少苦头，尽管时间并不长。可是没有别的地方可以安置它们，船上的每一英寸空间都塞满了东西，连我们两年多所需的私人用品都只能放在一只同样大小的小盒子里。海员都会了解，要在甲板上加盖房屋或棚子简直不可能。事实上，我想狗儿们在飓风中受的苦还没我们多。海上天气好时，以及在浮冰群中期间，它们都相当舒服。但以后探险队可以考虑冬季给狗较好的遮蔽。度冬总部设在冰棚上的阿蒙森，比我们在埃文斯角经历较低的温度，但暴风少很多，他让狗住在帐篷里，白天则放它们在营地里跑。在我们遭遇的暴风天气下，帐篷会被吹走，我也说过我们没有松雪，不能造屋，阿蒙森则在冰棚上造屋居住。

我们比较乖巧的狗是放开不拴的，尤其是在这最后一个冬天。初冬时我们且建立狗医院。我们很愿意把它们都放开，但若这么做，它们会立刻互相扑咬。如果我们采取阿蒙森的预防措施，给它们戴上口罩，或许就可以放开它们了。阿蒙森的狗发现，打架这项运动如果没有血腥味，就失去了趣味。于是它们不打了，后来没戴口罩也跑来跑去很开心。不过海豹与企鹅惨遭屠戮很令我们惊心，而没拴的狗也可能随海冰漂走。拴住的狗躺在一排箱子的背风面，各狗有各狗的坑。当暴风雪吹袭时，它们舒适地蜷曲在坑中任雪掩埋，在冰棚上拉雪橇时，它们也以完全相同的姿势躺着。赶狗人搭好帐篷后做的第一件事就是给每条狗挖一个坑。也许这种方式对它们最自然，也许让雪埋着比冷飕飕的屋子还让它们暖和——不过这一点我感到怀疑。总之它们在这样严寒的环境下适应得相当好，经过辛苦拉车的任务之后，很快养肥养壮，而它们拉车的表现也非常好。我们没能为它们造一座小屋，因为我们连比狗屋小很多的测磁小屋都因船装不下而留在新西兰没带来。我不建议把狗屋建在人舍屋檐下，不过如果你愿意忍受狗的嘈杂和气味，则这不失为一个好方法。

厂商为我们制造的狗饼干每块重八盎司，拉雪橇时，它们的每日配给是一点五磅，入夜扎营后喂食。我们用海豹肉做肉饼给它们，拉雪橇时试着给它们替换饼干吃，但它们不适应。饼干里的油让它们通便，肉饼里的油也有相同作用，但脂肪没有完全消化，它们又把排泄物吃掉。马有时也吃自己的排泄物。有些狗偏爱吃皮革，我们便用铁链拴它们，扎营时把它们身上的帆布及生皮缰具脱掉，用铁链拴在雪橇边，要留心不能让它们碰到雪橇上的食物。拉雪橇时，阿蒙森喂狗吃肉饼，但还有别的：他喂狗吃狗肉。我不知道我们能不能这么做，我们的狗是西伯利亚犬，听说是不同类相食的。在阿蒙森的度冬总部，他一天喂狗吃海豹肉和海豹油，另一天喂干鱼。在“前进”号南下的长途航行中，他喂狗吃干鱼，每周三次给它们吃干鱼、牛油和玉米煮成的粥。我们的狗，不管是在埃文斯角或小屋角，有些晚上吃很多饼干，另一些晚上吃冷冻的生海豹肉。

关于狗，我们最大的困扰来自遥远的地方——可能远自亚洲。斯科特的日记中曾提到，第一年里，有四条狗受一种不明疾病袭击，其中一条两分钟就死了。最后一年，我们损失很多条狗，阿特金森交给我以下备忘录，叙述狗的寄生虫病，是一种线虫，后来才发现是这种虫让狗生病的：

> 丝虫病：有些狗受这种线虫感染，造成死亡，第二年尤多。探险队出发时（一九一一年），此病正发生于亚洲及巴布亚的太平洋岸，所有此时进口到新西兰的狗都经显微镜检验。其中间宿主为库蚊。
>
> 症状各异。开始时通常是剧痛，动物因此号叫呻吟。痛来自心脏，表示动物体内有成虫。有血尿现象，动物因损失血红素而致贫血。几乎所有的病例中，后期都有后肢麻痹现象，并可能向上延伸，终致死亡。
>
> 感染地点可能是海参崴，它们上船，运到新西兰以前。此病唯一的处理法是防止感染。在狗身上涂抹石蜡，蚊子可能便不会咬，不然可在狗笼上装纱网，尤其是在夜间。显微镜下可在血液中找到幼虫，亦曾在心脏内找到一只成虫。

我们不滥杀动物。我曾叙述坎贝尔那队在埃文斯角登陆的情形。有队员主张杀些海豹，以备万一船不能来接运他们时可做食物。那时他们完全不知会有这种可能，因此决定不杀，以免沦于滥杀。但那年冬天该队几乎饿死。现在英国却准许企鹅被当成商品，为榨它那点油脂，成百万地屠杀。

我们非必要绝不杀生，非杀不可时，我们物尽其用，既当食物，也做科学研究之用。在埃文斯角见到的第一只帝企鹅是在暴风雪中，经过木屋外一阵热烈追赶，抓到了。它让我们忙了好些天：动物学家剥下它的皮给博物馆制作标本，显示它与一般企鹅的毛羽有不同的颜色，制作它的骨架，并观察其消化器官；寄生虫家找到一种新的绦虫；它的肉则被我们分吃。很多雉鸡死得没它有价值。

这年冬天我们附近有许多威德尔海豹，但它们都避开风，多半居留在水中。海是南极较温暖的地方，温度从未低于零上二十九度（约零下一点七摄氏度），在零下三十几度、可能还吹着风的冰上躺着的海豹钻进海里去时，一定觉得舒服极了，就像我们在英国寒冷的冬天走进暖气房的感觉一样。另一方面，水手在盛夏的艳阳下，从北湾的船上跳下海里洗浴的话，一定立刻就爬上来了。这年冬天最美的景象之一就是海豹披着磷光在黑暗的水中游泳猎食。

我们仍听演讲，但不像上年冬天那么多，讲题也不一定与我们相关。在极地长夜的沮丧和煎熬中，我们读很多有关极地的书；但感谢留声机、自动钢琴、有变化的食物，以及探讨身心需求的研究，第一年的冬天我们并不太为黑暗所苦。我们有很多适合在黑暗中阅读的小说，我想绝大多数人都很爱读。但第二个冬天，想到有些最要好的朋友已死，另一些处境极为危险，说不定也死了，可是一切都不清楚，每个人又都已拉雪橇拉到不能动，暴风雪整日整夜吹袭，那种感觉相当可怕。这年太阳回归时，没有一人不谢天谢地，尤其因为暴风雪无休无止，阳光的重现让事情好办得多。很少做户外运动的人受黑暗的影响较大，而这一年比上一年更难获得充分的户外运动。在极地旅行的人需要变化，凡是出外做雪橇工作的人都适应得比在小屋内外负责杂务的人要好。

其他条件相同的话，精力充沛的人在探险队中表现最好。他们比较有想象力，因此比迟缓冷漠的队友受的苦多，但他们能办事。而当事情恶化到极点时，他们强韧的心灵便战胜身体的软弱。如果你要找个好伴同赴极地旅行，找那肌肉不甚强健的，只要他的体格健康，心志坚强——如铁。如果这两者不能兼得，放弃体格条件，仰赖意志力量。

附记

这时候赖特一场关于冰棚表面的演讲特别引人注意，因为它与冬季之旅及探极小组的惨死有关。在一般温度下，雪橇滑刀在雪上摩擦造成的力可称为“纯滑摩擦力”，雪可能在滑刀之下融解成几百万颗极微小的结晶，因此雪橇是在水中滑行。在正常温度下，结晶粒比在低温下大而且软，这时雪中出现光圈，拉雪橇时光圈几乎碰触到脚，随人向前移动，我们有时便以维持光圈在某个角度的方式定位。我的经验是，气温在十七度左右时，雪橇最容易拉动；赖特的看法则是，夏季在冰棚上，气温低于五度时，地面相当好拉；在五度至十五度之间比较不好拉，在十五度至二十五度之间最好拉；超过二十五度便难拉，而又以冰点左右为最难。

气温升高时，滑摩擦造成的冰融解便太多。这时我们便发现滑刀上有冰黏结，量虽极小，却使得雪橇拉不动。因此在比尔德莫尔冰川上，我们每次停下来便用刀背刮除滑刀上的冰。这冰可能是滑刀陷入雪中特别深时形成的，在深处的雪温度够低，本来会因摩擦力或因阳光辐射在黑色滑刀上而融解成水，这时都凝结成冰。

在很低温时，雪结晶变得很小且很硬，硬到会刮伤滑刀。在这样的气温下，滑刀形成的摩擦力可称为“滚摩擦力”，其效果，依照我们在冬季之旅中以及别处的经验，就像在沙地上拉雪橇。这种滚摩擦力是雪结晶与雪结晶相摩擦的结果。

如果气压计上升，冰上的结晶便是扁的；如果下降，会看到海市蜃楼，并且有暴风雪随之而至。出现海市蜃楼时，空气是从冰棚往外流动。以上是赖特的演说。

我们回到英国后，我曾与南森谈到雪橇滑刀，他建议未来从事探险的人，理想的雪橇滑刀要轻而坚韧。他告诉我，在气温高时，他总是用金属滑刀，比木滑刀好用；但在低温时，非得用木制滑刀不可。同样重量的金属滑刀比木滑刀坚韧。他自己从没试过以铝或镁为金属材料，但他认为可以尝试。他也建议木滑刀上附金属滑刀，两者可在必要时轮替使用。

“发现”号探险队用的是德国银造的滑刀，结果失败。南森认为失败的原因是这些滑刀是在英国装上去的，木头会收缩，而德国银不是很平整。应该在极地现装滑刀。南森自己在“前进”号上装置滑刀，效果极佳（我相信“发现”号的滑刀不是一整条金属做的，而是一段一段连接起来，因此接缝处有裂隙）。在装上以前，要把德国银烧至红热，等它冷却。这样它可以像铅一样延展开来，比较没有弹性：金属应越薄越好。

滑刀融化结晶，因之行在水中。金属不适合用在冷雪中。因此南森建议在低温中加装木滑刀，取代金属滑刀。所用的木材，他会选择最好的热导体。第一次横越格陵兰时，他试过桦木，但太容易裂。橡木、白杨木、枫木和山胡桃木用作滑刀时，年轮应相隔越远越好：这是说，应该用生长快速的树木。年轮相近的白杨木便会断裂。但白杨木各个不同，美国白杨不适合此用途，有些挪威白杨可用，有些不行。我们的滑刀是白杨木做的，每把也大不相同。雪橇滑刀应微弯，中央最接近雪。雪屐的滑刀也应微弯，但中央向上，不触及雪。造成微弯的方法是在木头切割时多留意。木头干时总是中心凹下，向周围弯曲上去。

在最后一年里，我们有六辆新的挪威雪橇，长十二英尺，是船新运来的，装有胡桃木滑刀，越后端越尖细，前端宽三点七五英寸，后端宽二点二五英寸。我相信这是斯科特的主意，他认为滑刀前面宽，可压出一条路来供窄小的后端行进，整个摩擦力可减少很多。一天早晨我们装了这样一把滑刀在一辆普通雪橇上，载着四百九十磅（约两百二十二公斤）的货到南湾去。那天的地面有相当软的，也有比较硬的和粗石路面。大家一致认为前宽后窄的滑刀比较好拉。后来我们在冰棚上用这种雪橇很成功。

如能以这样的方式试验雪橇用具，会很有帮助。人力雪橇队没法精确估计里程，马拉或狗拉的更不用说。可是雪橇各个不同，队长如能在买下之前试用，并且在出重要任务前先挑出最好的雪橇，是极好的事。我相信可以在雪橇与拉橇人之间装上某种平衡杆来试验。

南森还提到以下论点：

浸过焦油的雪屐好用：比较不沾雪。但他不建议用浸焦油的雪橇滑刀。他用过中国丝做的帐篷，小到可以折叠放进口袋，但很冷。他建议用双层帐篷，内衬可以剥下，这样两面的冰都能抖掉。他说羊毛内衬可能比棉或丝或麻的暖。但我认为，羊毛会吸收锅炉冒出的潮气，且较不易抖掉凝结的冰。四人一组拉雪橇时，他主张每两人一顶睡袋，中间隔一根棍子，而帐篷垫应与帐篷一体成型。三人一组，像我们做冬季之旅时，应用三人睡袋。帐篷上因锅炉及呼吸形成的霜，他认为在拔营以前不应刮除；霜越多越温暖。他认为两人或三人的睡袋远比一人的暖，不舒服没关系，当你累到那种程度，反正一躺下就睡着了。我则建议探险者读读斯科特对此话题的意见①，再自做决定。

① 参见斯科特的《“发现”号之旅》卷一第 480 至 487 页。——原注

第十五章
又是春天

啊，做梦，啊，醒来去漫游
漫游中，有取与予的喜悦，
在寂静的幻境中，
轻声呼吸；
低声！因为在花与草间，
只有大熊的动作出声、经过；
只有风与河，
生与死。

花应是雪花，河应是冰川，斯蒂文森如来过南极，他会如此写明。

上帝派遣昼光来驱散黑暗的噩梦。我至今记得，一个八月天，太阳升至巴恩冰川的边缘，把我的影子清楚地映照在雪地上的喜悦。冰坡变得友善了，多好。春的迹象一到，我们便把日照记录仪取出；大家开始讨论到洛伊角及小屋角去，以及做调查的事；吃午餐时，刚扫过雪的窗户透进日光。

搜救队已组织好，预定走到上冰川库。旅行计划仿照上年的探极之旅，只是现在冰棚上已无大量库藏。计划让狗队在春天跑两趟角落营运补。两组各四人，希望能上达比尔德莫尔冰川，其中一组只上到冰川的一半，在那里进行地质及其他科学研究，另一组则上到冰川顶。

在我们内心最深处充满怀疑与恐惧。

我与拉什利长谈过一次，他要我坦白说，到底认为探极小组出了什么事。我说是掉进冰缝了。他说他不以为然，他认为是得了坏血病。谈到冰缝，他说，第二回返队回来时，他们在达尔文山南边直落一座冰瀑——直降两千英尺下到一座大谷，自那里向西行，抵达上冰棚库。我听到斯科特告诉埃文斯，他打算走同一条路回来。

后来，他们在造云山顶上闯进的冰缝区真可怕。“不错，有些冰缝连圣保罗大教堂都放得进去，这可不是夸张。”他们在那里待了两夜。往“入口”的一路上都有冰缝，大的有三十英尺宽，我们第一回返队回来时也都经过这个地方，却没见到。可他们回来时许多雪桥崩塌，因此显露出来。那时候埃文斯中尉雪盲得厉害。出了“入口”，在冰棚上，他们也越过很多冰缝，有些我们走雪桥通过，他们到时雪桥却塌陷了。

这让我想到，我们在冰川上遭遇的雪况是否很特殊？是因为之前的暴风雪及大雪使得堆雪特别多？去年经过的深厚软雪的地方，今年再去时是否变成一片蓝冰？哎，我又感到惶惶不安了。不过，船到桥头自然直，事到临头，总没有想象中糟。不过我得说，冬季之旅可比我想象中糟多了。我想起去年这时我想着比尔德莫尔冰川不知多可怕，可是后来并没有那么糟。

拉什利认为不可能五个人都掉进冰缝不见。他们三个人都通过了（而他说再没有比他们经过的冰缝区更危险的了），五个人一定更安全。我却不这么想。我认为多出一个人的重量，过冰缝时情况便大不相同；几个人同拉雪橇，人与雪橇全在雪桥上，雪桥可能承不住重量而断裂崩陷。①

① 我自己的日记。——原注

越过巴恩冰川去了洛伊角几趟，再由那里走山岩运东西到沙克尔顿的旧屋去。那里的海水未冻，只有边缘小片的冰，旧屋与洛伊角积雪也没那么多，可能是未冻的海水吞没了飞雪。小屋角可不一样，周围全是大雪堆。当马厩用的游廊从地板到屋顶全堆满雪。没有冰墙了，从门口到海边只有一条长雪坡。我们把雪铲掉进屋去，里面倒没雪。我们是运东西去备搜寻之旅用，并带回仅余的一只雪橇里程计。

这种里程计是依雪橇后面的一只轮子所经里程来计量，非常有用，尤其是在像冰棚或高原上，四面一望无际时。我们很痛心只剩一个了。雪橇在冰川上颠簸得厉害，探极之旅中，在比尔德莫尔便丢失了一只。狗拉车对它们也很粗暴；至于马，碰到像"基督徒"那样的马真是倒了大霉。总之我们在最后一年只剩一个可用，而且还是有毛病的，虽已尽量修好，毕竟并不可靠。拉什利费了很多工夫，用一辆脚踏车的轮子试着做了一个。但脚踏车轮当然比雪橇高得多，怎样把它装到雪橇上而不致摇晃，又还能精确计程，是件难事。

另一方面，骡子渐渐适应了环境。昼光渐增，天气渐好，它们给套上雪橇，载了货，在尚余的南湾海冰上练习拉车。它们乖顺得像绵羊，而且显然习惯做活儿。古拉卜是个麻烦多多的小家伙，对拉雪橇没兴趣，不过极其温驯。每次把它牵到位置上，或把挽缰系上，总是有一点小事情惊吓到它：手套的拍击声啦、挽缰的碰触啦、前桁的感觉啦，它便逃开，只好重来一次。一旦套好辔，它便乖顺无比。我们用印度政府送来的胸缰，非常好；不过我想如果是奥茨，会宁愿选用颈缰。骡子们看起来健康强壮，唯一让我们担心的是它们的小脚在软雪地上会比马陷得更深。

如果不提失火事件，这份探险记录便不算完整。第一次失火是在船上，驶往开普敦时船尾贮藏室起火，原因是台灯翻倒，很快便熄灭了。第二次是在南极的第一个冬天，发动机棚起火。这发动机棚是由汽油桶围绕着发动机构成，而以防水布为屋顶。这里起火很危险，不过也很快扑灭了。第三、第四次是在刚刚过去的冬天，地点都在度冬总部内。

赖特在用箱子和防水布建一座小棚，做一些工作。他需要一盏台灯（不是野炊炉）。他拿了一盏油灯进木屋，想把它点亮。早上他已花了很多时间在这上面，午餐后纳尔逊来帮他忙。灯上装有指针，显示打气打进去的压力。纳尔逊在打气，跪在桌子一端，桌旁即分隔官舱与统舱的隔板；他的头与灯齐高，指针未显示高压。赖特站在旁边。忽然灯爆开，油碗与底座间的接缝处裂开一道三英寸长的口子。立刻有二十处同时着火，衣服、床铺、纸，桌上与地上到处是溅出的油点。幸好因外面正刮暴风且温度仅零下二十度左右，大家都在屋内，七手八脚马上把所有的火都扑灭了。

九月五日，风刮得像是想把你的冬衣剥掉似的。我们正在屋里，把肉饼装袋，有人说："你们有没有闻到烧焦味?"起先我们看不出哪里不对，格兰说一定是他先前烧纸残留的气味；但过了三四分钟后，往上看，我们看见烟囱管的顶端穿出屋顶处红通通的。那里也正是一个大通风活门的所在。我们从外面投盐进去灭火，火似乎渐熄，但过后不久，通风活门掉落桌上，露出排烟管里一块烧着的煤。幸好这块煤并未掉落，我们将它叉入桶中。再过约十五分钟，整个烟囱又起火燃烧，火焰直冲进外面的暴风雪中。我们从顶上推雪下去，扑灭了这场火，并用桶子、盆子在下面盛接碎片余烬。然后我们做了初冬就该做的事：拆下排烟管来彻底清理。

最后一场火是小事一桩。德贝纳姆与我在小屋角。我注意到屋里满是烟。点着熬油炉时这是常有的事，但后来我们发现屋顶与天花板之间起火。天花板摇晃不稳，不能容人在上面走动，因此在德贝纳姆的建议下，我们折弯一条管子，虹吸些水上去，成功灭火。我们有灭火器，但很不管用，只在每样东西上留下酸渍痕迹而已。

再谈我们现在过着的愉快的户外生活。帝企鹅开始成群结队来探访我们，有时一群多达四十只。它们可能是在克罗泽角上没当成父母，春来后便过着游民生涯。我们没拴的狗恐怕会让它们横遭杀身之祸。一次德贝纳姆带着一群不成材的狗拉车去海冰上，他拉着缰绳，看起来威武非凡。起先他费了一番力气，拉住它们不往企鹅群中去。狗们兴奋欲狂，企鹅恍若未闻。一条名叫小黄的狗，自己脱不得身，便非常无私地狠咬两个同伴的缰绳。德贝纳姆只得停住雪橇，接下来发生的屠杀案他只能眼睁睁瞧着。

第一只贼鸥是十月二十四日来的，我们知道它们即将在无雪而平坦的石头上孵育；而南极无尾鹱也应该就要到了，可能还有一种稀有的雪圆尾鹱；鲸鱼也即将进入麦克默多峡湾。更有南极海岸常见的威德尔海豹，它们十月初会离开未冻之海，到冰上来躺着，它们几乎全是母豹，正准备生育小海豹。

威德尔海豹背是黑的，其他地方则呈银色，从鼻到尾全长可达十英尺，食鱼为生，肥胖壮大，皮下脂肪有时厚达四英寸。在冰上，它是最懒散的动物，总是在睡觉，消化大量食物，哼哼、打嗝、呼哧、吱啾、啸叫，模样可爱至极。在海里它就变了样，非常柔软有弹性，抓鱼，整条吞下。你如站在它呼吸用的冰洞上方，它的头会钻出来，口鼻伸向你，惊讶但不害怕。它张开鼻孔大吸新鲜空气，显然在冰下已行了很多海里路。我认为它们借着听别的海豹发出的声音得知哪里有呼吸洞。有的呼吸洞也是进出口。我发现至少有一只海豹因呼吸洞结冰而死掉。有时我们听见它们用牙齿咬开洞孔（庞廷很耐心地守候拍到它们锯开出口的影片），等它们老了，牙齿自然磨损。威尔逊说它们还有肾的毛病，皮肤也常常过敏，可能是海盐干在上面所致。我见过一只海豹身上全是脓肿。它们刚从海中爬上冰时，脾脏有时看起来胀大得厉害。有些呼吸洞是活门装置，一天我在埃文斯角的冰墙上，那时北湾结了一英寸或更厚的冰，一只海豹忽然自冰中伸鼻出来呼吸，它消失时，原本被它拱起来的一块冰掉落回洞口位置：这就是它们的门。

在我有关十月的记忆中，威德尔海豹与小屋角的生活密不可分。阿特金森、德贝纳姆、季米特里和我于十二日携两队狗到小屋角去，要跑两趟冰棚运补。德贝纳姆因腿伤不能再拉雪橇，因此负责地质工作及平面调查。在前两个雪橇季十分有冲劲的其他人，现在也厌倦了雪橇工作。以我来说，我承认我对整件事情感到嫌恶，相信别人也是如此；但只要有可能，事情还是得做，说我们如何不想做于事无补。这一年从头至尾，大家不仅是自愿劳作，而且是全心投入。需要出门旅行三个月本已够糟，提早三星期离开舒适的度冬总部更让人额外着恼。我们拉着雪橇陷入积雪之中：南边的积雪很厚，风啃噬我们的脸和手；到小屋时什么也看不见，雪下得很大。马厩积满雪，小屋冷而凄凉，又没有存海豹油可熬油取暖。我们若是早先搭船回家，此刻恐怕已在伦敦过了六个月的快活日子！

后来雪停风止，山顶露出，景色壮丽。这是一个最美的夏天午后，我们往平底船角走去时，温暖的太阳直射在岩石上。已有很多海豹来到此处，显然这里今年将是它们的快乐育婴所，因为冰棚与海冰已有许多变动，两者相接处鼓起的冰脊高达六码，中间许多凹洞，等海水上升将之填满，结成冻池，再融化时便成可爱的澡盆。在这背风处，小豹们会追逐它们可笑的尾巴直到筋疲力尽，它们的妈妈会躺着睡觉，不时醒过来用长指甲挠抓自己。现在还没有，不过就快了：赖皮，我们一条喜欢摇尾舔人的狗，听到冰下有响动，已开始往下刨挖。

将近三星期后，我又去了这可喜的地方几次。满是海豹，大海豹与小海豹，长毛海豹与卷毛海豹。每天都有新的宝宝出生，咩咩哞哞之声一天比一天热闹，把这地方弄得像个大羊栏。每当我靠近，海豹妈妈们便张大嘴对我咆哮，赶我走开，但当我伸手抚摸一只海豹宝宝时，做妈的并没有跑来赶我。往往，当海豹妈妈对我吼叫时，小娃娃也张开嘴发出稚弱的叫声：并不是它怕人，而是认为它应该这么做——可能确实是。一只老母海豹身上一圈一圈的，像米其林轮胎的广告，不过各圈之间间隔一英寸，而且似乎是较深色、较长的毛形成，可能是夏季换毛的结果。又有两只母海豹，先后从同一个洞里钻出来，在打架，后爬上来的一只狠咬先爬上来的，好像认为对方不该抢先爬出。第一只没有携仔，第二只却有，这可能就是原因。两只都遍体鳞伤，流很多血。

海豹幼小时最是可爱，有两周时间它披着灰色卷毛，鳍状肢和尾巴显得太长，加上一对黑色的大眼睛，它看起来非常干净，像猫。我看着一只小海豹绕圈追自己的尾巴，把鳍状肢当枕头垫在头下，又搔抓自己，看来快乐无比；而其时天颇冷，又有风。

威德尔海豹的性生活不为人知。它们的交配过程可能很笨重。十月二十六日左右，阿特金森发现一枚约两周大的胚胎，这正是一个重要的阶段。这胚胎与我们找到的很多其他枚一起保存了起来，但都太老，没什么用处。我认为小仔出生时体型大小差异很大，个别妈妈的照顾也很不同，有的当你靠近时很紧张，有的则根本不管或自顾自跑开，留下小海豹自生自灭，有的小海豹会去投靠别的海豹妈妈。有时海豹妈妈很粗心大意，滚压在小海豹身上。

一天下午我赶一只公海豹到一只带着小海豹的母海豹身边去，母海豹凶巴巴地冲出来，张大嘴吼叫，非常愤怒的样子。公海豹极力自卫，但绝无攻击意图。小海豹则努力学母亲的模样。

阿特金森与季米特里运送骡子食料与狗饼干，到角落营以南十二海里处去。他们十月十四日带领两支狗队出发，发现冰棚表面难行无比，雪橇陷入极深。头两夜的最低温分别是零下三十九度和零下二十五度；角落营刮暴风，他们在那里躺着等了一天半，才冒着风雪前进到预定地点，放下货。狗队于十月十九日自角落营跑回小屋角，三十海里的路程。在距角落营三海里处，阿特金森那队的三条狗掉进冰缝，其中一条随整条缰索掉入垂挂。幸好其他的狗继续往前跑，把那三条狗拉了出来。阿特金森的驾驶棍插在雪中未及拿走，做了警示冰缝所在的标记。整件事算是相当幸运，两个人带狗在外面跑，遇到紧急事情时呼救无门。

十月二十五日，季米特里和我又带两队狗去角落营运补，每辆雪橇各携约六百磅重的货。这次地面比阿特金森那次好行得多，有的地方相当平滑坚硬。“又在这样的天气出来是很愉快的，今天晴朗顺遂。”夜间最低温是零下二十四度，次日下午抵达角落营，一路能循旧迹就循，偶然看不见旧迹时便停下来寻找。“我们放下货，让狗休息了三个半小时，吃了两块饼干。看它们等着更多的食物，觉得有趣，它们知道它们的口粮不止这些。”①

有很多证据显示冰棚在过去一年里移动了很远。在平底船角，它挤上海冰；在快到角落营的地方，至少有三个新的、很清楚的隆起；角落营本身，依我们所做的方位测定与绘图，也看得出移了位置。我相信它每年移动不少于半海里。

角落营是著名的风袋，风由此吹往克罗泽角出海。此地多云，气压计下降，温度计迅速上升。

> 于是我们决定往回走，结果就走到饼干库，东边的天空看来阴云密布。这里的气温较低（零下十五度），云在消散。罗斯岛模糊不清，但恐怖山顶上晴朗无云。我们跑得很顺，狗拉得好极：一天跑了二十九海里，其中一半是载满货的！赖皮的脚因为有雪块夹在趾间，流了很多血。肥胖而不肯拉车的子弹，一到营地便去找辛苦拉了一天车的别契克的麻烦！一路有很多幻象，观察山与城堡岩头下脚上。②

---

①② 我自己的日记。——原注

我们次日回到小屋角。赖皮的脚仍不好，季米特里用他的防风衬衫包起它，把它放在雪橇上。平安无事，直到来到海冰上，赖皮逃脱，一马当先地到家。

驾狗真是要死的事！我在开始驾狗之前，言语素遵主日学之教诲，可是现在——要不是今天是主日，我一定可以多告诉你一些。狗心不同，恰如其面。我们有像欧斯曼这样的贵族，像克利斯这样的异教徒，也有像猴猴这样的神经病。今天的雇主如看见一群工人眼见老板拿了缰绳来便高兴得发狂，一定觉得很奇怪。最激烈的工会领袖如看见十一条或十三条狗在冰块上拖曳重负，主人无所事事地高坐其上，众狗却兴高采烈地奔跑，一定会怒火中烧。不过迹象显示，它们已厌倦这种生涯了。再过几天，我们便知道，狗儿和人一样，会跷起二郎腿不干活。当然，它们也有国王，那就是欧斯曼。它们团结对抗不拉分内重量，或拉得太多的狗，非常有效。戴克不受众狗欢迎，因为当在队伍中拉车时，队伍停下来，它总是嚎叫着拉扯缰绳，急着往前跑。这使得其他的狗不能休息，它们当然不高兴。有时全队的狗群殴一条狗，我们全不知其原因。总之我们得随时提防，不要让它们施行私刑，否则，它们的惩罚方法只有一种，也只有一个结局，它们可能称之为正义伸张，我们却称之为谋杀。

我提到过冰棚上的薄脆雪，这雪一层一层的，各层中间有四分之一英寸或更宽的空隙，你经过时它会塌陷下去，无经验的极地旅客会吓到，以为踩到冰缝。但狗儿以为陷落的雪是兔子，一次又一次扑上去追。有一条小狗叫穆卡卡，我们从“新地”号上卸货下来时，一次狗队拉着雪橇，发疯般追逐企鹅，穆卡卡被压在雪橇下拖着走，背受了伤，后来伤重而死。

它本来与一条又胖又懒又贪吃的黑狗并排拉车，这狗名叫努吉斯。每次拉车时，活泼轻快的小穆卡卡总有一两回会注意到努吉斯没在拉，便会跳过挽缰去啪地咬努吉斯一口，然后纵回原位，别的狗还没搞清楚怎么回事呢。[1]

还有史塔瑞[2]。“它实在是个可笑的老头，我所见过最良善、最安静、最聪明的老狗。它脸上的表情好像在说，它已看透世情冷暖，厌之欲死。”[3]运补之旅中，它是威尔逊那队狗的领队，但后来决定不再出任务了。此后当它以为没人在看时，便走得好好的，如见有人在看它，就立刻显出脚受冻伤的样子，痛苦地在雪地上拖着，相貌极为可怜，只有像我们这样残忍的人才会要它去拉雪橇。我们要它拉，它不肯，最后它得胜。

再说一个故事：季米特里告诉我们，在雪莉，有一个“古怪的史塔瑞”来抗议他对待狗的方式（这些狗有一半狼的血统，杀人不眨眼）。

他对我说：“你不该用鞭子。”我说：“怎么？”他跑去找密勒斯先生——想要把我关进监狱。之后他又去找安东，给安东香烟和火柴，问：“这马多老？”他指着乱踢先生。安东说：“很年轻。”他不相信，要翻开乱踢先生的牙齿看，又去看史塔鲁卡。[4]乱踢先生往后倒退，再冲上前，咬了史塔鲁卡两次，把老头撞跌在后面的箱子上，“老太婆”把他衔起来。他白着脸跑掉了，以后我没再见到他。[5]

---

① 威尔逊的日记。——原注

② 史塔瑞，俄语“老头”之意。——译注

③⑤ 《斯科特的最后探险》威尔逊的日记卷一第 616 页。——原注

④ 史塔鲁卡，俄语“老太婆”之意。——译注

第十六章

搜索之旅

游戏之后睡眠，怒海之后泊港，

忧虑之后松弛，生之后死，都是极大的喜悦。

——斯宾塞《仙后》

十月二十八日，小屋角。美好的一天。今晨把马厩的雪都铲掉了，让骡子住；下午又取了些海豹油来。冰崖顶上烟雾笼罩，此外天空几乎完全清明。白岛与冰崖之间有一些积云，这是我今年第一次在冰棚上看到积云。此地岩石与石滩上的雪明显消失很多。

十月二十九日，小屋角。骡子队由赖特率领，队员包括格兰、纳尔逊、克林、胡珀、威廉森、基奥恩与拉什利，十点半自埃文斯角出发，下午五点抵达此地。天气极好，走得顺利。木屋现仅剩德贝纳姆与阿彻在，以后三个月恐怕他们会无聊极了。阿彻今晨早起，为他们做了些蛋糕带来。他们在离埃文斯角七海里处停下来用午餐。

搜索之旅如此展开。预先想得到能做的事都做了，由于在角落营以南十二海里处已有库存，骡子到那里以前可以轻载。气压计这几天都在下降，现在仍低，冰崖上虽有阴云笼罩，不过不像是暴风雪要来的样子。两只阿德利企鹅昨天刚从埃文斯角来，是今年的第一批，还有一只贼鸥，二十四日出现的，表示夏天真的来了。

十月三十日，小屋角。现在是晚上八点，骡子队刚刚出发，它们看起来很健壮，紧跟着走，没有找麻烦。它们的主人们下午睡了觉，晚上开始夜行晓宿的作息，就跟去年一样。今天下午冰棚上视线不清，我们不知道他们该不该动身。但现在晴朗了，显然只是雾，刮了点风便吹散，也或许是太阳威力减弱的缘故。我想他们会行军顺畅。

十一月二日，清晨五点，饼干库。阿特金森、季米特里和我带领两队狗，昨晚八点半离开小屋角。一夜寒冷，午餐后动身时是零下二十一度，现在是零下十七度。地面沉软，狗很难拉。自上次我们来过之后，一切都罩上一层软雪，无疑是最近多雾所致。雪橇里程计标示行进将近十六海里。

骡子队比我们早出发两天，他们预定每天行进十二海里，直到一吨库。他们留下的行迹很清楚，但自他们走过后，有雪自东方吹来。顺利找到石墩标记。我们一路差不多都是跑的，身上全湿了。

十一月三日，清晨，十四海里半。我们到了角落营，不过是经过一番奋斗的。昨天傍晚六点半离开饼干库，到现在已是清晨四点。最后六海里花了四小时，狗拉得很辛苦，我们也一路上都自己跑。地面很难行，有脆皮而软，脚下有飞雪，多云降雪。我们追踪被雪掩盖的骡子行迹有困难，能走这么远算很幸运。气温一直是零度。

有一张赖特留下的字条，是昨晚写的。他们一路上只见到两条冰缝，但是萨希汗掉进冰棚边缘的潮裂，他们用绳子把它拉上来。骡子们第一程走得很快，但到一天将尽时便老想停下来。它们都走在一起，只除了萨希汗，比别的骡子都走得慢。现在刮风飞雪，但不严重，且冰崖以外似是晴朗的。我们都很累了。

十一月四日，清晨。唉！这一天令人失望，只希望一切都会好

骡子队自埃文斯角出发，一九一二年十月二十九日——德贝纳姆摄

转。昨天我们清晨两点起来，先前扎营时刮着轻度暴风，这时已晴朗。五点出发时有一点风，脚下飞雪，是很适合旅行的天气，而且除了前三海里以外，地面也相当好走，最后一程尤其好。但是狗儿承载不住重量，而根据计划，到了季米特里库这里，它们每队还要增加一百五十磅载重。有一条叫库索的狗不肯拉了，我们把它拴在雪橇后面让它跟着走，后面那队的狗要追打它，它于是明白还是拉车的好。扎营午餐时，崔瑟也不成了。当时地面甚好，但我们常需帮忙推着雪橇，它们才能前进。再动身时，骡子队已走远，可能没看见我们。我们到了库藏，但既然连好走的路面都不能顺利行进，坏的路面自然更走不远。赖特留下的字条说，他们的雪橇里程计不管用，这么一来三个队伍总共只有一个里程计。这个里程计目前很可靠。

我们于是决定，狗队必须在八十度三十分，或最远到八十一度回头。原先计划那以后只留四匹骡子继续向前，现在决定留五匹。这样，狗队现在就可卸下很多狗食，改拉骡子草料。也许新的计划比较好，但是这样从八十度三十分起，所有的重量都由骡子承担了；如果它们拉得动，没问题；拉不动，我们便再无可倚赖。

十一月四至五日子夜。一整天刮风飞雪。我们四日中午起身，重新排好贮物墩，把按照新计划应卸下的东西摆好。很可惜，但没办法。刮着夏季风暴，我们出发时都冻伤了。跟着骡队行迹，一路上有许多石墩为记，载重减轻，路又很好走，行进顺利。八海里后停下午餐，骡队刚吃完热粥准备上路。决定骡队今天不赶夜路，等明天我们一起走。

骡队的情况整体来说很好，尤其里程计又肯走了，只是不太准。他们行军齐整，只有萨希汗落后。但是古拉卜，不管用颈缰或胸缰，都把它磨伤得厉害。它的一侧有一大块伤处皮开肉绽，另一侧则较好。拉尔汗拉车没问题，但吃得很少。排瑞拉得极好，但踩在软雪中抬不起脚。阿布杜拉目前是最好的骡子。整体来说是好消息。

赖特的睡袋很糟，很多地方绽裂透光。但他没提，似乎也不觉得冷，倒说通风良好。骡子的罩布，帆布外面有一层粗衬，聚集了很多雪，它们身上也都是一块一块的雪。它们实在爱啃绳子、啃衣服，啃任何能吃的东西，虽然它们并不饿。它们甚至学会拉开系绳，在营地里漫走。纳尔逊说萨希汗唯一不乱走的时候就是准备开拔时。

十一月六日清晨。昨天我们好好睡了个懒觉。跟狗儿们辛苦拖拉了好几天，我个人对此是非常高兴的。昨晚行军时，我们后发，骡队在视线之内，狗队走得很好。同样好的路面，昨天得催逼着它们走，今天却停不下来，虽然已把原本骡子拉的三百十二磅货改放在狗雪橇上。

昨晚极适合行军，现在阳光明亮，在太阳的照射下，狗毛温暖。它们刚为争食打了一架，维达去抢戴克的饭吃，打起来；其他的狗鼓噪不已。

营地比去年明显，因为骡子是深色的，马则是白色或灰色的；同时给骡子披的罩布是棕色的，而不像去年是浅绿色。结果老远便看得见有人在此扎营。我们每隔一定距离便堆一个石墩为记，只要天气好，回程应无迷失之虞。现在进入大雪脊区，埃里伯斯山渐渐显得小了，但整天都看得见特别大的烟柱自火山口升起。

十一月七日清晨。辛苦的一天。起身时气温零下九度且是阴天，风止了，但后来又吹起，风力五级，低处飞雪。出发时光线不好，地面也难行，是此地常见的硬地，但有大雪脊，表面覆盖薄薄的一层结晶。这自然使拉车困难。我们和狗同跑了几乎全程十二海里路，我是很累了。午餐时阿特金森以为看到我们右边有帐篷，吓了一大跳，但后来发现是虚惊。我们一路睁大眼睛看有没有最后返回队遗留的用具，但都无所见。

现在气温是零下十四度，但晴空万里，阳光普照，温暖舒适。当太阳低垂向晚时，天上常会起云，而太阳一旦再度升起，云立刻散了。

十一月八日清晨。夜来行军十二海里，以这个月份而言相当冷，午餐时气温是零下二十三度，现在则是十八度。但没风，阳光明亮，因此觉得暖。可还是有些冻伤，纳尔逊和胡珀都肿着张脸。地面又铺着粉与结晶，但仍是冰崖带的好路面，越过冰崖库已四海里。这很幸运，据我记忆所及，去年我们走到这里已是软雪。如果真是如此，那么今年此地的风比去年多，而依照我们经历的冬天看来，这是很有可能的。

狗队自小屋岬出发，一九一二年十一月二日——德贝纳姆摄

我们是午餐后堆好冰崖库的，插了一面新旗，留下两箱狗饼干，供它们回程时用。可怪的是贮物墩下风面（北偏东北方）的积雪很软，而其他地方的雪都是硬的，而且是特别硬。为何如此，很难解释。骡子队很高兴，他们给拉尔汗喝了水，它也开始吃东西了，这是好消息。有些骡子得了雪盲，现在全戴着眼罩。我刚听说格兰今晨四点时甩下温度计一看，是零下二十九度。纳尔逊的脸真惊人，鼻子肿成一堆，两颊冻伤，护目镜碰触到脸上的地方就冻伤。可怜的马里！

十一月九日清晨。又走了十二海里，地面仍几乎与昨天一样好，实在幸运，这是我第一次在此处见到硬地表，距一吨库最多只余十五海里，看来此地刮过大风。原本西南走向的雪脊现在略偏西，我相信是因罗斯岛造成风的回流——此地的风整体是从冰崖方向吹来的。我认为冰崖是风的分隔线，不过大暴风扫来时是不管局部回流的。上个秋天我们来到这里时已确证了这一点。唉，今年比去年好，上次我们在这里碰到大暴风和零下三十三度的气温。

十一月十日清晨。极适合行军的一夜，不过等待时有些冷，气温约零下二十度。骡队走得很好，但拉尔汗瘦了不少，阿布杜拉和萨希汗也不肯进食了。它们原本的配给量是十一磅的燕麦和油饼，现在减到九磅，它们还不吃。狗队今天又分担掉骡队的三百磅载重，拉曳无碍。地面硬得很好走，颇令人意外。赖特不认为上个冬天下的雪特多或特少，他说雪量约一英尺半，与前一年差不多。骡子通常陷入雪中不深于两英寸，但在有些地方，尤其是到后来，它们陷入五六英寸之深。这是我们今年第一次遇到雪陷，今天有几次很大，午餐时的两次历时好几秒。一次雪陷时，狗儿们大概以为有魔鬼在后面追赶，拼命向前冲。看它们嗅闻骡子的足迹是很有趣的事，显然有气味留存。在这样的温度下，停下时骡子总在踢脚。今晨，阳光渐渐热起来后，忽然起了浓雾。我认为是好天气的征兆。

十一月十一日清晨，一吨库。赖特昨天测过纬度，判断我们距一吨库尚有六海里，雪橇里程计则显示尚有五又四分之三海里。现在我们到了。今晨又有人冻伤，动身时因有风，很冷，气温是零下七度。地面仍很好走，现在雪脊指向西南偏南，脊峰不高，但地面没有转坏的迹象。路上看到最美的云影：西方深黑，渐淡成灰色长条，到太阳附近呈柠檬黄，其间有箭矛状垂直线穿过，天边则是鲜橘色。现在有一轮耀眼的幻日。以太阳而言，这里没有两天是相同的。冰棚的景色虽单调，天空却有无止尽的不同变化，我不相信世上有别的地方有这么美的色彩。

来到库藏时，我一度慌乱。贮物墩很黑，我以为是帐篷。虽然我们自知已尽人事，若发现我们原本可以救他们，将会非常难过。

接着我们发现，留在槽中给他们的食物被石蜡浸透。怎么会这样，我们想不通。我想是配给的油罐装得太满，在冬季暴风中气温骤升时胀破罐子，虽然油罐与食物槽并不在一起，还是流进去了。

这些东西看着惨淡。但探望骡子让人高兴，它们整个来说很健壮，主人们也很高兴。这里有三袋燕麦，早知道我们就不必带那么多了，但我们不知，带来很多，用不上。这里没有压缩草料，那东西倒是很有用，不肯吃燕麦的骡子或许会愿意吃那个。

古拉卜擦伤严重，不然的话它是很健壮的。擦伤不是致命的问题，而它似乎也并不痛，还是高高兴兴地拉车。克林说他今晨与拉尼同跑了一海里。马里说他发明了新的走路法，进一步、退一步，这样领着萨希汗时才不致觉得冷。到目前为止我们不能抱怨上天待我们不仁。

十一月十二日清晨，两点半进午餐。今晨行进时，我们的雪橇里程表不对劲。现在起，我们预定每天尽量走十三海里，那就是午餐前走七海里半，午餐后走五海里半。今天在路上看到右手边有去年留下的两个石墩。现在地面比较软了，拉尔汗的表现又不好，要看午餐后它走得怎样来决定今晚要不要杀掉它。我们原就计划自一吨库前进两天后杀掉一匹骡子，但直到最近才想到要杀的一定是拉尔汗。它越走越慢，与萨希汗一起到达营地。原因当然是它不肯进食。他们说，自离小屋角以来，它几乎都不吃东西，这样它不可能工作。现在气温零下十六度，吹轻微的南风。

近中午时，在一吨库以南十一二海里处。我们找到他们了。以"惊人的一天"来形容不足以表达这感觉；言语无法形容这份惨。帐篷在我们的路线以西约半海里处，靠近去年堆的一个石墩，积满了雪，看起来也像个石墩，只是顶上突出，显露通风孔所在，我们即据此找到帐篷门。

背风面积雪达二三英尺，旁边有两对滑雪杖插在雪中，仅上半部露出，还有一根竹棍，是雪橇的桅杆。

他们的故事我不打算写。他们是三月二十一日来到此处，到二十九日一切结束。

我也不打算描述帐篷里的情景。斯科特躺在中间，比尔在他左边，头向着门；伯第在右边，脚向着门。

比尔死得特别安详，双手交叠在胸前。伯第也很安详。

奥茨死得高贵。我们明天将去寻找他的尸体。他会高兴队友以他为荣。

他们比阿蒙森晚一个月抵达南极。

我们找到所有的东西——记录、日记，等等。他们还拍了好几卷照片，气象记录一直写到三月十三日，还有许多地质标本。而且他们坚持到底，不丢弃所携物品。人到这种时候还拉着所有东西走，不放弃他们以生命换来的东西，实在了不起。我想他们早就知道死期已近。斯科特的头边摆着烟草，还有一个茶包。

阿特金森召集大家，把斯科特在日记中所记奥茨的死亡经过念给大家听：斯科特明白地表示希望大家知道这件事。他（斯科特）的最后遗言是：

“天可怜见，照顾我的人员。”

接着阿特金森念了《哥林多书》里的葬仪经文。这段经文大概从未在更辉煌的大教堂里念过，也从未在更感人的情境下念过，因为这座大坟是国王也要嫉羡的。之后又念了祈祷文，我们以垫布为底、帐篷为覆，把他们葬在睡袋中。他们的努力不会白费的。①

那景象从未自我的记忆中褪去。带领狗队的我们看到走在前面的赖特偏离路线，骡队也跟着向右转去。他看见一样东西，先以为是石墩，后来看到旁边有黑色的物体。模糊的好奇逐渐转变成真正的忧虑。我们全走上去，停住。赖特过来对我们说：“是他们的帐篷。”我不知他怎么猜到，看起来不过是一堆雪，右边是去年留下的一个石墩，圆圆的一堆。但是旁边有三英尺长的竹棍，孤零零冒出雪外；然后又有一堆雪，顶上有东西突出。我们走近看。先没弄明白，但有人上去把雪扫开。绿色的通风孔盖出现，我们于是知道帐篷在下面。

两个人由外帐篷的通气道钻进去，再穿过内帐篷的支撑竹棍。两层帐篷之间有一些雪——不多。但帐篷里面什么也看不见——堆积在外面的雪完全遮住了光。没别的法子，只有先把雪铲掉。很快我们看得见轮廓了。有三个人在里面。

鲍尔斯和威尔逊睡在睡袋里，斯科特把睡袋拉开到底，他的左手伸到生平至交威尔逊的身上。他的睡袋头部，睡袋与垫布之间，是他放日

① 我自己的日记。——原注

记的绿色腰包。褐色封皮的日记本在里面，垫布上还有几封信。

样样都很整齐。帐篷与平常一样搭得结实，门开向雪脊，竹棍撑得很开，帐篷也绷得很紧，呈船形。内衬之内没有雪。有几个散放的小锅子、帐篷常用器具、个人用品、另外几封信与记录——个人记录与科学记录。靠近斯科特有一盏锡罐做的灯，一只鹿皮靴子里有一根灯芯，里面还剩余一点酒精。我想斯科特用这盏灯照明写字，一直到死。我很确定他是最后死的——一度我还以为他的体力不如某些人呢。在此之前，我们从不知道这个人在身心两方面有多么坚强。

我们整理好器具、记录、文件、日记、多余衣物、信件、仪器、鹿皮靴、袜子和一面旗子。还有一本我借给比尔路上看的书，他还带了回来。我们得知阿蒙森到过南极，他们也去到了南极，但这两件事看起来一点都不重要。有一封信，是阿蒙森写给哈康国王①的。又有我们留在比尔德莫尔冰川上，给他们的私人便条——全世界的皇家信函都没有这个对我们重要。

我们挖出引领我们到此的竹棍。埋在雪下好几英尺的雪橇随之露出，竹棍是它的桅杆。雪橇上又有一些零碎的东西——饼干盒里一张纸，是鲍尔斯的气象记录；岩石样本，重达三十磅，都是最要紧的。雪也掩埋了缰具、雪屐和滑雪杖。

一小时复一小时，阿特金森坐在我们的帐篷里读着。发现这本日记的人要读它，然后带回家——这是斯科特写在封面上的指示。但阿特金森说，他只要读到知道发生了什么事就行了，然后他就要原封不动地带回去。他明白了梗概之后，我们便聚集起来，听他读公开信，以及关于奥茨之死，这是斯科特特别交代要让所有人知道的。

我们没有移动他们。把帐篷的竹棍拆掉，帐篷便覆盖了他们。再在

① 哈康国王，挪威国王。——译注

上面堆石块，呈一个石墩。

我不知道我们在那里待了多久，但一切妥当，《哥林多书》经文也念过之后，已是午夜。太阳低垂在南极方向的地平线之上，冰棚几乎全在阴影之中，天空则炽红如火——大片大片的云染着晕光。石墩与十字架在耀眼金光的衬托下，暗沉沉地立着。

墓志铭

一九一二年十一月十二日
南纬七十九度五十分

这支十字架与石墩底下躺着的是：曾获维多利亚勋章的英国皇家海军上校斯科特、坎特伯里大学医学士兼文学士威尔逊医生、皇家驻印度海军陆战队上尉鲍尔斯。谨以表彰他们英勇而成功的南极探险。他们于一九一二年一月十七日抵达南极点，在挪威探险队抵达之后。狂风暴雪加上燃料不足是他们死亡的原因。

同时纪念他们两位英勇的同志：恩尼斯基林骑兵队队长奥茨上尉，他在此地以南约十八海里处，为让同伴活命，走入风雪中而死；还有水手依凡斯，死于比尔德莫尔冰川脚下。

上帝给予的，上帝取回。愿上帝降福。

救援队全体肃立
（全队署名）

以下是我接下来的日记：

十一月十二至十三日午夜。替这三个伟大的人建坟，能做的都做了。

在他们的遗体上建了很大的石墩，一定可以留存很多年。在冰棚上，我们不可能建任何永久的东西；已做的，算是最能持久的了。石墩上钉了十字架，是用雪屐做的。两边各一辆雪橇，直立钉牢，用雪堆埋。

整个很简单而壮观。

孤零零立着的一根竹棍上系着墓志铭，由我们全体签了名。

我们将在此留下一些粮油，然后轻装上路，去寻提多的尸体，为他举行葬礼。

我们将于一小时内上路，我个人很愿意离开此处。

我非常非常难过他们竟然会缺油。我们第一返回队极其谨慎地秤取分量——我们用赖特的一把尺和一根竹枝，先量整桶油的高度，再用尺在竹枝上除以三，而且我们总是留心取比我们分内略少的分量。伯第在注意事项中告诉大家：所有库存品各队都取三分之一。

怎么会短少，我们不明白。而且他们离一吨库只有十一海里，那里粮油多得很！

提多在死前三天才让队友看到他的脚。他的一只脚那时肿得很大，而且几乎每晚都再受冻伤。最后一天午餐时他说他再也不能走了，但他们说他非走不可。他要他们留下他在睡袋里别管。那晚他入睡，希望再也别醒来。但他醒来了，于是他问他们怎么办，他们说大家必须一起走。那时刮着暴风雪。过了一会儿，他说："啊，我出去一下，可能会耽搁一阵子。"他们出去找他，没有找到。

从八十度三十分到最后一营，他们走得非常艰苦。抵达时，比尔的状况很差，伯第和老板两人扎营。

然后，离丰足的粮油仅十一海里，他们困于暴风雪九天，这就是结局。

他们的帐篷搭得很平整，滑雪杖直挺挺地立着，但雪屐则被雪掩埋。

帐篷完好，仅在支柱下面有一些磨损。

油已用尽，他们设法以酒精灯代替。

在八十八度左右，他们遇到的气温从零下二十度到零下三十度，而在高度低了一万英尺（三千米）的八十二度，夜间气温却经常低到零下四十七度，白天也达零下三十度：没有道理。

比尔和伯第的脚都不能走了——老板的脚到最后也不能走了。

这一切太可怕了——我几乎不敢去睡。

十一月十三日清晨。因为一直有很冷的潮风割伤我们的脸，今天只走了不到七海里。我们把大部分配给都留下，等回头来取。预定明天走十三海里，寻觅奥茨的尸体，然后回来，拿补给品回小屋角，再看看能不能往西到那边海岸。

我们想派两匹骡子回小屋角，可能的话，希望与埃文斯角方面通上话。

在此艰困时候，阿特金森表现杰出。

十一月十四日清晨。这一晚行军辛苦。喝过热汤后，等了好一阵子骡队才继续向前。雾冷而浓，逆风而行，不断被冻伤。一整天十三海里路都是非常难行的地面，像走在竹芋粉上一样。午餐时气温是零下十四度七。

继续往前，仍是迎着风，飞雪，光线很差。我们以为前面是骡队，却原来是一吨库以南二十六海里的旧马墙。石墩上有些麻布袋，还有奥茨的睡袋，里面有经纬仪和他的鹿皮靴与袜子。有一只靴子前面割开一直到皮扣环处，显然是为了放进他肿大的脚。这里距上一营地是十五海里，我猜他们带着他的睡袋走了三四海里，希望路上发现他还活着。距我们的上一营地半海里处，有一个很大的起伏，波峰与波峰间距离四分之一至三分之一海里（五六百米），我们一走下峰，身后的马墙便几乎立刻消失了；等我们再爬上另一峰，又看见它。我相信还有更多的波峰，但这个波峰最大。没有发现奥茨的遗体。

约半小时前，暴风开始刮起，现在雪雾浓厚，但风不强。脚步健朗的骡子们却不肯进食，也许是刮风的缘故。

季米特里今晨在八海里外便看见插着十字架的石墩了，若是光线好，应该更远就会看到。

十一月十五日清晨。我们建了一个石墩，纪念奥茨出走的地点，并在石墩上钉了十字架。一份诔辞系在十字架上，写着：

> 在这附近死了一位非常英勇的绅士，恩尼斯基林骑兵队队长奥茨上尉。一九一二年三月，自南极返回途中，他自愿在风雪中出走而死，企图挽救受困同志的性命。
>
> 救援队谨志
>
> 一九一二年

署名是阿特金森和我。

今天回来时，在微弱的光线下，老远就看到这石墩了。

从埃文斯角出发时，原始计划是，如果找到探极队后，仍有足够的粮食，可继续往东探勘比尔德莫尔冰川以南的土地，因为这是斯科特队长原就预定今年做的事。但依现在的情况，无疑我们应立即转向麦克默多峡湾以西，看看能不能往埃文斯小湾去，帮助坎贝尔那组人。

我们带回奥茨的睡袋，经纬仪在里面。

昨天刮了一整天的暴风雪，但我们傍晚起身准备上路时，天气晴朗，仅地表有飞雪。上路后天空又变得阴沉沉的，只有陆地上空无云；这几个晚上，别处阴云密布时，陆地上空都无云，去年我们也注意到有同样的情形。本来已大致停了的风又刮起来，且有飞雪。五天来有四天刮风飞雪。

十一月十六日清晨。正准备驱狗上路时，风雪又起。但骡队已动身一阵子了，那时雪雾还不浓。我们等到将近清晨四点才得以出发，循着骡队的行迹跑。天很暖，地表覆盖松雪，但其下有好走的滑面。我们在石墩与十字架那里追到骡队，他们也是靠旧迹寻得路径。

我试着把坟墓画下来。全世界的漂亮纪念碑在我看来都没有这座适当；它也非常醒目动人。

十一月十七日清晨。看来我们全要发疯了——情况非常困难。最新的计划是寻一条路越过高原到埃文斯小湾去，也就是攀上冰川顶再从那一面下来。这么做没好处：就算我们成功，到那边时船也差不多到了，白花力气。如果到那边时船还没到，那又多了一支受困队伍。大家得等到二月十五至二十日，看船来不来。但是又不能再翻越高原回来：就算我们有体力，那队人也不行。

昨天简直热得窒人，但我再也不会抱怨热。现在晴朗了些，我们轻松循着一个个石墩走。不过地表很软，走得不快。我们带着探极队的装备，他们从冰川底拉运回来的十英尺长的雪橇则留下了。

十一月十八日清晨。高原旅行计划取消了，我谢天谢地。

再度遇上雪雾浓厚的天气。若非派人穿着雪屐在前面探路，我们绝对无法依循固定的路线前进。赖特定位准确，靠回头看后面的人校正路线，到目前为止都能找到一路上的石墩。今晨通过十一月十日筑的马墙，墙已几乎夷为平地，不能算是路标。叫洋客的狗与叫库索的狗起了争执，因为库索不准洋客偷取雪橇上的肉。骡子一路陷得很深，走得很慢。排瑞餐后吃茶叶，拉尼和阿布杜拉休息时合吃了一条绳子，一条挽缰也给吃了大半。这些骡子什么都吃，就是不吃该吃的草料，有些根本连碰都不碰。

午餐后再上路时，天气晴朗了一些，走完十三海里，但走得很慢。现在又是漫天飞雪，洋客，那可敬的拉夫，又啃松缰绳逃脱了，这已是晚餐后的第三次。我追到马墙那边才找回它。

今晚我们第一次在肉汤里放了洋葱，好吃极了。我们也吃了从一吨库拿来的雀巢浓缩奶水。我不想再见到它了——我是说一吨库。皮尔里谈到过以奶水为口粮的事：甜甜的很好，但不易消化。我们是在零下十四度的气温下吃的，还能承受，但如果再冷，我就不敢说了。皮尔里应该有他的道理。

十一月十九日清晨。走了十三海里，地面好多了。依据我与别人的经验，上个冬天一定很特别。我们很多队都来过这里，从没见过如此经风扫平的地面，走上去往往太滑。我不知道“发现”号四月间遇到了怎样的气温，今年四月的气温可比去年四月低多了。而上个冬天那样的暴风也是无人经历过的。

昨天白天高风飞雪，现在依旧风雪漫天。这九天来，只有一天，就是我们发现帐篷的那天，没有飞雪。我们是往北走，顺风，有风不妨，若是往南可就很难过了。

十一月二十日清晨。今天我们好像是在太空里兜圈子。赖特定位很准，每个路标石墩都找到了。骡队在两个石墩边上扎营用午餐，却不知这两个石墩就在旁边，直到一张纸被风吹走，有人去追，看到纸贴在一个石墩上。他们留下一面旗子做我们的道引，我们看到旗子，拔起带走，却没有看到石墩。气温是零下二十二点五度，现在下着暴雪。这些雪会铺在地上，使得路面很软，因为风虽一直在刮，却不强。十天里九天风雪，令人行军时无精打采，因为看不到什么，寻找行迹与定位都很困难。我们仍能一直行进是很幸运的。

关于骡子。最敬佩骡子的人也不能说它们功德圆满。问题是有没有改善的可能。它们只有一件事不好，但这件事很重要：它们在冰棚上不肯进食。从出发到回来（那些回得来的，可怜的东西），它们饿着肚子，拖重物走了三十天。

若肯进食，它们就很棒。它们比马走得快，而且除了一匹外全走在一起。如果两者都肯进食，一匹好马与一匹好骡何者较佳是很难说的。我们的骡子是最好的，受过精良的训练，有最好的装备，但在十一月十三日启程后两周时，赖特记载："骡子不如马。能再见到小屋角的骡子不会多。如果今年的地面像去年那样差，我怀疑有几匹骡子能再走多远。"①

它们虽不肯吃燕麦、压缩草料和油饼，却很愿意吃别的东西。如果我们能提供相当于素食者所食的骡草料，它们或许可以一路不停地直拉到比尔德莫尔冰川去。我们有的最接近这种食物的是塞内草、茶叶、烟草灰与绳子。这些它们吃得很带劲，可惜供应量很有限。当它们以为我们没在看的时候，它们也吃狗饼干，但一旦发现人想要它们吃这个，立刻又开始绝食抗议。在石墩旁休息时，拉尼和排瑞会站在那里，严肃地分别从两端啃吃同一根绳子。阿布杜拉总是领队先行，非常忠实地追随赖特的雪屐痕，因此如果换人探路，赖特站到旁边去，阿布杜拉也跟着转弯。每次赖特要到雪橇后面察看雪橇里程计，都引起好一阵骚动。至于贝岗："把贝岗推倒

---

① 赖特的日记。——原注

在地打滚，才把它弄开软雪地。”①

整体来说，骡子没能适应这生活，因此目前只好视之为失败的实验。可以确定的是，最有机会调适的马走得最远，例如一级棒和吉米猪，在参与探极之旅前都在冰棚上拉过雪橇。

十一月二十一日清晨。天气终于晴朗了。第一段行军时，风暴远飏。地面难行，骡子走得辛苦。去年这时候，很多马出发前都还不肯听话站好，但骡子们现在是悲凄地乖乖上路。我恐怕有些骡子回不了小屋角。

午餐后走了两海里半，也就是自一吨库起约四十海里，我们转而向东，找到第二回返队上次因埃文斯病重而留下的装备。埃文斯的经纬仪，我相信是在那儿，可是我们四处挖掘都没找到。雪屐全直立着，雪堆了六英寸厚。大部分装备是衣物，我们把它们和雪屐一起留在桶子里没带走，只带了伯第在高原上拍的一卷照片和三件地质样本：我想是深层岩石。那里只有这几样东西是要紧的。

我们现在食用的“平日口粮”，每份约四十盎司。以目前的工作量与高温（举例说，出发时是零下二十三度，现在是零下十七度），大家吃不了。这口粮原是设计人力拉车时用的，那样就很合适，很能填饱肚子。

十一月二十二日清晨。再没有比这一夜更适合行军的了。昨天下午四点，在太阳下举着温度计，水银柱上升到三十度（零下一摄氏度）。在帐篷里简直热得不得了。石墩一个个清楚地出现——在这样的天气下用此方式定位实在容易之至。不过石墩已有些倾圮，马墙也被雪堆平：大雪堆很硬，向风面高而背风面低。

狗儿们越来越饿，往骡子身上扑，骡子们因此走得快些。狗队

---

① 赖特的日记。——原注

今天跑得很好，不过一度太快，把一条狗压在雪橇下，其他的缠成一团，准备大打出手。带头的两条狗怎么会有一条被压在雪橇下，实在令人想不通。

探极队的遗物中有一样是写给挪威国王的信，是挪威人留给斯科特带回来的，用一块薄防风布包裹，内有一条深色查验线。粗糙而沉重。

十一月二十三日清晨。今晨预定走到季米特里库，但遇上雾，骡队走了预定距离后扎营，赖特回头来对我们说："我们应该已经过头了，它就在那里。"他正用手指着，贮物墩自雾中显现，不到两百码开外。因此一切顺利。我们狗队明天先行，以免耽误时间，如果海冰仍坚固，阿特金森就过埃文斯角去。

十一月二十四日清晨。痛恨沉陷软雪、踩落脆雪皮的感觉。今天走了十七八海里，没看见冰缝，一路堆石墩、插旗作路标，好让骡队容易循迹而来。狗队跟着马队走时很好，自己打前锋却没精打采。我想它们是厌倦了冰棚，现在它们看见石墩毫不兴奋，知道那只是一个路标，不是要扎营。它们都吃得很好，相当肥而壮。如果有很多的狗，我想应该可以走远路，两队狗可轮流带头，互相激励前进。但我们这些狗恐怕不能再干太多活儿了；然而它们已经做了很多，比有记录可查的任何狗都做得多。

陆地逐渐清晰，黑岩与白雪对比强烈，白岛顶上笼罩着大片黑积云，黑积云上方又突出皇家学会岭纯白的峰，直伸入蔚蓝的天空，色彩鲜明为我前所未见。冰棚本身是深灰色的，景物衬在其上，成为美丽的图画。现在观察山与城堡岩在前面。我想我不会再见到此景，但它联系着许多回家的记忆，经历过漫长、艰苦的旅程后归来的记忆。我有些依依不舍，但此景我实在看够了。

十一月二十五日清晨。我们跑了二十四海里到小屋角，得到最好不过的消息：坎贝尔那组人已回到埃文斯角，安然无恙。他们九月三十日自埃文斯小湾出发，十一月六日抵达。真让人宽慰，事情现在看来多么不同啊！这是自二月以来第一个大好消息，感觉已经过了很多年。我们打算尽早越过海冰回埃文斯角，听他们的故事。

十一月二十六日清晨。昨晚六点四十五分自小屋角出发，约九点抵达，谈谈说说，听他们的大好消息，一直到今晨两点过后。

北队队员全肥肥壮壮的，很开心地谈他们经历过的那段时日，对于其间必有的忧虑与艰难轻描淡写。

我记不下他们的全部经过。上个秋天，船无法越过浮冰去接他们，他们从两百英尺高的高地却俯视到新地湾海水全未结冰。他们准备度冬，在离登陆地一海里处把一个大雪堆掘成雪屋。他们以为船搁浅了，之后被飓风吹往北，未再回头，因此没有把他们接走。他们从未认真考虑过冬天来临以前拉雪橇走海冰回来。他们安置好，很温暖，暖到八月时拆掉一扇门。他们有三扇门，都是饼干桶与沙袋做的。

他们用一只油罐底做炉子，海豹油滴在海豹骨上当燃料，海豹骨浸透油，坎贝尔告诉我煮食与野炊炉一样快。当然他们的卫生环境很差，痢疾和食物中毒是他们的主要问题。

他们的冬天故事令人捧腹：关于“塞上塞子，不然就送你到南极去”；关于讲课；关于他们有多么脏；关于他们带的书：一共四本，其中一本是狄更斯的晚年作品《大卫·科波菲尔》。他们幸而多带了一座帐篷，因为有一座帐篷的竹棍在一次大风中被吹走了，帐篷里的人手脚并用，沿山麓爬行到雪庐去，两个人挤一只睡袋。海豹肉眼看就要吃完，他们遂把食物减半，大家都很饿，只好冬天出去捕海豹，捕得两只，其中一只海豹肚子里有鱼，“是他们吃过最好的一餐”。没有食物时他们还吃过海豹油。

但他们深埋雪中，相当温暖。大风总从西偏西南的方向吹来，是高原上刮来的冷风。在雪庐中他们几乎完全听不到外面的声音。有时一天只得一块饼干吃，星期天可吃到糖，等等。

所以他们是安然归来了，我们往南是对的，至少我们取得了所有的记录。有消息总比没消息好。

傍晚。探极队在极点拍的照片很好，还有他们在挪威人的石墩（一座挪威帐篷、旗杆和两面旗子）旁拍的。有一卷底片未用，另一卷拍的全是这两景，用伯第的照相机拍的。全队看来都健康强壮，衣服上也没有结冰。当时无风，地面看来相当软。

阿特金森和坎贝尔带了一队狗去小屋角，所有人员都将会集埃文斯角。由此到小屋角的海冰看来仍坚固，其他地方则放眼望去尽是未冻之水。

本地已连刮三天南风，骡队今天应抵达小屋角。

这是近一年来最快乐的一天——几乎是唯一快乐的一天。

第十七章
探极之旅（五）

唐璜：叫做“人”的这种活物，在自己的私事上是懦弱到骨子里的，但为了一种信念，他会奋斗如英雄。身为芸芸众生的一分子，他或许是卑弱的；但一旦成为狂热分子，他却是危险的。只有在他心智微弱，听人说理时，他才会被奴役。我告诉诸君，如果有一件事，人认为是“圣工”，他会不顾个人安危，拼命去做，等到过些时候他不这么想了，那又是另一回事……

唐璜：人愿意为之而死的信念，必将成为天主教的理念。等西班牙人终于了解到他与伊斯兰教徒本质相同，他的先知与穆罕默德无差，他会奋起，比以前更虔诚，为防卫所居的陋巷而死，为全人类的自由与平等而死。

雕像：胡说！

唐璜：你称之为胡说的，正是人敢于为之而死的唯一事情。过些时候，天主教徒将不以自由为满足，他们会为追求人类的完美而死，为了这个目标，他们会乐于牺牲全部的自由。

——萧伯纳《人与超人》

五、极点及其后

探极小组：斯科特、威尔逊、鲍尔斯、奥茨、依凡斯

贮物库：一吨库（七十九度二十九分）

上冰棚库，或称胡珀山库（八十度三十二分）

中冰棚库（八十一度三十五分）

下冰棚库（八十二度四十七分）

蹒跚营（入口之北）

下冰川库（入口之南）

中冰川库（或称造云山库）

上冰川库（或称达尔文山库）

三度库（八十六度五十六分）

一点五度库（八十八度二十九分）

最后库（八十九度三十二分）

斯科特自“发现”号探险回来后，深深感受到年轻人较能担负探极工作；当初招募队员时也以“年轻”为主要条件，但从八十七度三十二分继续往前行的五个人，却全是成熟男子。其中四人习惯于负责、领导，四人有丰富的拉雪橇经验且习惯于严寒的气候。他们没有一人会在危急时慌张，在任何情况下失措，或因情绪失控而耗损自己的体力。斯科特和威尔逊是全队压力最大的两个人；我相信斯科特所承担的忧虑，对他是心智的刺激而非精力的耗竭。斯科特四十三岁，威尔逊三十九，依凡斯三十七，奥茨三十二，鲍尔斯二十八。鲍尔斯有超乎年龄的成熟。

一支五人小组，若其中有一人病弱，其余四人较易分担工作，但这是例外的情况。斯科特在通常的四人小组外多加一人，有百害而无一利。他这么做，我认为是表示他当时对探极甚有把握，希望能多带人就多带人。我觉得他还希望小组中除海军人员外，也有陆军代表。他在最后一刻决定多带一人，使小组多了一层联系①。但他很安心；最后回返

① 指鲍尔斯为海军陆战队出身。——译注

队离去之后四天，他因遇暴风雪而躺在睡袋中等待，虽然外面正午的气温是零下二十度，他却很温暖，写了很长的日记赞美他的组员，说“我们五人是所能想象最完美的搭配”。他说水手依凡斯体力超强、智力过人。他没有提到他们觉得冷，当然那时正是他们此行的最高峰：食物很让他们饱足。日记中没有阴霾，只除了说依凡斯手割伤得厉害！

五人小组的不利之处比你想象的多。他们有五周半四人份的食物，五个人则四周便消耗掉。多一人便多一分体力不支的风险，且大家都比较不舒服，因为如我前面解释过的，所有东西原都是四人份的：帐篷是四人帐篷，内衬且绑在竹棍上，因此更小。为了多挤一只睡袋，靠外面的两人一定有一部分睡在垫布之外，也就是雪上。他们的睡袋一定贴着帐篷内衬，因此沾染了集于其上的霜。为五个人煮食比为四个人得多花半小时——是该减少半小时的睡眠时间还是行军时间？我认为经过冰缝时五个人不如四个人安全。威尔逊写道，雪橇上堆了五只睡袋，很高。这使得雪橇上重下轻，在崎岖的地面容易翻覆。

更糟的是他们五个人只有四双雪屐。在软雪上一脚高一脚低地行走，夹在四个有韵律地滑雪拉橇前进的人中间，一定是疲倦，甚至痛苦的事；而伯第的腿又很短。一定很辛苦，而他又绝对不肯少做分内的工作。不过是四天以前，斯科特才命令支援队伍把雪屐留在路边，那时他还没打算带五人去。

“愿我能去！”威尔逊描写备选探极人员的心情，“明年此时，愿我还能在这儿或附近！有这么多年轻的新血，正当青春，体力超过我，最后做抉择时会很困难。”斯科特则写道：“到达极点时，我愿能携着比尔的手。”

威尔逊如愿到了极点，他的日记是艺术家的日记，看云、看山；又是科学家的日记，观察冰与岩；且是医生的日记，而归根究底是一个有良好判断力的人的日记。你会看出，此行真正让他关注的是取得知识。

他的日记毫不滥情，是简单的事实记录。他很少做评论，正因此，当他偶然评论时，你觉得特别有分量。大约就在此时，他写道："十二月二十四日。前途很有希望。下午的行军乐在其中""圣诞节。走得很长，很好，很开心""一九一二年一月一日。因算错时间，昨晚只睡了六小时。但我睡得很实，醒来时还是六小时前的姿势，完全没动过""一月二日。今天看见一只贼鸥飞过，很感惊讶。它显然饥饿，但并不衰弱。它落下的屎全是透明的黏液，没有一点实质内容。它是下午出现的，半小时后又失去影踪。"再来是一月三日："昨晚斯科特告诉我们他的南极计划。斯科特、奥茨、鲍尔斯、依凡斯和我是组员。泰迪（埃文斯）明天率克林与拉什利自此返回。斯科特今晚当完本周的厨子，明天起换我当值。"仅此而已。

次日，鲍尔斯写道：

> 我与泰迪、克林与拉什利在帐篷中共进告别早餐。头一晚睡得太少，行军时很苦。我们写了各种条子、信函交给回返队，然后上路。他们陪我们走了约一海里，确定一切都好，才回头。我们队全穿着雪屐，除了我。起先我系在雪橇横杠中央，后来改扣在套索桩上，夹在斯科特队长和威尔逊医生中间拉车。这个位置最合适，因为我是步行。
>
> 泰迪等人对我们高喊三声加油，克林几乎要掉下眼泪。他们回程所拉的雪橇当然是羽量级的，应该可以轻松返回①。我们拉车也很容易，午餐前走了六点三海里，下午七点一刻左右走完十二点五海里。行军时间每天九小时。以满载的雪橇而言，这行军时间很

① 值得注意的是，每支返回队，包括探极队在内，别队总以为会轻松回来，而其实都没有那么轻松。——原注

长，我更比别人累，因为我没有雪屐。不过，只要我跟得上，且保持身体健壮，就没有关系。

今天是上高原以来首次刮北风，行军到后来，积存的雪结晶使得地表如沙。雪橇拉起来重如铅。傍晚时风止息，虽然气温是零下十六度，站在帐篷外面晒太阳却很愉快。这也是我们上得高原以来第一次无风。夜间我们把袜子等湿物挂起来晾干，立刻就覆满长羽毛似的冰结晶，跟羽毛一模一样。袜子、半手套、鹿皮靴夜里都能晾得很干，与春季及冬季旅行时比起来实在不成问题。通常我在一个半小时的午餐时间内在太阳下展开睡袋，让鹿毛有机会摆脱夜间呼气、流汗造成的损害。

阳光丰足，地面难行，彩虹色的云……经风切割如刀的雪脊，覆满金雀花似的一束束冰结晶……四面冰映光①……布满胡须的脸和嘴，在行进中结成冰面具……白天行进时热得流汗，但握着滑雪杖的双手却很冷……四面八方尽是多风易变的卷云，薄如软片而零散……地平线上的云到处飘动……以上是威尔逊头十天的日记中出现的片段。整体来说，我想他是挺自得其乐的。

斯科特的日记请你自己读，然后形成你自己的意见。但我认为最后回返队离去以后，他除去了心头一大负担。到目前为止事情顺利，现在就看他们自己的了。多少的计算、衡量，多少年的准备，多少个月来的忧虑，都没有白费。他们进度顺当，食物充裕，料想足够他们往返极点而有余。最好的也许是，机动雪橇的不可靠、马所受的苦难、冰川灾变的可能都成了过去；两个支援队伍也安全上了回家的路。现在跟他在一起的是一组很优秀的人，有经验且强壮，而距离极点仅有一百四十八海里了。

---

① 冰映光，因冰原的反映而出现在地平线上的闪光。——译注

我可以想象他们认真办事的气氛，井然有序，没事不交谈，每个人都知道自己该干什么，自动自发去搭帐篷、整营地。他们会围坐在睡袋上等食物煮好、手握着杯子取暖、省下一块饼干等半夜醒来时吃。他们会干净利落地把东西绑紧在雪橇上、整齐规律地行进——我们常看见他们这样做，好看极了。

当时的情况看起来不坏。

> 今晚全然无风；太阳很暖，因此虽然气温低，我们仍能舒适地站在外面。想起他们总想象我们的处境多么恐怖，例如阳光把雪屐上的雪融化了之类的，觉得很好笑。
>
> 这段高原很平，不过我们仍在缓慢上坡。雪脊主要是东南走向，让人不解。我不知在前面等待我们的是什么情景。目前一切都非常平顺……我们很少觉得冷，最可庆幸的是阳光很能晒干东西……我们的食物仍很充足，配给分量极好。我们实在是搭配绝佳的队伍……我们非常舒适、温暖地躺在舒服的睡袋里，在双层帐篷之内。①

之后出了事。

就在斯科特写下上面那段文字时，他攀升到高原的顶峰，开始下坡。辛普森在他的气象学报告中列举的高度表很有意思：埃文斯角（高于海平面）零，蹒跚营一百七十英尺，上冰川库七千一百五十一英尺，三度库九千三百九十二英尺，一点五度库九千八百六十二英尺，南极点九千零七十二英尺②。

---

① 《斯科特的最后探险》卷一第 530 至 534 页。——原注

② 辛普森《1910 年至 1913 年英国南极探险队》气象学篇卷一第 291 页。——原注

出了什么事不清楚，无疑地面变得非常差，队员开始觉得冷，不久依凡斯渐渐不支。立即的困难是地面难行。我会尝试解释为什么会遇到这么坏的地面，你要记得，这片大地万古无人行过。

一月十日，斯科特置下一点五度库（距极点一点五度，亦即九十海里）。那天他们开始下坡，不过那之前几天地面都相当平坦。在各人的日记中你会一再看到“结晶”一词：结晶穿透空气落下，结晶镶嵌在雪脊上，结晶散落在雪地上。沙状结晶躺在阳光底下，使得拖拉困难：若天空多云则好拉得多。云的形成与消散没有明显的理由。大部分时候他们且是逆风而行。

赖特告诉我，他们的记录上有一些证据可解释结晶现象。光晕是结晶造成的，而有关光晕的记录几乎全见于往返比尔德莫尔冰川底与极点之间，这段路程是下降地形。鲍尔斯提到结晶并不是在每个方向都出现，这表示空气并不总是上升，有时候是下降，因此没有保存湿气。无疑他们遇到的地面各式各样，可能雪呈波浪状堆积。鲍尔斯提到抵达极点以前三十海里尽是大波浪起伏的地形，可能还有别的不平地形看不出来。有些证据显示结晶形成于这些波浪雪的向风面，被强风带走，撒落在下风面。

大家都知道，高度上升时气压下降；事实上读气压计即可计算所在高度。在往极点的最后一段路上，空气是上升的，因为风来自南边，而高原斜下到极点。南风推空气上坡，自然是上升的，上升时因气压下降，空气膨胀；不因受热而膨胀的空气据说是隔热的，倾向于先吸饱湿气，然后凝结下降。上述情况大致符合高原条件，那里的空气正是上升时膨胀，外界无热量可吸收，于是空气将其湿气以结晶的方式凝结沉降。

由于地面迅速变化（一度他们看四面全是雪脊，便把雪屐留在路上，后来雪又变平软，只好又走回来取雪屐），斯科特猜想海岸山脉不会太远，现在我们知道实际距离仅一百三十海里。大约同时，斯科特提到他曾经担心他们会拉不动，但现在地面很好，雪橇与以前一样好拉。一月十二日夜里，与最后回返队分手八天后，他写道：

> 今晚扎营时，每个人都觉得冷，我们猜是遇到冷锋，但惊讶地发现实际温度比昨晚还高，而昨晚我们还在外面晃荡。实在想不出我们为何突然觉得这么冷：也许是行军太累，也许是空气比较潮湿。小鲍尔斯了不起，不顾我抗议，今晚扎营后他还去观测方位，他在软雪中走了一天，我们穿雪屐比他轻松多了。①

一月十四日，威尔逊写道："很冷而灰暗浓雾的一天，微风自南偏东南方不断吹来，我们都觉得寒气刺骨，但午餐时气温仅是零下十八度，晚间更只是零下十五度。现在离极点仅余四十海里。"斯科特同一天写道："我们再度感到寒冷；午餐时我们的脚全觉得冷，但这主要是由于我们的鹿皮靴子太潮。我在鹿皮底下抹了些油，觉得大有改善。奥茨似乎比别人更冷而虚弱，不过我们都很健康。"到一月十五日午餐时："扎营时我们都累得不行了。"②威尔逊则记述："午餐时我们置下一库（最后库），携九天粮油走最后一程。下午走得容易多了，一直走到七点半。地面时而是平滑的雪，时而忽然出现雪脊。偶然我们好像来到缓降坡，由西向东斜下。"从后来发生的事看来，我相信这队人已不像十天前以为的那么强壮，这也是他们觉得冷和拉不动雪橇的部分原因。眼前的困难是结晶覆盖地面，难拉难行。

辛普森研究出③，在东经一百四十六度的北向高原上，几乎有不断

---

① 《斯科特的最后探险》卷一第540页。——原注

② 《斯科特的最后探险》卷一第541、542页。——原注

③ 辛普森《1910年至1913年英国南极探险队》气象学篇卷一第144至146页。——原注

的气压推空气向上，这条线可能刚好是高原的边缘。这表示十二月和一月的平均风速每小时约十一海里。在高原上旅行时斯科特有二十三次记录下风力在五级以上，从比尔德莫尔往极点去时是迎风，回程时则背风。无风时虽气温低，比起高温而有风好得多，而他们一直遇到不小的风，加上高度与低温，在南极高原上行走格外困难。

仲夏这两个月的平均风速虽看起来相当一贯，一月间却一度气温急剧下降。这年十二月在高原上的实际平均温是零下八点六度，记录下的最低温是零下十九点三度。辛普森说："地球上这么广大的一片地区，最热的月份的平均温低于零下八度，全月的最高温也仅是五点五度①，这要算是南极惊奇之一。"但高原上一月的平均温猛降十度，变成零下十八点七度，记录下的最低温则是零下二十九点七度。这样的温度再加上上面所述的风力，可以想象行军之艰难。根据斯科特以前在高原上旅行的经验，以及沙克尔顿极地之旅的经验，大家都知道会遇上这风。但无疑气温随太阳辐射热递减而下降的速度超过预期。斯科特可能既未料到气温遽降，也未料到地面难行，他只知道高原地带是考验，是全程最艰难的一段。

一月十五日夜，斯科特写道："现在应可确定会到极点，唯一怕见到的是比我们先插上的挪威国旗。"②那时他们离极点二十七海里。

以下三天的经过摘自威尔逊的日记：

一月十六日。我们早上八点出发，到一点十五分午餐，走了七点五海里。再走了五点三海里后看到一面黑色旗帜，东北方和西南方都有挪威人的雪橇、雪屐及狗队痕迹。

---

① 辛普森《1910年至1913年英国南极探险队》气象学篇卷一第41页。——原注

② 《斯科特的最后探险》卷一第543页。——原注

旗子是一块黑布，用绳子绑在显然取自废弃雪橇的纵轴上。行迹是多久以前留下的，很难猜测，可能有两周了吧，或三周或更久。旗子的边缘磨损得厉害。我们在此扎营，检视行迹，讨论事情。上午的地面相当好行，气温零下二十三度，整个下午都在下坡，西面又有一坡高起，东面则是下降坡和一个凹洞，挪威人就是从那边上来的，显然经由另一座冰川。

一月十七日。下午六点半，我们在极点上扎营。我们是早上五点起身，循阿蒙森的行迹向南偏西南方走了三小时，经过两个小雪墩，后来发现旧迹被雪覆盖难寻，便自己直线往极点前进。十二点半扎营午餐，三点复出发走到六点半。一整天刮四至六级风，正对着我们吹，气温是零下二十二度，我记忆中最冷的一次行军。虽穿着双层羊毛及毛皮手套，手仍然冻僵。奥茨、依凡斯和鲍尔斯的鼻子和脸颊都遭严重冻伤，又因为依凡斯的手伤，我们必须提前扎营午餐。是很苦的一天。太阳不时隐没，午餐时、晚餐前后、夜晚七点及凌晨二点都做了观测。天气不清明，往南时充满空气的结晶不断扑向我们，地平线也因之呈灰色而浓浊。看不见雪墩或旗帜，根据今晨所见阿蒙森行迹的方向，他所到之处可能与极点差着三海里。我们希望明天天气晴朗，但不管怎样，我们都同意他可声言最先抵达极点。以一场竞赛而言，他确实打败了我们。不过我们也按照计划，做了我们预定要做的事。从他的行迹看来，他们总共只有两人，穿着雪屐，带了很多狗，给少量的食物。他们的帐篷似乎是椭圆形的。我们在极点上睡了一夜，煮了双份肉汤，吃了最后一点巧克力，配给的香烟很让斯科特、奥茨与依凡斯高兴。很累人的一天。现在钻进冰冻而有点黏黏的睡袋。明天要启程返家，尽力赶回去把消息送到船上。

一月十八日。夜间观测了方位，清晨五点左右起身，从营地往

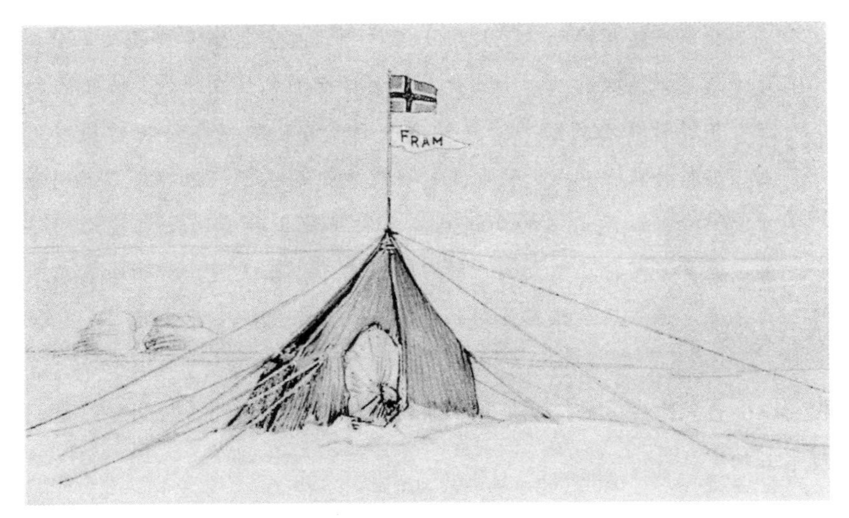

阿蒙森留在南极点的帐篷——威尔逊绘

东南方向走了约三又四分之三海里，来到昨晚观测认为是极点的位置。在这里扎营午餐，建了石墩，拍了照片，竖起英国国旗和我们自己的旗帜。我们称此为南极点，但事实上，再次观测之后，我们又往南偏东方向走了半海里，把英国旗改插在此。上午行进中经过挪威人的最南营地，他们称那里为极点，留下一座小帐篷，插着挪威国旗和“前进”号旗，帐篷里还有相当多的装备：半鹿皮睡袋、睡袜、鹿皮长裤两条、一座六分仪、一座飞行水平仪、一支已破裂的测高计，等等。我拿了里面的酒精灯，我一直想要一个做消毒、制造无菌雪水用。还有几封信，一封是阿蒙森致哈康国王的，要求斯科特代他投递。

又有一张清单，列举全队五人的名字，但没说明他们做了些什么。我在此画了些素描，但风非常冷，零下二十二度。伯第拍了照片。虽然他们说有一辆雪橇，我们却没见着，也许是被雪掩盖了。这帐篷是两人用的，小得可笑，钉篷绳是白色的，棚钉则是黄色木头。我从帐篷接缝处取了几条已经朽烂的灰蓝色丝。挪威人是十二月十六日抵达极点的，十五日至十七日他们就住在此处。我们在极点营午餐时注意到约半海里外有一面黑旗，飘扬在一把雪橇滑刀上。斯科特派我穿雪屐去取来，我发现上面系了一张字条，说明那才是挪威人最后认定的南极点。我拿了旗子和有阿蒙森签名的字条，还拿了那把已破裂的木滑刀。我画了一张小图，标明所有东西的位置。午餐后自极点营向北走了六点二海里，扎营过夜。①

以下有关极点区的描述是鲍尔斯写在气象日志上的，时间显然是一月十七和十八日：

距南极点一百二十海里之内，雪脊交织，显示风呈带状盛行。在南纬七十八度三十分以北，绝对是盛行东南风。到这个纬度，最高峰已过，开始向极点下降，东南风、南风与西南风交织吹拂，形成各种走向的雪脊。之后，大约在七十九度三十分处，风向多是南偏西南。在此，冰覆的地面也受起伏地形的影响，起伏之势与我们的行进路线垂直相交。这些是很大的波谷，峰与峰间达数海里之遥，地表则都是有凹陷也有脆雪。地面全覆着一层冰结晶，我们在那儿时，这种结晶有时呈针状，有时呈片状飘落。这使得天空几乎不断出现幻日。

一个月前挪威探险队留下的几面旗子几乎毫发无损，表示这一个月间未遭强风吹袭。他们的雪橇及雪屐行迹虽仍看得见，却已有积雪；狗脚印也一样。他们的南极营区内雪堆是西南走向，但帐篷背风面有一雪堆是南偏东南方向。他们扎营的方位是背对西南风。

① 威尔逊的日记。——原注

> 步行的话地面相当软，往雪的结晶层往下挖，结果也差不多，没有像冰棚上的那种脆雪层。雪像是给轻轻放在一起，没有凝聚，融化后产生的水很少。卷云不断做各种变化，又不断有辐射光点形成及移动，显示每年这时候在上层大气很不平静。①

以上是他们面临的状况的具体事实。这状况无疑是极大的震撼。试想！他们出门两个半月了，离总部八百海里。冰川像沉重的碾子；高原比预料中好走，至少最后回返队离去时情况看来不错。但接着，除了高度外，遇到顶头风，气温平均零下十八点七度，再加上冰结晶如雨洒落，把雪地变成沙地，尤其是没有太阳的时候。卷云如影随形，更特殊的是当太阳当空照耀时，雪地比太阳被云遮住时更冷。他们开始衰弱。情况不大对头：他们觉得冷，尤其是奥茨和依凡斯。依凡斯的手也不对劲——自从他修改了雪橇之后。修改雪橇这事一定是酷寒的工作，是他们所做最艰苦的工作之一。我猜他们没有太注意其后果。

之后：

> 挪威人抢了先，最早到达极点。这让人失望极了。我对忠诚的队友感到非常愧疚。思绪涌至，我们讨论了很多事。明天我们要走到极点去，然后全速往回奔。所有的白日梦都抛在脑后，回程将是无聊倦人的。
>
> 到极点了。是的，但情况已大不相同……队友们手脚俱冷地劳作……依凡斯的手太冷，我们只好扎营午餐……风很大，气温零下二十一度，空气中有奇异的潮湿、寒冷的感觉，让人一下子就冷到

---

① 鲍尔斯《南极气象学》。——原注

骨子里去……老天爷！这地方真可怕……①

这不是绝望的呼唤，是恐怖的实情激发的厉呼。虽然是一月，南极附近的气温却比北极相应月份（七月）低了二十四度②。仲夏尚且如此，隆冬时节又当如何？另一方面，除了如沙的地面始料未及之外，其他状况都正如他们所预期，而事前的筹划也都十分精当。

在非常困难的情况下，鲍尔斯忙着做气象记录、观测地形，没能写日记，一直到他们往回走的那天，他开始连续几天写日记：

一月十九日。早晨晴朗明亮，吹西南风。早餐时我在绿色套头帽上加缝了一块布，以免行进时风从脖子里灌进来。我们架起桅杆，张起帆，推雪橇往北，经过阿蒙森的雪墩，之后不久即见到我们来时的行迹。循迹前进，直到碰见另一座雪墩，然后是我们来时第五十八营的黑旗处。之后便没有挪威人的行迹了，心情比较愉快些，循我们自己的行迹走，午餐扎营时已前进了八海里。

下午经过英国人路径的第二号雪墩，在寒冷微风的推助下滑溜前进。我没有雪屐可穿，行走困难，但只要全队行进顺利，我并不介意疲累。全天共完成十六海里，明天下午应可经过我们的最后库。午后不久，雾浓，到傍晚时飞雪满天，冰结晶造成雾，且有幻日。

一月二十日。今晨又有微风助滑。背对着风而不是面迎着风，真是愉快。后来雾起，但一点过后我们已看见最后库，一点四十五分抵达。竹竿上红旗招展，欢迎我们自极点返回，并提供我们活命

① 《斯科特的最后探险》卷一第543至544页。——原注

② 辛普森《1910年至1913年英国南极探险队》气象学篇卷一第40页。——原注

所需的东西。要想活着下高原，绝对倚赖这库藏品，因此我们非常高兴见到这孤零零的小墩。在这叫做最后库的地方，我们取得四日份的食物、一罐油、一些掺甲醇的酒精（点灯用）和留在那儿的个人用品。我们在极点曾用阿蒙森的一根破雪橇滑刀充当帆桁，但现在已改用一根竹竿代替。

上午为抵达库藏点，走得太久，下午的行军便比平常短。风增强为中度狂风，时有强烈阵风，飞雪甚大。若是顶着风走就苦了。一小时后，我不得不换位子到后面，以保持雪橇平衡。不幸后来地面变成沙地，但还是完成了十六点一海里，在强微风中扎营。几小时后风势增大为暴风。我很高兴我们安然取得库藏品。

一月二十一日。夜间风续增强为八级风，且积雪甚多。早晨风大如火，不可能上路。风本可助我们前进，但积雪太厚，几乎无法定方位。我们决定静待事态发展，一有放晴迹象马上动身。幸好暴风很快过去，不像通常要刮两天，下午便减小了。三点四十五分，我们张满帆上路。穿雪屐的人很好走，步行的我则泥软难行。等我拿到我亲爱的好雪屐，一定会很高兴。可惜它们还在两百海里外。后来风整个止息，我又换回位于五人中央的老位子。完成的距离是五点五海里，再次扎营。来时堆设的石墩帮助很大，来时行迹也是，有些地方因积雪及硬雪脊而模糊了，但仍很容易找到。

一月二十二日。今晨经过依凡斯的羊皮靴。自（一月十一日）跌落雪橇以来，它们几乎已被雪掩没。微风自南偏西南方吹来，但越来越弱。到午餐扎营时共行八点二海里。下午微风全息，地面在阳光的照耀下宛如锯屑，五个人拉着轻雪橇行于其上，既不滑亦无弹性。七点后扎营，大家都松了一口气。我想每个人都累得差不多了。一天共行十九海里半。距一点五度库仅余三十海里了，运气不坏的话，再走两程便会到。（这晚的最低气温是零下三十度。）

一月二十三日。启程时有一点微风，略有帮助（气温零下二十八度）。两小时后风力增强为四级，南偏西南风，张满帆，我们快乐地迅速前进，午餐前共行八又四分之三海里。下午风更强，我只好移位到雪橇后面，校正方向且负责煞车。不得不略降下帆，但它仍疾飞如鸟。

我们顺利行经一个个老石墩。依凡斯的鼻子冻坏了，这对他来说没什么，但我们也都很冷，于是七点差一刻便停下，共行十六海里半。因风很大，扎营困难。①

同一晚上斯科特写道：

我们行进迅速，本可轻松再走一程便到一点五度库，但威尔逊忽然发现依凡斯的鼻子冻伤了——又白又硬。六点四十五分，我们认为最好扎营。困难地扎好营，喝了点热汤后，现在很舒服。无疑依凡斯体力大减——他的手指起了很多水泡，鼻子也因经常冻伤而严重堵塞。

他很自恼自责，这不是好迹象。我想威尔逊、鲍尔斯和我都算是很健朗，奥茨则总觉脚冷。不管怎样，我很高兴下了高原……天气好像慢慢转好了。②

鲍尔斯继续叙述：

一月二十四日。依凡斯手指上因冻伤，长满水泡。此外我们都好，只是瘦下来，而且虽然吃得很多，每天还是觉得饿。在行进中

① 鲍尔斯的日记。——原注

② 《斯科特的最后探险》卷一第 550、551 页。——原注

有时我会计划着，一有机会，我就要大吃一顿。不过还有七百海里路要走，现在想这个实在太早。

出发时刮着狂风，风力继续增强。最后，帆放下一半，一个人不拉雪橇在前探路，提多与我在后面煞车，还常常跑得太快。暴风越来越大，只行了七海里，十二点刚过，便被迫扎营。扎营非常困难，整个下午都风势如火。现在晚上九点，我想风小些了。

我们离库藏仅七海里，这样拖延真是气死人。

（斯科特写道："这是我们离开极点以来第二次碰到狂风。我觉得不妙。天气失常？如果是，愿上帝保佑我们。高地旅行这么累，食物又不充足。威尔逊和鲍尔斯是我的主要支柱。奥茨和依凡斯那么容易冻伤，我觉得不对。"①）

一月二十五日。没必要依平常时间（早上五点四十五分）起身，因为暴风仍然剧烈；于是我们决定晚一点吃早餐，而且不吃午餐，除非能上路。我们只剩三天的食物，如果错过库藏，可真要拮据了。我们的睡袋越来越潮湿，衣服也是一样。现在（早餐时）天有一点放晴的倾向，如蒙上帝恩准，我们或许还是可以上路。关于粮食，我很感痛苦，因为我们没有盐了，而我是最喜欢吃盐的。是阿特金森那队在上冰川库误多拿了一瓶盐。幸好我们还有些存余，我只需再忍耐两周便可。

晚间十点。我们终究上了路，感谢上帝。受风之助，我们很快到了一点五度库，插在那里的大红旗在微风中、在如云的飞雪中大肆招展。这里我们拿到一又四分之一罐的油和五人一周的食物，以

---

① 《斯科特的最后探险》卷一第552页。——原注

及我们原放在那里的个人用品。我们把竹棍和旗子留在石墩上。我很高兴拿到了库存品，现在，在这无止境的冰雪高原上，只余一件可忧虑之事，那就是在南纬八十六度五十六分的三度库。

下午我们走了五点二海里。走得很惨，一直刮着暴风，雪橇不是卡在雪脊上便是翻覆。只好把帆放低一半，提多和我在后面拉住。这是很累人的工作，也比在前面拖车冷得多。大部分时候我们得全力刹住车，雪橇才不致翻覆。比尔因为寻觅行迹未戴护目镜，得了雪盲。

去年今天，我们展开运补之旅。我没想到这么短的时间内，我就成了极地旅行的老手。我当时也没想到我会去了极点回来。①

威尔逊易得雪盲，又总是在暴风来临前头痛。我觉得是因为他一有机会就素描，在寻路或寻石墩时又常常把护目镜摘下。

我是在午餐时写此，到晚上得了严重雪盲。

下午暴风雪，刚走完早上的一程便刮起来了。旧迹看不清楚，无法遵循。我的眼睛昨天开始变坏，不过，是今天寻迹的疲劳加上非常冷的飞雪，使我得了雪盲。

下午步行，因为眼睛看不见，不能穿雪屐滑行。飞雪和风都很大，又很冷。晚上服了硫酸锌，又在眼睛里涂了古柯碱，但仍因痛，整夜睡不着，仅早上打了一个钟头的瞌睡。

又是一整天步行，因为穿着雪屐我根本看不见路。伯第用我的雪屐。眼睛仍很痛且流泪。到晚上累坏了，好好睡了一觉。今天虽前额疼痛，眼睛却好多了。②

---

① 鲍尔斯的日记。——原注

② 威尔逊的日记。——原注

地面难行。在离开极点的次日（一月十九日），威尔逊在日记中描述道：

> 下午多半时候好风在后相助，行进很顺，直到六点左右，太阳不见了，我们便开始沉重拖曳，到七点半扎营。太阳复出时照见沙状积雪，粒粒在风中滚动，气温则是零下二十度。这样的地面难行之至，雪屐和雪橇都无法滑行，就像在细沙上一样。天气一整天都是阴天，云是白色破裂的高层云，地平线上三度处有一灰带，像是暴风雪，但后来发现是非常小的雪结晶不断落下所造成的。有时候落下的不是结晶片，而是微小的针状团块，像海胆那样。片状结晶在阳光下闪烁，好像很大似的，但落在雨衣上，细小如针尖，仅勉强可见。针状团块也是一样。现在我们在营中手也无法完全回暖，因此做事不利落。天气总是非常冷而多风，很不舒服，气温约零下二十三度。但今天午餐后我画了点画。①

拉雪橇再也没有乐趣可言。他们饥饿、寒冷，拖曳辛苦，其中两人且身体不适。早在一月十四日，斯科特便写道，奥茨比别人更觉得冷而疲倦②。一月二十日他又再次提及③。威尔逊则在一月十九日写道："行军时，我们胡须满面的脸和嘴都结成冰，握着滑雪杖的双手也往往非常冷。若干天以前在最后库割伤手指关节的依凡斯，今晚伤处冒出了许多脓。"

一月二十日又写道："依凡斯有四五个指尖因冷起了严重水泡。提多的鼻子和脸颊——还有依凡斯与鲍尔斯的也是——遭到冻伤。"一月二十八日："依凡斯在极点时指尖起了严重的水泡。提多肿大的拇趾变

① 威尔逊日记。——原注
② 《斯科特的最后探险》卷一第541页。——原注
③ 《斯科特的最后探险》卷一第549页。——原注

成蓝黑色。”一月三十一日：“依凡斯的指甲全掉落，疼痛而溃烂。”二月四日：“依凡斯觉得很冷，总是冻伤。提多的脚趾在变黑，鼻子和脸颊呈蜡黄色。我每隔一天给依凡斯用含硼凡士林涂抹手指。”二月五日：“依凡斯的手指生脓，鼻子很糟（硬），好像烂掉的样子。”①

斯科特对依凡斯的状况感到焦虑，提到他“今晚掉落两片指甲；他的手真的很糟，而且出乎我意料地显示出意气消沉。自出了事故之后从没有开心过”②。“全队的情况都没有改善，尤其是依凡斯，越来越迟缓无力。”“依凡斯的鼻子几乎与他的手指一样糟。他衰弱许多。”③

上面引述的鲍尔斯日记，只写到一月二十五日，他们抵达一点五度库那天。当晚斯科特写道：“我们的配给袋又满了，我应该能睡得好些。鲍尔斯今晚又做了一次评估观测。在这样冷的风中他仍设法做了观测，真了不起。”次日他们行进十六海里，但路径太偏外，多绕了道。一月二十七日，他们在“切割很深的雪脊地，非常难行的地面走了一整天，到傍晚才脱离这地带”④，全天共行十四海里。“老天，这是极端艰苦的行进。”斯科特说。

之后又进入较好的地面：一月二十八日共行十五点七海里，“天气好、地面好，行军顺利”⑤。一月二十九日，鲍尔斯写下他最后一则完整的全天日记：

今天行军破纪录。微风相助加上地面改善，我们很快见到支援队伍与我们分手的地方，有两辆雪橇的行迹可循。接着便到了有纪念性的营地，我是在此转入探极队的。当时我多么高兴呀。营地积

① 威尔斯的日记。——原注
② 《斯科特的最后探险》卷一第557页。——原注
③ 《斯科特的最后探险》卷一第560、561页。——原注
④⑤ 威尔逊的日记。——原注

了许多雪，高大的雪脊到处都是，南偏东南走向，或是东南。午餐前行了十点四海里，我负责压阵刹车。冷得不得了，手要完蛋了。下午我戴起狗皮手套，舒服多了。寒冷带飞雪的微风持续，气温零下二十五度。感谢天，我们已无需迎风行走。到晚共行十九点五海里（二十二英里），离宝贵的库藏（三度库）仅余二十九海里。如果一天半之内走不到，运气就太坏了。①

一月三十日又走了十九海里，但在前一天的行进中，威尔逊扭伤腿筋。“我的胫骨上一大片瘀青，整个下午非常痛。”“我的左腿整天痛得不得了，于是把雪屐给伯第穿，退到雪橇一侧瘸拐步行。整个胫骨关节肿起来，抽紧，是肌腱关节滑膜炎，胫骨上的皮肤红肿。但我们在微风相助下，行进顺利。”一月三十一日：

又扶着雪橇步行了一天。腿肿，但没那么痛了。先走五点八海里到达三度库，取了配给品和一封埃文斯留下的短笺。午餐时每人多分到一块饼干，这样，午餐饼干共是四块，奶油也多得十分之一份。下午经过伯第留下雪屐的贮物墩，取了续行，直到晚间七点半，一天来的一点点风完全停了，气温零下二十度，觉得温暖舒适，有阳光又晴朗。现在每人的热汤里也多放十分之一的肉饼。我的腿今晚又肿得很大。②

那天他们行进十三点五海里，次日十五点七海里。“我的腿舒服多了，不再痛，我整天都能拉车，不过仍有些浮肿。遇到一座相当陡的

① 鲍尔斯的日记。——原注
② 威尔逊日记。——原注

坡，下降约一百英尺。”①

现在他们快到比尔德莫尔冰川入口处的冰缝与冰瀑地带了。二月二日又出了一件意外，这次是斯科特。

> 在很滑的地面，我的肩膀严重扭伤。今晚痛得不得了，使得我们的帐篷内又添了一个病人——五个人有三个受了伤，而最难行的路面才正开始。若能顺利通过而无人受重伤，就要算幸运了。威尔逊的腿好些了，但很容易复发，而依凡斯的手指……我们勉力行了十七海里。添加的食物绝对有帮助。但我们还是很饿。天气已经转暖了一点点，高度降低，再走八十海里便到达尔文山了。我们正脱离高原带——祈祷上帝让我们四天之内安然下去。我们的睡袋已变得很湿，我们也需要多些睡眠。②

他们花了点时间寻找旧迹，但顺利下坡到达上冰川库。二月三日，他们决定向正北推进，不依循旧迹与石墩。那天走了十六海里。威尔逊的日记记述：

> 又有阳光和微风。下了一连串的坡，结束前上了一个坡。遭遇切割很深的巨大雪脊、积雪与蛋壳状闪亮的地表。风一直是东南偏东方向。今天夜里约十一点，首次又看到东面地平线上的群山之峰……今天越过冰缝线最外缘的脊岭，是回程的第一道。
>
> 二月四日。十八海里。清朗无云的蔚蓝天空。地面有飞雪。上午逐步下坡，其中有两三个不规则的梯阶坡，其中一个的坡顶有很

---

① 威尔逊的日记。——原注
② 《斯科特的最后探险》卷一第559页。——原注

多冰缝，最南面的一道宽度恰让斯科特与依凡斯掉落至胸，又掩饰得很好，不易看出是冰缝。冰缝东西走向，靠峰顶的是较常见、宽如街道的冰缝，被雪盖满。下午我们又来到一个峰顶，有如街的冰缝，我们越过的一道，雪桥中间有大洞陷落，大到马与马车都掉得下去。右方有好些大山峰。现在我们就在一道满布冰缝的高坡底下扎营，此处显然即在一座山的顶上。

二月五日。十八点二海里。艰困的一天，陷入一个宽且深的冰缝密布区。我们的路径太偏东，在冰缝间绕进绕出，越过许多雪桥。后来我们靠西一点，下午便比较好走，不过碰到好多冰瀑上端的起伏地形。

(斯科特写道："我们在一个起伏甚大的地区扎营，但此处的风较小，我们的营地很舒服，是多周以来的第一次。"①)

二月六日。十五海里。上午又设法抄捷径，进到东西走向的极大、极深的冰缝，只好退出来。再度靠西走，下坡到极大的雪脊上，有微风，很冷。下午继续向达尔文山移动，避开一条冰瀑主线，现在背对着它……非常冷的行军，很多冰缝，我步行在雪橇之侧，发现很多；其他人都穿着雪屐滑行。

二月七日。十五点五海里。又是晴朗的天气，上午我们沿着一两座平台走了沉闷的一程，下了一道长坡。下午微风刺人，很快滑下覆着雪脊的一道又一道长坡。在雪橇后面把舵及刹车是很令人紧张的工作。晚上七点半抵达上冰川库，该有的东西都在。②

① 《斯科特的最后探险》卷一第561页。——原注

② 威尔逊的日记。——原注

高原带至此结束，冰川带开始。以天气而言，他们的歹运应已过去。威尔逊记述他们看见陆地多么美丽："自治领山岩石的颜色主要是棕茜草色或深红巧克力色，但其间散布着许多带状黄色岩。我认为是辉绿岩和沙岩组成。"①

队员的状况自是引起忧虑，但有多忧虑很难说。他们对气候变暖抱着很大的希望。斯科特与鲍尔斯可能是身体最好的两个。斯科特的肩膀很快复原，而"鲍尔斯棒得很，充满精力，一直跑来跑去"②。威尔斯这时比他们俩都觉得冷，他的腿仍没好，不能穿雪屐。奥茨有时脚很冷。但斯科特唯一担心的只有依凡斯。"他的伤处化脓，鼻子看起来很不妙，整个人显出筋疲力尽的迹象。"……"啊，我们已完成七周的冰冠之旅，大多数人都健朗，但若再拖一周，恐怕依凡斯要挺不住了，他的体力持续衰退。"③他们都增加了食物配给量，颇有助益，但仍抱怨饥饿、想睡。一到冰川区，天气较暖，他们便觉食物够吃了，"但我们必须赶路才有充裕的食物吃。虽然想休息，但行进速度尚可，愿得上帝垂怜。我们实在都累坏了"④。

南极地区无细菌，只有几种孤立的品种，几可确定是由上层气流自文明世界带来的。穿着湿衣睡在湿的睡袋里一整夜，包裹着冰拉一整天的雪橇，不会感冒，不会头痛。你会得营养不足的疾病，例如坏血病；如果食物解冻太久，也可能会食物中毒；如果你没有用够多的雪覆盖贮物墩的食品，太阳会照射到，虽然气温远低于冰点，但仍可能晒坏。不过并不那么容易得病。

另一方面，事情一旦出错，就很难扳正，尤其是割伤。极地旅行者

---

① 威尔逊的日记。——原注

② 《斯科特的最后探险》卷一第 561 页。——原注

③ 《斯科特的最后探险》卷一第 562、563 页。——原注

④ 《斯科特的最后探险》卷一第 566 页。——原注

因为孤立无援，处境可能很困难。没有救护车、没有医院，一个人躺在雪橇上对别人是很重的负担。事实上，任何从事极地旅行的人，都要有心理准备，必要时自杀，以免队友被拖累。这件事并不那么难做到，因为有时候情况实在恶化，人宁愿死，不愿活。我们在冬季之旅时便经历过这样的阶段。我还记得与鲍尔斯讨论过此事，他早有计划，在必要时用冰斧结束自己，不过我不知道他如何能成功。要不然，如他所说，可以跳进冰缝，再不然还可以到医药箱弄点鸦片吃。那时我听得吓坏了：我自己还没这样想过。

他们于二月八日离开达尔文山下的上冰川库。那天他们搜集了最重要的地质样本，应威尔逊的特别要求，绑在雪橇后面。这些样本主要也都是他搜集的。达尔文山和巴克利岛都是真正的大山之巅，突出于冰川顶之上。路径靠近两山，但未真的触及两山。沙克尔顿在巴克利岛发现煤层，显然此地在地质学上很重要，因为这是南极唯一找得到化石的地方，至少据我们所知是如此。冰川两侧朝山脉处，放眼望去尽是冰瀑，向上朝巴克利岛瞧，冰瀑像长条断裂的波。比尔德莫尔冰川最难行的一点是，往上爬时你看见冰瀑，可以避开它；往下行时你走进冰脊与冰缝区中间，才知冰瀑在眼前，那时候你完全不知该往左还是往右才能出此迷宫。

依凡斯这天不能拉车，缰索自雪橇上解下，不过这不见得是很严重的迹象：沙克尔顿当年回程时到此也不能拉车。威尔逊记载如下：

> 二月八日，巴克利山崖壁。很忙的一天。上午行军很冷。南风如刀。伯第解下缰索，滑雪去达尔文山采来些辉绿石，这是他在那冰原岛所见的唯一石种。我们进入脆雪地表，雪片破裂几乎到膝，雪橇滑刀也是。起先我以为是走在很薄的冰缝雪桥上，后来便宽了心，渐渐走到冰瀑上，好不容易把稳雪橇不致滑落。终于下得冰瀑，续朝西北或北进入地面，然后就在巴克利山的巨大沙岩崖壁下，

巴克利岛——赖特摄

冰碛石上扎营。这里背风，很暖：很好的改变。午餐后我们都去调查地质，直到晚餐方归。晚餐后我检视冰碛石，睡得很晚。沙岩崖壁很壮观，冰碛石中有很多石灰岩团块，辉绿石层则到处都可见。沙岩峭壁的高处似乎都有煤层，也有风化的煤层与植物化石。做了一天的实地调查，短短的时间内取得一些很棒的样品。

二月九日，冰碛石之旅。我们沿着冰碛石往下走，在巴克利山脚下，我解开缰索，在岩石上察看了半小时，又在素描本上画了些好东西。之后我们离开冰碛石，在粗糙的蓝冰上顺利行进一整天，路上有一些很小的冰粒区，在其中一个上面搭营过夜。

天空阴沉有雾，不过到夜晚清朗明亮起来。现在气温零上十度，我们都大感舒畅。没有风，不像在高原上风刮个不停，气温总是零下二十度。

二月十日。十六海里（?）上午行军迅速，从十点至两点四十五，朝造云山行进。

天气阴沉，逐渐雪雾模糊，开始下大结晶……下午走了两个半小时，便因在蓝冰上下山，却完全看不见，只好扎营。①

次日光线很差，地面又难行，他们陷入另两支队伍回程时都陷入的同一个压力冰脊区。也像别队一样，他们直走到中途才发现。

之后做了致命的决定：靠东走。直走了六小时，希望有好的进展，进展我想是有的，不过最后一两小时进入常见的陷阱。等又到好地面后，我们午餐，以为一切都已好转，但午餐后半小时却进入我所曾见的最糟的乱冰区。此后三小时，我们穿着雪屐横冲直撞，先是以为太靠右了，后来又觉得太靠左了；同时地面越来越紊乱，我的士气受到很大的打击。有时候觉得再也不可能寻得路，走出这可怕的乱阵。

……地面的乱象改变了性质，本来是不规则的冰缝地表，现在变成巨大的深渊，非常难以越过。我们奋力突围，渐渐有些气急败坏。到晚上十点才终于出来，总计已行军十二小时……②

威尔逊接着叙述：

二月十二日。我们在冰瀑与冰缝区外面睡了一夜好觉，早餐喝了茶，吃了点薄粥与饼干，便开始上午的行军，穿着钉鞋在粗石散布的蓝冰上好好走了一程。之后又陷入一座冰瀑，在里面迷失了好几个小时。

二月十三日。在冰瀑冰缝间，非常硬而不规则的蓝冰上睡了一

---

① 威尔逊的日记。——原注

② 《斯科特的最后探险》卷一第 567 页。——原注

凯芬山，威尔逊绘于一九一一年十二月十五日

> 夜之后，每个人只吃了一块饼干，喝了一点茶。没有雪可用来压帐篷裙边，只得用雪屐等物代替。十点出发，在坚硬粗糙的蓝冰上行军顺利，到下午两点找到库藏；只在昨天的乱冰区耽搁了半小时。浓雾迷漫，下雪且多云，只隐约看得见库藏点。不过我们找到了，又累又饿，扎营煮了肉饼粥和茶，每个人还吃了三块饼干。之后带着三天半的粮食再出发，沿造云山的冰碛石往下行。在硬蓝冰上走了约四小时，最后一小时我获准去探查两条圆石线。外面的一条全是辉绿石和石英岩，靠内的一条全是辉绿石和沙岩……我们在内线圆石上扎营。整个下午天气晴朗。①

这时威尔逊和鲍尔斯都得了严重的雪盲，只是威尔逊没在日记中提及。这晚斯科特说依凡斯没有力气帮忙做营地工作。二月十四日又顺利

① 威尔逊的日记。——原注

行了一程，但是，

不容否认，我们力气不足。没有一个人强壮：威尔逊的腿仍不好，不敢穿雪屐滑行；最糟的是依凡斯，他非常让我们忧虑。今晨他忽然说他的脚上长了一个巨大的水泡。路上他必须调整钉鞋底，因此延误了行军。有时我觉得他的情况正由坏转为更坏，但我相信如能像今天下午那样穿雪屐稳定前进，他会慢慢好转。他觉得饿，威尔逊也是。但我们不能冒险增加配给，我身为值班厨子，给大家吃的是足量的食物。我们现在扎营拔营速度迟缓，行程因而延误。今晚我向大家谈到此事，希望能有改善。我们需要那么多小时才走得了那么多路程。①

这队人出了问题：我是说，即使把旅程艰困的因素计算进去，还是不对劲。除了在比尔德莫尔冰川底下以及极点附近为暴风雪所困之外，所经历的困难都没有超出预料的范围。不过，斯科特原本以为依凡斯是全队最强壮的一个，却已经不行，而他也承认其他队员也体力不佳。这里似乎有什么不明因素在内。

威尔逊的日记继续：

二月十五日。十三又四分之三海里。自伤腿以来首次穿上雪屐，整天穿了九小时。到夜晚腿有点痛和肿，我每晚用雪敷。我们还没与凯芬山平行，到底离下冰川库还有多远，引起了一番讨论。可能有十八到二十海里。我们再度减少食物的配给，今晚只吃了一块饼干和稀肉饼粥。明天只剩一天的食物，要撑两天。下午天气变得非常阴沉，接着开始下雪，我们虽照常走了四小时，却很困难，只前进了五海里多一点。不管怎样，今晚我们离库藏近了些。

---

① 《斯科特的最后探险》卷一第 570、571 页。——原注

依凡斯死亡处，下冰川库则位于远处支柱岩附近
——威尔逊绘于一九一一年十二月十一日

二月十六日。十二海里半。早上吃了一块饼干和薄粥后动身，天气晴朗，但下午又变成阴天。午餐地点几乎与十二月十五日在凯芬山的午餐完全相同。整个下午天色越来越阴暗，三个半小时后依凡斯昏倒了，连穿雪屐抓住雪橇滑行都不能够，于是我们扎营。四处不见陆地，但一定离支柱岩很近。依凡斯昏倒的部分原因是他一辈子没生过病，而现在两手冻伤，不知所措。我们午餐和晚餐都吃得很少。

二月十七日。天气放晴，我们轻易找到库藏处。但走到一大半时，依凡斯的雪屐脱落。我们让他调整好继续拉车，但同样的事一而再、再而三地发生，遂要他解开套索，把雪屐绑好再跟上来。他遥遥落后，我们扎营用午餐后他还没有到，我们便回头去找他。他跌倒了，手又冻伤，我们于是回去拉雪橇来，把他放在雪橇上，因为他很快就不能走路了。我们把他抬进帐篷时他昏迷着，晚上约十点时他死了，中间一直没有恢复知觉。这晚我们只在睡袋中休息了一两个小时，起来吃了一顿饭后，在压力冰脊间往下走约四海里，抵达下冰川库，在此扎营，好好吃了一顿，睡了个好觉，这些是我们迫切需要的。库藏品完好无缺。①

很糟糕的一天……在讨论症状时，我们认为他在快到极点时开始衰弱，后来加速恶化，先是由于手指冻伤，后来由于在冰川上跌倒，再是因为他对自己完全失去了信心。威尔逊认为他跌倒时一定伤了脑。这样失去一个队友，真是可怕，但冷静思考后觉得，过去这一周忧虑之甚，以此方式结局不能再好。昨天午餐时讨论处境，显示在离家如此远处，有一病人需要照料，让大家感到多么绝望。②

---

① 威尔逊的日记。——原注

② 《斯科特的最后探险》卷一第 573 页。——原注

第十八章
探极之旅（六）

这群快乐的人，这个小小的世界，

这银色海中的珍贵石头，

像城墙堡垒般护卫着他们的地方……

这块福地，这片泥土，这个王国，英格兰，

哺育、生养了这么多的国王……

这块亲爱之人的土地，这块亲爱的、亲爱的土地。

——莎士比亚

六、 最远的南方

斯蒂文森曾写到一个旅行人，他的妻子在他身边睡着，他的灵魂则重新去到记忆中经历过的冒险。他对此很感愉快，我料想他的旅行是安适的，至于自比尔德莫尔冰川下来的这群人，他们会带给你夜复一夜的噩梦，多年以后还让你子夜惊魂。

当然他们既衰又弱。但我不认为环境艰苦与出门太久，是他们衰弱或依凡斯倒下的全部原因。依凡斯倒下，可能与他是全队个子最大、最重、肌肉最强壮有关。这样的人，人家指望他拉最多的重量、驾驭最大的机器，却没给他更多的食物，我恐怕他是受不了的。看情况，这些人所吃的东西不足以支应他们的工作量；若如此，则最重的那个人比别人更早感觉其不足，而不足的程度也比个子小的人更严重。依凡斯一定经历了最难堪的日子：我认为各人日记中清楚地显示，他受了极大的痛苦而没有诉说。若是在家，他该躺在床上受照顾；在这里，他却必须行军（死的那天他还拉车），直到他以被冻伤的双手与双脚一起在雪地里匍匐前进——可怕。最觉得可怕的恐怕是那些发现他如此的人，他们还坐在帐篷里看着他死。我听说单纯的脑震荡不会这样突然置人于死地，也许是血块移转到脑部所致。

由于种种原因，他们拉着极轻的雪橇，走下冰川的时间几乎与我们满载上行的时间一样长。从上冰川库到下冰川库有七天的粮食，鲍尔斯告诉我，他认为这分量足够。两个支援队虽然都在造云山上陷入冰缝乱区，但确实都在时限内赶到了。最后回返队花了七天半，而探极队花了十天：后者比前者在高原上多待了二十五天半。由于下冰川速度缓慢，探极队这时候首次食物短缺，这情形一直到三月十九日扎营时才再度发生。除了这些时候以外，他们一直都有充裕的食物，甚至更多。

回程时抵达冰棚以前，他们遇到的天气既不能说反常，也不能说出人预料。到冰棚上后，还要走三百英里（二百六十海里）才到一吨库，再走一百五十英里（一百三十海里）到小屋角。他们刚取到五人的一周食物：从比尔德莫尔到一吨库之间还有三个库，各有五人的一周食物。现在他们只余四人，要越过冰棚主体，不见陆地，也不再受到较暖的海风的直接影响。这个月份冰棚中部的天气如何没有人知道，没有人想到三月的天气会非常冷。沙克尔顿是一月十日转头回家的，二月二十三日抵达他的冰崖库，二月二十八日回到小屋角。

威尔逊的日记继续：

二月十八日。我们只睡了五个小时，下午两点起来后，吃了奶油、饼干和茶，然后动身越过入口鸿沟，到杀马营。路上去察看了希望山的一片冰碛岩。

二月十九日。为了制作新的三英尺长雪橇，并且挖出马肉，动身迟了。在很沉软的地面拉行了五海里半。

这恶劣的地面是在冰棚上往回走的第一段。由此时起，他们一直抱怨地面难行，但部分原因一定是他们自己体力衰退。后来气温很低，地面难行是可以预期的，但此时，温度不算很低，约零度到零下十七度，大部分时候是好天。有一件事可注意：没有风。他们希望有风，风会从后面，亦即南方吹来。"啊！来一点风吧，"斯科特写道，"依凡斯那里显然多风。"他已经非常着急了。

如果照这样下去，我们就累了，但我相信这只是此地接近海岸而无风的缘故，只要继续往外走，不久就会离开无风区。现在（二月十九日）开始忧虑走不到恐怕是太早了。其他各方面都有改进。我们把睡袋摊开在雪橇上曝晒，干了很多。最重要的是我们又有充裕的食物可吃了。今晚我们焖烧肉饼及马肉，一致认为这是我们在雪橇旅行中吃过最棒的肉汤。可怜的依凡斯不在了，我们的配给因此丰裕些，但如果他在，而且体能好，我们应该可以走得快些。我不知道前途如何，时序已迟，我略感忧心。

二月二十日，他们行进七海里。"目前我们的雪橇和雪屐都深犁出痕迹，回头看时迤逦好几海里。很苦，但扎营时通常便忘记了这苦，只管享用美食。祈祷上帝给我们好行的地面，因为我们没有以前健朗了，而季节迅速前移。"到二月二十一日，"只走了八海里半，其困难却是未曾有的，但我们还可以如此前进。"①

---

① 《斯科特的最后探险》卷一第575、576页。——原注

以帐篷垫布当帆，在强风中拖雪橇前进——威尔逊速写

二月二十二日上午十一时，微风忽然从南偏东南方来，风力四至六级。他们张起雪橇上的帆，但立即不见原来依循的旧迹，结果没找到应该已到的石墩与营地。鲍尔斯相信他们太靠近陆地，于是他们往外移，但仍没找到库存所在的路线，亦即他们的性命所系。斯科特认为他们太偏外，而不是偏内。次日鲍尔斯测量了角度，凭借薄弱的证据，他们判定还是太靠近陆地。垂头丧气地走了一程，“但正准备扎营午餐时，鲍尔斯锐利的目光侦测到一个旧午餐营石墩，经纬仪上的望远镜证实不错，我们的士气随之大振”①。之后威尔逊再度“严重雪盲，戴着护目镜都不能睁开眼睛看路。吃了肥马肉汤”②。这天他们抵达下冰川库。

他们时运不济，但若非遇到冷锋，应该也没事。这冷锋像晴天霹雳，完全没有料到，前人未曾提起过，而且是致命的打击。冷锋本来也

① 《斯科特的最后探险》卷一第577页。——原注

② 威尔逊的日记。——原注

不算太强，但要知道他们已出外四个月，先是奋力攀上全世界最大的冰川，在软雪中行走，接着在高原稀薄的空气中待了七个星期，忍受大风与低温；再来眼见一个同伴死去——不是死于床上、医院或救护车上，不是突然死的，而是缓慢地，日复一日、夜复一夜，双手冻伤、脑筋逐渐不清。到后来他们一定想过，每个人在内心里想过，他们应不应该留下这人去死，好让其他四人存活。他是自然死亡，而他们出到冰棚上了。

如果事先预料到这些情况，并且做好准备，他们本来可以安然返家。有的人说气候反常，但没有证据显示是反常。不错，气温在白天是零下三十多度，夜间降至零下四十多度。另一个事实是没有南风，因此地表附近的空气没有与上层混合，辐射散热特别强，地面附近形成一层冷空气。结晶也因此在雪地上形成，且没有风把它吹散。随着气温下降，地表更不利于雪橇的滑刀，这我在前面已解释过①。他们像是在沙上拉车。

以这样困难的地面而言，他们行进相当迅速：二月二十五日是十一海里半，次日也一样；二月二十七日十二点二海里，二十八日和二十九日都是十一海里半。如果能保持这样的速度，他们一定可以出来。但我想大约就在此时，他们先是猜想，后来确定，他们没法走完。三月二日午餐时斯科特写了以下一段日记：

> 祸不单行。我们昨天下午相当轻易地走到了库藏地（中冰棚库），自那时起，已受到三次打击，使我们的处境很不利。首先，我们发现油量不足，再怎么省着用，也撑不到下一库（七十一海里外）。其次，提多给我们看他的脚，脚趾头肿得很厉害，显然是低

① 参见第十四章尾附记。——原注

温之下的冻伤。第三个打击是晚上出现的：风，我们本来很高兴有风，但风带来黑沉的天色，夜间气温降至零下四十度，今晨我们花了一个半小时才把靴袜穿好。

不过我们还是八点不到就出发了。我们完全没见到石墩与旧迹，只能尽量稳定朝北偏西方向前进，但什么也没见着。更糟的还在后头：地面糟透了。尽管在强风下张帆前进，仍只走了五海里半。我们的情况极其拮据，因为很明显不能花更多的时间行军，我们都冷得不得了。①

那天他们总共走了近十海里，但三月三日他们困苦益甚。“上帝帮助我们，”斯科特写道，“我们不能再这样拉曳下去了，真的不能。在一起时大家都表现得欢欢喜喜，但每个人内心的感觉我只能猜测。早晨穿好靴袜需要的时间越来越长，因此就一天比一天更危险。”

以下摘录自斯科特的日记：

三月四日，午餐时。我们的处境确实艰困，但尚无一人灰心丧气，至少大家都表现得开开心心的，可是每当雪橇在沉软的沙地上怎么也拉不动时，我的心不由得往下沉。目前气温是在零下二十几度——比前几天好，舒服多了，但不久一定又会有冷锋来袭。我恐怕奥茨会受不了这样的天气。愿神相助！我们不能指望有人来助，除了下一库可能会有较多的食物以外。如果到了库藏地却发现油再度短缺，那可真糟了。我们到得了吗？在高原上时，我们会觉得这是多么短的距离！若不是威尔逊和鲍尔斯都如此乐天开朗，我真不知道怎么办。

---

① 《斯科特的最后探险》卷一第 582、583 页。——原注

三月五日，星期一，午餐时。很遗憾地说，情况益发不妙。昨天下午有斜向的风，走了五个小时，把早上的三海里半可怜成绩增添为九海里多一点。喝了一杯可可，不敢费油煮肉饼，只略热了吃硬的，然后上床……每个人都萎顿下来，但最明显的是奥茨，他的脚很惨，昨晚有一只肿得老大，今晨跛得厉害。早餐我们喝茶，肉饼仍照昨晚那样吃，假装我们喜欢这种吃法。上午走了五小时，路面略微好些，有高突的雪脊。雪橇翻覆两次；我们步行拉车，前进了五海里半。距离下一库尚有两天的马脚程外加四海里。我们的燃油存量奇低，而那可怜的军人快要不行了。这很惨，因为我们爱莫能助；如果多吃点热食也许有好处，但恐怕也只有一点点。我们谁也没料到会遇上这样可怕的低温，除奥茨外，威尔逊最受其害；我看主要是由于他以医生的自我牺牲精神照顾奥茨的脚。我们帮不了别人的忙，各人自顾不暇。行军沉重时，风穿透我们褴褛的衣服，我们觉得冷。他们每一个人在帐篷里时，都是欢欢喜喜的。我们想要以应有的精神下完这一局，但拖曳之艰难甚于我们生平所曾有，且是长时间的，而我们觉得进展甚缓。我只能说："上帝助我们！"然后继续沉重蹒跚的脚步，冷、凄惨，但外表开朗。我们在帐篷里海阔天空无所不谈，但现在不谈食物，因为我们决定冒险吃足量的食物。此时我们实在禁不起饿。

三月六日，星期二，午餐时。昨天下午得风之助，进展略好些，一天共行九海里半，离库藏尚有二十七海里。但今晨情况很糟。夜间天暖，我首次睡过头，多睡了一个多钟头。之后我们穿靴袜费了很长时间；之后我们拼命拖拉，却一小时走不上一海里路。接着起了浓雾，三次我们不得不解下套索去寻路。结果是整个上午走不到三海里半。现在太阳高挂，风却止了。可怜的奥茨不能拉车，我们寻旧迹时，他坐在雪橇上——他的勇气可佩，他的脚一定痛得要命。他没诉苦，不过现在精神时好时坏，在帐篷里也不大说话。我们在做酒精灯，准备当油用罄时拿来代替……

三月七日，星期三。恐怕是更糟了一点。奥茨的一只脚今晨实在严重；他真勇敢。我们仍谈论着回家以后要一起干什么。

昨天只前进了六海里半。今晨四个半小时走了四海里多一点点。距离库藏尚有十六海里。只要那里有正确数量的食物，而地面仍像现在这样，我们也许能撑到下一库（胡珀山库，再过去七十二海里），但到不了一吨库。我们存着万一的希望，希望狗队去过胡珀山，运去补给品，那么我们也许得救。如果油量又不足，那可是希望渺茫。可怜的奥茨看来大限不远，但我们每个人的情况也都不佳。其实以所做的超额工作而言，我们的体能算是出奇的好了。现在只靠丰富的食物支撑。今晨先是没有风，后来有寒冷的北风当头涌至。阳光明亮，石墩一个个显现。但愿能一直循迹到底。

三月八日，星期四，午餐时。早晨情况更坏；可怜的奥茨，左脚保不了多久了。穿靴袜很困难。我穿着夜间靴袜等了将近一小时，才开始换日间靴袜，可还是第一个换好的。威尔逊的脚也出了问题，但这主要是因为他帮了别人太多忙。今晨前进四海里半，离库藏尚有八海里半——说起来近得荒谬，可是以这样的地面，我们知道速度不及平日的一半，要想以平日一半的速度前进，差不多要花两倍的精力。大问题是：到了库藏地，会有充足的粮油吗？如果狗队运补过，我们或许还能走长远的路，如果又是燃料不足，那真不堪想象。不管怎样，我们的处境坏极了。

三月十日，星期六。事态持续下滑。奥茨的脚更糟。他精神萎靡，想必知道自己撑不过去。今晨他问威尔逊他有没有希望，比尔当然说不知道。事实上他没希望。不只是他，即使他现在倒下，我也怀疑我们走不走得到。极其小心的话也许有微小的机会，但不大。

马队的最后一员（奥茨）——威尔逊绘

天气情况很差，我们的衣物越来越包满冰，难以处理……

昨天走到库藏处，胡珀山。令人泄气，样样短缺。我不知道该怪谁。狗队，本来是我们的希望之所寄，显然没能来。猜想密勒斯回程不利。

今晨吃早餐时无风，但拔营时风自西北西来，风力迅即增强。走了半小时后，我看出大家都不能这样迎着风走下去。只好扎营，在一点也不舒服的帐篷里避风，风甚险恶。

三月十一日，星期天。提多命在旦夕。我们或他会怎样，只有上帝知道。早餐后我们讨论此事；他是勇敢杰出的人，明白状况，却要求我们给建议。我们没什么可说，只能敦促他能走多远就走多远。讨论有一个尚可满意的结论：我命令威尔逊取出可以结果各人性命的药品给我们，好让各人都知道可以怎么做。威尔逊无计可施，若不交出，我们便要夺过医药箱来搜。我们有三十片鸦片，他还留下一剂吗啡。这方面都安排好了。

今晨出发时天空阴云密布，什么也看不见，找不到旧迹，一定走了很多冤枉路，一早上才走了三点一海里——拖曳沉重得可怕，不出所料。知道如果无风或地面不改善的话，现在我们一天顶多只能走六海里路。我们有七天粮食，六乘以七等于四十二，距一吨库尚有五十五海里，换言之还差着十三海里，这还是说如果不出别的差错的话。同时，季节已迅速前移。

三月十二日，星期一。昨天走了六点九海里，低于必要的平均数。其他情况大致如旧，奥茨不怎么拉车，现在不只是脚，他的双手也不管用了。今晨四小时二十分钟内前进了四海里，下午可望再走三海里，七乘六等于四十二。我们据一吨库应还有四十七海里。我怀疑我们走不走得到。地面仍很糟，冷气侵人，我们的体能继续走下坡。上帝救命！一个多星期没有一丝有利的风，反倒只有顶头风。

三月十四日。无疑在走下坡，什么都不对。昨天醒来时吹强烈的北风，气温零下三十七度。不能迎风走，只好留在帐篷内，到两点才出发，前进了五又四分之一海里。本想晚一点再走一段，但因北风始终未完全消歇，而随着太阳下去，气温也下降，大家都觉得非常冷。在黑暗中做晚饭，弄了很久。

今晨上路时有南来的微风，张起帆，相当快地经过一座石墩；但半途风转为西风偏南，或西偏西南方向，穿透我们的风衣和手套。可怜的威尔逊冷得不得了，好半天脱不下雪屐。鲍尔斯和我两人扎好营，等我们终于进得帐篷，都冷得要死。现在正午的气温零下四十三度，风且很强。我们必须上路，但现在每次扎营都越来越困难，也越危险。想必结局已近，希望是一个慈悲的结局。可怜的奥茨脚再度冻伤。我想到明天不知是什么情况，不由得毛骨悚然。我们其他人竭尽全力才没有冻伤。实在料不到这季节会有这样的温度，刮这样的风。帐篷外面真是可怕。必得奋斗到最后一块饼干；但在那以前配给不能减量。

三月十六日，星期五，或十七日，星期六。已不知今日何日，猜想十七日是对的。悲剧一出一出发生。前天午餐时，可怜的提多说他不能再走了；他建议我们留他在睡袋里。我们不能这么做，说服他下午继续随我们行军。尽管身体实在不行，他还是奋力跟上，前进了几海里。晚间他更恶化，我们知道时候到了。

如果有人找到我这本日记，我希望这些事实公诸于世。奥茨最后想着的是他母亲，但在此之前他想着他的军团，相信他们会高兴他如此勇敢地面对死亡。我们可为他的勇敢作证。他身受极大的苦楚好几周，从不发怨言，一直到最后一刻都能够而且愿意讨论外界的事。不到最后一刻，他不会也没有放弃希望。他是个勇敢的人。这是他的结局。他睡了一夜，希望不再醒来；但早晨他醒来了——就是昨天。外面刮着暴风雪。他说："我出去一下，可能会耽搁一点时间。"他走进暴风雪中，我们从此未再见到他。

我要借此机会说明，我们自始至终守着患病的同伴。以依凡斯来说，他躺着昏迷不醒时，我们已没有食物，为着其余人的安全，我们似乎应该抛弃他，但是上帝在此关键时刻仁慈地带走了他。他是自然死亡，我们在他死后两小时才离开。我们知道可怜的奥茨是走入死亡，我们没有劝他不要去，因为那是一个勇敢的人、一个英国绅士的行为。我们都希望能以同样的精神面对死亡，且确知那时刻已不远。

我只能在午餐时写日记，其后仅偶然得空才写。冷气侵人，正午时气温零下四十度。我的同伴总是笑语欣然，但我们随时可能遭严重的冻伤，虽然我们总是谈论回去以后要如何，恐怕没有一个人内心真的相信。

现在我们行进中也觉得冷，除了进餐时以外，总是冷的。昨天因刮暴风，只得躺在睡袋中，今天则极缓慢地前进。我们在第十四马队营，距一吨库仅马队两天的行程。我们把经纬仪、一架照相机和奥茨的睡袋、日记等留在这里，应威尔逊特别要求而携带的地质样本则会随我们一起，或在我们的雪橇上找到。

风雪中的营地，前面是遭雪堆半埋的雪橇——威尔逊绘

三月十八日，星期天。今天午餐时，我们离库藏二十一海里。厄运当头，但也许会转运。昨天有顶头风和飞雪，只好停下来。西北风，风力四级，气温零下三十五度。没有人能面对此天气，何况我们已累得差不多了。

我的右脚失去知觉，另一脚的脚趾也差不多全没知觉——两天前我还自负脚的情况最好……鲍尔斯现在身体最好，但反正已无人可比较。他们俩仍很有信心能走到——或假装有信心，我不知道！炉子里的油装得半满，这是仅余的了，还有少量酒精——这些一用完，我们就连水都没得喝了。眼前顺风，也许有助。每天所行海里数与出来时相比，简直少得可笑。

三月十九日，周一，午餐时。昨晚扎营困难，冷得受不了，直到晚餐下肚。晚餐是冷肉饼和饼干，用酒精灯煮了半杯可可。之后，与预期相反，我们暖起来，睡了个好觉。今天仍照常拖运。雪橇重得可怕。我们距库藏地十五海里半，三天应可到。进度真慢！

我们尚有两日的粮，但只余一日的燃料。我们的脚全冻坏了——威尔逊的最好，我的右脚较差，左脚没事。没有热食下肚，没法让脚回暖。我们就算活命，截肢恐怕难免，但麻烦会不会更大？这是严重的问题。天气待我们苛刻，风是北至西北风，今天气温零下四十度。

三月二十一日，星期三。周一晚上已走到离库藏仅十一海里处，却因暴风雪，昨天不得不躺了一整天。今天也没希望。威尔逊和鲍尔斯要去库上取油。

二十二日和二十三日。暴风雪狂暴依旧，威尔逊和鲍尔斯不能动身。明天是最后的机会。没有燃料，食物也只剩一两块。死期一定将近了。已决定要自然死亡。我们要走向库藏，不管有没有用，然后死在路上。

三月二十九日，星期四。自从二十一日以来，一直是刮西偏西南与西南狂风。二十日那天，我们的燃料仅够给每人烧两杯茶，食物也仅够两天份。每天我们都准备好要向十一海里外的补给站出发，但是营帐之外仍旧是风雪翻腾的景象。我想我们不能再盼望更好的情况发生了。我们一定会撑到最后，但我们越来越衰弱，当然，尽头是不远了。

真惨，我想，我不能再写了。

——罗伯特·斯科特

最后一笔：

天可怜见，照顾我的人员。

以下摘录自斯科特所写的信：

致威尔逊太太

我亲爱的威尔逊太太：如果这封信到达你手中，比尔和我一定已经一起走了。我们现在已很接近终局，我想要你知道他在这最后时刻多么了不起——始终开朗愉悦，随时愿意牺牲自己照顾别人，丝毫不曾出言抱怨我把他带入这场困境。幸好，他并没受病痛之苦，仅有小的不适。

他的眼睛散发能安慰人的蓝色希望之光，他的心灵平和，信仰让他心安理得，知道自己是万能上帝宏图伟构的一部分。我无别计可安慰你，只能告诉你，他死时恰如其生前，是个勇敢、真诚的人，是最好的同志、最忠实的朋友。

我全心为你悲痛。

斯科特敬上

致鲍尔斯太太

我亲爱的鲍尔斯太太：这封信到你手上时，恐怕你已经受到生命中最大的打击了。

我是在我们非常接近旅程终局时写此信，在此时刻，我有两位最英勇、最高贵的绅士与我为伴。其中一位是您的儿子。他已成为我最亲近、最可靠的朋友之一，我欣赏他极其正直的天性、他的能力与旺盛的精力。当处境越来越艰难时，他不屈不挠的精神益越焕发，他至死维持欢喜、希望与不屈……

斯科特敬上

致巴里爵士

亲爱的巴里：我们在一个很不舒服的地点濒临死亡。希望有人找到这封信，寄给你。我要向你道别……再见。我一点也不畏惧终点，但遗憾在漫长的旅途中为未来筹划的一些小小的乐趣将不可得了。我也许不算是伟大的探险家，但我们的长征是历来最长的，而且非常接近大成功。再见，我亲爱的朋友。

斯科特敬上

我们处境绝望，脚已冻僵，等等。没有燃料，距离食物贮藏地还很远，但你如在我们的帐篷里，会觉得开心：听我们唱歌、笑谈回到小屋角要干什么。

（过了些时）我们很接近终点了，但还没有也不会失去开朗的心情。我们被暴风雪困在帐篷中已四天，没有食物，也没有燃料。我们曾计划在落到如此地步时结果自己的性命，但后来决定在路上自然死亡。①

以下摘自给其他朋友的信：

我要告诉你，我担任这工作并"不"嫌老。先倒下的是比较年轻的人……再怎么说，我们为国人树立了好榜样，不是把自己逼入死角，而是在陷入死角时怎样以男子汉的态度面对。我们若不顾生病的同伴，原可以逃出死亡的魔掌。

威尔逊，世界上最好的人，一再牺牲自己，照顾队上生病的人……

我们的旅行是记录上最壮大者，没能回来，不因别的，只因最

① 《斯科特的最后探险》卷一第 584 至 599 页。——原注

后关头运气太差。

我本有好多好多关于此次旅行的故事要告诉你们，来此旅行比窝在太过舒适的家里好太多了。

以下是致大众的公开信：

出此大差错的原因不是筹划失当，而是在所有必须冒的风险上都运气不佳。

一、一九一一年三月损失作为运输工具的马匹，使我无法按照预定计划及早出发，也使能载运的货品减少。

二、往南去的旅程中，天气始终不好，尤其在南纬八十三度遇到狂风，耽搁了行程。

三、冰川较低处的软雪也减缓了行速。

我们凭借意志力突破这些困难，成功抵达南极点，但粮油存量因此降低。

我们的食物供应、衣物及在冰棚内部七百海里南极点来回的库存，每一个细节都非常精确周详。探极队原本可以安然自冰川下来，食物充裕有余，但最不可能垮掉的人出人意料地垮掉了。依凡斯本是全队最健壮的一个。

比尔德莫尔冰川在天气好时并不难攀越，但我们回程时没有遇上一个好天；再加上有一个队员生病，大为增加了我们的忧虑。

我在别处说过，我们陷入可怕的乱冰区时，依凡斯受到脑震荡——他是自然死亡，但其余队员因此大受震撼，而季节入秋也出奇的快。

但以上所举的各项事实，与我们在冰棚上的意外遭遇相比都不算什么。我仍认为我们为回程所做的准备是相当恰当的，我也相信世上无人能料及在这个月份，冰棚上的气温与地面会是如此。在南纬八十五度到八十六度的高原，我们遇到的气温是零下二十几度和零下三十几度；而在冰棚上，纬度八十二度，高度低了一万英尺，我们碰到的气温却是白天零下三十几度，夜晚往往低至零下四十七度。白天行军时且连续碰到顶头风。显然这些情况来得突然。我们的失败便肇因于这突发的、看不出有什么道理的严酷气候。我相信世上没有人经历过这一个月我们所经历的状况，而若不是第二位同伴，奥茨上尉，也生了病，且库存的油料不知何故短缺，再加上最后距库藏不到十一海里时为暴风雪所阻，则虽然天气如此，我们仍可突围而出。最后一项的打击实在是运气太差。我们走到离一吨库不到十一海里处时，尚有仅够一餐的燃料和两天份的食物。但连续四天，我们不能出帐篷一步——狂风在四面怒吼。我们体力衰弱，书写困难，但就我个人而言，我不遗憾做此旅行。

这趟旅程显示英国人能吃苦耐劳、互相帮助，并且一如前人，以刚毅的精神面对死亡。我们冒险，我们知道此行有风险，后来事情发展不利，我们没有理由抱怨，只能屈服于上帝的意愿，但仍下定决心尽力到底。我们愿意在这件事业上奉献生命，是为了我们国家的荣誉，我呼吁国人善待我们的家人部属。

如果我们活下来，我会叙述我的同伴们刚毅、坚忍及勇敢的故事，每个英国人都会为之感动。这几张粗略的字条和我们的尸体应已说明了这故事的梗概，但是我相信，像我们这样一个伟大、富裕的国家，一定会好好照顾我们的遗属。

斯科特绝笔

第十九章
永远不再

多年之后，我再度成长，
活过、写过这么多生生世世，
我再度嗅到雨露的气息，
再度细品诗文，那是我唯一的光。
不可能吧
我会是他
受暴风雨整夜吹打的那人。

——乔治·赫伯特

当事情发生时，我们贴得太近，无法理智判断，而那时我年方二十四，身为僚属，并非没有能力评断长官，而是因年轻，不敢相信自己的评断有何价值。现在，我不可避免要做些比较成熟的评论。现在清楚地看出，我们虽造成了最大的悲剧，并且正因为是这么大的悲剧，所以永远不会忘怀，但制造悲剧毕竟不是我们的本分。年龄增长十岁，让我有比较宏观的视野，看出往南极旅行的并非一个队，而是两个，对比极为强烈的两队。阿蒙森的那队直接去，最先到，一员不损地回来，他自己和队员没有受到额外的压力，只是做极地探险的日常工作。井然有序，实事求是之至。反观我们这队，冒惊人的险，像超人似地刻苦耐劳，获致不朽的名声，每年八月在大教堂礼拜中被纪念，还竖立雕像，但是去到极点时，却发现此行完全没有必要，还害得最好的人手死在冰棚上。这强烈的对比不能视而不见，写这样一本书却不谈及此事便是浪费时间。

首先容我公正地评述阿蒙森。我没打算隐藏先前我们对他的恶感，那时他让我们误信他整修“前进”号是要去探北极，他先向北航，然后突然转向南方疾驶。这种伪装突袭给人的印象极坏。但是当斯科特抵达南极点，发现阿蒙森早在一个月前便已来过时，他的痛心并不是像小学生输了一场球那样。我已描述过斯科特及其四名同伴付出怎样的代价才去到极点，回程又如何艰苦万状，而终于死在路上。冒这样的险、受这样的苦，主要是为了想知道那个太阳永不落下的世界究竟是什么样的。在那里，人像烤肉叉上的肉，旋转不已却没有轨道；在那里，他不管把脸转向那一边，都永远面对着北方。斯科特一看到挪威人的帐篷，便知道有人捷足先登，他再没有可以奉告世人的新闻。除非阿蒙森在回程中死掉，否则斯科特没有成就可言；而在这件事上，他自己的风险也一样大。极地之旅完全是个浪费：这才是令他们眩晕的冲击。难怪在回程路上，当他们的路径与挪威人分道扬镳时，鲍尔斯很高兴再不必见到对方的行迹。

所有这些悲痛都过去了，未来的探险家不会在意这些。他会问，阿蒙森轻易成功的秘诀是什么？我们所受的苦楚和损失能给他什么教训？我先谈阿蒙森的成功。无疑这个人本身的出色品质是成功的关键。这位探险家有一种睿智的特质，他猜到鲸鱼湾有陆地坚固如罗斯岛。其次他有伟大的领袖气质，敢于冒大险：他不采斯科特和沙克尔顿已探勘过、确定过的探极路线，决定找出第二条路，自冰棚翻越山脉到高原，所冒的险不可谓不大。结果他成功了，并证明他的路线是已知通往极点的最佳路线。但在过程中，他很可能失败而丧命。他的推理能力与果敢精神相结合，促成了他的成功，这一点绝对不容低估。但任何比较保守的捕鲸船船长恐怕都不肯像斯科特那样，尝试同时使用机动运输工具、马拉车与人力拉车，而会坚持只用狗，并且用雪屐驾狗。就是这些日常的抉择，让阿蒙森轻轻松松往返极点，人和狗都不特别累，也没有大困难。他从头到尾没有拉过一海里的车。

这样轻易的成就决不表示阿蒙森的人品质比我们高。我们的头脑和胆气都不输人，倒可能是太过人。我们主要是一支科学探测队，只是拿南极作饵，争取公众的支持，其实那一地点并不比高原上任何其他地方更重要。我们循着最有成就的极地探险队——斯科特的“发现”号之旅——的足迹前进。我们有英国所派出最大、最有效率的科学家队伍。我们目标散漫，充满各种各样智性的兴趣与好奇心，承担了两三支探险队加起来的工作。

很显然，这样精力分散对我们不利。斯科特想去到极点，这是危险而艰苦的功勋，但是实际可行。威尔逊想取得帝企鹅卵，这是危险至极而且累得不人道的苦差，虽然取到卵的三个人奇迹似的活了下来，但其实比较不切实际。这两件功业必须加起来计算。除了这两项，以及之前的运补之旅等等，在第二年秋天我们还拉雪橇出去，而最糟的一年还在后面：我们，留下来活着的人，出去寻找死人，又担心另一支活人队伍在某处冰上等我们救援。幸好他们结果安然无恙，但假如他们也死了呢，别人会怎么说我们?

世人尽多批评我们做事的方法。他们说应该带狗去，却没有告诉我们怎么带狗上下比尔德莫尔冰川；他们愤慨几个人明明已经拖不动雪橇了，还要特意加上三十磅（约十三点六公斤）重的地质样本；但他们不知道雪橇难拉主要是因为雪地与滑刀的摩擦力，而不是载重。他们也不知道这些地质样本能显示南极大陆形成的年代，甚至植物的生成历史。这些人承认我们都很了不起，是英雄，很认真奉献，我们的探测成果非阿蒙森的队伍所能取代，但他们受不了我们，宣称阿蒙森不把人力花在科学上完全正确，往返极点是他的唯一目的，不让别的事耽误这目的完全正确。不错，阿蒙森以此为唯一的目的，但我们不是，我们是去为全世界增添所有有关南极的知识。

当然这整件事里有很多“要是”：要是斯科特带狗上得比尔德莫尔·冰川；要是我们没有在运补之旅中损失几匹马；要是狗队没有跑那么远，来得及运补到一吨库；要是在冰棚上多存些马肉和油；要是去探极的是四人而非五人；要是我没有遵守指示而从一吨库继续前行，必要时杀掉几条狗；或甚至我只要从一吨库再往前多走几海里，留下些食物和油料，砌个墩插面旗子；要是他们抢先去到极点；要是在别的季节……但事实仍然是：除非以狗为运输工具，斯科特不可能提早从麦克默多峡湾出发去极点：国王的人与国王的马都做不到。论者会说，那我们为何去麦克默多峡湾，而不去鲸鱼湾呢？因为去同一处，我们便可持续做科学观察，定点追踪在科学工作上是很重要的。也因为峡湾是唯一已确定通往极点之路的起点，这条路经过比尔德莫尔冰川。

我认为一切都是在数难逃。我们的智慧不比任何人低。我承认我们在食物配给上精打细算，而在人力使用上耗费惊人，但我们别无他法：我们需要那么多人来拖曳，每个人都要充分运用，才能掌握时机。要做的事太多，可做事的时机太少。一般而言，我不相信有别的方法可行，但我不想看到别人再以同样的方法做这类事；我希望不必再做这种事。我希望英国认真从事，一次派够多的人去把事情办好。加拿大人就是这么做的，为什么英国不行？

但有一处我们浪费人力，原是可以避免的。我描述过每当紧急事情发生时，便召集志愿者帮忙，而总是立即有人应声而出。不幸的是，不仅在紧急事情上仰赖志愿者，很多日常工作应该分配好固定由谁担任的，也是由招募志工的方式来做；结果自然是勤快的人过劳。不躲懒原是荣誉。主其事者任容某些人过劳，事后却告诉这些人他们做得太多，这不是带人的好方法。不应该让部分人担负过多。到最后一年，我们才认真执行任务分配。

钱太少。如果不以探极为目标，也许斯科特筹不到那么多基金。大企业能从自己的产品中捐出的，我们都不缺乏：登陆用具、雪橇和科学器材都是第一流的；可是最重要的项目之一：船，却恐怕会让哥伦布触礁，也差点让我们葬身海底。

论者曰，哥伦布当年自加纳利群岛向西航行，去寻找一条近路，通往他心目中伟大帝国的熙攘大陆时，装备极其稀少。但他的三艘船，以当时的资源而论，比我们那艘老旧船要好得多了；何况我们是驶向冰之漠，那里的晨昏以年计而不以日计，连北极熊与麋鹿都不能存活。阿蒙森有特为探极而造的“前进”号，斯科特前次有“发现”号。可是像“狩猎家”号和“新地”号，是在木船市场上挑选的二手货，改装之后拿来运马、运狗、运车辆，以及所有极地探险所需的累赘东西，更别提还有人员，要在船上努力进行各种科学工作的人员。我不免想建议订立“极地工厂法”，明确利用只适合在伦敦桥与闸门之间行驶的船载人到冰天雪地为非法犯罪行为。

再说，连取得这种船都需要依赖乞讨才行。沙克尔顿在有钱人的门口徘徊！斯科特花了好几个月写乞讨信！这国家不觉得羞耻吗?

现代文明国家应该下定决心致力于研究工作，包括探险。又因为所有国家都会得到探险的科学成就之利，有很多方面可以进行国际合作，尤其在一个仅仅取得土地没有意义的地区，没有人能追究爱德华国王高原与哈康国王领地之间的界线。南极大陆绝大部分尚未探测，但仅凭已知的情况，便可确定那里不是可殖民之处；罗斯岛不适合移民聚落，那里只适合设立有特殊装备的科学站，人员以一年为期派驻。我们待三年实在太长了，若再加一年我们就要发疯了。我所参与的五次主要旅行中，有一次，即冬季之旅，以我们的装备根本就不该进行；另外两次，狗队之旅与搜索之旅，也最好是由尚未经历拉橇苦差的人担任。毋庸赘言，每当国家召唤，必有（一些）人应声而出、坚持到底；但是他们一样得付出代价。以我而言，付出的代价是透支生命力，永远无法复原；而那五个更强壮、更饱经风霜的人则付出生命作为代价。建立这种工作站、提供这种服务，不是个别英雄或热心人士可以向富人、向私人研究机构募款能做到的，要当成事业，成立公家组织来做。

值此飞行时代，下一次往返极点我想不会是由人拖拉雪橇，或人坐在狗拉、马拉、骡拉雪橇上去吧。也不需要一路堆置粮油用品了。我也希望不再需要由烧煤的二手船冲破浮冰群前进。要想以比较合乎人道的、文明的方式做这件事，需要有特别建造的、数量够多的船；特殊引擎的牵引机和飞机，以及特别训练的够多的人员。内阁部长们和选民都要了解知识的重要性，不须以受苦与死亡为饵。我自己是已经尽过力了，在归西以前应该不需再往南；但如果我要再去，我要在适当而合理的情况下前往。这样，也许不会以英雄之姿归来，但总是回得来。我要重申，南极，如果待的时间不是很长，又有现代化电力设施的住宿环境，在那里服公职恐怕比在热带当驻军好上一倍。我希望等斯科特回家——他正在回家的路上，因为冰棚在移动，一九一六年沙克尔顿和手下到南极时，找不到我们所立墓石的蛛丝马迹——害他丧命的艰难困苦已成如烟往事，他的悲伤之路已成康庄大道。

现在容我谈到细节。不管未来事情怎样好办，主持其事者首先需要知道我们有关油料、寒冷与食物等的经验。先谈油。

斯科特在最后的回程中几度抱怨油料短缺。毛病无疑是出在装石蜡油罐子口的橡皮圈上。油罐在夏天与秋天时会被太阳晒暖，而气温则极低。在《“发现”号之旅》中，斯科特写到他们在拉雪橇时取油的情况：

> 每个罐子都有一个小软木塞，这绝对是一大弱点；石蜡油很讨

厌的一点是它会“爬”走，许多油就这样浪费掉了，尤其当雪橇在颠簸的地面前进时摇摆不已，甚至经常翻覆，油更是会渗透而出。这软木塞再怎么往下压，也没法压得很紧，携带更多的油是浪费，较好的方法是改用金属旋塞。打开一罐未开过的油，发现只有四分之三满，是很恼人的，这表示煮东西时得格外节省燃料。①

阿蒙森也写到他的石蜡油：“我们把它装在普通罐子里，但这种罐子不牢；并不是我们会损失油，而是得经常去旋紧它，否则便松掉。”②

我们的罐子上是依照斯科特的建议，装了金属旋塞，没人发现有问题③，直到搜索之旅，我们抵达一吨库扎营时，那里存有我上个秋季运来供探极队之用的粮油，食物装在帆布“箱子”里，埋在七英尺深的雪中，油则放在雪上，好让那红色的罐子作为库藏额外的标志。我们把箱子挖出来，发现放在里面的食物几乎不能吃，因为一冬一春，石蜡油渗入七英尺深的雪，沾染了食物。

接着我们找到探极队的遗物，得知他们缺油。回到埃文斯角后，有人在木屋附近挖掘，挖出一只木箱，内藏八桶一加仑的石蜡油。这是一九一一年九月放在那里的，原准备等“新地”号来，让它带往克罗泽角。船后来没能载去，冬天里箱子被雪掩埋，找不到也忘记了，直到十五个月后挖出来，其中三桶是满的，三桶空的，一桶三分之一满，一桶三分之二满。

石蜡油极易挥发，会从旋塞缝隙逸出，这过程无疑随着橡皮圈的损坏、硬化与缩小而加速进行。以后的探险队在这件事上必须非常小心：把油罐埋起来也许可以减少风险。

---

① 斯科特《“发现”号之旅》卷一第449页。——原注

② 阿蒙森《南极点》卷二第19页。——原注

③ 拉什利的日记显示第二回返队伍在中冰棚库出现缺油的问题。——原注

第二件须得谈到的事是斯科特在冰棚上遇到的意外之冷，这是他们致死的直接原因。

> 世上无人能预料到在这个月份，冰棚上的气温与地面会是如此。……显然这些情况来得突然。我们的失败便肇因于这突发的、看不出有什么道理的严酷气候。①

他们下冰川时温度是零华氏度以上，下到冰棚后一个多星期内也没有异常之处。然后在二月二十六日夜里，气温骤降至零下三十七度。值得注意的是，太阳大约就在这时开始于午夜时分沉入南方地平线下。“冰棚中间实在是个很可怕的地方。”斯科特写道。

辛普森在他的气象学报告中，相当确定探极队遭遇的气温不正常。他说，记录“明白显示在每年极早期，离未冻之海并不太远的冰棚上，可能会极冷，比海上的温度低四十度以上”。又说：“很难相信三月间，麦克默多峡湾与冰棚南部会有将近四十度的温差。”一九一二年三月别的雪橇队的记录，以及在埃文斯角所做的记录，在辛普森看来都是支撑此说的证据，即正常的秋季气候不应像斯科特所经历的那样。

辛普森的说法是根据在麦克默多峡湾施放气象气球所做的观测。气球上所附仪器显示，冬季雪地表面辐射散失很快，贴地空气随之冷却，形成比略高的空气冷很多的一层冷空气，但这现象只有在无风时才会发生：若有风，冷气层便会被吹走，空气会混合，地面附近的气温便会上升②。

斯科特在日记中提到没有南风，依照辛普森的看法，这就是他们遇

① 斯科特《致大众书》。——原注

② 有关这个现象以及其他南极温度问题，摘自辛普森《1910 年至 1913 年英国南极探险队》气象学篇卷一第二章。——原注

上低温的原因：在埃文斯角，气温因之降低十度，而斯科特他们所在之处可能降低二十度。

第三个问题是食物。这一点对以后的探险者最重要。探极队除了下冰川时有几天食物不足以外，配给食物充分甚至有余，但他们却因体力衰退而走不动。最先衰弱下来的是全队最大、最重的一个："我们认为最不可能垮掉的人"。

口粮有两种。冰棚口粮（B 口粮）是往南极路上，在冰棚上吃的。高地口粮（S 口粮）是经过我们冬季之旅实验后的配分，我认为是迄今最好的口粮搭配，内含饼干十六盎司、肉饼十二盎司、奶油两盎司、可可粉零点五七盎司、糖三盎司以及茶叶零点八六盎司，总计每日每人三四点四三盎司。

十二个人自比尔德莫尔冰川底开始食用高地口粮，所有存放备回程之用的也都是这种口粮。它比冰棚口粮让人饱足得多，早期在夏季冰棚上牵马、赶狗时吃不了这么多；但人力拉车是完全不同的一回事。

据计算，人体需要相当比例的脂肪、碳水化合物和蛋白质，才能在特定的环境下做特定的工作，但这比例究竟是如何却不确定。探极队的工作极累人：气温（最重要的环境因素）从相对较暖的冰川上下，到平均约零下二十度的高原稀薄空气。回程中在冰棚上，头一个多星期的气温并不很低，后来就变成经常都是白天零下三十几度，夜间零下四十几度。这种气温对于体力健壮、衣物也完好的人来说，不算太恐怖，但对已日夜辛劳四个月、食物又不足以补充体力的这些人来说，就很可怕了。他们是因寒冷而致死吗？

低温无疑导致他们的死亡，因为如果气温一直都高的话，他们不会死。但依凡斯活不成：他在低温出现之前便死了。依凡斯的死亡原因是什么？其他人又为何吃足量的食物仍然衰弱下来？衰弱得这么厉害，到后来是活活饿死的？

我一直怀疑光是气温太低，是不是就足以造成这出悲剧。这些人既吃足量的食物，在二月底碰到低温以前，理应就能承担所做的活儿，而不致体力减退。他们吃的固然足量而有余，三月份的天气状况却也比他们预期的差很多。五人当中最后尚存的三人，在最后一次扎营时情况很糟。战后①我碰到阿特金森，发现他也开始和我一样对此存疑，不过他采取了进一步行动，找一个化学家，根据最新知识把我们的口粮做了价值分析。我可以补充一句：斯科特死后，队务由他负责，他便增加了次年出雪橇任务时的口粮。因此我想他早已认定以前的口粮不足。以下的资料是他提供的，他还在做这方面的研究，将会以更完整的方式发表结果。

根据最新标准，在华氏零度（这是冰棚上的平均温度）气温下进行体力劳动，需要七千七百十四卡路里的食物，来产生一万零六十九英尺吨②的能；我们的冰棚口粮实际只能产生四千零三卡路里，相当于五千三百三十一英尺吨的能。而在零下十华氏度（这是高原上的平均高温）下做类似的劳动，则需八千五百卡路里，才能制造一万一千零九十四英尺吨的能；我们使用的高地口粮，却只能制造四千八百八十九卡路里，相当于六千六百零八英尺吨的能；这还是以所吃下去的食物全部消化吸收的情况来计算的，而实际上，目视即知我们所吃的食物并未完全消化吸收，尤其是脂肪，不论是人、马或狗都有相当数量排出。

有几件事可以证明我们的口粮不足。第一是我们在长期雪橇旅行之后，可能没有表面看起来那般强壮。拉雪橇使人发展出某些肌肉，但无疑是以别的肌肉为代价。举例说，整日拉雪橇，过得几个月双臂便毫无举重之力。顺便说一句，一九一二年二月船再来埃文斯角时，我们有四

① 指第一次世界大战。——译注

② 英尺吨，将一吨重之物举高一英尺之能。——译注

人刚经历三个月的探极之旅回来，与其他岸上人员一起卸下船上之货，用雪橇运到贮物处，每天拉二十海里路载有沉重箱笼的雪橇，从清晨五点到深夜，餐时不定，亦无休息。我记得那对我是多么辛苦的工作，也可以想象在外拉雪橇旅行的人是多么辛苦。船上人员以“他们不习惯此工作”为理由，拉一天雪橇便休息一天。这种工作分配极不合理，再说秋天我们可能还必须出雪橇任务，这样耗损精力，简直是傻。

再谈探极之旅各人力车队的经验。读者也许还记得，在往比尔德莫尔冰川的路上有一队是人力拉车。他们拉的雪橇虽然轻，但吃冰棚口粮的结果却减失体重。值得注意的是后来改吃高地口粮，他们的体重便回升了，尤其是拉什利。

探极小组与另两组人，自比尔德莫尔冰川底开始吃高地口粮，直到旅程结束，他们全都体力减退，依照阿特金森的看法，如果食物充裕应该不致减退如此之多。第一回返队全程计走一千一百海里，到旅程末了，虽然减了很多体重，拉车仍无问题，且是三队中状况最好的。他们遇到的气温也远高于华氏零度。

第二回返队面临的情况坏得多。他们只有三个人，其中一人重病，有一百二十海里路他不能拉车，有九十海里路他得躺在雪橇上让人拉着走。他们遇到的平均气温约为华氏零度。回来时筋疲力竭。

斯科特日记中一直提到探极队越来越饿，显然所吃食物不足以弥补越来越严苛的环境挑战。然而他们大部分时候所吃的分量超过配给量。必须考虑到，他们遇到的温度平均远低于零下十度；所吃的食物未能全部消化；他们需要越来越多的热量，不仅因为地面难行及逆风行走所以工作吃力，也因为需要暖起身子、融解衣物及睡袋上的冰。

很明显，未来的探险队伍不仅需要增加口粮分量，且需重新调整脂肪、蛋白质与碳水化合物的比例。有鉴于我们的身体消化不了吃下去的那么多脂肪，阿特金森认为增加脂肪、取代蛋白质与碳水化合物是没有用的。他建议脂肪每天只需约五盎司。碳水化合物容易消化吸收，至于蛋白质，虽然消化起来比较复杂，却含有许多必要的消化酵素。因此这两项应等量增加，且尽量以干而纯的形态供应。

以上评论并无苛责之意。我们的口粮可能是历来最好的，但现代人对营养所知比以前多。我们都是在尝试，好为后人增添这方面的知识①。

我们携狗队出发后才五天，坎贝尔一行便回到小屋角了。我们回来时看到他留在小屋角的字条，说很遗憾未来得及参加搜寻工作，充分反映他的性格。若我像这些人，刚经历十个月的苦难，就是野马也拖不动我再出门去拉雪橇。但他们却很愿意在船来接我们之前，多做些有用的事。

我们取得了极点记录；坎贝尔一行，在不得外助之下，不仅度过一个严苛的冬天，之后还自己拉雪橇下海岸回来。我们没敢期望更多；我们很少抱这样的期望。

我想自洛伊角孵育地取得一系列阿德利企鹅的胚胎，但不敢期望有此机会，因为夏天几个月我全在外面拉雪橇。现在机会来了。阿特金森要去同一处研究寄生虫，也有别人要去做研究。困难之处是下埃里伯斯山的坡。这座活火山自我们门口挺立至一万三千四百英尺（约四千米）高，沙克尔顿手下有一组人曾由大卫教授率领，于三月往上爬，拉雪橇攀升到五千八百英尺（约一千七百四十米），自该处起装备须以手搬运。上一年德贝纳姆用望远镜找出一条路径，可拉雪橇至九千英尺（约两千

---

① 现代研究显示，某些维生素的有无至关重要，对于吸收食物的能力尤其重要。果真如此，探极队的命运一定受到很大的影响，他们所吃的东西极其缺乏维生素。往后的探险者绝不能忽视这一点，我还建议以后的南极雪橇队若没有富含维生素的食物，绝对不能往内陆去。1910 年我们出发往南时，医学研究委员会虽然尚未发布有关维生素价值的报告，阿特金森已经坚持要携带新鲜洋葱上船，后来搜索之旅中还在食物配给中添加洋葱为固定口粮。——原注。

四百米）高的地方，没有太大困难，只不过双腿酸软、呼吸急促。

他们愉快登山，傍晚时唱着歌，白天则整日辛苦。德贝纳姆说一路平安，且相处融洽，是他在此最愉快的一次旅行。不过德贝纳姆与迪卡森都得了高山病，他们刚好是队上两支大烟枪！他们记述高处空气之清洁，说在五千英尺高处可清楚地看见两三百海里以外的墨尔本山与琼斯角，还有西方未经勘察的几座山，他们无法精确定群山之位，因为只能从一点方向取光。峡湾大部分时间被云所笼罩，但蒲福岛与富兰克林岛清晰可见。与大卫一行不同的是，他们没看见伯德山有火山活动迹象，只看到山上几乎覆满冰。在九千英尺高处，恐怖山看来宏伟壮丽，但伯德山与新地山则渺小无趣。老火山口和第二火山口之间的谷地很让他们赞赏，他们还在其中发现一条美丽的小冰川。普里斯特利和德贝纳姆都认为或许可由此山谷走到恐怖山，且这条路上没有冰缝区或很难爬的坡。总之，往克罗泽角采此路线应较可行。

上到约九千英尺高处，普里斯特利、格兰、阿博特和胡珀于十二月十日开始往活火山口攀爬。他们装好帐篷、柱子、睡袋、内套锅与炉具，加上四天的粮油，攀到约一万一千五百英尺（约三千五百零五米）的第二火山口，次日却因有云而整日不能动身。在此高度，气温约零下十度至零下三十度，而在海平面上此时的气温约为冰点左右。到十二日午夜一点时，天气好了，有南风吹散山顶上的蒸汽。他们尽速出发，几小时内即抵火山口，往下望，不见底，因为满是蒸汽。边缘有约五百英尺的陡坡，然后就变成垂直。火山开口周围约一万四千步，顶上多是浮石，但也有许多火山熔岩，像海平面的岩层一样；旧火山口则主要是火山熔岩，证明这是岛上最古老的岩石。长石结晶一定不断被抛出，因为它们散落在雪上。我捡到过一块将近三英寸半的结晶块。

两人回去总部，因为其中一人冻伤了脚。这便只剩下普里斯特利和格兰两人。他们想煮沸测高计，但因风大不成。风的方向不定，他们经常被包裹在蒸汽与硫磺气里。他们留下在一座石墩上的记录，启程返回，但下了五百英尺后，普里斯特利发现他留在山顶上的不是记录纸，而是一盒曝过光的底片。格兰说他回去换。他爬回山顶，听到一声大爆炸，大块浮石随同大片烟云喷射而出，想必是一个大气泡破了。格兰置身其间，先听到格格的声响才爆开，看见“巨大的浮石熔岩，呈半个炸弹形状喷出，内部有一束束拉长、发丝似的玻璃条”①。格兰吸多了二氧化硫，后来不大舒服。他们一行于十二月十六日抵达洛伊角，全程费时十五天，相当成功。

沙克尔顿的旧屋在此季节甚是可喜。冬天它太通风，但在夏季明亮的阳光下，海水在冰墙下扑打，美丽的山峦四面围绕，企鹅在门口做窝，这里比比尔德莫尔冰川好——按原定计划，这时候我们应该在冰川上。刚从鬼门关回来的六个人，在这里的时候都过着怎样的日子呢？食物是：

> 沙克尔顿的人一定像填鸭似的给喂得饱饱的：煮鸡、腰子、蘑菇、姜片、饼干、各种各样的汤，实在是很好的变化。最棒的是奶油煎新鲜贼鸥蛋，我们拿来当早餐。久违了的食物忽然都能享用，又知道坎贝尔一行已安然归来，这里的生活差堪忍受。②

有三星期的时间，我在洛伊角的阿德利企鹅间工作，取得完整的一系列企鹅胚胎。威尔逊一直认为脊椎动物学家南来，除探极外最重要的就是研究胚胎学。我已经解释过，企鹅是演化史上有趣的一环，取得其胚胎的目的是探究企鹅出自何系。它们是否比其他不会飞的鸟如鹬鸵、

① 《斯科特的最后探险》卷二第 356 页。——原注
② 我自己的日记。——原注

鸵鸟、三趾鸵、恐鸟等更原始，是一个悬而未决的问题。其中恐鸟不久以前刚灭绝，但其他无翼之鸟仍在南半球大陆的岬角上活动，这些地方比人口密集的北方较少天敌。也许企鹅是北半球有翼鸟的后代（到现在它们有时还企图展翅高飞），被驱赶到南方。

如果企鹅果然原始，有理由推断最原始的企鹅是在最远的南方，那就是两种南极企鹅：帝企鹅与阿德利企鹅。后者数目较多、较兴旺，因此我们倾向于认为帝企鹅在两者中尤其原始，有可能是现存鸟类中最原始的一种，而多做关于它的研究。这就是为什么我们有冬季之旅。我很高兴在帝企鹅胚胎外，又取得阿德利企鹅的系列胚胎，我不时觉得自己像漫游于外星球的巨人，与当地居民迥然有别。

我们到得迟，没来得及看它们下蛋，因此没法确定每个胚胎的天数。当我看见有些巢无卵但有企鹅孵坐，便兴起希望，但后来发现这些是"单身公寓"，它们的妻子在附近孵蛋。我尝试自巢中取蛋，很高兴发现有新的蛋出现。我小心在这些新蛋上做记号，然而两天后我打开其中一个，发现里面的胚胎至少已两周大，这才知道窃婴是企鹅的诸般不义行为之一。有些被我取蛋的企鹅，孵着大小、形状皆似卵的石头，有一只孵着半个红色乳酪罐头。它们实在不太聪明。

世人皆爱企鹅。我想是因为它在很多方面很像我们自己，有些方面我们欲像之而不可得。我们若有它一半勇猛，便无人敢与我们对抗；我们若有它百分之一的母性，便不会发生成千上万的杀婴事件；它们小小的身体充满好奇心，不知恐惧为何物；它们爱登山、爱滑冰，甚至爱演习。

有一天刮着暴风雪，一只被废弃的巢展现在大家面前，巢中有一堆众鸟称羡的石子。四周公企鹅一趟一趟跑，去衔石子回来给妻子当礼物。这是平民百姓的做事方法；有一只高明的公企鹅却不这么做，它好像全不在意似的，与妻子舒舒服服地高踞在岩石的另一面。

受害的是第三只企鹅。它没有配偶，摆在眼前的石子是赢取佳人芳心的好机会。它摆动两条短腿尽快奔跑，自废弃的巢中捡取石子，放在一块岩石后面，然后赶快再奔去捡。在同一块岩石上是那高明的企鹅先生。当受害企鹅捡了石子跑回时，它背转身去，可是等石子一放下，受害企鹅跑开，它马上跳下来，在你还来不及说完“大白鲨”三个字的时间内，它已衔起石子，转身献给妻子，又站回岩石上去（背也转过去），并不时回头看下一颗石子是否已经放好。

我旁观了二十分钟。这段时间内，之前还不知道已经有多久，那可怜的受害鸟儿一颗又一颗地衔来石子，岩石后面却没有石子剩下。一度它似感迷惑，往上看，对着岩石上高明之士的背后叫嚷，但立刻又往回奔，似乎从未想到它还是不要再捡的好。我站得冷了，便走开去：它又来捡了。

阿德利企鹅的生活非常违反基督教精神，但很成功。笃信基督的企鹅在此没有生存机会。且看它们准备沐浴的情况。大约五六十只鸟叫叫嚷嚷地站在冰墙上，自边缘探头往下看，互相劝说跳下去洗个澡多好。这是虚张声势，它们其实担心底下有海豹等着生吞第一个跳下去的。依照理论，真正高贵的鸟应该说：“让我先去，如果我被杀，也算是为公益而死，为同伴牺牲自己的生命。”这样的话，不多久所有高贵的鸟全死光了。实际上它们所做的是劝说一个经不起怂恿的同伴跳下去；若劝说不成，它们便迅速通过征兵法案，把那同伴推下去。然后，砰！一阵手忙脚乱，所有企鹅全跳下去了。

它们轮流孵蛋，经过很多天后，便见父鸟摇摇摆摆往海走去，前襟沾泥，煎熬已过。它们要过两周左右才回来，吃得饱饱的，干干净净，对生活甚是满意，带着下定决心要来解救妻子的神情，来换班。有时正好别的鸟要去洗浴，它们便停下来闲聊玩耍一整天。

唉！这样不是更愉快吗，再说一两天又有什么要紧呢。它们转身，肮脏的与干净的一起又往海边去了。这时候它们会说："女人真好。"

若要讲究手足情谊、辛勤工作、爱心与慈善等美德，它们的生活就太紧张了。善窃者得配偶，善窃的夫妻孵得出蛋。它们顺着海冰之下源自远方的海流，自未冻之海纷纷来到，有的用它似人足的蹼脚行走，有的用雪白闪亮的前胸滑雪前来。长途奔波之后它们必要睡个觉，之后，绅士们便进入已然拥挤的孵育场去寻找妻子。但首先，有意追求淑女者必先找到或窃得一颗石子，因为这是企鹅的珠宝：石子应为熔岩石，黑色、赤褐色或灰色，内有杏仁形结晶。这种石子稀有，尺寸各异，但最珍贵的是企鹅卵大小的。有了这样一颗石子，它便去追求女士，把石子放在她的脚上。若她接受了，它便再去窃取更多的石子，她则谨慎看守这些石子，同时在安全无虞的情况下，自近邻的身子底下捡取别人的石子。不善争或偷的企鹅没法在高处筑巢，不然便是筑了却被占据。之后刮起暴风雪，之后海冰融化：有时孵育场边缘的海岸也融解了。强壮邪恶的鸟孵得出蛋，软弱者的蛋则浸湿腐坏。像一九一一年十二月那样的一场暴风雪后，整个孵育场完全被雪覆盖：巢、卵与亲鸟都无例外，这时候你需要很多石子才能孵蛋。

一旦孵出，幼雏很快长出灰色绒毛和一球一球的黑色腹羽，上面伸出小而比例不当的头。两三周大时便离开双亲，或双亲离开它们，我不知道。如果所谓的社会主义是指生产与分配国家化，则它们实行的是社会主义。它们分成成鸟与幼鸟两群，成鸟由未冻之海上来，腹中携有食物：满是半消化的虾。但并不是给它自己的雏儿：自己的雏儿若不是已然死亡，便是混杂在大群饥饿的幼鸟之中，不可辨识。幼鸟一见携有食物的成鸟上来，便将它包围。但不是每只幼鸟都能得到食物，有的好几天都争不到食物，已被挤到后面太久，衰弱、寒冷，很悲惨。

我们站在那儿，看它们争食，逐渐明白幼雏们不仅视满腹上岸的成鸟为父母，也视它们为食物提供者。亲鸟的想法则迥异：它们或是打算找到自己的幼雏哺喂，或是想留住已然半消化的食物在自己肚子里。比较强壮的幼鸟索食不已，直到在坚持之下吃饱了。但比较不强壮的幼鸟则下场必然悲惨。在这场生存竞争中落后的幼鸟会挨饿、衰弱，跑得不够快、不能死缠烂要，结果一天比一天衰弱。在随其他幼鸟追逐之间，它一再扑跌，以尖锐、悲哀的哨音鸣叫着饥饿，到最后放弃争逐。筋疲力尽，不得不停下休息，于是再无得食的机会。每只匆忙走过的亲鸟身边都围绕着一小群幼鸟，全在争取喂食。那饿坏的、落后的鸟奋起做最后的努力，却再度失败，一只强壮的幼鸟抢了先。那弱小的睡眼惺忪地站着，眼半闭，又累又冷又饿，迷惑着周遭的忙乱都是什么意思。一个肮脏蓬乱的小不点，生存竞争中的失败者，被双亲遗弃——双亲在巢附近遍寻它不得，殊不知它已漫游离巢半海里远。它就这么站着，周围谁也没注意它，后来便有一只贼鸥扑翅而下，立在它身旁，几下啄击，结束了它失败落寞的一生。①

如此对待幼鸟，自然有其道理。阿德利企鹅活得艰苦，帝企鹅更糟。何不在不适存者尚未育雏，甚至尚未进食之前便让它死掉？生活是严苛的，何必假装不是？最适者始能生存，何不面对现实？其结果是，我敢说你再也找不到像这样快乐、健康的一群老绅士。我们当然爱慕它们：它们比我们友善多了！但残酷的是：大自然是不肯通融的保姆。

如果没人来解救我们，大自然也要给我们苦头吃的。一月十七日仍不见有船前来，我们决定准备再过一个冬天。粮食要定量分配；煮食用

① 威尔逊《一九〇一年至一九〇四年英国南极探险队》动物学篇卷二第 44、45 页。——原注

油，因为煤已快没有了；捕杀并储存海豹。一月十八日开始做准备，挖了洞穴贮存肉类等。早餐后我去猎海豹，杀了两只，切成块，中午时分经由岬角回来。所有的人都在营地工作，峡湾里什么也没有。忽然，船首自两三海里外巴恩冰川后面伸出。我们看着它小心驶近，大感宽慰。

“你们都好吧。”船桥上麦克风传来这问话。

“探极小组自极点回程中死了，我们拿到他们的记录。”船上一时悄然无声，接着驶来一艘小艇。

回英国去休养康复的埃文斯担任船的指挥官，其他有彭内尔、雷尼克、布鲁斯、利利与德雷克。他们说去年回去时遇上极大的飓风。

我们从船上拿了些苹果下来。“美呀，再没有更好的了……彭内尔一如以往的了不起……”“我注意到船上的人讲话不大自然：举不出特别的例子，只是整体的感觉，与文明接触似乎使人说话也变了：军官与水手都如此。”①

> 一月十九日，在“新地”号上。经过二十八小时的载货，今天下午四点我们永远告别了那老屋。昨晚匆忙，亦不曾睡。船行一小时相当于在冰上拉一天雪橇的路程，真好。我们到洛伊角去取地质样本及动物学样本，就要花一整天的时间。我想不睡，把这些景象都画下来，因为若不是搭船，要走很久的路才到得了这些地方。但我很累。接到家信的感觉是言语不能形容的好，留声机上又正放着最新流行的华尔滋，晚餐有啤酒、苹果和新鲜蔬菜可吃，人生好过多了，不像那么多漫长疲倦的周与月。离开埃文斯角我了无遗憾：我再也不想看到那地方。愉快的记忆全被痛苦的记忆给吞没了。②

---

①② 我自己的日记。——原注

船抵达之前，我们已决定在观察山上竖立一支十字架，纪念探极小组。船来后，木匠立即动手，做了一支大十字架。大家讨论该刻上什么铭文，有人主张引用《圣经》的句子，因为“女人看重这些事情”。我很高兴后来采用了丁尼生《尤利西斯》里的句子：“要奋斗、要追求、要发现，绝不认输。”

帐篷岛以南有未冻之水延伸约一海里半，一月二十日早上八点，我们在此离船，用雪橇把十字架运去小屋角。参加人员计有：阿特金森、赖特、拉什利、克林、德贝纳姆、基奥恩、木匠戴维斯与我。

傍晚，小屋角。来时路上非常不顺。在离小屋角仅约一海里处遇到逆风兼飞雪，之后看到岬角外有一个融化的小池，遂绕路想要避开。阿特金森一脚踩进水里，我们立刻向外急转弯，但接着克林也跌落，直没到手臂，我们才醒悟脚下的冰仅三四英寸厚。我伸手拉他出来，幸未自己也落水。我们挣扎前进。之后克林又掉下去，雪橇也差点跟下去。我们拉住雪橇，雪橇拉他出来。以后除一些比较软的冰块以外再没出事，但这已经够受的了。我认为我们没淹死是运气。

克林在小屋角找到些干衣服换上，十字架上了白漆，正在晾干。我们上观察山去，在顶上找了一个好位置，并且已经挖了一个洞，再加上旁边的岩石，深可达三英尺。

从那里可以看到今年的老冰很不牢靠，未冻之水与碎烂冰直逼到陆地边缘——我从未在此见到这样的景象。阿米塔吉角与平底船角外面，压力冰脊起伏特别大。只盼我们找得到安全的路回去。

克林今晚谈笑风生，你绝想不到他掉进水里两次……

我真的觉得那十字架会很好看。①

---

① 我自己的日记。——原注

观察山显然是竖十字架的恰当地点，他们都对此地非常熟悉。其中三人曾随“发现”号来，在它的山影下生活了三年；每次从冰棚上历劫归来，都会看见它：观察山和城堡岩总是在那里欢迎他们。它的一侧扼守他们曾居住的麦克默多峡湾，另一侧俯瞰他们葬身的冰棚。再找不到比这将近一千英尺高的山更合适的十字架基座了。

> 一月二十二日，星期二。早上六点起身，十一点以前把十字架较长的一根木头搬上了观察山。这是很笨重的活儿，四周的冰很难走，很高兴在下午五点左右把整个十字架竖起来了。非常壮观，会是永久的纪念，从九海里外的船上裸眼便能见到。它自岩石上耸立九英尺高，且深入地里很多英尺，相信不会松动。面向冰棚竖起来时，我们向它欢呼三声，再加一声。

我们安然返回船上，沿西方山脉海岸上到花岗岩港，对只曾自远处观看这些山的我们，这是很有趣的旅程。格兰上岸去取一批留在那里的地质样本。利利下了一拖网。

这是需要全神贯注的工作，是“新地”号旅途中一项漫长而重要的系列工作。这里有各种各样的海绵状、玻璃绳状、矽石状、管状的生物，大都覆满黏液。有的以极微小的矽藻为食，矽藻微小到只能以离心机采集；有的有可以溶解矽藻骨骼的胃液：它们固着在泥浆里，把水吸进又吐出；有时它的纤毛会激动水流。这里有柳珊瑚群落，彼此无私地分享食物；有海中退化的蠕虫，起先像珊瑚一样以微小细胞的形态生活，后来退化。还有海星、海胆、海盘车和海参。海胆呈六边形板状，每板中心是一球，上有突出脊骨和凹入关节。脊骨是保护用的，大的脊骨可用来运动，但真正运动用的器官是五对双排水管状的脚，靠吸盘移动，吸时排出壳内的水，因而形成真空。海星也以同法吸附。我们找到一种海胆，脊骨大到呈条状，比一般海胆的脊骨长一倍，形状恰似桨，有对称的凹槽。通常，龙虾长大后便脱去外壳，另找一个壳躲进去，继续长大；海蜗牛或蠔则使用原始的壳，只是一层层不断添加扩大。可是我们这种海胆，随着身体的长大，在每个板子外面添加石灰质，因此身体越大，板子越大。

有一种海参会育幼。它们有育幼槽，在嘴的外面，这是“发现”号首先发现的南极特有种，有最复杂的水管结构，当成腿用，柔软的皮质下还有几个肢状突起，不像海胆和海星是骨质石灰板。再来是羽海星，是古代海百合的遗存，海百合在石炭纪曾十分兴旺。海盘车成千上万，像美丽的车轮，轮轴与轮辐俱备，但细节不符。轮辐是它们的腿，有力、敏感而迅速。与海星不同的是它们的腿上没有消化腺；与羽海星不同的是它们不用腿把食物送入口中。一度它们有吸盘，固定在岩石上，到现在仍有少量古老的棘皮动物以吸盘在海中生活。查尔斯·汤姆森曾于一八六八年在苏格兰北部海中发现这种显然属于地质年代的老东西还活着。此事引起“挑战”号探险队一八七二年做深海探测，但“挑战”号没带回这类东西。我们发现的物种大都是南极特有。

有数以百计的多毛虫，以突出的口器伸进泥巴再缩回体内，发育良好的突起当做腿用，在泥中乱爬。这东西显然是节足动物的祖先，经过修改后它们住在管子里，既可防护，又因为它们发现穿不透变得太黏的泥巴。这样它们站在管子里，收集触手搅落的沉淀物。它们的幼年期有一段浮游胚胎阶段，借此散播至别处。它们与泥虫或可比拟，泥虫也有管子。

但是蹲在船尾的利利，周围内圈环绕着瓶瓶罐罐与网到的乱七八糟的东西，外圈环绕着好奇的科学家、假科学家与水手们，最高兴的却是经常发现“Cephalodiscus rarus”的片段，这东西一直到现在全世界也只有四罐子的搜集。它既稀有又有趣，祖先是脊椎动物与无脊椎动物中间的一个环节，不过无人知道那到底是什么样子。它自己本来是脊椎动物，现已退化，生命早期有脊索痕迹，也有鳃。最早在南极大陆的格雷厄姆地那面发现，罗斯海这边则是最近才见到的，在世界其他地方都无其踪影。

一月二十三日清晨，我们离开花岗岩港。下一件工作是取回放在埃文斯小湾的地质样本，那就是坎贝尔一行人建雪庐度冬的地方，我们也要在那里放些物品，留供以后的探险者用。船驶入沉重的浮冰群，不得不退回至少十二海里，再试另一条通路。

> 此地的海面已冻结，在这个月份是很不寻常的事。今晨浮冰块间有很薄的一层冰，我相信这些大而平的冰块是最近才冻结的大片冰残余部分。①

推进器很辛苦，不断卡住冰。过了很久，我们总算到了伯德角以北约三十海里处，朝富兰克林岛行去。这晚我们在大致未冻的海上，行进颇速，日间越过富兰克林岛。但傍晚（一月二十四日）很不乐观，我们下锚停泊，以灰覆火。

> 一月二十五日早晨五点，我们仍在下锚之处。冰散开，可容我们通过。我们开始缓慢前进——缓进，停住（引擎）；撞上、摩擦；缓慢后退，停住；再缓慢向前。这样重复，直到晚间七点，重重地撞了一下，桌上的晚餐跳离桌面几英寸。奇塔姆把我们带离了浮冰群，进入未冻之海。②

---

①② 我自己的日记。——原注

一月二十六日清晨三点，我们通过北方众山麓小丘的深褐色花岗岩角，陡峭壮丽的南森山出现在眼前，山顶平坦如桌。我们迅即在一条约五百码长的厚海冰上下锚，这海冰上被风吹得无一丝雪留存，前方山麓小丘间有一开口，坎贝尔给它取了个恰当的名字，叫“地狱之门”。

可惜我没看到那雪庐：黑色，油熏得脏兮兮的。看过的人回来脸上都带着惊异向往的表情。我们留了一库在湾头，用竹枝和旗子做了标记，便转头回家。计算着还有几周、还有几日，到后来还有几小时。我们是一月二十七日凌晨脱离浮冰群的，一月二十九日到达阿代尔角外，“朝向海，朝向风，朝向雾。连船的全身都看不见，摸索前进很是棘手。然后雾忽然散了，地平线清楚在前。许多人晕船晕得厉害，埃文斯角上船的水手们大都不例外。每个人都觉得虚弱”①。那晚雾浓，行进困难。正午时（南纬六十九度五十分）雾略散，露出正前方一座冰山。到夜晚刮狂风，躺在床上很难不翻下来。船定位偏东，等进入西风带时让风吹袭。我们经过很多很多冰山，每个发出的声响不同。二月一日，南纬六十四度十五分，东经一百五十九度十五分，我们沿一座冰山的一侧上行，这冰山有二十一海里长；它的其他侧边我们只得见其一，一直延伸到低入海平面下不见。在南纬六十二度十分，东经一百五十八度十五分处，我们，

> 很不顺利：自清晨起便逆风，冰山四面围绕。上午八点，我们被卡在一座冰山与一长条浮冰群中间，后来才寻得一条路出来。接着浓雾下降。上午九点四十五分，我走出舱门，差点撞在迎头一座巨大的冰山上，这冰山几乎紧贴着右舷过去。海上浪涌交叉，海水打在冰上，听起来很冷。越过甲板后，浓雾中隐约可见一座雄伟如

---

① 我自己的日记。——原注

冰棚般的冰山，就在左舷之外。

我们摸索着绕过右舷冰山，发现山外有山，峰峰相连。左舷的那座则无边无尽，绵延不绝。我们不久看出是置身于一条狭巷——在一座极大的冰山与一连串别的冰山之间。经过一小时十五分钟，才把大冰山抛在船后。下午四点，六小时以后，我们仍在摸索，希望在此纬度不再遇到冰。

"新地"号是木制三桅船，一八八四年由邓迪①地方的斯蒂芬父子公司建造，总重七百六十四吨，净重四百吨；长一百八十七英尺、宽三十一英尺、高十九英尺；两汽缸共有一百四十马力；在纽芬兰圣约翰注册的。以探极船来说它不算太小，但冰山环伺，海浪汹涌，又常因雾而视线不良，彭内尔率少数手下操纵船只。不过这是夏天，不像别的时候那么危险，航行算是容易。几乎每晚都有微弱的天光，船上人手多，煤也足。想想去年深秋时，船在南边等了又等，直到只剩下最低量的煤了，海水在船四周冻结，推进器被冰打坏，才终于离开。那时彭内尔仅率几个人在船上。他是一个极其冷静的人，但他形容一九一二年三月，"新地"号遭遇狂风，说船似乎从一道波峰被吹到另一道波峰，而夜晚沉黑，冰山四面围绕。那些日子里，他们从不摆饭，只就手里抓得住的东西吃。他向我坦承，有一段时间他真不知道下一刻会发生什么事；但其他人则告诉我，他看起来好像每一分钟都开开心心的。

由于与新闻界有契约，并为防范泄露消息，我们要先拍一通电报到英国，以后的二十四小时，"新地"号必须滞留在海上。这样也让家属在报纸刊出以前先得知消息。

因此，二月二十日凌晨两点半，我们像一艘幽灵船似的，偷偷在新

---

① 邓迪，英国苏格兰东部港市。——译注

西兰东海岸一个叫奥马鲁的小港靠岸。嗅到熟悉的树林与草坡的气息，看到人家房舍的轮廓，感觉复杂。一座小灯塔以不倦的坚持精神向外闪烁出讯息：“是什么船?”“是什么船?”守灯塔的人显然惊讶烦恼为何得不到回答。一艘小艇放下，彭内尔与阿特金森划船上岸。水手们奉严令，不得回答任何问题。过了一会儿小艇回来了，克林宣布：“人家来追，但我们什么也没说。”

我们再度出海。

天破晓时，我们看见远方的陆地——绿色的，有树林，点缀着农舍。我们开始心浮气躁起来。取出家里寄来、三年未穿的上岸衣装，试穿看看——太紧了。再穿上旧日靴子，也很不舒服。我们刮了胡子！时限未满，无事可做，只能沿海岸上下，尽量避开岸边船只。

傍晚，每天由阿卡罗阿①到利特尔顿的定期小船开出，它靠过来。“一切都好吗?”“斯科特队长在哪里?”“你们到南极点了吗?”得不到满意的回答，他们驶开了。但这却是我们对文明生活的初瞥。

次晨黎明，我们挂起半降白旗，悄悄通过利特尔顿港岬角。我们一路注视树木、人迹与房屋。与我们启程南下那天相比，多么不同，又多么相似呀：恍如做了一场噩梦，不能相信此时不是尚在梦中。

港务局长乘拖船出来迎接，彭内尔与阿特金森上前陪伴。“过来一下。”阿特金森对我说。他说：“影响非常大，我没想到会有这么大的影响。”的确，我们僻处天涯海角太久，这整件事又与我们如此切身相关，看不出别人怎样想：我们根本没想到。到登岸，才发现整个大英帝国——几乎是整个文明世界——都在哀悼。大家像是失去了一个好朋友。

在战前的敏感时局中得知这些人的死，给世人带来极大的震撼。就是现在，悲剧之感几乎已不存，此事仍触发英国人的悲悯与骄傲。提起

---

① 阿卡罗阿，利特尔顿右下方港口。——译注

斯科特之名，你最先想到的很可能是他的悲惨终局而非他的成就（这就像你因哥伦布一生的某件事而忘记他发现了美洲一样）；但斯科特的名声不是建立在征服南极上。他去到一个新大陆，找出怎么去那里的方法，把这知识提供给全世界：他发现了南极，成立了一个学派。他是最后一个伟大的地理探险家，因地球上已无处人迹未至；他也可能是最后一个老派极地探险者，因为以后这类探险料想都是用飞机进行。而且他极为坚强：我们本来不知道，一直到发现他躺在那里死了，我们才体会到这个人在身心两方面都是何等坚强。

在他的两次极地探险中，都得到威尔逊的协助，第二次还得鲍尔斯之助；这份助力恐怕别人永远不会注意。我相信这三人组成的雪橇队是再好也没有了，这三人结合了主动进取、坚忍耐久及高超理想，达于超卓的境地。而且三人都善于统筹规划，虽然他们筹划的探极之旅似乎失败了。但真的失败了吗？斯科特不认为。“出此大差错的原因不是筹划失当，而是在所有必须冒的风险上都运气不佳。”气象学家说，十有九次，他应该可以完成此旅，但他偏偏就是那第十次。“我们冒险，我们知道此行有风险；后来事情发展不利，我们没有理由抱怨。”再没有写得更好的墓志铭了。

他决定采用唯一已知的通往极点的路径，亦即上比尔德莫尔冰川，穿过分隔南极高原与大冰棚之间的孔道。从麦克默多峡湾出发，这可能是唯一可行之路。另一个方法是在冰棚上度冬，像阿蒙森那样，离海岸线几百海里远，这样，往南行时，便可避开比尔德莫尔冰川向外流时，在冰原上造成的杂乱地形。要这么做，便得放弃大部分科学计划，而斯科特不是只为去到极点而南下的那种人。阿蒙森知道斯科特要去麦克默多峡湾，因此决定在鲸鱼湾度冬，否则他也可能去麦克默多峡湾。恐怕没有人会拒绝利用已经获得的知识。

我说过，有些人说斯科特应该多倚赖雪屐和狗。如果你读过沙克尔顿对他发现并穿过比尔德莫尔冰川的记录，你就不会赞成用狗了。事实上，虽然我们找到比沙克尔顿当年更好的一条上冰川的通路，带狗上下恐怕也不可能；与高原接壤处的凌乱冰原更不宜狗行，除非有充分的时间先探查出一条路径。“狗儿们一定可以来到这里。”斯科特在造云山下如此说，那是大约冰川上到一半处，但以我们经历过的压力冰脊区而言，不可避免的会让狗跌落第一道深渊。如果能避开这样的杂乱地形，很好；如果不能，那就不能用狗。说这些话的人都没知识。

既然斯科特要走比尔德莫尔冰川这条路，他不用狗应该是对的。事实上他用马直到冰川底下，自那里起才以人力拉运。因为用马，他就不能在十一月以前动身：运补之旅的经验显示，马儿不能忍受那以前的天气状况。但他如带的是狗，就可以早出发，回程时可以争取到多几天入秋以前的天气。

这样的悲剧自会引起疑问：“值得做这样的事吗？”什么事值得不值得？值得冒生命的危险去追求功名，还是为国家牺牲？追求功名，仅仅为了功名，斯科特是不屑为的；必须有附加的目标——知识。对威尔逊，功名更无吸引力，在本书所引述的日记片段中，最值得注意的一点就是，当他发现挪威人先到极点时，他全未置评，仿佛他觉得那并不重要。可能也真的不重要。

应该有人讨论这些以及关于极地生活的问题。极地心理学很有可研究之处：那里有独特的因素，尤其是完全的孤独，以及每年四个月的黑暗。连在美索不达米亚，一个长期灾荒的国家也会想办法照顾病者与伤者；但在极地，人可能会因坏血病而衰竭（如埃文斯），或连续十个月以海豹肉为生且吃不饱，或得吃含尸毒的腐肉（如坎贝尔一行人），一年之内无人能来救援，一年之后也不一定会有。在极地没有“轻伤”这回事：你如在比尔德莫尔冰川上跌断腿，你就得考虑怎样自杀最好，以免误人误己。

极地探险者在性生活上与社交生活上都非常欠缺。辛勤工作或纯凭想象能起多少替代作用？可比较一下我们在行军时的心思。我们夜里做关于食物的梦；掉了一小片碎饼干能引发长久的叹惋之感。夜复一夜，我梦到在英国哈特菲尔德车站的月台小店买大面包和巧克力，可是总是还没来得及碰到嘴唇便醒来；有些同伴不这么紧张，他们比较幸运，在梦里吃到向往的美食。

至于黑暗，伸手不见五指的黑暗，几乎总是伴随着暴风雪的怒吼。在这样的环境下过日子，身心都受挤迫；到屋外运动的机会很有限，在暴风雪中简直不能出去，因此当能出门时，你才体认到不能出来看周遭的世界是多大的损失。我曾听说，如果遇到精神病人，或因遭受重大打击而想要自杀的人，应该带他到户外四处走走：大自然会治愈他。对于像我们这样的正常人，住在不正常的环境里，大自然很能帮助我们忘怀烦心琐事，但我们看不见她，她的治疗功能便难以发挥。我们只能感觉，这感觉是很不舒服的。

在极地，表面上大家都刻苦耐劳，但你不能尽信：人会躲懒。记住，拉雪橇才是终极考验。因为在文明世界很容易躲懒，一个人可以做多少事，你很难设定标准。工作仅限于小屋内外的人，和在文明世界一样，躲懒或不躲懒没有关系，只不过是浪费了一些机会。但在冰棚上拉雪橇可不行，只需一星期，勤惰立判。

有很多问题应该研究。由热带到寒带，如鲍尔斯从波斯湾来加入我们，或反之，如辛普森由南极去到印度，对人的影响；干冷和湿冷的差别；在南极的舒适温度是多少，与在英国的舒适温度相比如何，以及女人在这样的温度下有何感觉……有勇气的人走得最远。精力与体力有怎样的比例？什么是活力？为何有时候你害怕某件事，有时却不害怕？为何清晨起来勇气百倍？想象力会造成怎样的影响？一个人可以鼓勇奋起到何种地步？鲍尔斯为何有这么多热能？我的胡子为何变白？X 君从英国出发时眼睛是褐色，回来后为何变成蓝色，以致他母亲不肯认他？发色与肤色的改变是怎么回事？

人去南极有很多原因，情报单位善用之。但为求知而求知才是最重要的一件事，而目前再没有比南极更适合搜集知识的地方了。

探险是智性热情的体力表现。

我还可以告诉你，如果你渴求知识，又有能力做体力表现，去探索吧。勇敢的人可能什么也没做，胆怯的人倒可能做了很多，因为只有懦夫才需要证明他的勇敢。别人会说你疯了，几乎每个人都会说："那有什么用?"因为这是一个小店主的国家，小店主不会做不能在一年内保证财务回收的研究。因此你差不多是独自拉着雪橇，但跟你一起拉雪橇的人可不会是小店主：这就已经很值得了。如果你参加了冬季之旅，会有回报的，只要你不贪求，所要者只是企鹅的卵。

附录一

阿普斯利·谢里-加勒德小传

全名阿普斯利·乔治·班尼特·谢里-加勒德（Apsley George Benet Cherry-Garrard），一八八六年一月二日出生于英国贝德福德，是阿普斯利·谢里-加勒德少将的独子。

谢里家族本姓 De Cheries，祖籍法国。迁到英国来的这一支，十五世纪初定居于北安普敦郡的普兰顿（Plumpton）村。谢里家长子世代耕种父系传承的土地，次子以下则替政府做事或出国谋生。英国统治印度后，他们家的人在孟加拉省司法及民政机构取得要职。到了谢里-加勒德少将这一代，这个家族在英国拥有两笔大产业：丹佛园（Denford Park）和莱默园（Lamer Park）。谢里-加勒德少将成家晚，育有一个儿子，五个女儿。儿子艾普斯雷·谢里-加勒德近视很深，打不好球，也不快乐。进了牛津以后，他修习古典与当代史，才找到意气相投的朋友。同时也找到一种很适合他，近视也能参与的运动：划船。虽然差一点没得头奖，一九〇八年他担任基督教会学院甲队队员，帮该队赢得大挑战杯冠军。

谢里念大学期间，父亲缠绵病榻，终于一九〇七年去世。谢里一生景仰父亲的勇气与成就，以父亲为榜样。他深爱父亲，但又有些惧怕，他觉得自己永远不能达到父亲的标准。也许在不自觉中，他想要向自己证明自己的能力。机会来得很快。父亲死时他二十一岁，三年后他便成为斯科特最后一次远洋探险的年轻队员。

一九〇七年九月，威尔逊博士夫妇在谢里的表兄雷吉诺·史密斯（Reginald Smiths）家的别墅作客，斯科特船长也来待了几天，其间他透露计划再做一次南极探险。次年夏天史密斯将别墅租给威尔逊夫妇（他们的好朋友），这时候史密斯的年轻表弟阿普斯利·谢里-加勒德过访。他立即决定志愿参加。一九〇九年五月，谢里启程随牛津学院院长伍尔科姆先生到澳大利亚巡回讲学。他们先是在西澳大利亚结伴旅行了一阵子，之后谢里便独行。他听到斯科特将二度南来探险的正式消息，遂于一九〇九年十月三日自澳大利亚写信给威尔逊博士，申请为队员。他继续搭货船周游，去过印尼西里伯斯岛、中国与日本。

谢里四月初返家，立即写信给威尔逊，这回不仅请求加入，还表示愿捐助一千英镑给探险队。当时约有八千人申请，其中有几个人附带提供捐款，但这对斯科特没有影响，虽然他缺少财源。经过几番波折后，谢里获准以“助理动物学家”的名义加入探险队，担任威尔逊的助手。

一九一〇年至一九一三年到南极探险期间，谢里也编辑了《南极时报》。斯科特写信给雷吉诺·史密斯时，曾如此评论谢里：

> 至于谢里-加勒德，他是个极其慷慨的人，全世界最不自私的好人，有识复有胆。他深受大家喜爱，我个人亦觉再没有比他更好的伙伴。他已累积了相当多的经验，有些且是惊人的探险——足以显示他优秀的品质。去年他与鲍尔斯在海冰上有一段惊险的历程，两人都表现出英国人最佳的一面。这回冬天赴克罗泽角的严酷旅程，他受的苦比同行的人都多，但没有人听到他抱怨一句。他的手指上全是冻疮和水泡，我只得命令他不可再替别人做事。你很可以他为荣，我希望你也让他的家人知道，他多么值得赞美。

* * *

青年时代的两年半南极之旅，是谢里一生的高潮；后来漫长的人生则是反高潮。一九一四年初，阿特金森邀请他参加中国之旅，这是英国寄生虫学家雷波（Robert Leiper，一九〇九年威尔逊曾向他透露他发现的松鸡病病因）领队的一项调查探访，其目的在调查一种羊肝吸虫病——在中国海域的英国水手多得此病。结果发现此种寄生虫是水生，水手打扫甲板时自脚底进入。

一九一四年八月欧战爆发，谢里先是请求在医疗兵团当勤务兵，原打算拨给他一辆汽车，要他搬运伤兵，但他不擅机械。后来他买了一辆机车申请作传信兵，被接受了；但受训结束就要授阶为下士时，却临时被委任为海军志愿军后备部队的少校，受命驾驶一辆装甲车。他奉派为装甲兵第五小队队长，一九一五年四月至八月驻守法兰德斯，随即小队解散，谢里也因周期性结肠炎而退役。在漫长的恢复期间，他开始写这本《世界最险恶之旅》，一九二二年完成。

一九一六年，他吁请澳大利亚塔斯马尼亚州政府纠正一件恶行，这是一九〇四年威尔逊曾向动物学会提过的，猎杀麦夸里岛上的王企鹅，丢进大锅熬油的做法。该州政府立法禁止，麦奎里岛也宣布成为鸟类及海豹保护区。一九一七年，他“为伤残士兵争取到较好的待遇”，起因是阿博特案。阿博特是斯科特最后一次探险的水手之一，被从军医院移转到普通医院，因而失去伤残补助金。谢里为此人偿付医疗费用，并为他争回权益。

二十世纪二十年代，他认识了几位功绩与个性都为他仰慕的人。其一是攀上圣母峰的马洛里（George Leigh Mallory），“胸中似有一团火在燃烧，有不能止息的灵魂，催迫他自己不断攀升”。另一位是阿拉伯的劳伦斯（Lawrence of Arabia，即 T. E.劳伦斯），在朋友们为劳伦斯出的追悼文集中，有谢里写的一篇劳伦斯传记，显现出精确的心理观察。

终其一生，他对各处的探险活动都维持极高的兴趣，但最关心的还是南极探险的装备现代化这件事。一九五一年，当法国探险家巴瑞（Michel Barré）率领的十七人探险队自南极回来，打电报给他，说要送一枚帝企鹅的卵给他时，他很高兴地接受了。一九五七年至一九五八年，富克斯（Fuchs）与希拉里（Sir Edmund Hillary）率领的横越南极洲大探险队出发后，他定期收到探险队的新闻信。探险队此行重访克罗泽角，不过是在秋天而非冬天，队员包括希拉里、艾利斯（Murray Ellis）、贝茨（Jim Bates）和莫格鲁（Peter Mulgrew），以这本《世界最险恶之旅》为指南，依照威尔逊、鲍尔斯与谢里当年的路径重走一趟，结果得到（据新闻信所说）“多年来在南极最重大的历史发现”。原来他们在零下二十华氏度的强风中，搜寻方圆二平方英里的范围，发现威尔逊等人在一九一一年盖的石屋。残余部分仅约十八至二十英寸，但用作屋顶的绿色帆布仍有部分牢牢钉在岩石上。在屋内，他们发现九英尺长的人拉雪橇、威尔逊博士的科学用具箱、一支烧瓶、温度计，以及其他许多东西，都完好可用。还有一小袋盐，经过四十六年，倒出来还像刚从干燥机里取出一样。横越南极洲大探险委员会后来将这些遗物分放在新西兰的三所博物馆：自治领博物馆、坎特伯雷博物馆与吉斯伯恩博物馆。

谢里在人文方面涉猎很广，尤其是宗教哲学与心理学，他具备学者的本能。终其一生是个理想主义者，也是个善批判的思考者。他雅爱古典文学与古今艺术，但憎恶第一次世界大战后出现的假冒艺术品而其实为病态的产物。在当代英语作家中，他最推崇吉卜林、康拉德、高尔斯华绥等人，本涅特也与他相识。当时最受欢迎的英国小说家威尔斯则曾大力支持他禁止残酷屠杀企鹅的呼吁。斯科特最亲密的朋友巴里爵士，悲伤又内向的人，到莱默园小住了好几次。但谢里自己在文学领域里最亲近的朋友是他最近的邻居：英国文豪萧伯纳及其妻子。从莱默园走路就能走到萧家。他谦虚地说萧氏夫妇“教我怎么写东西”。岁数相差虽大，意气却相投。

一九三九年，在近半百之年，他娶了安杰拉为妻。安杰拉人如其名，是个天使，婚后无私地照顾他。

谢里逝于一九五九年五月十八日，葬在惠特安普斯特（Wheathampstead）区教堂内的家族墓园中。到一九六二年九月，雕塑家罗伯茨-琼斯（Ivor Roberts-Jones）制作的他的小型雕像揭幕，他的至友都在场观礼。这雕像着极地衣装，立在教堂北廊下的一座壁龛里，与许多谢里-加勒德纪念物摆在一起。

附录二

名词解释

暴风雪（Blizzard）：南极的暴风是强大的南风，通常伴随密云和飞雪，雪部分自上空降下，部分自地面吹起。夏天大天光底下，暴风雪中也看不见几英尺外的帐篷；冬天的黑暗中则几英尺外的木屋也可能看不见。在暴风雪中，人的头脑会变得昏昧麻木。

碎冰（Brash）：从大浮冰破裂掉出的小碎冰。

云（Cloud）：最常见的云的形状，就是暴风雪中的云，一整片布满天空毫无差异。在气象记录上我们称之为层云（stratus）。至于积云（cumulus）则是指羊毛卷似的云，下平上圆，是局部上升气流造成的，南方天空少见，仅在未冻之水或山上形成。卷云（cirrus）是“马尾云”，飘浮在大气层高处，很常见。一般而言，云的形成主要因为空气有层次，而不是因为气流上升。

脆雪（Crust）：雪原上一层一层的雪，中间夹有空气。

鹿皮靴（Finnesko）：底与面完全由皮毛做成的靴子。

霜雾（Frost Smoke）：浓缩的蒸汽在多云的天气里于未冻之海上形成的雾。

冰墙（Ice-foot）：南极海岸很多地方陆地边缘有冰包裹，许多是浪花造成的。

冰原岛（Nunatak）：雪原上突出如岛的地。巴克利岛是一座山的顶端，突出于比尔德莫尔冰川上。

平底船（Pram）：一种挪威小型帆船，船首如匙。

塞内草（Saennegrass）：一种挪威干草，用来塞在鹿皮靴内。

雪脊（Sastrugi）：风在雪原上吹成的沟畦或不规则突起，深可达一英尺以上，坚硬滑溜如冰，但也有的相当软。有的像倒扣的布丁碗，有的是粉状软雪包裹着硬结。

雪橇里程：本书中所有提及"mile"处，均指地理里（geographical mile，赤道上经度一分的长度），一地理里＝一海里＝一点一五英里（＝一点八四公里——译按）。

海潮裂缝（Tide Crack）：在陆地冰与海冰之间变动不居的裂缝，随潮水涨落。

风：风力根据蒲福风力表（Beaufort scale）登录，该表如下：

级数	状况	每小时平均风速（英里）
〇级	平静	〇
一级	轻微空气流动	一
二级	轻微风	四
三级	温和微风	九
四级	中度微风	十四
五级	清风	二十
六级	强微风	二十六
七级	中度风	三十三
八级	大风	四十二
九级	强风	五十一
十级	狂风	六十二
十一级	暴风	七十五
十二级	飓风	九十二

附录三
一九一〇年至一九一三年
英国南极探险队队员名册

登岸人员

斯科特（Robert Falcon Scott），英国皇家海军上校，探险队长，曾获维多利亚勋章

埃文斯（Edward R. G. R. Evans），昵称泰迪（Teddie），英国皇家海军上尉，“新地”号执行官

坎贝尔（Victor L. A. Campbell），英国皇家海军上尉，“新地”号大副

鲍尔斯（Henry R. Bowers），昵称伯第（Birdie），英国皇家驻印度海军陆战队上尉，探险队的后勤指挥官，“新地”号守望官

奥茨（Lawrence E. G. Oates），昵称提多（Titus），英国骑兵上尉，恩尼斯基林骑兵队（Inniskilling Dragoons）队长，在探险队中担任马队主管

利维克（G. Murray Levick），英国皇家海军军医

阿特金森（Edward L. Atkinson），英国皇家海军军医，寄生虫学学家

科学小队：

威尔逊（Edward Adrian Wilson），昵称比尔（Bill）或比尔叔

(Uncle Bill)，坎特伯里大学医学士兼文学士，脊椎动物学家，探险队科学组组长

辛普森（G. C. Simpson），理学博士，气象学家

泰勒（J. Griffith Taylor），文学士、理学士、工学士，地质学家

纳尔逊（Edward W. Nelson），昵称马里（Marie），生物学家

德贝纳姆（Frank Debenham），文学士、理学士，地质学家

赖特（Charles S. Wright），昵称赛拉斯（Silas），文学士，物理学家

普里斯特利（Raymond E. Priestley），地质学家

庞廷（Herbert G. Ponting），英国皇家地理学会会员，摄影艺术家

密勒斯（Cecil H. Meares），狗队主管

戴伊（Bernard C. Day），机师

谢里-加勒德（Apsley George Benet Cherry-Garrard），文学士，本书作者，在探险队中的职称为“助理动物学家”

格兰（Tyrggve Gran），海军中尉，文学士，挪威籍滑雪专家

兵士：

拉什利（W. Lashly），英国皇家海军首席司炉

阿彻（W. W. Archer），膳食长，后进入英国皇家海军

克利索尔德（Thomas Clissold），厨子，后进入英国皇家海军

依凡斯（Edgar Evans），英国皇家海军中士，五人探极小组中唯一的水手

福德（Robert Forde），英国皇家海军中士

克林（Thomas Crean），英国皇家海军中士

威廉森（Thomas S. Williamson），英国皇家海军中士

基奥恩（Patrick Keohane），英国皇家海军中士

阿博特（George P. Abbott），英国皇家海军中士

布朗宁（Frank V. Browning），英国皇家海军下士

迪卡森（Harry Dickason），英国皇家海军水手

胡珀（F. J. Hooper），膳食员，后进入英国皇家海军

安东（Anton Omelchenko），马僮

季米特里（Dimitri Gerof），马队驾驶

留守“新地”号的人员

彭内尔（Harry L. L. Pennell），昵称珀涅罗珀（Penelope），英国皇家海军上尉，“新地”号道航官

雷尼克（Henry E. de P. Rennick），英国皇家海军上尉，“新地”号守望员

布鲁斯（Wilfred M. Bruce），英国皇家海备队上尉

德雷克（Francis R. H. Drake），英国皇家海军助理出纳员（已退役），探险队秘书兼气象学家

利利（Denis G. Lillie），文学士，生物学家

丹尼斯顿（James R. Dennistoun），在船上负责照顾骡队

奇塔姆（Alfred B. Cheetham），英国皇家海备队上尉，甲板长

威廉斯（William Williams），英国皇家海军轮机长，工程师

霍尔顿（William A. Horton），英国皇家轮机士，第二工程师

戴维斯（Francis E. C. Davies），英国皇家海军首席造船匠

帕尔森斯（Frederick Parsons），英国皇家海军中士

贺尔德（William L. Heald），后成为英国皇家海军中士

拜里（Arthur S. Bailey），英国皇家海军下士

巴尔森（Albert Balson），英国皇家海军水手长

利斯（Joseph Leese），英国皇家海军水手

马瑟（John Hugh Mather），英国皇家海军志愿后备队中士

欧利菲（Robert Oliphant），英国皇家海军水手

麦克劳德（Thomas F. McLeod），英国皇家海军水手

麦卡尼（Mortimer McCarthy），英国皇家海军水手

诺勒斯（William Knowles），英国皇家海军水手

史凯顿（James Skelton），英国皇家海军水手

麦克当诺（William McDonald），英国皇家海军水手

派顿（James Paton），英国皇家海军水手

布理赛登（Robert Brissenden），英国皇家首席司炉

麦肯齐（Edward A. McKenzie），英国皇家首席司炉

布尔顿（William Burton），英国皇家首席司炉

史东（Bernard J. Stone），英国皇家首席司炉

麦当纳（Angus McDonald），司炉工

麦克吉隆（Thomas McGillon），司炉工

拉玛斯（Charles Lammas），司炉工

尼尔（W. H. Neale），膳食员